高等职业学校"十四五"规划土建类专业立体化新形态教材

U0783843

建筑施工技术

主　编　王存芳　严　凌　罗振威

副主编　徐志立　朱立军　戴文彬

主　审　涂群岚

华中科技大学出版社

中国·武汉

图书在版编目（CIP）数据

建筑施工技术/王存芳,严凌,罗振威主编. —武汉:华中科技大学出版社,2022.8(2025.1重印)
ISBN 978-7-5680-8621-9

Ⅰ.①建… Ⅱ.①王… ②严… ③罗… Ⅲ.①建筑工程-施工技术 Ⅳ.①TU74

中国版本图书馆 CIP 数据核字(2022)第 149788 号

建筑施工技术
Jianzhu Shigong Jishu

王存芳　严　凌　罗振威　主编

策划编辑：胡天金
责任编辑：叶向荣
封面设计：金　刚
责任校对：张会军
责任监印：朱　玢
出版发行：华中科技大学出版社（中国·武汉）　　电话：(027)81321913
　　　　　武汉市东湖新技术开发区华工科技园　　邮编：430223
录　　排：华中科技大学惠友文印中心
印　　刷：武汉市籍缘印刷厂
开　　本：787mm×1092mm　1/16
印　　张：21
字　　数：521 千字
版　　次：2025 年 1 月第 1 版第 5 次印刷
定　　价：59.80 元

华中出版

前　　言

1. 本书编写目的

(1) 时代前行的需要。

5G 技术的应用促进信息产品和服务的创新,智能终端设备性能进一步提升,互联网-物联网线上线下融合对生产和生活方式的变革,"十四五"时期新业态、新模式、新场景不断涌现。国家"十四五"规划对高职教育发展的指向要求我们要培养具有爱国情怀、职业素养的应用型技术技能人才,所以我们要强化实用型技术教育,并强化专业课程设置与市场需求的对接,全面提倡专业精神,真正培养个人专业兴趣,形成行行出状元的能人文化。

(2) 行业发展的需要。

建筑行业未来发展的方向与目标是智慧建筑。中国房地产业协会《智慧建筑评价标准》对智慧建筑的定义为:利用物联网、云计算、大数据、人工智能等技术,通过自动感知、泛在连接、及时传送和信息整合,具有自学习、自诊断、辅助决策和执行能力,实现安全可靠、绿色生态、高效便捷、经济节约的建成环境。

智慧建筑呼唤智慧建造技术。目前,传统施工技术的细微研学,例如地基处理和基础工程施工中推广的钻孔灌注桩、旋喷桩、振冲法、深层搅拌法、强夯法、地下连续墙等新的施工技术;在现浇钢筋混凝土模板工程中推广应用了大模板、组合钢模板、组合铝合金模板、早拆模板体系;粗钢筋连接应用了电渣压力焊、钢筋气压焊、钢筋冷压连接、钢筋螺纹连接等先进连接技术;混凝土工程采用了泵送混凝土、喷射混凝土、高强混凝土以及混凝土制备和运输的机械化、自动化设备等,都是为智慧建造的优化设计、科学管理、高效运维等积累必要的数据,以此来加速智慧建造技术的发展及达成。

2. 本书编写的重点方向

(1) 本书立足建筑工程专业背景,以"实用"和"必需"为度来选择知识点,以建筑相关部位构造特点、新材料、新标准和新规范的应用为切入点,重点突出学生在建筑施工工艺流程的操作细节、质量保障措施及验收标准等方面的知识储备,为建筑施工技术问题的协调及解决提出多渠道的备选方案,从而提高学生的知识及技能水平。

(2) 本书引入思政育人目标等,构建"建筑施工技术"课程的思政建设。让学生在掌握专业技能的同时,成为具有正确的人生观、价值观、道德观,高品质职业素养的优秀人才。

(3) 本书在保证建筑施工技术重点内容的基础上,联系与之相关课程的教学内容与教学方法,从多方面着力对学生进行方法论、辩证及创新思维能力、职业认同感的培养,使其成为具有文化自信及家国情怀的优秀人才。

3. 本书编写的具体方法

(1) 注重建筑构件工艺流程的编写。如基础、柱、梁、板等构件的具体施工流程可能具有地域性或个体性,但我们的目的是抛砖引玉,在教学中对学生起到启发思维、引导学生创新施工方法、改良施工组织与管理的作用。

（2）注重真实工程实景图片的感观。由于许多学生对工程施工过程从没有接触过，基本停留在理论学习、空间想象的阶段，所以大量的工程实景照片可以满足学生对工程案例的感观需求，特别是有一些照片具有工艺连续性、逻辑性的特点。

（3）注重宣扬在新规范的引用上我们尽量做到规范名称的"全"以及规范内容的"新"，一方面对学生起到告知的作用，另一方面可以引导学生去查找、考核与证实，以此来培养学生的动手学习能力、资料引用能力。

（4）注重宣扬社会主义核心价值观，劳模精神、劳动精神和工匠精神，创新理念，科技自立自强和斗争精神，以及对新时代中国青年的勉励。在教学中教师可以让学生去挖掘并举例及模仿，以此来促进师生育人育心、明德明理、道术相济的共同培养及共同进步。

编　者
2022 年 6 月

目　录

学习领域一　土方工程施工

 教学目标

➡ 育人目标

1. 帮助学生树立正确的人生观、世界观和价值观，培养学生的家国情怀和使命担当。

2. 培养学生尊重客观规律，立足本职、脚踏实地、爱岗敬业的职业素养。

3. 锻炼学生的专业技术和技能，培养学生精益求精的工匠精神。

4. 培养学生团队合作意识，提高学生解决复杂问题的能力。

5. 培养学生知法守法、诚实守信的意识。

6. 培养学生具有思维创新、理论创新、方法创新的创新精神。

➡ 知识目标

1. 掌握土的土的组成、分类和鉴别方法。

2. 掌握土的物理性质。

3. 掌握土方工程施工的内容。

4. 掌握土方工程施工常用的机械工作方法。

5. 熟悉各类土方工程机械的工作要点。

6. 掌握基坑、基槽土方工程量的计算。

7. 熟悉土方边坡支护的形式。

8. 了解人工井点降水的施工要点。

9. 了解基坑支护的类型及施工要点。

➡ 能力目标

1. 选择土方工程施工的机械类型。

2. 指导基坑、基槽土方开挖与填筑施工。

3. 参与编制土方工程施工的专项施工方案。

4. 参与编制基坑支护的专项施工方案。

学习情境一　土方工程基础知识

一、土的基本性质

（一）土的组成

土是由固体颗粒、液体和气体三部分组成的堆积物,如图 1-1 所示。

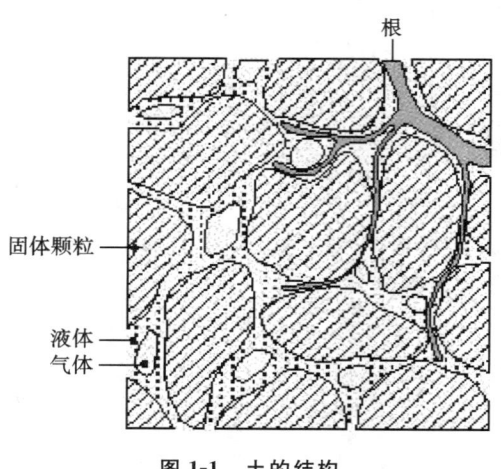

图 1-1　土的结构

（1）固体颗粒一般由矿物质组成,有时含有胶结物和有机物。该部分构成土的骨架,是承受房屋上部荷载的主要载体。

（2）土中液体一般由水和溶解于水中的矿物质组成。该部分是影响土承载力的主要部分,合适的含水率可以提高土承载力。

（3）土中气体一般由空气和其他气体组成。

（二）土的分类及鉴别方法

《建筑地基基础设计规范》（GB 50007—2011)中关于土的分类原则,对粗颗粒土,考虑了其结构和颗粒级配;对细颗粒土,考虑了土的塑性和成因,并且给出了作为建筑地基的岩土的分类标准。按照工程性能相似的原则,天然土可分为岩石、碎石土、砂土、粉土、黏性土和人工填土六大类。

（1）岩石。

岩石根据岩块的饱和单轴抗压强度分为坚硬岩、较硬岩、较软岩、软岩和极软岩。岩体完整程度分为完整、较完整、较破碎、破碎和极破碎。

（2）碎石土。

碎石土为粒径大于 2 mm 的颗粒含量超过全重 50%的土。碎石土可分为漂石、块石、卵石、碎石、圆砾和角砾。碎石土的密实度,可分为松散、稍密、中密、密实。

（3）砂土。

砂土为粒径大于 2 mm 的颗粒含量不超过全重 50%、粒径大于 0.075 mm 的颗粒超过全重 50%的土。砂土可分为砾砂、粗砂、中砂、细砂和粉砂,如表 1-1.所示。

表 1-1　砂土的分类

名　　称	粒径/mm	含量/(%)
砾砂	≥2	25～50
粗砂	≥0.5	50

续表

名　　称	粒径/mm	含量/(%)
中砂	≥0.25	50
细砂	≥0.075	85
粉砂	≥0.075	50

砂土的密实度,可分为松散、稍密、中密、密实。可用静力触探阻力法判定其密实度。

（4）粉土。

粉土为塑性指数 $I_p \leq 10$ 且粒径大于 0.075 mm 的颗粒含量不超过全重 50% 的土。

（5）黏性土。

黏性土为塑性指数 $I_p > 10$ 的土。黏性土状态可分为坚硬、硬塑、可塑、软塑、流塑。

淤泥为在静水或缓慢的流水环境中沉积,并经生物化学作用形成,其天然含水量大于液限、天然孔隙比大于或等于 1.5 的黏性土。天然含水量大于液限而天然孔隙比小于 1.5 但大于或等于 1.0 的黏性土或粉土为淤泥质土。含有大量未分解的腐殖质,有机质含量大于 60% 的土为泥炭,有机质含量大于或等于 10% 且小于或等于 60% 的土为泥炭质土。

红黏土为碳酸盐岩系的岩石经红土化作用形成的高塑性黏土,其液限一般大于 50%。红黏土经再搬运后仍保留其基本特征,其液限大于 45% 的土为次生红黏土。

（6）人工填土。

人工填土根据其组成和成因,可分为素填土、压实填土、杂填土、冲填土。

素填土为由碎石土、砂土、粉土、黏性土等组成的填土。经过压实或夯实的素填土为压实填土。杂填土为含有建筑垃圾、工业废料、生活垃圾等杂物的填土。冲填土为由人为水力冲填泥沙形成的填土。

在土方工程中的土,根据开挖的难易程度分为松软土、普通土、坚土、砂砾坚土、软石、次坚石、坚石、特坚石共八类土。

（1）松软土（一类土）。

松软土包括砂、砂质粉土、冲积砂土层、种植土、泥炭（淤泥）。这类土可以用锹、锄头挖掘。

（2）普通土（二类土）。

普通土包括粉质黏土、潮湿的黄土、夹有碎（卵）石的砂、种植土、填筑土及亚砂土。这类土可用锹、锄头挖掘,少许用镐翻松。

（3）坚土（三类土）。

坚土包括中等密实土、重亚黏土、粗砾石、干黄土及含碎（卵）石的黄土、粉质黏土、压实的填筑土。这类土主要用镐,少许用锹、锄头挖掘。

（4）砂砾坚土（四类土）。

砂砾坚土包括重黏土及含碎（卵）石的黏土、粗卵石、密实的黄土、天然级配砂石、软泥灰岩及蛋白石。这类土整体用镐、锄头挖掘,少量用撬棍挖掘。

（5）软石（五类土）。

软石包括硬石炭纪黏土地、中等密实的页岩、泥灰岩、白垩土、胶结不紧的砾岩、软的石灰岩。这类土用镐或撬棍、大锤挖掘,部分用爆破方法。

（6）次坚石（六类土）。

次坚土包括泥岩、砂岩、砾岩、坚实的页岩、泥灰岩、密实的石灰岩、风化花岗岩、片麻岩。这类土用爆破方法开挖，部分用风镐。

（7）坚石（七类土）。

坚土包括大理岩、辉绿岩、玢岩，粗中粒花岗岩、坚实的白云岩、砂岩、砾岩、片麻岩、石灰岩、风化痕迹的安山岩、玄武岩。这类土用爆破方法开挖。

（8）特坚石（八类土）。

特坚土包括安山岩、玄武岩、花岗片麻岩、坚实的细粒花岗岩、闪长岩、石英岩、辉长岩、辉绿岩、玢岩。这类土用爆破方法开挖。

（三）土的物理性质

土的三相比例如图 1-2 所示。在土方工程施工中，经常涉及土的物理性质指标，包括土的天然密度、干密度、含水率、可松性和渗透性等。

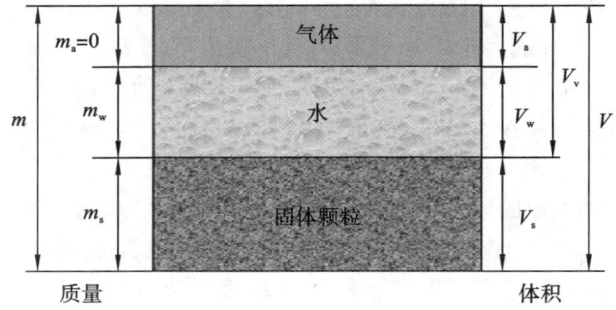

图 1-2 土的三相比例

1. 天然密度

土在天然状态下单位体积的质量，称为土的天然密度，用 ρ 表示，单位为 g/cm³。一般黏性土的天然密度为 1.8～2.0 g/cm³，砂土的天然密度为 1.6～2.0 g/cm³。

土的天然密度 ρ 计算公式：

$$\rho = \frac{m}{V} \tag{1-1}$$

式中：m——土的总质量；

V——土的天然体积。

2. 干密度

单位体积内土的固体颗粒质量，称为土的干密度，用 ρ_d 表示，单位为 g/cm³。

土的干密度越大，表示土越密实。工程上常把干密度作为评定土体密实程度的标准，以控制地基压实或填土压实质量。

土的干密度 ρ_d 计算公式：

$$\rho_d = \frac{m_s}{V} \tag{1-2}$$

式中：m_s——土中固体颗粒的质量（在 105 ℃温度下烘 3～4 h）；

V——土的总体积。

3. 含水率

土中所含水的质量与固体颗粒质量之比,称为土的含水率,用 w_d 表示,以百分率(%)表示。

土的含水率随气候条件、雨雪和地下水的影响而变化。它对土方边坡的稳定性、填方密实度、土方施工方法的选择等有重要影响。

土的含水率 w_d 计算公式:

$$w_d = \frac{m_w}{m_s} \tag{1-3}$$

式中:m_w——土中水的质量;

m_s——土中固体颗粒的质量。

4. 可松性

天然状态下的土经过开挖后,其体积因松散而增加,以后虽经回填压实,仍不能恢复最初的体积,土的这种性质称为可松性。

土方工程是以自然状态下的土体积计算的,在土方的平衡调配、计算填方所需挖方体积、确定基坑(槽)开挖时的留弃土量及计算运土机具数量时,应考虑土的可松性,否则回填会有余土或产生场地标高与设计标高不符的后果。

土的可松性程度一般以可松性系数来表示,分为最初可松性系数和最终可松性系数,分别用 K_s、K_s' 表示,其计算公式:

$$K_s = \frac{V_2}{V_1}, \quad K'_s = \frac{V_3}{V_1} \tag{1-4}$$

式中:V_1——天然状态下土的体积;

V_2——开挖后松散状态下土的体积;

V_3——回填压实后土的体积。

土的可松性系数是挖填土方时,计算土方机械生产率、回填土方量、运输机具数量,进行场地平面竖向规划设计、土方平衡调配等的重要参数。

土的可松性与土质有关,土的可松性系数见表 1-2。

表 1-2　土的可松性系数

土 的 类 别	体积增加百分率/(%)		可松性系数	
	最初	最终	K_s	K_s'
一类土(种植土除外)	8~17	1~2.5	1.08~1.17	1.01~1.03
一类土(植物性土、泥炭)	20~30	3~4	1.20~1.30	1.03~1.04
二类土	14~28	1.5~5	1.14~1.28	1.02~1.05
三类土	24~30	4~7	1.24~1.30	1.04~1.07
四类土(泥灰岩、蛋白岩除外)	26~32	6~9	1.26~1.32	1.06~1.09
四类土(泥灰岩、蛋白岩)	33~37	11~15	1.33~1.37	1.11~1.15
五~七类土	30~45	10~20	1.30~1.45	1.10~1.20
八类土	45~50	20~30	1.45~1.50	1.20~1.30

5. 土的渗透性

水流通过土中孔隙的难易程度,称为土的渗透性,也叫透水性。

土的渗透性主要取决于土体的孔隙特征和水力坡度,不同的土其渗透性不同。

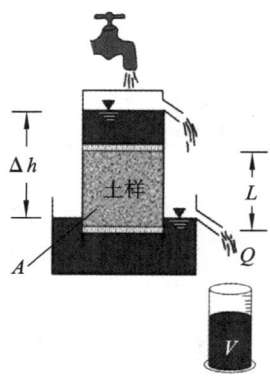

图 1-3 土的渗透性试验

土体孔隙中的自由水在重力作用下会发生流动。当基坑(槽)开挖至地下水位以下,地下水会不断流入基坑(槽)。当由水力梯度产生的水压力超过土粒之间的黏结力时,会产生管涌或流砂。同样,地下水在渗流流动中会受到土颗粒的阻力,其大小与土的渗透性及地下水渗流的路程长短有关。土的渗透性试验如图 1-3 所示。

根据达西定律,水在土中的渗流速度 v 与水力梯度 i 之间呈线性比例关系,计算公式为:

$$v = ki \tag{1-5}$$

式中:k——土的渗透系数。

土的渗透系数与土的颗粒大小、级配、密度等有关。它是选择人工降水方法的依据,也是分层填土时确定相邻两层结合面形式的依据。渗透系数 k 值将直接影响降水方案的选择和涌水量计算的准确性。各类土的渗透系数可参考表 1-3 选取。

表 1-3 土的渗透系数

土 的 类 别	参透系数 k/(m/d)	土 的 类 别	参透系数 k/(m/d)
黏土	<0.005	中砂	$5.0\sim20.00$
亚黏土	$0.005\sim0.10$	均质中砂	$35.00\sim50.00$
轻亚黏土	$0.10\sim0.50$	粗砂	$20.00\sim50.00$
黄土	$0.25\sim0.50$	圆砾石	$50.00\sim100.00$
粉砂	$0.50\sim1.00$	卵石	$100.00\sim500.00$
细砂	$1.00\sim5.00$		

二、土方工程施工

(一) 场地平整

场地平整,就是指通过挖高填低,将原始地面改造成满足人们生产、生活需要的场地平面。场地平整的设计标高是计算挖填土方工程量、进行土方平衡调配、选择施工机械、制定施工方案的依据。

（二）基坑（槽）土方开挖与填筑

（1）基坑是在基础设计位置按基底标高和基础平面尺寸所开挖的土坑。一般独立基础和场地满堂开挖的叫基坑，常见于有地下室的基础开挖。

（2）基槽是仅沿条形基础的基底开挖的土坑，长条形状，槽底宽度在 3 m 以内，且槽长大于 3 倍槽宽。一般沿条形基础的基底开挖的叫基槽，常见于无地下室的多层建筑。

（3）在基坑内的基础或地下室施工完毕后，对其四周及其顶面用填土填筑。

（4）基槽内的条形基础施工完毕后，对其两侧或其围成的地面用填土填至设计标高。

（三）管沟土方开挖与填筑

在小区或市政道路地下管网施工完毕后，对管沟用填土进行回填。

学习情境二　土方工程机械化

一、常用工程机械

在土方施工中，人工开挖只适用于小型基坑（槽）、管沟及土方量少的场地，对大量土方一般均采用机械化施工。常用的施工机械有推土机、铲运机、单斗挖土机、装载机等。

（一）工程机械的分类及特点

施工时应正确选用施工机械，加快施工进度、降低工程造价。

1. 推土机

推土机是土方工程施工的主要机械之一，是在拖拉机上安装推土铲刀等工作机械。按铲刀的操纵机构不同，推土机可分为钢索式和液压式两种，目前最常用的是液压式推土机。按行走方式不同，推土机可分为履带式和轮胎式，如图 1-4 所示。

(a) 履带式　　　　　　　　　　　　　　(b) 轮胎式

图 1-4　推土机

推土机能够单独完成挖土、运土和卸土的工作，具有操作灵活、运转方便、所需工作面小、行驶速度快、易转移等特点。

推土机经济运距在 100 m 以内，效率最高的运距为 60 m。

2. 铲运机

铲运机是一种能独立完成铲土、运土、卸土、填筑、场地平整的土方施工机械。其按行走方式可分为牵引式铲运机和自行式铲运机（图1-5），按铲斗操纵方式可分为液压式铲运机和机械式铲运机两种。

铲运机对道路要求较低，操纵灵活，具有生产效率较高的特点。

铲运机适合在一至三类土中直接挖、运土。经济运距为600～1500 m，当运距为800 m时效率最高。铲运机常用于坡度在20°以内的大面积场地平整、大型基坑开挖及填筑路基等情况，不适用于淤泥层、冻土地带及沼泽地区。

图1-5 铲运机

3. 单斗挖土机

单斗挖土机是土方开挖常用的一种机械，按工作装置不同，可分为正铲、反铲、拉铲和抓铲四种，如图1-6所示。按行走装置不同，单斗挖土机可分为履带式和轮胎式两类。按操纵机构不同，单斗挖土机可分为机械式和液压式两类。其中，液压式单斗挖土机调速范围大，作业时惯性小，转动平稳，结构简单，一机多用，操纵省力，易实现自动化。

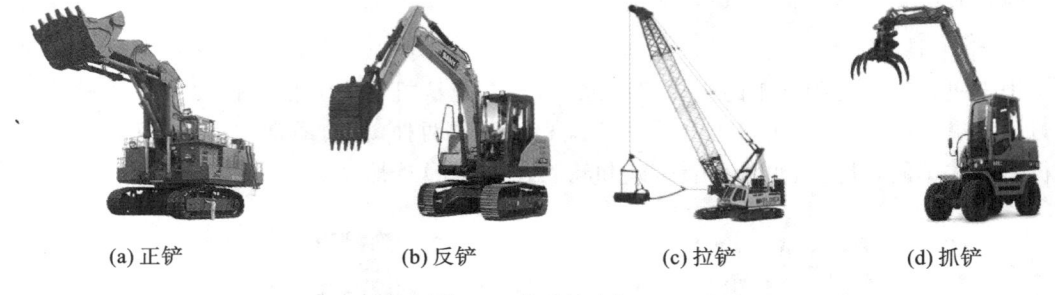

(a) 正铲   (b) 反铲   (c) 拉铲   (d) 抓铲

图1-6 单斗挖土机

4. 装载机

按行走方式，装载机可分为履带式和轮胎式两种。按工作方式，装载机可分为单斗式装载机、链式装载机和轮胎式装载机。

土方工程中主要使用单斗式装载机，它具有操作灵活、轻便和快速等特点，既适用于装卸土方和散料，也可用于松软土的表层剥离、地面平整和场地清理等工作。如图1-7所示。

5. 压实机

压实机是利用机械的自重、振动或冲击的方法，对场地进行平整、基坑（槽）回填工程，减少土壤间的间隙，排出土内的水分，增加密实度，提高抗压强度和稳定性，使之具有一定的承

图 1-7　单斗式装载机

载能力的机械。

常用的压实机械有静力光轮压实机、轮胎压实机、振动压实机，如图 1-8 所示。

(a) 静力光轮压实机　　　　　(b) 轮胎压实机　　　　　(c) 振动压实机

图 1-8　压实机

(二) 土方工程机械的选择

土方工程施工中，通常先根据工程特点和技术条件提出几种可行方案，然后进行技术经济比较，选择效率高、费用低的机械进行施工，一般可选用土方单价最小的机械。

当地形起伏不大，坡度在 20°以内，挖填平整土方的面积较大，土的含水率适当，平均运距短(一般在 1 km 以内)时，采用铲运机较为合适。当土质坚硬或冬季冻土层厚度超过 150 mm 时，必须由其他工具辅助翻松再铲运。当一般土的含水率大于 25%，或坚硬的黏土含水率超过 30% 时，铲运机要陷车，必须使水疏干后再施工。

地形起伏较大的丘陵地带，一般挖土高度在 3 m 以上，运输距离超过 1 km，工程量较大且又集中时，采用以下三种方式进行挖土和运土。

(1) 正铲挖土机配合自卸汽车进行施工，并在弃土区配备推土机平整土堆。选择铲斗容量时，应考虑土质情况、工程量和工作面高度。当开挖普通土，集中工程量在 1.5 万立方米以下时，可采用 0.5 立方米的铲斗；当开挖集中工程量在 1.5 万～5 万立方米时，以选用 1.0 立方米的铲斗为宜，此时，普通土和硬土都能开挖。

(2) 用推土机将土推入漏斗，并用自卸汽车在漏斗下承土并运走。这种方法适用于挖土层厚度在 5 m 以上的地段。漏斗上口尺寸为 3 m 左右，由宽 3.5 m 的框架支承。其位置应选择在挖土段的较低处，并预先挖平。漏斗左右及后侧土壁应予以支承。

(3) 用推土机预先把土推成一堆，再用装载机把土装到汽车上运走。

开挖基坑时根据下述原则选择机械。

（1）土的含水率较小，可结合运距长短、挖掘深浅，分别采用推土机、铲运机、正铲挖土机配合自卸汽车进行施工。当基坑深度在 1～2 m，基坑不太长时可采用推土机；深度在 2 m 以内长度较大的线状基坑，宜由铲运机开挖；当基坑较大，工程量集中时，可选用正铲挖土机。

（2）当地下水位较高，又不采用降水措施，或土质松软，可能造成正铲挖土机和铲运机陷车时，可采用反铲、拉铲或抓铲挖土机配合自卸汽车较为合适，挖掘深度参考有关机械的性能参数表。

二、机械化施工作业方法

（一）推土机施工

推土机的生产率取决于推土刀推移土的体积及切土、推土、回程等工作的循环时间。为了提高推土机的生产率，可采取下坡推土、并列推土、多刀送土和槽形推土等方法提高推土效率，缩短推土时间和减少土的失散。

1. 下坡推土

在斜坡上推土机顺下坡方向切土与推运可以提高生产率，但坡度不宜超过 15°，以免后退时爬坡困难。下坡推土也可与其他推土方法结合使用。如图 1-9 所示。

图 1-9　下坡推土

2. 并列推土

用 2～3 台推土机并列作业，铲刀相距 15～30 cm，可减少土的散失，提高生产率。一般采用两机并列推土可增加推土量 15%～30%，采用三机并列可增大推土量 30%～40%。平均运距不宜超过 50～70 m，亦不宜小于 20 m。如图 1-10 所示。

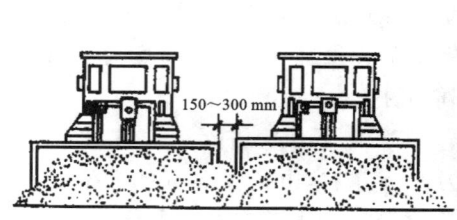

图 1-10　并列推土

3. 多刀送土

在硬质土中,切土深度不大,可将土先堆积在一处,然后集中推送到卸土区。这样可以有效地提高推土的效率,缩短运土时间。但堆积距离不宜大于 30 m,堆土高度以 2 m 内为宜。如图 1-11 所示。

图 1-11　多刀送土

4. 槽形推土

推土机重复在一条作业线上切土和推土,使地面逐渐形成一条浅槽,在槽中推运土可减少土的散失,可增加 10%～30% 的推运土量。槽的深度在 1 m 左右为宜,土埂宽约 50 cm。当推出多条槽后,再将土埂推入槽中运出。当推土层较厚、运距远时,采用此法较为适宜。如图 1-12 所示。

图 1-12　槽形推土

（二）铲运机施工

铲运机能综合完成挖土、运土、平土或填土等全部土方施工工序。常用铲运机的斗容量为 1.5～7 立方米。选定铲运机斗容量之后,其生产率的高低主要取决于机械的开行路线和作业方法。

1. 开行路线

铲运机的开行路线应根据填方、挖方区的分布情况并结合当地具体条件进行合理选择,主要有环形路线和 8 字形路线开行两种形式。

（1）环形路线。

这是一种简单而常用的开行路线。根据铲土和卸土相对位置不同,可分为图 1-13(a)与图 1-13(b)所示两种情况。每一循环只完成一次铲填土与卸填土。当挖填交替而挖填方之间的距离又较短时,则可采用大环形路线,如图 1-13(c)所示。其特点是一次循环可完成两次铲土与回填的作业,减少转弯次数,提高生产效率。

采用环形路线时,为了防止机件单侧磨损,应避免仅向一侧转弯。

(2) 8 字形路线。

这种开行路线的铲土与卸土轮流在两个工作面上进行,机械上坡是斜向开行,受地形坡度限制小,如图 1-13(d)所示。每一个循环完成两次挖土和卸土的作业,比环形路线缩短运行时间,从而提高了生产率。同时每循环两次转弯方向的不同,可避免机械行驶时的单侧磨损。这种开行路线适用于取土坑较长的路基填筑,以及坡度较大的场地平整。

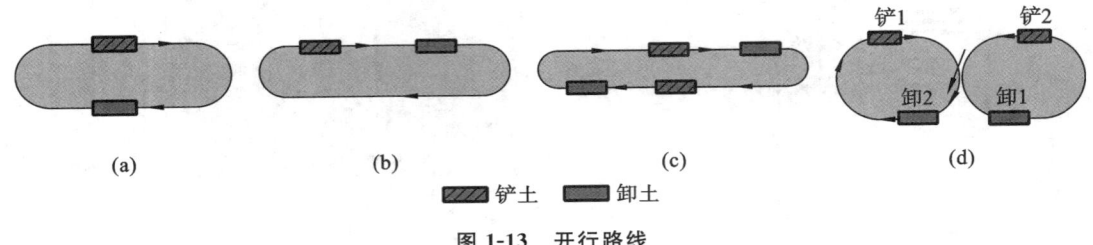

(a)　　　　　　　　(b)　　　　　　　　(c)　　　　　　　　(d)

▨ 铲土　　▬ 卸土

图 1-13　开行路线

2. 作业方法

为了提高铲运机的生产率,除了合理确定开行路线外,还应根据施工条件选择作业方法。常用的作业方法如下。

(1) 下坡铲土。

铲运机铲运时尽量采用有利地形进行下坡铲土。这样,可以借助铲运机的重力来加大铲土能力,缩短装土时间,提高生产率。一般地面坡度以 5°～7°为宜。平坦地形可将取土地段的一端先铲低,然后保持一定坡度向后延伸,人为创造下坡铲土条件。如图 1-14 所示。

(2) 跨铲法。

在较坚硬的土内挖土时,可采用预留土埂间隔铲土的方法。这样,铲运机在挖土槽时可减少向外撒土量,挖土埂时增加了两个自由面,阻力减小,达到"铲土快、铲头满"的效果。土埂高度不应大于 30 cm,宽度以不大于铲土机两履带间净距为宜。如图 1-15 所示。

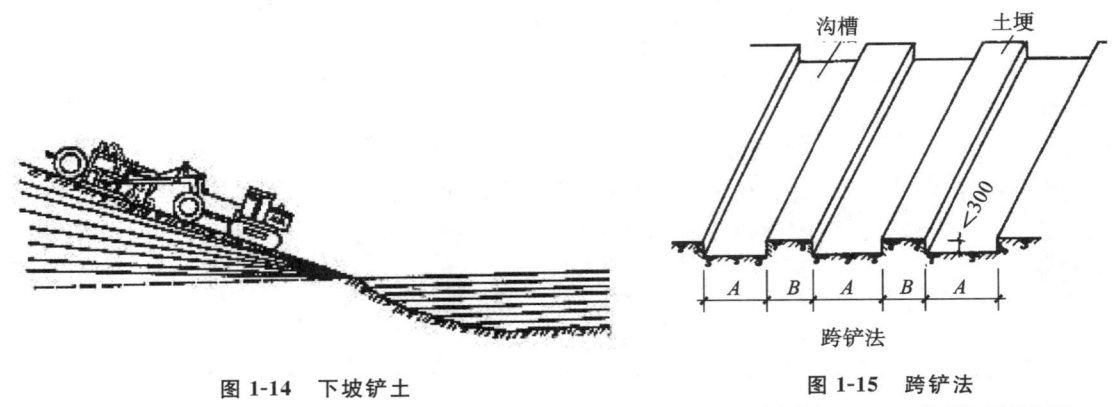

图 1-14　下坡铲土

图 1-15　跨铲法

A—铲斗宽;*B*—不大于拖拉机履带净距

(3) 助铲法。

在坚硬的土层中铲土时,可另配一台推土机在铲运机的后拖杆上进行顶推,协助铲土,以缩短铲土的时间。此法的关键是安排好铲运机和推土机的配合，一台推土机可配合3～4台铲运机助铲。推土机在助铲的空隙时间可作松土或场地平整等工作，为铲运机创造良好的工作条件。如图1-16所示。

图 1-16　助铲法

（三）单斗挖土机施工

单斗挖土机也叫单斗挖掘机，是用来进行土方开挖的常见施工机械。单斗挖土机的作业过程是用铲斗的切削刃切土并把土装入斗内，在装满土后提升铲斗并回转到卸土点卸土，然后回转转台到铲装点重复上述过程。

单斗挖土机可分为正铲、反铲、拉铲、抓铲等结构形式，如图1-17所示。

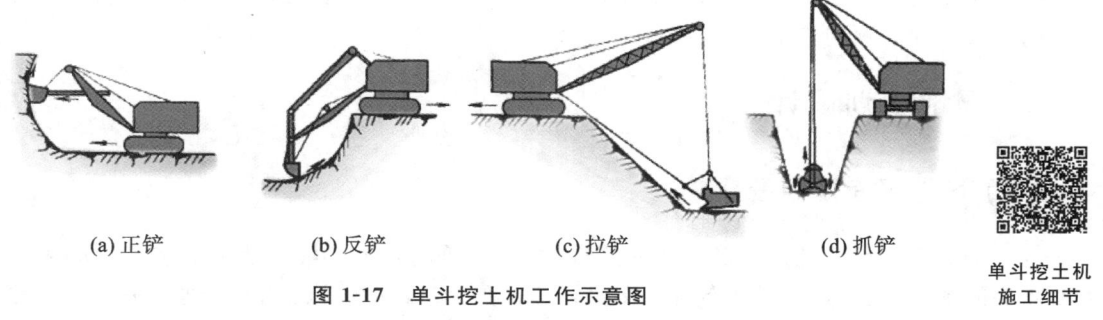

(a) 正铲　　　　(b) 反铲　　　　(c) 拉铲　　　　(d) 抓铲

图 1-17　单斗挖土机工作示意图

单斗挖土机
施工细节

学习情境三　场地平整施工

一、场地平整施工准备工作

（一）场地平整概述

1. 场地平整

场地平整是指通过挖高填低，将原始地面改造成满足人们生产、生活需要的场地平面，将天然地面改造成工程上所要求的设计平面。

2. 工作内容

场地平整施工包括施工测量、计算挖填土方工程量、进行土方平衡调配、选择施工机械。

3. 施工方式

（1）先平整整个场地，后开挖建筑物基坑（槽）。

这种方式可使大型土方机械有较大的工作面，能充分发挥其工作效能，也可减少与其他工作的相互干扰，但工期较长。此法适用于场地挖填土方量较大的项目。

（2）先开挖建筑物基坑（槽），后平整场地。

这种方式适用于地形平坦的场地，可以加快建筑物的施工速度，也可减少重复挖填土方的数量。

（3）边平整场地，边开挖建筑物的基坑（槽）。

这种方式是按现场施工的具体条件划分施工区，有的施工区先平整场地，有的施工区则先开挖基坑（槽）。

（二）场地平整目的

平整施工场地有两个目的：一是通过场地的平整，使场地的自然标高达到设计要求的高度；二是在平整场地的过程中，建立必要的、能够满足施工要求的供水、排水、供电、道路以及临时建筑等基础设施，从而使施工中所要求的必要条件得到充分的满足。

施工现场的实践证明，施工场地的平整绝不是简单平整一下而已，在这个过程中有大量的基础工作需要一一落实，结合场地平整将场地内的基础设施落实得越细致，越有利于即将开始的正式工程的顺利施工。

二、场地规划设计

（一）场地平面规划设计

场地平面规划设计是将建筑范围内的自然地面，通过人工或机械挖填平整改造成为设计所需要的平面，便于现场平面布置和文明施工。在工程总承包施工中，三通一平工作通常是由施工单位来实施，因此场地平整也成为工程开工前的一项重要内容。

场地平整要考虑满足总体规划、生产施工工艺、交通运输和场地排水等要求，并尽量使土方的挖填平衡，减少运土量和重复挖运。

当确定平整工程后，施工人员首先应到现场进行勘察，了解场地地形、地貌和周围环境。根据建筑总平面图及规划了解并确定现场平整场地的大致范围。

平整前必须把场地平整范围内的障碍物（如树木、电线、电杆、管道、房屋、坟墓等）清理干净，然后根据总图要求的标高，从水准基点引进基准标高作为确定土方量计算的基点。

（二）场地竖向规划设计

场地竖向规划设计的主要内容是确定满足建筑规划和生产工艺要求的场地最佳设计标高和排水坡度。场地设计标高 H_0 是进行场地平整和土方量计算的依据，也是总图规划和竖向设计的依据。合理确定场地的设计标高，对减少土方量、加快工程进度等有重要的意义。

1. 场地设计标高的确定方法

一般情况是在总体规划设计时，确定场地设计标高，其原则如下。

（1）在满足总平面设计的要求，并与场外工程设施的标高相协调的前提下，考虑挖填平衡，以挖作填。

（2）如挖方少于填方，则要考虑土方的来源，如挖方多于填方，则要考虑弃土堆场。

（3）场地设计标高要高出区域最高洪水位，在严寒地区，场地的最高地下水位应在土壤冻结深度以下。

2．场地标高初步计算

（1）初步计算原则。

初步计算场地设计标高的原则是场地内挖填方平衡，即场地内挖方总量等于填方总量。

（2）计算方法。

初步计算场地标高的方法有方格网和横截面法，具体过程详见本学习领域"学习情境五"的内容。

3．场地设计标高的调整

考虑下述四项因素所引起的挖填土方量的变化后，适当提高或降低设计标高。

（1）土的可松性。

（2）设计标高以下各种填方工程用土量（如场区上填筑路堤而影响设计标高），或设计标高以上的各种挖方工程量（如开挖河道、水池等影响设计标高）。

（3）边坡填挖土方量不等。

（4）部分挖方就近弃土于场外，或部分填方就近从场外取土等。

三、场地平整施工流程

（一）施工工艺流程

场地平整施工工艺流程如图 1-18 所示。

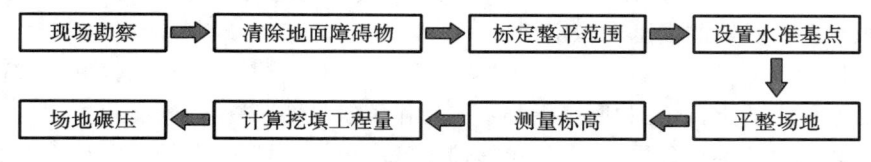

图 1-18　场地平整施工工艺流程

（二）施工要点

1．现场勘察

（1）了解场地平整范围内地面上障碍物和堆积物的情况，获得地面下的管线、防空洞等详细资料，了解邻近建筑和周边道路的情况。

（2）编制施工方案，确定开挖的路线、顺序、范围、标高、排水沟、集水井位置以及填方堆放点。

（3）做施工机具、劳动力使用计划，做好图纸的交底会审。

（4）熟悉土层地质情况，了解场地平整范围、场地平整标高及验收标准。

（5）绘制施工总平面图及土方平衡调配图。

2. 施工测量

根据施工区域的测量控制点和自然地形，将场地划分为轴线正交的若干地块。选用间隔为 20～50 m 的方格网，并以方格网各交叉点的地面高程，作为计算工程量和组织施工的依据。在填挖过程中和工程竣工时，都要进行测量，做好记录，以保证最后形成的场地符合设计规定的平面和高程。

3. 土石方调配

通过计算，对挖方、填方和土方运输量三者综合权衡，制定出合理的调配方案。为了充分发挥施工机械的效率，便于组织施工，避免不必要的往返运输，还要绘制土石方调配图，明确各地块的工程量、填挖施工的先后顺序、土方的来源和去向，以及机械、车辆的运行路线等。

4. 施工机械选择

根据具体施工条件、运输距离以及填挖土层厚度、土壤类别，施工机械作下列选择。

（1）运距在 100 m 以内的场地平整以选用推土机最为适宜。

（2）地面起伏不大、坡度在 20° 以内的大面积场地平整，当土壤含水量不超过 27%，平均运距在 800 m 以内时，宜选用铲运机。

（3）丘陵地带，土层厚度超过 3 m，土质为土、卵石或碎石碴等混合体，且运距在 1.0 km 以上时，宜选用挖掘机配合自卸汽车施工。

（4）当土层较薄，用推土机攒堆时，应选用装载机配合自卸汽车装土运土。

（5）当挖方地块有岩层时，应选用空气压缩机配合手风钻或车钻钻孔，进行石方爆破作业。

5. 填方压实

土方的填筑作业分为土工构筑物和回填土两类。注意事项如下。

（1）填方要有足够的强度和稳定性。

（2）土体的沉陷量力求最小。因此必须慎重选择填筑材料，并规定科学的填筑方法。

（3）含水量大的土、淤泥和腐殖土都不能用作填筑材料。

（4）所有的填方都要分层进行，每层虚铺厚度应根据土壤类别、压实机械性能而定。

（5）填方边坡的大小也要根据填筑高度、选用材料的类别和工程重要性，做出恰当的选择。

（6）填方的压实一般采用碾压、夯实、振动夯实等方法。大面积场地平整的填方多采用碾压和利用运土机械和车辆本身，随运随压，配合进行。

（7）填土在压实过程中，一般应配合取土样测定干容重及密实度，保证符合设计要求后方可验收。

场地平整施
工质量验收

学习情境四　基坑、基槽施工

一、基坑、基槽概述

（一）基坑、基槽概述

1. 建筑基坑

建筑基坑是为进行建（构）筑物地下结构的施工由地面向下开挖出的空间。

2. 建筑基槽

建筑基槽是为进行建筑基础施工，由地面向下开挖出底宽度在 3 米以内，且长大于 3 倍宽的地下空间。

3. 基坑与基槽的异同

基坑和基槽都是用来建筑建筑物的基础的，只是平面形状不同而已。

一般独立基础挖基坑，条形基础挖沟槽，满堂基础则进行大开挖。

基坑平面是方形或者比较接近方形。坑底的宽度在 3 m 以上且面积在 20 m² 以上，长与宽之比小于 3。

基槽平面是长条形状的，槽底宽度在 3 米以内，且槽长大于 3 倍槽宽。

（二）基坑、基槽施工内容

基坑、基槽土方工程包括土方开挖、土方回填、土方压实三部分主要内容，根据建筑场地内坑槽的土质、地下水位情况、深度还有土方放坡、边坡支撑以及人工降低地下水位等辅助内容，目的是保证开挖坑槽能顺利完成。

二、基坑、基槽开挖

（一）施工工艺

基坑、基槽施工工艺如图 1-19 所示。

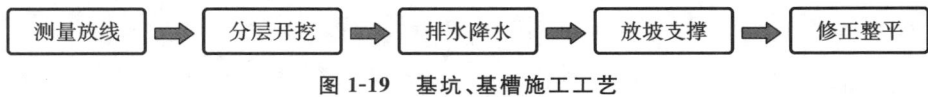

测量放线　➡　分层开挖　➡　排水降水　➡　放坡支撑　➡　修正整平

图 1-19　基坑、基槽施工工艺

（二）施工要点

1. 测量放线

基坑、基槽开挖前，应先进行测量定位，抄平放线，定出开挖平面尺寸。

（1）根据建筑总规划设计图和建筑施工总平面图，利用全站仪把建筑物定位坐标确定好。

（2）在场地内利用龙门板或龙门桩，定出各轴线的位置。

（3）根据建筑结构基础施工图，以轴线位置为基准，把基坑、基槽的连线在场地内标示出来。

2. 分块（段）、分层开挖

根据土质和水文情况，采取在四侧或两侧直立开挖或放坡，以保证施工操作安全。

基坑（槽）开挖时，应对平面控制桩、水准点、基坑（槽）平面位置、水平标高、边坡坡度等经常复测检查。

3. 排水、降水

在地下水位以下挖土，应在基坑、基槽四侧或两侧挖好临时排水沟和集水井，或采用井点降水，将水位降低至基坑或基槽底以下 500 mm，以便土方开挖。降水工作应持续到基础（包括地下水位以下回填土）施工完成。

雨季施工时，基坑、基槽应分段开挖，挖好一段浇筑一段垫层，并在坑（槽）两侧围以土堤或挖排水沟，以防地面雨水流入基坑（槽）。

4. 放坡支撑

在开挖基坑、基槽时，开挖深度超过该土质的直立深度，如果现场无条件放坡，为保证边坡稳定和周边建筑安全，还必须采用有效的支撑。

5. 修正整平

基坑开挖应尽量防止对地基土的扰动。当采用机械开挖时，应预留 15～30 cm 的一层土不挖，后利用人工进行修正整平。

当基坑挖好后不能立即进行下一道工序施工时，应预留 15～30 cm 的一层土不挖，待下道工序开始再挖至设计标高。

基坑（槽）土方开挖结束后应进行验槽，做好记录，当发现地基土质与地质勘探报告或设计要求不符时，有关人员应及时研究处理。

（三）土方边坡

合理地选择基坑、沟槽、路基、堤坝的断面和留设土方边坡，是减少土方量的有效措施。

1. 土方边坡坡度

边坡坡度（简称边坡）的表示方法如图 1-20 所示，以土方挖方深度 h 与放坡宽度 b 之比表示，计算公式为

$$i = \frac{h}{b} = \frac{1}{\dfrac{b}{h}} = \frac{1}{m} \tag{1-6}$$

式中：i——边坡坡度；

m——$m = b/h$，边坡坡度系数。

土方边坡的大小主要与土质、开挖深度、开挖方法、边坡留置时间的长短、边坡附近的各种荷载状况及排水情况有关，其取值既要保证土体稳定和施工安全，又要节省土方。

（1）在山坡整体稳定的情况下，地质条件良好、土质较均匀、使用时间较长、高度在 10 m 以内的临时性挖方边坡参考表 1-4 取值。挖方中有不同的土层或深度超过 10 m 时，其边坡可做成折线形或台阶形，以减少土方量，如图 1-20（b）、（c）所示。

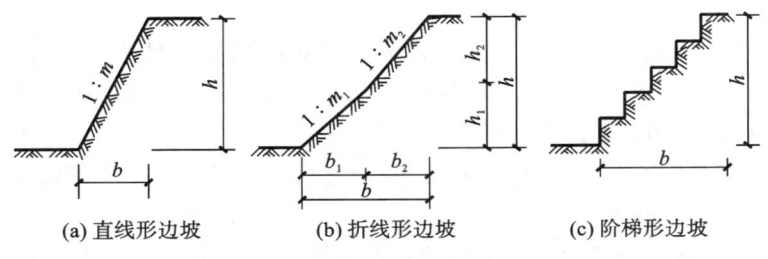

(a) 直线形边坡　　　(b) 折线形边坡　　　(c) 阶梯形边坡

图 1-20　土方边坡形式

对于使用时间在一年以上的临时性填方边坡,当填方高度在 10 m 以内时可采用 1∶1.15;高度超过 10 m 时可做成折线形,上部采用 1∶1.5,下部采用 1∶1.75。

表 1-4　使用时间较长、高 10 m 以内的临时性挖方边坡坡度

土 的 类 别		边 坡 坡 度
砂土(不包括细砂、粉砂)		1∶1.50～1∶1.25
一般黏性土	坚硬	1∶1.10～1∶0.75
	硬塑	1∶1.15～1∶1.10
碎石类土	充填坚硬、硬塑黏性土	1∶1.00～1∶0.50
	充填砂土	1∶1.50～1∶1.00

(2) 当地质条件良好、土质均匀且地下水位低于基坑、沟槽底面标高时,挖方深度在 5 m 以内、不加支撑的边坡可参考表 1-5 取值。

表 1-5　挖方深度在 5 m 内的基坑、基槽、管沟边坡的最佳坡度(不加支撑)

土 的 分 类	边坡坡度(高∶宽)		
	坡顶无荷载	坡顶有静载	坡顶有动载
中密的砂土	1∶1.00	1∶1.25	1∶1.50
中密的碎石类土(充填物为砂土)	1∶0.75	1∶1.00	1∶1.25
硬塑的粉土	1∶0.67	1∶0.75	1∶1.00
中密的碎石类土(充填物为黏性土)	1∶0.50	1∶0.67	1∶0.75
硬塑的粉质黏土、黏土	1∶0.33	1∶0.50	1∶0.67
老黄土	1∶0.10	1∶0.25	1∶0.33
软土(经井点降水后)	1∶1.00	—	—

注:①静载指堆土或材料等,动载是指机械挖土或汽车运输作业等;

②静载或动载应距挖方边缘 0.8 m 以外,堆土或材料高度不宜超过 1.5 m。

2. 土方边坡稳定

基坑、基槽开挖过程中,基坑(槽)边坡土体的稳定性主要依靠土体内颗粒间存在的内摩擦力和内聚力来保持。一旦土体失去平衡,土体就会塌方,这不仅会造成人身安全事故,同时也会影响工期,甚至还会危及附近的建筑物。

(1) 造成土方边坡塌方的主要原因如下。

①边坡过陡(坡度大、坡度系数小),使土体本身稳定性不够,尤其是在土质差、开挖深度

大的基坑(槽)中,常引起塌方。

②雨水、地下水渗入基坑(槽),使土体泡软、重量增大及抗剪能力降低。

③基坑(槽)边缘附近大量堆土,或停放机具、材料,或由于动荷载的作用,使土体产生的剪应力超过土体的抗剪强度。

④土方开挖顺序和方法未遵守"开槽支撑、先撑后挖;分层开挖、严禁超挖"的原则。

(2)防治塌方措施如下。

①放足边坡。即增大坡度系数,边坡的留设应符合规范的要求,其坡度的大小应根据土壤的性质、水文地质条件、施工方法、开挖深度、工期的长短等因素确定。

②设置支撑。为了缩小施工面、减少土方,或受场地限制不能放坡时,可设置土壁支撑。

③基坑(槽)或管沟挖好后,应及时进行基础工程或地下结构工程施工。在施工过程中,应经常检查坑壁的稳定情况。当开挖基坑(槽)较深或晾坑(槽)时间较长时,应根据实际情况采取护面措施,常用的方法有帆面或塑料薄膜覆盖、坡面挂网法、挂网抹浆法、土袋压坡法等,如图 1-21 所示。

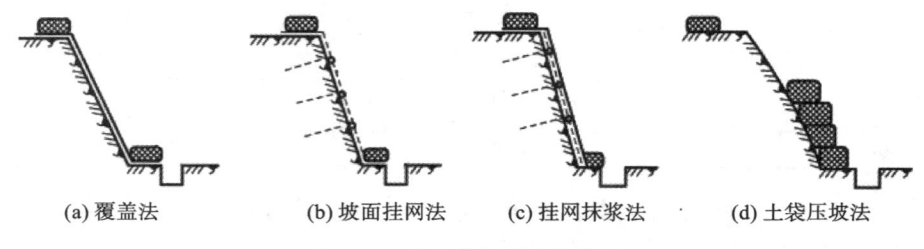

(a) 覆盖法　　　　　(b) 坡面挂网法　　　　(c) 挂网抹浆法　　　　(d) 土袋压坡法

图 1-21　边坡护面措施示意图

(四) 土方边坡支撑

当开挖基坑(槽)、管沟的土体含水率大而不稳定,基坑较深,受到周围场地限制且边坡较陡,或直立开挖土质较差的边坡时,应采用临时性支撑加固,基坑、基槽每边的宽度应比基础宽 15～20 cm,便于设置支撑加固结构。

土方开挖时,土壁要求平直,挖好一层,做好一层支撑,挡土板要紧贴土面,并用小木桩或横撑木顶住挡板。开挖宽度较大的基坑,当在局部地段无法放坡,或下部土方受到基坑尺寸限制不能放较大坡度时,应在下部坡脚采取加固措施,如采用短桩与横隔板支撑,或砌砖、毛石,或用编织袋、草袋装土堆砌临时矮挡土墙以保护坡脚。

1. 一般沟槽的支撑方式

(1)断续式水平支撑。

将挡土板水平放置,中间留出间隔,并在两侧同时对称竖立枋木,再用工具或横木撑上下顶紧,这种方法适用于能保持直立壁的干土或天然湿度的黏土,地下水很少,深度在 3 m 以内的沟槽,如图 1-22 所示。

(2)连续式水平支撑。

将挡土板水平连续放置,不留间隙,然后两侧同时对称竖立枋木,上下各顶一根撑木,端头加木楔顶紧。这种方法适用于较松散的干土或天然湿度的黏土,地下水很少,深度在 3～5 m 的沟槽,如图 1-23 所示。

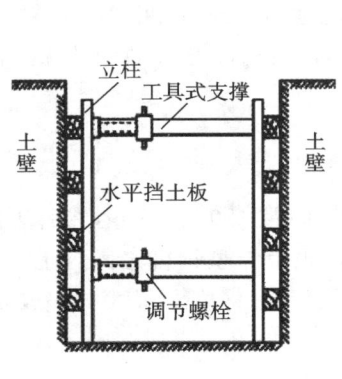

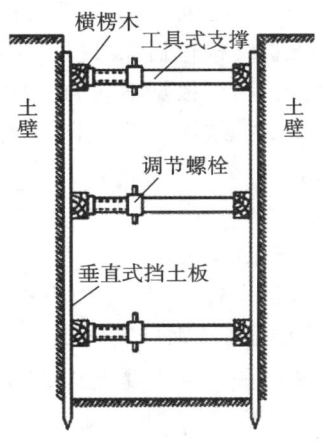

图 1-22　断续式水平支撑　　　　图 1-23　连续式水平支撑

2. 一般基坑的支撑方式

（1）短柱横隔板支撑。

打入小短木桩，部分打入土中，部分露出地面，钉上水平挡土板，在背面填土，如图 1-24（a）所示。这种方法适用于开挖宽度大的基坑，以及当部分地段下部放坡不够时使用。

（2）临时挡土墙支撑。

沿坡脚用砖、石叠砌或用草袋装土砂堆砌，使坡脚保持稳定，如图 1-24（b）所示。这种方法适用范围同短柱横隔板支撑。

（3）斜柱支撑。

水平挡土板钉在柱桩内侧，柱桩外侧用斜撑支顶，斜撑底端支在木桩上，在挡土板内侧回填土地，如图 1-24（c）所示。这种方法适用于开挖面积较大、深度不大的基坑或使用机械挖土。

（4）锚拉支撑。

水平挡土板钉在柱桩内侧，柱桩一端打入土中，另一端用拉杆与锚桩拉紧，在挡土板内侧回填土地，如图 1-24（d）所示。这种方法适用范围同斜柱支撑。

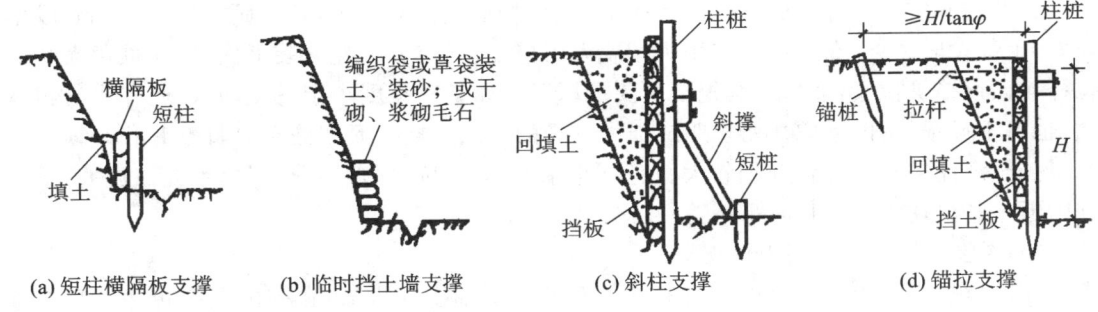

(a) 短柱横隔板支撑　　(b) 临时挡土墙支撑　　(c) 斜柱支撑　　(d) 锚拉支撑

图 1-24　一般基坑支撑

3. 深基坑的支撑方式

深基坑是指开挖深度大于 5 m 的基坑。深基坑的支护结构按其受力状况，可分为重力式支护结构和非重力式支护结构。

重力式支护结构是通过加固基坑侧壁形成一定厚度的重力式挡墙,达到挡土的目的。常用的重力式支护结构包括深层搅拌水泥桩和水泥旋喷桩等。

非重力式支护结构根据不同的开挖深度和工程地质等条件,可分为悬臂式支护结构和设有撑锚体系的支护结构。常用非重力式支护结构包括钢板桩、H型钢板桩、混凝土灌注桩和地下连续墙等。

1)钢板桩支护

(1)型钢桩横挡板支撑。

沿挡土位置预先打入钢轨、工字钢或H型钢桩,间距1.0~1.5 m,然后边挖土方边将3~6 cm厚的挡土板塞进钢桩之间挡土,并在横向挡土板与型钢桩之间打上楔子,使横向挡土板与土体紧密接触。该支撑方式适用于地下水位较低、深度不很大的一般黏性土或砂层中使用,如图1-25所示。

(2)拉森钢板桩支护。

用专用的打桩机械将拉森钢板桩沿测量定位好的连线打入土中,打钢板桩的每个流程都要做好定位导向作业,严格控制好钢板桩的双向笔直度,确保钢板桩与钢板桩之间咬合紧密,如图1-26所示。

拉森钢板桩围堰施工适用于浅水低桩承台并且水深4 m以上,河床覆盖层较厚的砂类土、碎石土和半干性黏土,以及风化岩层等基础工程。钢板桩围堰作为封水、挡土结构,在浅水区基础工程施工中应用较多。

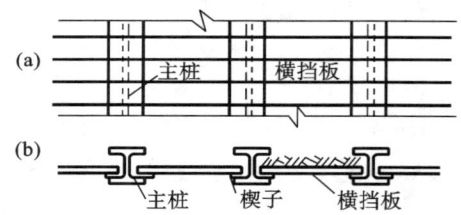

图 1-25　型钢桩横挡板支撑

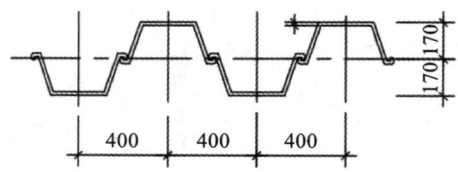

图 1-26　拉森钢板桩支撑(单位:mm)

2)挡土灌注桩支护

在开挖基坑周围,用钻机钻孔,下钢筋笼,现场灌注混凝土桩,桩间距为1~1.5 m,成排设置,上部设联系梁,在基坑中间用机械或人工挖土,下挖1 m左右装上横撑,在桩背面装上拉杆与已设锚桩拉紧,然后继续挖土至要求深度。如基础深度小于6 m,或邻近有建(构)筑物,也可不设锚拉杆,采取加密桩距或加大桩径的方法。挡土灌注桩支护如图1-27所示。

挡土灌注桩支护适合开挖较大、较浅(小于5 m)基坑,邻近有建筑物,不允许放坡,不允许附近地基出现下沉位移时采用。

3)深层搅拌水泥土挡土桩支护

深层搅拌水泥土挡土桩用专门的深层双轴或多轴搅拌机械,在桩位上旋转并用其自重切土成孔。成孔达到设计深度后,将制备好的水泥浆用灰浆泵压入搅拌机,边喷浆边旋转,且搅拌机重复上下搅拌,使水泥浆与软土搅拌均匀,待深层搅拌机逐步提出地面后,停止搅拌,将搅拌机移位;利用水泥作固化剂,将土与水泥强制拌和,使土硬结形成有一定强度和遇水稳定的水泥土加固桩,如图1-28所示。

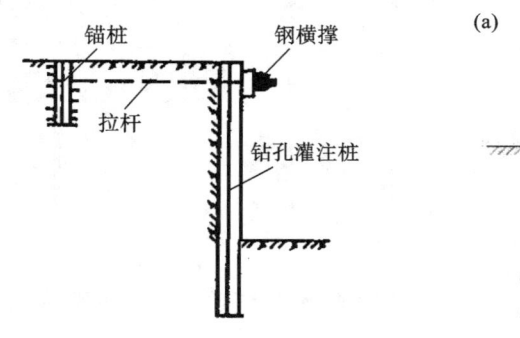

图 1-27　挡土灌注桩支护

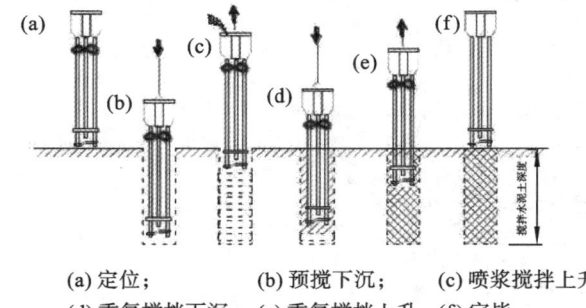

(a) 定位；　　　　　　(b) 预搅下沉；　　(c) 喷浆搅拌上升；
(d) 重复搅拌下沉；　(e) 重复搅拌上升；　(f) 完毕。

图 1-28　深层搅拌水泥土挡土桩支护

深层搅拌水泥土挡土桩做基坑支护结构具有良好的经济效益,适用于开挖 4～8 m 深的基坑护坡结构。

深层搅拌水泥土挡土桩支护施工要点如下。

(1) 搅拌桩正式施工前应通过现场工艺性试验,以获得该场地的成桩经验及各种操作技术参数,试验桩不得少于 2 根。

(2) 搅拌桩垂直度偏差不得大于 1‰,桩位偏差不得大于 50 mm,桩径偏差不得大于 4%。

(3) 使用水泥密度为硅酸盐水泥、普通硅酸盐水泥、矿渣硅酸盐水泥,标号不应低于 32.5 MPa。根据拌和土强度要求,水泥土中水泥掺量不宜小于 15%,密度为 150～200 kg/m³;水灰比一般为 0.45～0.5。拌和时,所使用的水泥都应过筛,制备好的浆液不得离析,应连续泵送,如有异常情况,停止时间不应大于 2 h,如超过 2 h,应进行补桩。

(4) 一般预搅下沉的速度应控制在 1.0 m/min,重复搅拌升降速度应控制在 0.5～0.8 m/min,喷浆速度一般为 0.6～1.6 m³/min,喷浆压力不应小于 0.4 MPa。

(5) 当水泥浆液达到出浆口时,应喷浆搅拌 30 s,在水泥浆与桩端土充分搅拌后,再开始提升搅拌头。

4) 挡土灌注桩与土层锚杆结合支护

桩顶不设锚桩、拉杆,而是挖至一定深度,每隔一定距离向桩背面斜向打入锚杆,达到强度后,安上横撑,拉紧固定,在桩中间挖土,直至设计深度,如图 1-29 所示。

挡土灌注桩与土层锚杆结合支护适合大型较深基坑,施工期较长,邻近有建筑物,不允许支护,邻近地基不允许有下沉位移时使用。

5) 地下连续墙支护

地下连续墙是沿着深开挖工程的周边轴线,在泥浆护壁条件下,开挖出一条狭长的深槽,清槽后,在槽

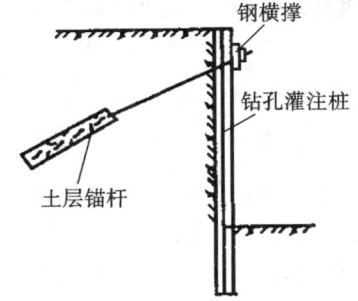

图 1-29　挡土灌注桩与土层
锚杆结合支护

内放钢筋笼,然后用导管灌筑水下混凝土筑成一个单元槽段,如此逐段进行,在地下筑成一道连续的钢筋混凝土墙壁,作为截水、防渗、承重、挡水结构,如图 1-30 所示。

地下连续墙施工时,振动小,无噪声,墙体刚度大,能承受较大的土压力,适用于各地质条件,且防渗性能好。

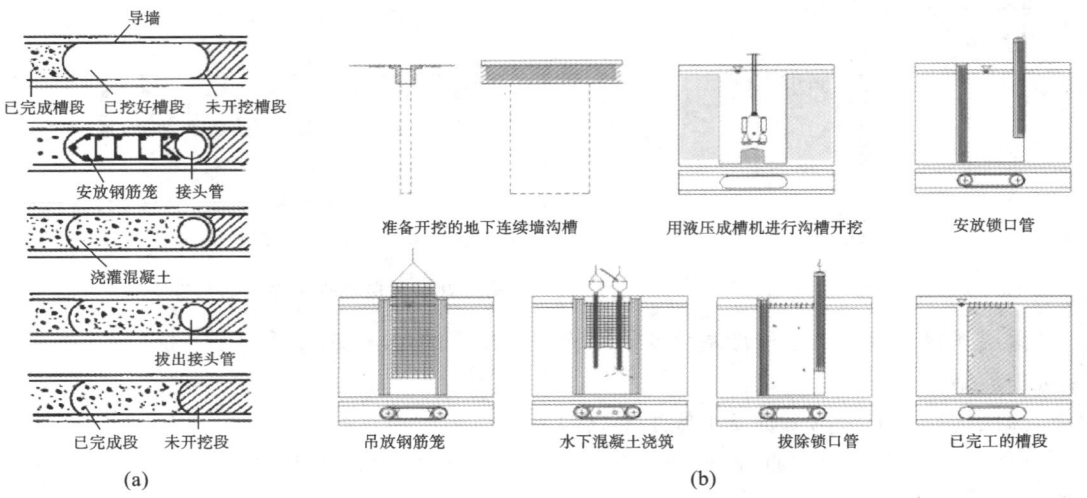

图 1-30 地下连续墙支护施工工艺

6)内撑式支护

支撑式支护由支护桩或墙和内支撑组成,适用于各种地基土层,缺点是内支撑会占用一定的施工空间,如图 1-31 所示。

图 1-31 内撑式支护实景图

7)土层锚杆支护

土层锚杆简称土锚杆,是在地面或深开挖的地下室墙面(挡土墙、桩或地下连续墙)或未开挖的基坑立壁土层钻孔(或掏孔),达到一定设计深度后,可再扩大孔的端部,形成柱状或其他形状,在孔内放入钢筋、钢管或钢丝束、钢绞线或其他抗拉材料,灌入水泥浆或化学浆液,使之与土层结合而成为抗拉(拔)力强的锚杆。土层锚杆支护如图 1-32 所示。

土层锚杆一般由锚头、锚头垫座、钻孔、防护套管、拉杆(钢索)、锚固体、锚底板等组成,与支护结构共同形成拉锚体系。

土层锚杆施工一般先将支护结构施工完毕,再开挖基坑至土层锚杆标高,随挖随设置一层土层锚杆,逐层向下设置,直至完成。具体施工程序分为两种:干作业法和湿作业法。

(1)干作业法施工程序:施工准备→土方开挖→测量、放线定位→钻机就位→校正孔位

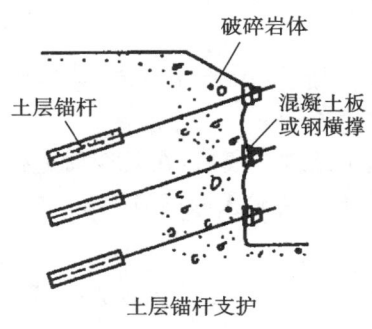

图 1-32　土层锚杆支护

调整角度→钻孔→接螺旋钻杆继续钻孔到预定深度→退螺旋钻杆→插放钢筋→插入注浆管→灌水泥浆→养护→上锚头→预应力张拉→紧螺栓或顶紧楔片→锚杆工序完毕,继续挖土。

（2）湿作业法施工程序:土方开挖→测量、放线定位→钻机就位→接钻杆→校正孔位→调整角度→打开水源→钻孔→提出内钻杆→冲洗→钻至设计深度→反复提内钻杆→插钢筋（或钢绞线）→压力灌浆→养护→裸露主筋防锈→上横梁（或预应力锚件）→焊锚具→张拉（仅用于预应力锚杆）→锚头（锚具）锁定。

土层锚杆适用范围如下:安全等级为一、二、三级的基坑侧壁;一般黏土、砂土地基,经实验确认后的软土、淤泥质土地基;难以采用支撑的大面积深基坑。不宜用于地下水含量大、含有化学腐蚀物的土层和松散软弱土层。

8）土钉墙支护

土钉墙支护随基坑逐层开挖、逐层进行支护,直至坑底,施工时在基坑开挖坡面,用洛阳铲人工成孔或机械成孔,孔内放锚杆并注入水泥浆,在坡面安装钢筋网,喷射强度等级不低于 C20 的混凝土,使土体、土钉锚杆及喷射混凝土面层结合,为深基坑形成土钉支护。土钉墙施工图如图 1-33 所示。

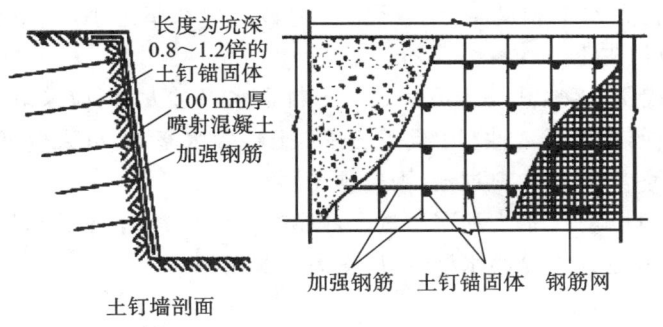

图 1-33　土钉墙施工图

土钉墙施工要点

土钉墙适用条件:基坑侧壁安全等级为二、三级的非软土场地;地下水位较低的黏土、砂土、粉土地基,基坑深度不宜大于 12 m。当地下水位高于基坑底面时,应采取降水或截水措施。

施工排水与降水

三、基坑、基槽回填与压实

土方回填主要涉及地基填土、基坑（槽）或管沟回填、室内地坪回填、室外场地回填平整等。

基坑、基槽回填与压实，是在房屋基础工程和地下结构完成后，在其四周进行土方回填与压实。回填土一定要压密实，以保证回填的土体不会产生较大的沉陷。

（一）土方回填压实施工工艺

土方回填压实施工工艺如图1-34所示。

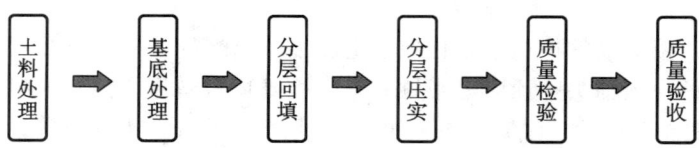

图1-34　土方回填压实施工工艺

（二）施工要点

1. 土料的选用

选择填方土料应符合设计要求，保证填方的强度和稳定性，如无设计要求，应符合以下规定。

（1）碎石类土、砂土和爆破石渣（粒径不大于每层铺土厚的2/3），可作为表层下的填料。

（2）含水率符合压实要求的黏性土，可作各层填料。

（3）淤泥和淤泥质土，一般不能用作填料。

填土土料含水率的大小直接影响到夯实（碾压）质量，在夯实（碾压）前应先试验，以得到符合密实度要求条件下的最优含水率和最少夯实（碾压）遍数。含水率过小，容易夯压（碾压）不实；含水率过大，则易成橡皮土。

土料含水率一般以手握成团，落地开花为适宜。如土料含水率过大，则应采取翻松、晾干、风干、换土回填、掺入干土或其他吸水性材料等措施；如土料含水率小，可采取增加压实遍数或使用大功率压实机械等措施；如土料过干，则应预先洒水润湿。

在气候干燥时，须加速挖土、运土、平土和碾压过程，以减少土的水分散失。当填料为碎石类土（充填物为砂土）时，碾压前应充分洒水湿透，以提高压实效果。

2. 基底处理

（1）场地回填应先清除基底上的垃圾、草皮、树根，排除坑穴中的积水、淤泥和杂物，并应采取措施防止地表清水流入填方区，浸泡地基，造成地基土下陷。

（2）当填方基底为耕植土或松土时，应将基底充分夯实和碾压密实。

（3）当填方位于水田、沟渠、池塘或含水量很大的松散土地段时，应根据具体情况，采取措施排水疏干，或采取将淤泥全部挖出换土、抛填片石、填砂砾石、翻松、掺石灰等措施进行处理。

（4）当填土场地地面坡度陡于 1/5 时，应先将斜坡挖成阶梯形，阶高 20～30 cm，阶宽大于 100 cm，然后分层填土，防止滑动。

3. 分层填土

1）人工填土

（1）用手推车送土，用铁锹、耙、锄等工具进行回填土作业。

（2）填土应从场地最低部分开始，由一端向另一端自下而上分层铺填。每层虚铺厚度，用人工木夯夯实时不大于 20 cm，用打夯机械夯实时不大于 25 cm。

（3）深浅坑（槽）相连时，应先填深坑（槽），填平后再与浅坑全面分层填夯。

（4）采取分段填筑，交接处应填成阶梯形。

（5）墙基及管道回填时应在两侧用细土同时均匀回填、夯实，防止墙基及管道中心线发生移位。

（6）夯填土采用人工按次序进行，一夯压半夯。较大面积人工回填用打夯机夯实。两机平行时其间距不得小于 3 m；在同一夯打路线上，前后间距不得小于 10 m。

2）机械填土

铺土应分层进行，每层铺土厚度为 30～50 cm（视所用压实机械的要求而定）。每层铺土后，利用填土机械将地表面刮平。填土程序一般尽量采取横向或纵向分层卸填土，以利行驶时初步压实。

4. 分层压实

（1）压实填土的质量控制指标通常以压实系数 λ_c 表示，一般由设计人员根据工程结构性质、使用要求及土的性质确定，如未做规定，可参考表 1-6 确定。

表 1-6 压实填土的质量控制指标

结构类型	填土部位	压实系数	含水率
砌体承重结构 框架结构	在地基主要受力层范围内	≥0.97	$\omega \pm 2\%$
	在地基主要受力层范围以下	≥0.96	
排架结构	在地基主要受力层范围内	≥0.95	$\omega_{op} \pm 2\%$
	在地基主要受力层范围以下	≥0.94	

注：地坪垫层以下及基础底面标高以上的压实填土，压实系数不应小于 0.94。

（2）填土应尽量采用同类土填筑，并宜控制土的含水率在最优含水率范围内。当采用不同的土填筑时，应按土类别有规则地分层铺填，将透水性大的土层置于透水性较小的土层之下，不得混杂使用。边坡不得用透水性较小的土封闭，以利水分排出和基土稳定，并避免在填方内形成水囊和产生滑动现象。

（3）填土应从最低处开始，由下向上分层铺填碾压或夯实。

（4）在地形起伏之处，应做好接缝处理。填筑 1:2 阶梯形边坡，每个台阶可取高 50 cm、宽 100 cm，分段填筑时每层接缝处应做成大于 1:1.5 的斜坡，碾迹重叠 50～100 cm。上下层错缝距离不应小于 1 m，接缝部位不得在基础、墙角、柱墩等重要部位。

（5）填土应预留一定的下沉高度，以备在行车、堆重或干湿交替等自然因素作用下，土体逐渐沉落密实。预留沉降量根据工程性质、填方高度、填料种类、压实系数和地基情况等因素确定。当土方用机械分层夯实时,其预留下沉高度(以填方高度的百分数计),砂土为1.5%,粉质黏土为3%~3.5%。

(6)回填土压实遍数。

回填土的压实遍数根据填土的性质、设计要求的压实系数和使用的压(夯)实机具性能而定,一般应通过现场碾(夯)压试验确定,无试验依据时,可参考下列数值。

①平碾:每层压实遍数为6~8。

②羊足碾:每层压实遍数为8~15。

③振动压实机:每层压实遍数为3~4。

④柴油打夯机:每层压实遍数为3~4。

⑤人工打夯:每层压实遍数为3~4。

(7)压实排水要求。

①填土层如有地下水或滞水,应在四周设置排水沟和集水井,将水位降低。

②已填好的土如遭水浸,应将稀泥铲除后,方能进行下一道工序。

③填土区应保持一定横坡,或中间稍高两边稍低,以利排水。

④当天填土,应在当天压实。

(三) 土方回填压(夯)实方法

回填土压实的方法一般有碾压法、夯实法和振动压实法。填土压实的力学示意如图1-35所示。

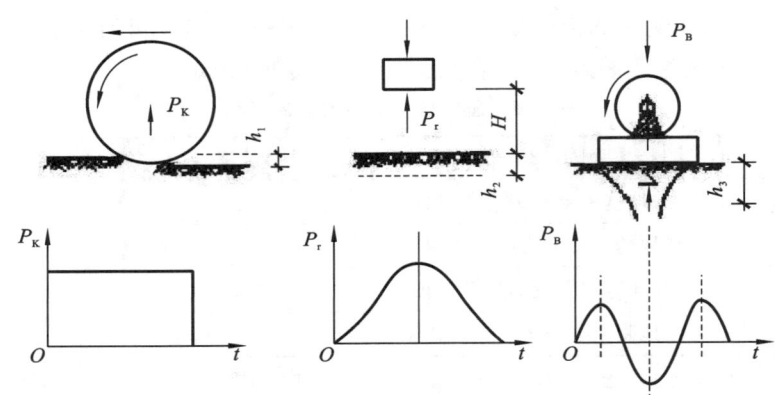

图 1-35   填土压实的力学示意

1. 碾压法

碾压法是利用机械滚轮的压力压实土壤,使之达到所需的密实度,此法多用于大面积填土工程。

碾压机械有光面碾(压路机)、羊足碾和气胎碾。光面碾对砂土、黏性土均可压实;羊足碾需要较大的牵引力,且只宜压实黏性土;气胎碾在工作时是弹性体,其压力均匀,填土压实质量较好。此外,还可利用运土机械进行碾压,施工时使运土机械的行驶路线能大体均匀地分布在填土区域内,并达到一定的重复行驶遍数,使其满足填土压实质量的要求。

碾压机械压实填方时,行驶速度不宜过快,一般平碾控制在2 km/h,羊足碾控制在3 km/h,否则会影响压实效果。

2. 夯实法

夯实法是利用夯锤自由下落的冲击力来夯实土壤,主要用于小面积回填。夯实法分人工夯实和机械夯实两种。常用的夯实机械有夯锤、内燃式夯土机和蛙式打夯机。夯实法适用于夯实砂性土、湿陷性黄土、杂填土及含有石块的填土。

3. 振动压实法

振动压实法是将振动压实机械放在土层表面,借助振动机械使压实机械振动,土颗粒在振动力的作用下发生相对位移而达到紧密状态。这种方法对振实非黏性土的效果较好。

四、基坑、基槽施工质量验收

(一)质量要求及检查方法

1. 基坑、基础土方开挖

1)质量要求

(1)施工前应检查支护结构质量、定位放线、排水和地下水控制系统,以及对周边影响范围内地下管线和建(构)筑物保护措施的落实,并应合理安排土方运输车辆的行走路线及弃土场。附近有重要保护设施的基坑,应在土方开挖前对围护体的止水性能通过预降水进行检验。

(2)施工中应检查平面位置、水平标高、边坡坡率、压实度、排水系统、地下水控制系统、预留土墩、分层开挖厚度、支护结构的变形,并随时观测周围环境变化。

(3)施工结束后应检查平面几何尺寸、水平标高、边坡坡率、表面平整度和基底土性等。

(4)开挖的顺序、方法必须与设计工况和施工方案相一致,并应遵循"开槽支撑,先撑后挖,分层开挖,严禁超挖"的原则。

(5)临时性挖方工程的边坡坡率允许值应符合表 1-7 的规定或经设计计算确定。

表 1-7 临时性挖方工程的边坡坡率允许值

序　号	土 的 类 别		边坡坡率(高∶宽)
1	砂土	不包括细砂、粉砂	1∶1.50～1∶1.25
2	黏性土	坚硬	1∶1.00～1∶0.75
		硬塑、可塑	1∶1.25～1∶1.00
		软塑	1∶1.50 或更缓
3	碎石土	充填坚硬黏土、硬塑黏土	1∶1.00～1∶0.50
		充填砂土	1∶1.50～1∶1.00

注:①本表适用于无支护措施的临时性挖方工程的边坡坡率。
②设计有要求时,应符合设计标准。
③本表适用于地下水位以上的土层。采用降水或其他加固措施时,可不受本表限制,但应计算复核。
④一次开挖深度,软土不应超过 4 m,硬土不应超过 8 m。

2)检查方法

(1)观察法。

①观察坑(槽)壁、坑(槽)底的土质情况,验证基坑(槽)开挖深度,初步验证基坑(槽)底

部土质是否与勘察报告相符,观察坑(槽)底土质结构是否被人为破坏。

②观察基坑(槽)边坡是否稳定,是否有影响边坡稳定的因素存在,如地下渗水、坑边堆载或近距离扰动等(对难于鉴别的土质,应采用洛阳铲等手段挖至一定深度仔细鉴别)。

③观察基槽内有无旧的房基、洞穴、古井、掩埋的管道和人防设施等。如存在上述问题,应沿其走向进行追踪,查明其在基槽内的范围、延伸方向、长度、深度及宽度。

④在进行直接观察时,可用袖珍式贯入仪作为辅助手段。

(2)钎探法。

①人工(机械)钎探采用直径 22～25 mm 钢筋制作的钢钎,使用人力(机械)使大锤(穿心锤)自由下落规定的高度,撞击钎杆垂直打入土层中,记录其单位进深所需的锤数,为设计承载力、地勘结果、基土土层的均匀度等质量指标提供验收依据。钎探法是在基坑底进行轻型动力触探的主要方法。

②人工打钎:将钎尖对准孔位,一人扶正钢钎,一人站在操作凳子上。用大锤打钢钎的顶端,锤举高度一般为 50 cm,自由下落,将钎垂直打入土层中。

③机械打钎:将触探杆尖对准孔位,再把穿心锤套在钎杆上,扶正钎杆,利用机械动力拉起穿心锤,使其自由下落,锤距为 60 cm,把触探杆垂直打入土层中。

④钎杆每打入土层 30 cm 时,记录一次锤击数。钎探深度以设计为依据,如设计无规定,一般钎点按纵横间距 1.5 m 梅花形布设。

2. 基坑、基础土方回填与压实

1)质量要求

(1)土方回填前应清除基底的垃圾、树根等杂物,抽除坑穴积水、淤泥,验收基底标高。在耕植土或松土上填方,应在基底压实后再进行。

(2)对填方土料应按设计要求验收后方可填入。

(3)填方施工过程中,应检查排水措施、每层填筑厚度、含水率控制、压实程度。填筑厚度及压实遍数应根据土质、压实系数及所用机具确定,如无试验依据,可参考表 1-8 确定。

表 1-8 填方施工时的分层厚度及压实次数

压 实 机 具	分层厚度/mm	每层压实次数
平碾	250～300	6～8
振动压实机	250～350	3～4
柴油打夯机	200～250	3～4
人工打夯	<200	3～4

(4)填方施工结束后,应检查标高、边坡坡度和压实程度等。

2)检查方法

(1)对有密实度要求的填方,在夯实或压实之后,要对每层回填土的质量进行检验。一般采用环刀法(或灌砂法)取样测定,或用小型轻便触探仪直接通过锤击数来检验干密度和密实度,符合设计要求后,才能填筑上层。

(2)基坑和室内填土,每层按 100～500 m² 取样一组;场地平整填方,每层按 400～900

m² 取样一组;基坑和管沟回填每 20~50 m² 取样一组,但每层均不少于一组,取样部位在每层压实后的下半部。用灌砂法取样应为每层压实后的全部深度。

(二)质量检验标准

(1) 土方开挖工程的质量检验标准应符合表 1-9 的规定。

表 1-9　柱基、基坑、基槽、管沟、地(路)面基础层填方工程质量检验标准

项	序	项　目	允许值或允许偏差		检 查 方 法
			单位	数值	
主控项目	1	标高	m	−50	水准测量
	2	长度、宽度(由设计中心线向两边量)	mm	+200 −50	全站仪或用钢尺量
	3	坡率	设计值		目测法或用坡度尺检查
一般项目	1	表面平整度	mm	±20	用 2 m 靠尺
	2	基底土性	设计要求		目测法或土样分析

(2) 填方工程质量检验标准应符合表 1-10 的规定。

表 1-10　柱基、基坑、基槽、管沟、地(路)面基础层填方工程质量检验标准

项	序	项　目	允许值		检 查 方 法
			单位	数值	
主控项目	1	标高	mm	0 −50	水准测量
	2	分层压实系数	不小于设计值		环刀法、灌水法、灌砂法
一般项目	1	回填土料	设计要求		取样检查或直接鉴别
	2	分层厚度	设计值		水准测量及抽样检查
	3	含水量	最优含水量±2%		烘干法
	4	表面平整度	mm	20	用 2 m 靠尺
	5	有机质含量	≤5%		灼烧减量法
	6	辗迹重叠长度	mm	500~1000	用钢尺量

学习情境五　土方工程量计算

一、场地平整工程量计算

场地平整前要确定场地设计标高、计算挖填土方量,以便据此进行土方挖填平衡计算,确定平衡调配方案,并根据工程规模、施工期限、现场机械设备条件选用土方机械,编制专项施工方案。

(一) 场地平整高度计算

1. 场地标高选择原则

对较大面积的场地平整,正确地选择场地平整高度(设计标高),对节约工程投资、加快建设速度具有重要意义。一般选择原则如下。

(1) 在符合生产工艺和运输的条件下,尽量利用地形,以减少挖方数量。

(2) 场地内的挖方与填方量应尽可能达到互相平衡,以降低土方运输费用。

(3) 考虑最高洪水位的影响。

2. 场地平整高度的计算步骤和方法

计算场地平整高度常用的方法为"挖填土方量平衡法",其计算步骤和方法如下。

(1) 计算场地设计标高。

如图 1-36(a)所示,将地形图划分方格网(或利用地形图的方格网),在每个方格的角点标注标高,一般可以根据地形图上相邻两等高线的标高,用插入法求得。当无地形图时,也可在现场打设木桩定好方格网,然后用仪器(全站仪)直接测出。

如图 1-36(b)所示,一般要求是使场地内的土方在平整前和平整后相等而达到挖方量和填方量平衡。设达到挖填平衡的场地平整标高为 H_0,则由挖填平衡条件,H_0 的计算公式为:

$$H_0 = \frac{\sum H_1 + 2\sum H_2 + 3\sum H_3 + 4\sum H_4}{4N} \tag{1-7}$$

式中:N——方格网数(个);

　　　H_1——一个方格共有的角点标高(m);

　　　H_2——两个方格共有的角点标高(m);

　　　H_3——三个方格共有的角点标高(m);

　　　H_4——四个方格共有的角点标高(m)。

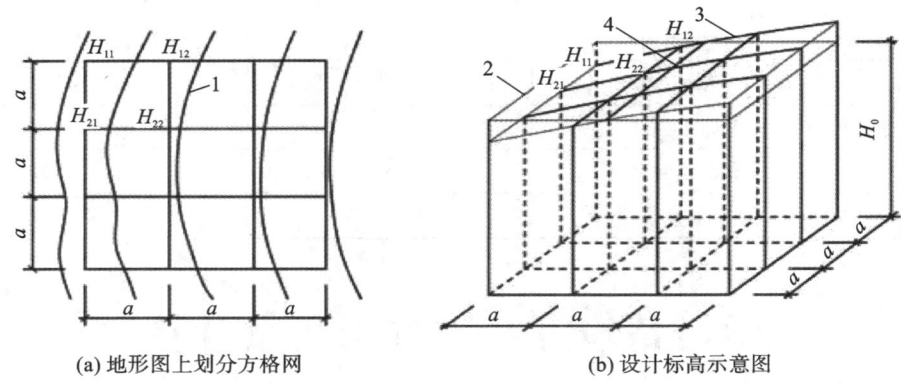

(a) 地形图上划分方格网　　　　　　　(b) 设计标高示意图

图 1-36　场地方格网

1—等高线;2—自然地坪;3—设计标高平面;4—自然地面与设计标高平面的交线(零线);

a—方格网边长;H_{11}、H_{12}、H_{21}、H_{22}—任一方格的四个角点的标高

(2) 考虑设计标高的调整值。

式(1-7)计算的 H_0 为理论数值,实际应用中应考虑以下一些因素。

①土的可松性。

②设计标高以下各种填方工程用土量,或设计标高以上的各种挖方工程量。

③边坡填挖土方量不等。

④部分挖方就近弃土于场外,或部分填方就近从场外取土等。

考虑上述因素所引起的挖填土方量的变化后,须适当提高或降低设计标高。

(3)考虑泄水坡度对设计标高的影响。

式(1-9)计算的 H_0 未考虑场地的排水要求(即假定场地表面均处于同一个水平面上,但实际上均应有一定的排水坡度)。如果场地面积较大,则应有 2‰以上的排水坡度,故应考虑排水坡度对设计标高的影响。

场地泄水坡度示意图如图 1-37 所示。场地内任一点实际施工时所采用的标高为 H_n(m),其计算公式如下:

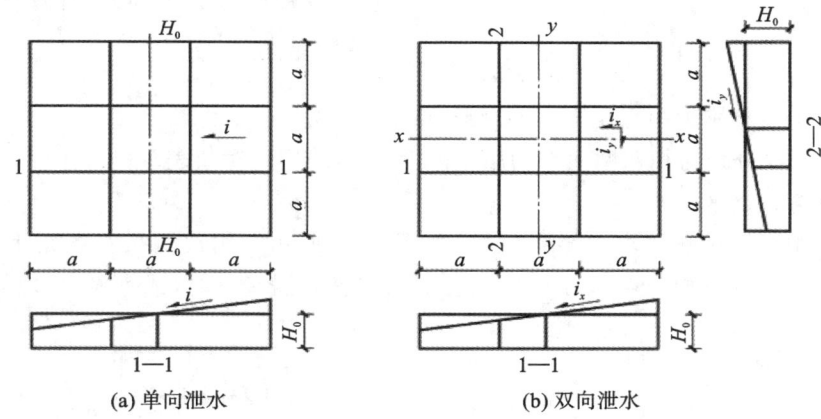

图 1-37　场地泄水坡度示意图

①单向排水时:

$$H_n = H_0 \pm li \tag{1-8}$$

②双向排水时:

$$H_n = H_0 \pm l_x i_x \pm l_y i_y \tag{1-9}$$

式中:l——该点至 H_0 的距离(m);

　i——排水坡度(不少于 2‰);

　l_x、l_y——分别为该点 x 方向、y 方向距场地中心线距离(m);

　i_x、i_y——分别为该点 x 方向和 y 方向的排水坡度;

　$\pm$——该点比 H_0 高就取"+",反之就取"−"号。

(二)场地平整土方工程量计算

在编制场地平整土方工程施工组织设计或施工方案,进行土方的平衡调配及检查验收土方工程时,常需要进行土方工程量的计算,常用的计算方法有方格网法和横截面法。

1. 方格网法

方格网法用于地形较平缓或台阶宽度较大的地段。该计算方法较为复杂,但精度较高,其计算步骤和方法如下。

1）划分方格网

根据已有地形图（一般用 1：500 的地形图）将欲计算场地划分成若干个方格网，尽量与测量的纵横坐标网对应，方格一般采用 20 m×20 m 或 40 m×40 m，将相应设计标高和自然地面标高分别标注在方格点的右下角和左下角。将自然地面标高与设计地面标高的差值，

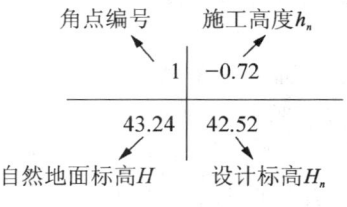

即各角点的施工高度（挖或填）填在方格点的左上角，挖方为"－"，填方为"＋"，如图 1-38 所示。

图 1-38　划分方格网

2）计算零点位置

在一个方格网内同时有填方或挖方时，应先计算出方格网边上零点的位置，并标注于方格网上，连接零点即得填方区和挖方区的分界线（零线）。

零点位置计算如图 1-39 所示，计算公式为：

$$x_1 = \frac{h_1}{h_1 + h_2} \times a, \quad x_2 = \frac{h_2}{h_1 + h_2} \times a \qquad (1\text{-}10)$$

式中：x_1、x_2——分别为角点至零点的距离（m）；

h_1、h_2——分别为相邻两角点的施工高度（m），均用绝对值表示；

a——方格网的边长（m）。

也可采用图解法直接求出零点位置，如图 1-40 所示。用比例尺在各角上标出相应比例，用尺相接，与方格相交点即为零点位置，这种方法可避免计算（或查表）出现的错误。

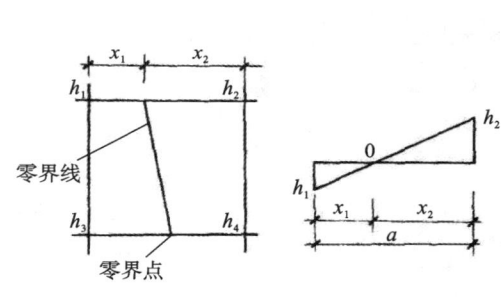

图 1-39　零点位置计算

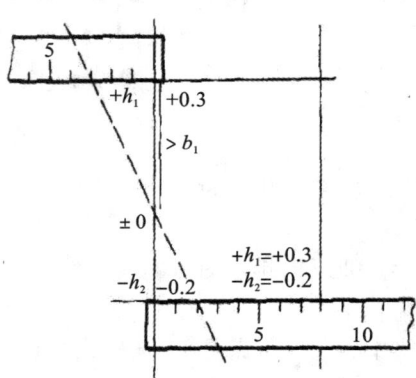

图 1-40　零点位置图解法

3）计算土方工程量

通常按方格网底面积图形，按图 1-41 所列体积计算公式算每个方格网内的挖方或填方工程量。

场地土方工程量计算，也可采用四棱柱体法或三角棱柱体法。

（1）四棱柱体法。

用四棱柱体法计算时，根据方格角点的施工高度可分为三种类型。

①方格四个角点全部为填（或挖），如图 1-42(a)所示，其土方工程量计算公式为：

$$V = \frac{a^2}{4}(h_1 + h_2 + h_3 + h_4) \qquad (1\text{-}11)$$

项　目	图　式	计算公式
一点填方或挖方（三角形）	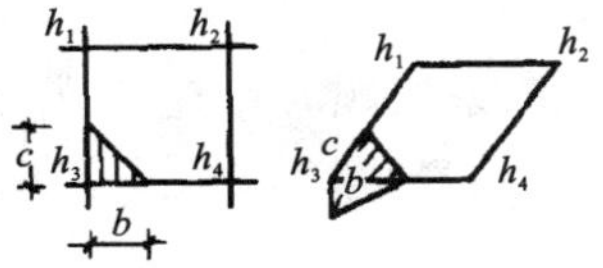 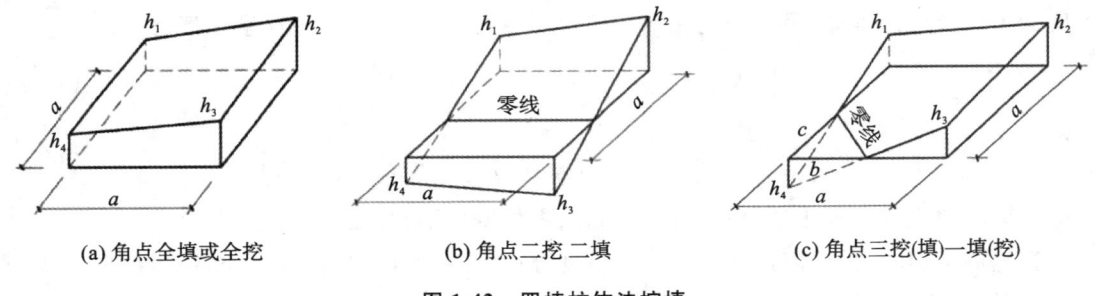	$V=\dfrac{1}{2}bc\dfrac{\sum h}{3}=\dfrac{bch_3}{6}$ 当$b=a=c$时，$V=\dfrac{a^2h_3}{6}$
两点填方或挖方（梯形）	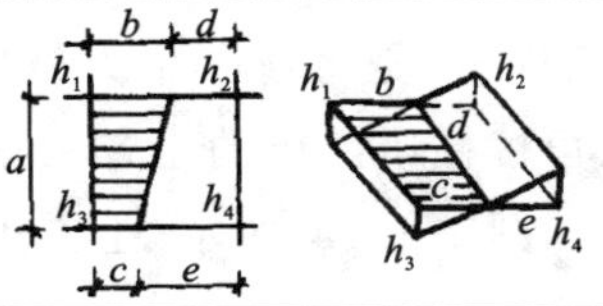	$V_+=\dfrac{b+c}{2}a\dfrac{\sum h}{4}=\dfrac{a}{8}(b+c)(h_1+h_3)$ $V_-=\dfrac{d+e}{2}a\dfrac{\sum h}{4}=\dfrac{a}{8}(d+e)(h_2+h_4)$
三点填方或挖方（五角形）	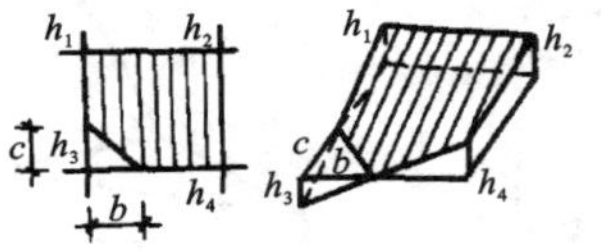	$V=(a^2-\dfrac{bc}{2})\dfrac{\sum h}{5}$ $=(a^2-\dfrac{bc}{2})\dfrac{h_1+h_2+h_3}{5}$
四点填方或挖方（正方形）	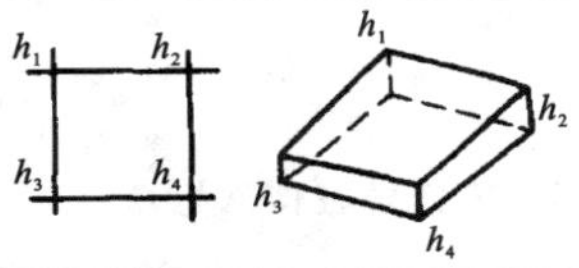	$V=\dfrac{a^2}{4}\sum h=\dfrac{a^2}{4}(h_1+h_2+h_3+h_4)$

图 1-41　按方格网底面积图形计算土方工程量

（a）角点全填或全挖　　　（b）角点二挖 二填　　　（c）角点三挖（填）一填（挖）

图 1-42　四棱柱体法挖填

式中：V——挖方或填方体积（m^3）；

$h_1 \sim h_4$——分别为方格四个角点的施工高度（m），均用绝对值表示。

②方格的相邻两角点为挖，另两角点为填，即两挖两填，如图 1-42（b）所示，则挖方和填方土方工程量的计算公式为：

$$V_{挖}=V_{1,2}=\dfrac{a^2}{4}\left(\dfrac{h_{21}}{h_1+h_4}+\dfrac{h_{22}}{h_3+h_3}\right) \tag{1-12}$$

$$V_{填}=V_{3,4}=\dfrac{a^2}{4}\left(\dfrac{h_{23}}{h_2+h_3}+\dfrac{h_{24}}{h_1+h_4}\right) \tag{1-13}$$

③方格的三个角点为挖，另一角点为填（或相反），即三挖（填）一填（挖），如图 1-42（c）所示，则挖方和填方土方工程量计算公式为：

$$V_填 = V_4 = \frac{a^2}{6} \times \frac{h_4^3}{(h_1 + h_4)(h_3 + h_4)} \tag{1-14}$$

$$V_挖 = V_{1,2,3} = \frac{a^2}{6} \times (2h_1 + h_2 + 2h_3 - h_4) + V_填 \tag{1-15}$$

注意：使用以上各公式时，h_1、h_2、h_3、h_4 系按顺时针连续排列。其中第②种类型 h_1、h_2 同号，h_3、h_4 同号；第③种类型 h_1、h_2、h_3 同号，h_4 异号。

（2）三角棱柱体法。

用三角棱柱体计算场地挖填土方工程量，是将每一个方格顺地形的等高线沿对角线划分为两个三角形，然后分别计算每个三角棱柱（锥）体的土方工程量。

① 当三角棱柱体为全挖或全填时，如图 1-43(a) 所示，土方工程量计算公式为：

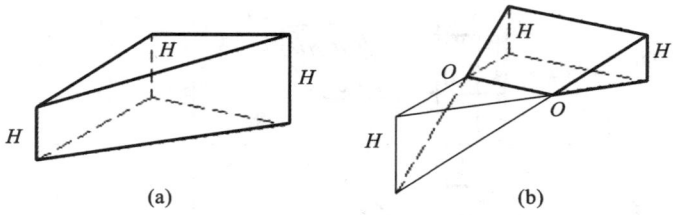

图 1-43 三角棱柱体法挖填

$$V = \frac{a^2}{6}(h_1 + h_2 + h_3) \tag{1-16}$$

② 当三角棱柱体有挖有填时，如图 1-43(b) 所示，其零线将三角棱柱体分为两部分，一个是底面为三角形的锥体，另一个是底面为四边形的楔体，相应土方工程量计算公式为：

$$V_锥 = \frac{a^2}{6} \times \frac{h_3^3}{(h_1 + h_3)(h_2 + h_3)} \tag{1-17}$$

$$V_楔 = \frac{a^2}{6} \times \left[\frac{h_3^3}{(h_1 + h_3)(h_2 + h_3)} - h_3 + h_2 + h_1 \right] \tag{1-18}$$

计算场地土方工程量的公式不同，计算结果精度也不相同。

当地形平坦时，采用四棱柱体并将方格划分得大些可以减少计算工作量；当地形起伏变化较大时，应将方格网划分得小一些或采用三角棱柱体法计算，以使结果更准确。

4）总土方工程量计算

将挖方区或填方区所有方格计算的土方工程量汇总，即得到该场地挖方和填方的总土方工程量。

2. 横截面法

横截面法适用于地形起伏变化较大的地区，或者地形狭长、挖填深度较大又不规则的地区采用，计算步骤和方法如下。

（1）划分横截面。

按垂直于等高线或垂直于主要建筑物边长的原则，根据地形图及竖向布置图（或现场测绘），沿场地取若干相互平行的断面，将要计算的场地划分出横截面 AA'、BB'、CC'、…，如图 1-44 所示。各截面间的间距可以不等，一般可用 10 m 或 20 m，地形变化复杂的间距宜小，反之则宜大些,但最大不应超过 100 m。

（2）画横截面图形。

按比例绘制每个截面的自然地面和设计地面的轮廓线,两者之间的面积即为挖方或填方的截面面积。

（3）计算横截面面积。

按横截面面积计算公式,计算每个截面的挖方或填方面积。

（4）计算土方工程量。

截面面积求出后,即可计算土方体积。如图 1-45 所示,设各截面面积分别为 $f_1, f_2, f_3, \cdots, f_n$,相邻两截面间的距离依次为 $d_1, d_2, d_3, \cdots, d_n$,则所求土方体积计算公式为:

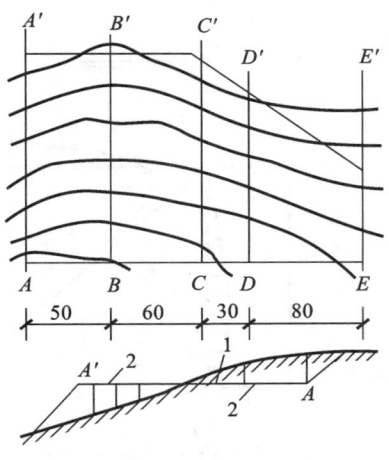

图 1-44　横截面法示意图

1—自然地面;2—设计地面

$$V = \frac{f_1+f_2}{2} \times d_1 + \frac{f_2+f_3}{2} \times d_2 + \frac{f_3+f_4}{2} \times d_3 + \cdots \frac{f_{n-1}+f_n}{2} \times d_n \qquad (1\text{-}19)$$

式中:V——分别为相邻两截面间的土方量(m³);

　　　$f_1, f_2, f_3, \cdots, f_n$——分别为相邻两截面间的挖(—)或填(＋)的截面积(m²);

　　　$d_1, d_2, d_3, \cdots, d_n$——分别为相邻两截面的间距(m)。

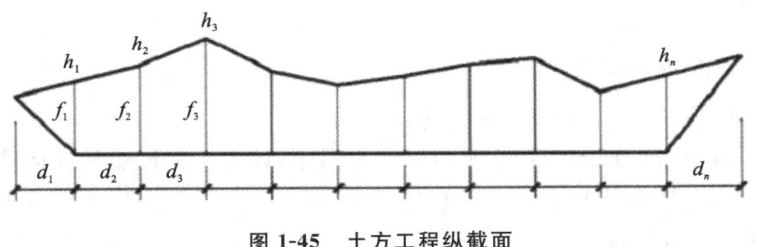

图 1-45　土方工程纵截面

（三）场地边坡土方工程量计算

平整场地,修筑路基、路堑的边坡挖、填土方工程量的计算常用图算法。

图算法是根据地形图和边坡竖向布置图或现场测绘,先将要计算的边坡划分为两种近似的几何形体,如图 1-46 所示,一种为三角棱锥体(如体积①～③、⑤～⑪),另一种为三角棱柱体(如体积④),然后应用相应公式分别进行土方工程量计算,最后将各块汇总即得场地全部挖土"—"、填土"＋"的工程量。

（四）场地平整土方的平衡与调配计算

计算出土方的施工标高、挖填区面积、挖填区土方工程量,并考虑各种变动因素(如土的松散率、压缩率、沉降量等)进行调整后,应对土方进行综合平衡与调配。土方平衡与调配是场地平整规划设计的一项重要内容,其目的在于使土方运输量或土方运输成本最低的条件下,确定填、挖区土方的调配方向和数量,从而达到缩短工期和提高经济效益的目的。

进行土方平衡与调配,必须综合考虑工程和现场情况、进度要求和土方施工机械,以及

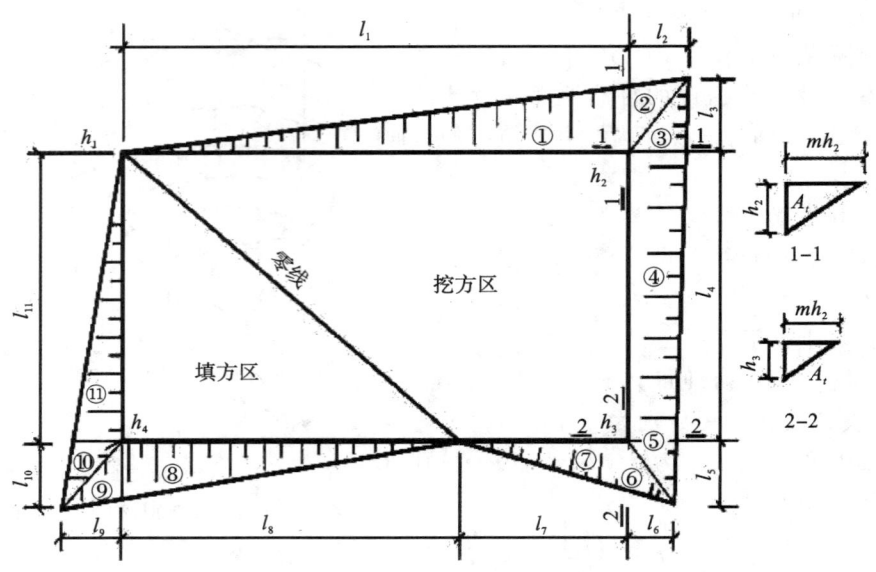

图 1-46　场地边坡计算简图

分期分批施工工程的土方堆放和调运问题。经过全面研究,确定平衡调配的原则之后,才可着手进行土方平衡与调配工作,如划分土方调配区,计算土方的平均运距、单位土方的运价,确定土方的最优调配方案。

1. 土方的平衡与调配原则

(1) 挖方与填方基本达到平衡,减少重复倒运。

(2) 挖(填)方量与运距的乘积之和尽可能为最小,即总土方运输量或运输费用最小。

(3) 较大面积土地平整时应考虑地块内土方平衡与全区土方平衡调配相协调,避免只顾局部平衡,造成全局失衡。

(4) 调配应与田间道路、沟渠、水工建筑物的施工用土方量相结合。这样可以减少土方填挖运输工程费用。

(5) 选择恰当的调配方向、运输路线、施工顺序,避免土方运输出现对流和交叉现象。

2. 土方平衡与调配的步骤及方法

土方平衡与调配需在场地平整施工方案中附加土方调配图,其编制步骤如下。

(1) 划分调配区。

在场地平面图上先画出挖填区的分界线,并在挖方区和填方区适当划出若干调配区,确定调配区的大小和位置。划分时应注意以下几点:

①划分应与房屋和构筑物的平面位置相协调,并考虑开工顺序、分期施工顺序;

②调配区的大小应满足土方施工用主导机械行驶操作的尺寸要求;

③调配区的范围应和土方工程量计算用的方格网相协调,一般可由若干个方格组成一个调配区;

④当土方运距较大或场地范围内土方调配不能达到平衡时,可考虑就近借土或弃土,此时一个借土区或一个弃土区可作为一个独立的调配区。

（2）计算各调配区的土方工程量并标注在图上。

（3）计算各挖、填方区之间的平均运距。

平均运距是指挖方区重心至填方区重心的距离。

①取场地或方格网中的纵、横两边为坐标轴，以一个角作为坐标原点，如图 1-47 所示，按式（1-20）求出各挖方或填方重心坐标 x_0 及 y_0。

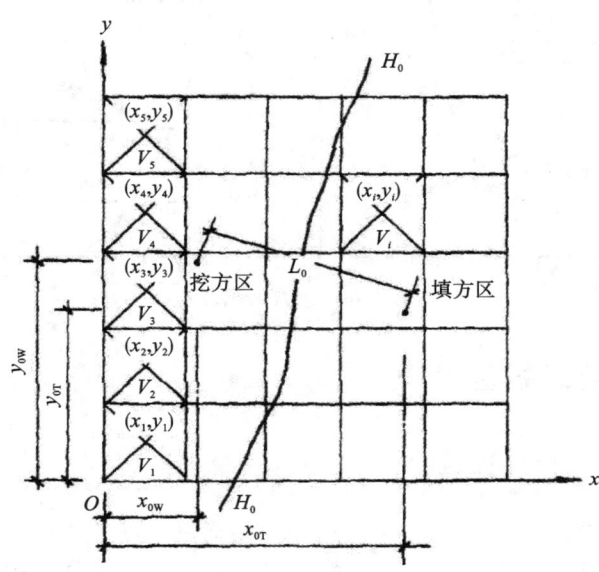

图 1-47   土方调配区间的平均运距

$$x_0 = \frac{\sum (x_i V_i)}{\sum V_i}, \quad y_0 = \frac{\sum (y_i V_i)}{\sum V_i} \tag{1-20}$$

式中：x_i、y_i——分别为 i 块方格的重心坐标；

$\quad\quad V_i$——i 块方格的土方工程量。

②填、挖方区之间的平均运距 L_0 计算公式为：

$$L_0 = \sqrt{(x_{0T} - x_{0w})^2 + (y_{0T} - y_{0w})^2} \tag{1-21}$$

式中：x_{0T}、y_{0T}——分别为填方区的重心坐标；

$\quad\quad x_{0w}$、y_{0w}——分别为挖方区的重心坐标。

一般情况下，也可用作图法近似地求出调配区的形心位置 O 以代表重心坐标。重心求出后，标于图上，用比例尺量出每对调配区之间的平均运输距离（L_{11}、L_{12}、L_{13}、……）。

（4）确定土方最优调配方案。

对于线性规划中的运输问题，可以用"表上作业法"来求解，使总土方运输量为最小值，即为最优调配方案。总土方运输量计算公式为：

$$w = \sum_{i=1}^{m} \sum_{i=1}^{n} L_{ij} x_{ij} \tag{1-22}$$

式中：L_{ij}——各调配区之间的平均运距（m）；

$\quad\quad x_{ij}$——各调配区的土方量（m³）。

（5）绘制土方调配图。

根据以上计算结果，标出调配方向、土方数量及运距（平均运距再加施工机械前进、倒退和转弯的最短长度），如图 1-48 所示。

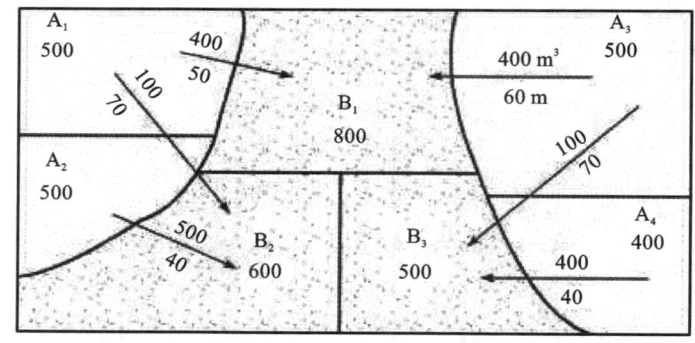

图 1-48　土方调配图

二、基坑、基槽工程量计算

（一）基坑土方工程量计算

基坑是指底平面为长宽比小于或等于 3 的矩形，高度不限的立体几何体。

基坑土方工程量可按立体几何中拟柱体（由两个平行的平面做底的一种多面体）体积公式计算，如图 1-49 所示，即：

$$V = \frac{1}{6} H (F_{上} + 4F_{中} + F_{下}) \tag{1-23}$$

式中：H——基坑深度（m）；

　　　$F_{上}$、$F_{下}$——分别为基坑上、下底的面积（m^2）；

　　　$F_{中}$——基坑中截面的面积（m^2）。

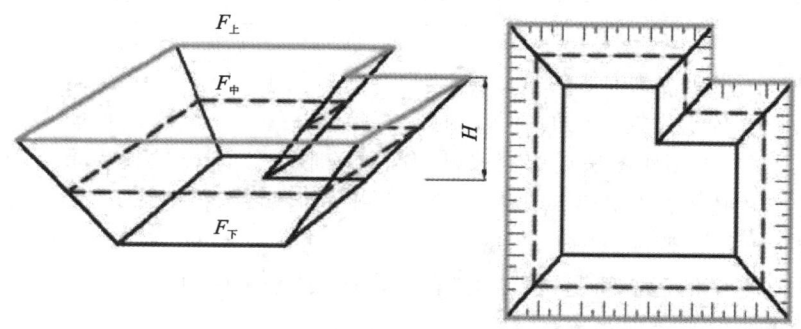

图 1-49　基坑土方工程量计算示意图

（二）基槽土方工程量计算

基槽是指底平面为长宽比大于 3 的矩形，高度不限的立体几何体。

基槽土方工程量计算可沿长度方向分段后,根据上述基坑计算公式计算,如图 1-50 所示,其中 $F_上$、$F_中$、$F_下$ 面积相等,则:

$$V = F \times L \tag{1-24}$$

式中:F——基槽断面面积(m^2)。

L——各段基槽总长度(m)。

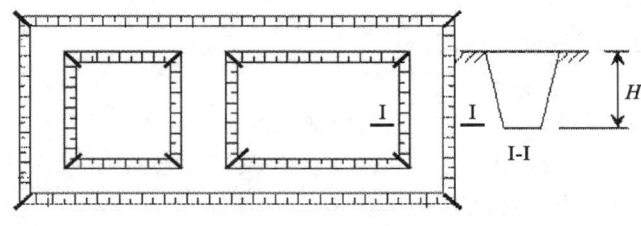

图 1-50 基槽土方工程量计算示意图

思考与练习

一、选择题

1. 我国《建筑地基基础设计规范》将作为建筑地基的岩土分为( )类。

A. 8   B. 6   C. 12   D. 5

2. 根据土的开挖难易程度,土的工程分类可分为( )。

A. 三类   B. 五类   C. 八类   D. 六类

3. 土的含水率是指土中的( )。

A. 土与湿土重量之比的百分数   B. 水与干土重量之比的百分数

C. 水重与孔隙体积之比的百分数   D. 水与干土体积之比的百分数

4. 作为检验填土压实质量控制指标的是( )。

A. 土的干密度   B. 土的压实度   C. 土的压缩比   D. 土的可松性

5. 某场地平整工程,运距为 100～400 m,土质为松软土和普通土,地形起伏坡度为 15°内,适宜使用的机械为( )。

A. 正铲挖土机配合自卸汽车   B. 铲运机

C. 推土机   D. 装载机

6. 某土方工程挖方量为 1000 m^3,已知该土的 $K_s = 1.25$,$K_s' = 1.05$,实际需运走的土方是( )。

A. 800 m^3 B. 962 m^3 C. 1250 m^3 D. 1050 m^3

7. 某轻型井点采用环状布置,井管埋设面距基坑底的垂直距离为 4 m,井点管至基坑中心线的水平距离为 10 m,则井点管的埋设深度(不包括滤管长)至少应为( )。

A. 5 m   B. 5.5 m   C. 6 m   D. 6.5 m

8. 推土机在平土或移挖操作填时,最为有效运距为( )。

A. 40～50 m   B. 60～80 m   C. 70～100 m   D. 30～60 m

9. 铲运机主要功能不包括( )。

A. 铲土   B. 运土   C. 填筑   D. 推土

10. 筏形基础及箱形基础施工前,如地下水位较高,可采用人工降低水平线至基坑以下不少于(   ),以保证在无水情况下进行基础施工。

A. 200 mm   B. 300 mm   C. 500 mm   D. 1000 mm

11. 在场地平整的方格网上,各方格网角点的施工高度为该角点的(   )。

A. 自然地面标高与设计标高的差值

B. 挖方高度与设计标高的差值

C. 设计标高与自然地面标高的差值

D. 自然地面标高与填方高度的差值

12. 适用于开挖停机面以上土方工程的施工机械有(   )。

A. 正铲挖土机   B. 反铲挖土机   C. 拉铲挖土机   D. 抓铲挖土机

13. 铲运机施工方法主要包括(   )。

A. 下坡切土   B. 跨铲法   C. 助铲法   D. 以上三项都有

14. 进行场地平整时,场地的泄水坡度一般不小于(   )。

A. 2%   B. 5%   C. 2‰   D. 5‰

15. 下列哪种不是影响边坡稳定的因素?(   )

A. 坡顶堆载   B. 土的抗剪强度增加

C. 地下渗流   D. 降雨

16. 当土质为黏性土同,且渗透系数为 0.1 m/d,需采用的降水方法是(   )。

A. 电渗井点   B. 喷射井点   C. 深井井点   D. 管井井点

二、填空题

1. 填土的压实系数是指土的_____与_____之比。

2. 铲运机工作的开行路线采用_____和_____两种。

3. 反铲挖土机的开挖方式有_____和_____两种,其中_____开挖的挖土深度和宽度较大。

4. 降低地下水位的方法一般可分为_____、_____两大类;每一级轻型井点的降水深度一般不超过_____m。

5. 在压实功相同条件下,当土的含水率处于最佳范围内时,能使填土获得_____。

6. 土经开挖后的松散体积与原自然状态下的体积之比,称为_____。

7. 轻型井点管插入井孔后,需填灌粗砂或砾石滤水层,上部用黏土封口,其封口的作用是_____。

8. 工程中,按照土的_____分类,可将土划分为八类十六级。

9. 机械开挖基坑时,基底以上预留 200～300 mm 厚土层由人工清底,以避免_____。

三、简答题

1. 土的最佳含水率是什么?

2. 什么是土的可松性?

3. 什么土的压实功?

4. 什么是明排水法?

学习领域二　地基处理与基础工程施工

 教学目标

育人目标

1. 帮助学生树立正确的人生观、世界观和价值观,培养学生的家国情怀和使命担当。

2. 培养学生尊重客观规律,立足本职、脚踏实地、爱岗敬业的职业素养。

3. 锻炼学生的专业技术和技能,培养学生精益求精的工匠精神。

4. 培养学生团队合作意识,提高学生解决复杂问题的能力。

5. 培养学生知法守法、诚实守信的意识。

6. 培养学生具有思维创新、理论创新、方法创新的创新精神。

知识目标

1. 掌握地基处理的基本理论和施工技术。

2. 掌握基础工程施工工艺。

3. 了解基坑支护的施工工艺。

能力目标

1. 熟悉地基加固处理方法,能进行地基处理质量检验。

2. 能进行基础工程施工,熟悉施工工艺及施工要点。

3. 能进行基础工程施工的质量验收和安全检查。

4. 能进行基坑支护施工,熟悉施工工艺及施工要点。

5. 能进行基坑支护施工的质量验收。

学习情境一　地基处理及加固

一、软土地基概述

在土木工程建设中经常遇到软土地基,主要包括淤泥、淤泥质土、冲填土、杂填土、饱和粉细砂、湿陷性黄土、泥炭土、膨胀土、多年冻土、盐渍土、岩溶、洞穴等特殊土层构成的地基。天然地基不满足建(构)筑物对地基的强度、变形和稳定性要求时,需要采用各种地基处理措施,形成人工地基。在确定地基处理措施时,应将上部结构、基础和地基视为一个整体,考虑它们的共同作用。

除了上述各种软土地基上建造建(构)筑物时需要考虑地基处理外,当旧房改造、加层等,原地基不能满足新改造建筑的要求时,也需要进行地基处理。

由各种地基处理方法获得的人工地基可分为两类:一类是对天然地基土体全部进行改良,如预压(排水固结法)、强夯法、原位压实法、换填法等;另一类是形成复合地基,它可以由复合土与天然地基土体形成(如水泥土复合地基等),可以由插入(或置换)的材料与天然地基形成(如低强度桩复合地基、树根桩复合地基等),还可以由插入的材料与得到改良的天然土体形成(如振冲挤密碎石桩复合地基等)。

目前常用的地基处理方法,有换土垫层法、深层挤密法、化学加固法等。本情境主要介绍换土垫层法、强夯法、水泥土搅拌法。

二、建筑工程常用地基处理方法

1. 换土垫层法施工

1) 概述

换土垫层法是指将基础底面以下一定范围内的软弱土层挖去,然后以质地坚硬、强度较高、性能稳定、具有抗腐蚀性的灰土、砂石、粉质黏土、粉煤灰、矿渣等材料分层充填,并分层压实,如图 2-1 所示。

2) 灰土垫层施工

(1) 材料要求。

土料:采用就地挖掘的黏性土及塑性指数大于 14 的粉土。土内不得含有松软杂质和耕植土。土料应过筛,其粒径不应大于 15 mm。严禁采用冻土、膨胀土、盐渍土等活动性较强的土料。

图 2-1　换土垫层法施工图

石灰:应用Ⅲ级以上的生石灰,氧化钙、氧化镁含量越高越好。使用前 3~4 d 消解并过筛,其粒径不得大于 5 mm,且不应夹有未熟化的生石灰块粒及其他杂质,也不得含有过多水分。

石灰和土的体积比,除设计有特殊要求外,一般为 2∶8 或 3∶7。基础垫层灰土必须过标准斗,严格控制配合比。拌和时必须均匀一致,至少翻拌两次,拌和好的灰土颜色应一致。

（2）施工要点。

灰土垫层施工工艺简单且费用较低,是一种应用范围广泛、经济、实用的地基加固方法,适用于加固处理 1～3 m 厚的软弱地基。

灰土垫层施工流程见图 2-2。

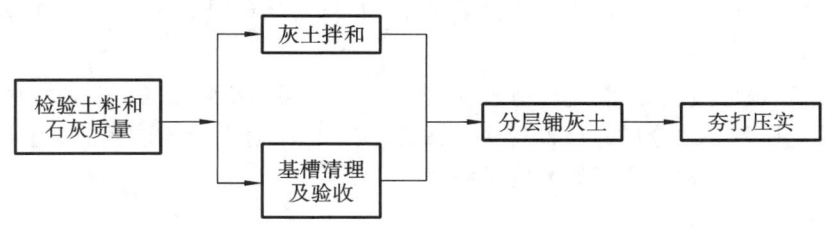

图 2-2　灰土垫层施工流程图

具体施工要点如下。

①对基槽（坑）应先验槽。消除松土,并打两遍底夯,要求平整干净。如有积水、淤泥应晾干。局部有软弱土层或孔洞,应及时挖除后用灰土分层回填夯实。

②土应分层摊铺并夯实。灰土每层最大虚铺厚度（表 2-1）,可根据不同夯实机具选用。每层灰土的夯压遍数,应根据设计要求的灰土干密度在现场试验确定,一般不少于三遍。人工打夯应一夯压半夯,夯夯相接,行行相接,纵横交叉。

表 2-1　灰土每层最大虚铺厚度

夯实机具种类	重量/t	虚铺厚度/mm
石夯、木夯	0.04～0.08	200～250
轻型夯实机械	0.12～0.4	200～250
压路机	6～10	200～300

③灰土回填每层夯（压）实后,应根据规范规定进行质量检验。达到设计要求时,才能进行上一层灰土的摊铺。当日铺填夯压,入槽（坑）灰土不得隔日夯打。夯实后的灰土 3 d 内不得被水浸泡,并及时进行基础施工与基坑回填,或在灰土表面做临时性覆盖,避免日晒雨淋。

④灰土分段施工时,不得在墙角、柱基及承重窗间墙下接缝,上下两层的接缝距离不得小于 500 mm,接缝处应夯压密实,并做成直槎。

⑤对基础、基础墙或地下防水层、保护层以及从基础墙伸出的各种管线,均应妥善保护;防止回填灰土时碰撞或损坏。

⑥灰土最上一层完成后,应拉线或用靠尺检查标高和平整度,超高处用铁锹铲平,低洼处应及时补打灰土。

⑦施工时应注意妥善保护定位桩、轴线桩,防止碰撞位移,并应经常复测。

（3）质量检验。

①每一层铺筑完毕后，应进行质量检验，并认真填写分层检测记录。当某一填层未达到质量要求时，应立即采取补救措施，进行整改。检验方法主要有贯入测定法和环刀取样法两种。

②检测的布置原则：当采用贯入仪或钢筋检验垫层的质量时，检验点的间距应小于4 m；当取样检验垫层的质量时，大基坑每 50～100 m² 不应少于 1 个检验点，基槽每 10～20 m² 不应少于 1 个点，每个单独柱基不应少于 1 个点。

③石灰或水泥（当水泥替代灰土中的石灰时）等材料的质量及配合比应符合设计要求，灰土应搅拌均匀。

④施工过程中应检查虚铺厚度、分段施工时上下两层的搭接长度、夯实加水量、夯实遍数、压实系数。检验必须分层进行，应在每层的压实系数符合设计要求后铺垫上层土。

⑤施工结束后，应检查灰土地基的承载力。

3）砂和砂石垫层施工

砂和砂石垫层系采用砂或砂砾石（碎石）混合物，经分层夯实，作为地基的持力层，以提高基础下部地基强度，并通过垫层的压力扩散作用降低地基的压应力、减少变形量。

砂石垫层应用范围广泛，施工工艺简单，用机械和人工都可以使地基密实，工期短，造价低。砂石垫层施工适用于 3.0 m 以内的软弱、透水性强的黏性土地基，不适用于加固湿陷性黄土和不透水的黏性土地基。

（1）材料要求。

砂石垫层材料，宜采用级配良好、质地坚硬的中砂、粗砂、石屑和碎石、卵石等，含泥量不应超过 5%，且不含植物残体、垃圾等杂质。若用作排水固结地基，含泥量不应超过 3%；在缺少中、粗砂的地区，若用细砂或石屑，因其不容易压实，而强度也不高，因此在用作换填材料时，应掺入粒径不超过 50 mm，不少于总质量 30% 的碎石或卵石并拌和均匀。若回填在碾压、夯、振地基上时，其最大粒径不超过 80 mm。

（2）施工要点。

①铺设垫层前应验槽，将基底表面浮土、淤泥、杂物等清理干净，两侧应设一定坡度，防止振捣时塌方。基坑（槽）内如发现有孔洞、沟和墓穴等，应将其填实后再做垫层。

②垫层底面标高不同时，土面应挖成阶梯或斜坡，并按先深后浅的顺序施工，搭接处应夯压密实。分层铺实时，接头应做成斜坡或阶梯搭接，每层错开 0.5～1.0 m，并注意充分捣实。

③人工级配的砂石材料，施工前应充分拌匀，再铺夯压实。

④砂石垫层压实机械首先应选用振动碾和振动压实机，其压实效果、分层填铺厚度、压实次数、最优含水量等应根据具体的施工方法及施工机械现场确定。施工时，下层的密实度应经检验合格后，方可进行上层施工。一般情况下，垫层的厚度可取 200～300 mm。

⑤砂石垫层的材料可根据施工方法的不同控制最优含水量。最优含水量由工地试验确定，也可参考表 2-2 选择。对于矿渣应充分洒水，湿透后进行夯实。

⑥当地下水位高出基础底面时，应采取排、降水措施，要注意边坡稳定，以防止塌土混入砂石垫层中影响质量。

⑦当采用水撼法施工或插振法施工时，应在基槽两侧设置样桩，控制铺砂厚度，每层为

250 mm。铺砂后，灌水与砂面齐平，以振动棒插入振捣，依次振实，以不再冒气泡为准，直至完成。垫层接头应重复振捣，插入式振动棒振完所留孔洞应用砂填实。在振动首层垫层时，不得将振动棒插入原土层或基槽边部，以避免使软土混入砂垫层而降低砂垫层的强度。

⑧垫层铺设完毕，应及时回填，并及时进行基础施工。

表 2-2　砂和砂石垫层每层铺筑厚度及施工时最优含水量

振捣方式	每层铺筑厚度/mm	施工时最优含水量/(%)	施工说明
平振法	200～250	15～20	用平板式振捣器往复振捣
插振法	振捣器插入深度	饱和	(1) 插入式振捣器； (2) 插入间距可根据机械振幅大小决定； (3) 不应插入下卧黏性土层； (4) 插入式振捣器插入完毕后所留孔洞应用砂填实
水撼法	250	饱和	(1) 注水高度应超过每次铺筑面； (2) 钢叉摇撼捣实，插入点间距为 100 mm
夯实法	150～200	8～12	(1) 木夯或机械夯； (2) 木夯重 40 kg，落距 400～500 mm； (3) 一夯压半夯，全面夯实
碾压法	250～350	8～12	6～10 t 压路机往复碾压，次数一般不少于 4 遍，用振动压实机械，振动 3～5 min

（3）质量检验。

①砂石的质量、配合比应符合设计要求，砂石应搅拌均匀。施工过程中必须检查虚铺厚度。分段施工时必须检查搭接部位的加水量、压实遍数和压实系数。

②垫层施工质量检验必须分层进行。应在每层的压实系数符合设计要求后铺填上层土。检验方法主要有环刀取样和贯入测定法。采用环刀法检验时，取样点应位于每层厚度的 2/3 深度处，测定其干密度，以不小于通过试验所确定的该砂料在中密状态时的干密度数值为合格。采用贯入仪或动力触探检验时，每分层检验点间距小于 4 m，以不大于通过相关试验所确定的贯入深度为合格。

竣工验收采用荷载试验检验垫层承载力时，每个单体工程不宜少于 3 点；对于大型工程，则应按单体工程的数量或工程的面积确定检验点数。

2. 强夯法施工

1）概述

强夯法是用起重机械吊起重 8～40 t 的夯锤，从 6～30 m 高处自由落下，以强大的冲击能量夯击地基土，使土中出现冲击波和冲击应力，迫使土层孔隙压缩，土体局部液化，在夯击点周围产生裂隙，形成良好的排水通道，孔隙水和气体逸出，使土粒重新排列，经时效对深层土体压密达到固结，从而提高地基承力、降低其压缩性，达到地基受力性能改善的一种有效的处理方法，有效夯实深度较大，最大深度已达到 10 余米。国内外应用十分广泛，是目前最常用和最经济的深层地基处理方法,如图 2-3 所示。

图 2-3 强夯法施工图

2）适用范围

强夯法适用于处理碎石土、砂土、低饱和度的粉土与黏性土、湿陷性黄土、素填土和杂填土等地基,也可用于防止粉土、粉砂液化,以及高饱和度的粉土与软塑、流塑的黏性土等地基上对变形控制要求不严的工程。强夯不得用于对工程周围建筑物及设备有一定振动影响的地基加固。

3）施工要点

（1）强夯法施工前应进行地基勘察和试夯,夯实面积不小于 10 m×10 m,对试夯前后的变化情况进行对比,以确定正式夯击施工时的技术参数。

（2）强夯前应平整场地,周围挖好排水沟,按夯点布置测量放线、确定夯位。

（3）夯点布置应根据基础底面形状确定,施工时按由内向外、隔行跳打原则进行。夯实范围应大于基础边缘 3 m。

每夯击一遍后,应测量场地平均下沉量,后用土将夯坑填平,方可进行下一遍夯击。

4）质量检查

强夯地基应检查施工记录及各项技术参数,并应在已夯击的场地选点进行检验。现场测试方法有标准贯入、静力触探、动力触探等,选用两种或两种以上的测试数据综合确定。

检验数量要求:每单位工程不少于 3 处;1000 m² 以上工程,每 100 m² 至少应有一点;3000 m² 以上工程,每 300 m² 至少应有一点;基槽每 20 m 应有一点。对于复杂场地或重要的建筑物应增加检测点数。

3. 水泥土搅拌法施工

1）概述

水泥土搅拌法是以水泥作为固化剂的主剂,通过深层搅拌机械边钻边往软土中喷射浆液或雾状粉体,在地基深处将软土和固化剂（浆液或粉体）强制搅拌,使喷入软土中的固化剂与软土充分拌和在一起,利用固化剂和软土之间产生的一系列物理化学反应,形成抗压强度比天然土强度高得多并具有整体性、水稳定性和一定强度的水泥加固土桩柱体,由若干根这类加固土桩柱体和桩间土构成复合地基从而达到提高地基承载力和增大变形模量的目的。

图 2-4 所示为水泥土搅拌法施工图。

图 2-4　水泥土搅拌法施工图

水泥土搅拌桩的施工方法分为浆液搅拌法(简称湿法)和粉体搅拌法(简称干法)两类。

设计前应进行拟处理地基土的室内配比试验。针对现场拟处理的软弱层软土的性质,选择合适的固化剂、外掺剂及其掺量,如表 2-3 所示。

表 2-3　固化剂、外掺剂掺量要求

品　　种	掺量要求,不小于
块状加固水泥	7%被加固天然土质量
复合地基增强体水泥	12%被加固天然土质量
型钢水泥土搅拌墙(桩)水泥	20%被加固天然土质量

2) 适用范围

水泥土搅拌法适用于处理淤泥、淤泥质土、粉土和含水率较高且地基承载力不大于 120 kPa 的黏性土等地基。当用于处理泥炭土或具有侵蚀性地下水时,宜通过试验确定其适用性,冬季施工时应注意低温影响。

3) 水泥土搅拌桩地基设计

竖向承载搅拌桩长度应根据上部结构对承载力和变形的要求确定,并应穿透软弱土层达到承载力相对较高的土层;设置的搅拌桩同时为提高抗滑稳定性时,其桩长应超过滑移面 2.0 m 以上。

干法的加固深度不宜大于 15 m;湿法及型钢水泥土搅拌桩的加固深度应考虑机械性能的限制。单头、多头加固深度不宜大于 20 m,多头及型钢水泥土搅拌桩的深度不宜超过 35 m。

竖向承载搅拌桩地基中的桩长超过 10 m 时,可采用变掺量设计。在全桩水泥总掺量不变的前提下,桩身上部 1/3 桩长范围内可适当增加水泥掺量及搅拌次数;桩身下部 1/3 桩长范围内可适当减少水泥掺量。

4) 施工工艺

水泥土搅拌桩施工工艺如图 2-5 所示。

5) 质量检验

水泥土搅拌桩质量检验应按现行规范标准进行。部分要点如下:

(1) 所使用的水泥浆应过筛,制备好的浆液不得离析,泵送必须连续;

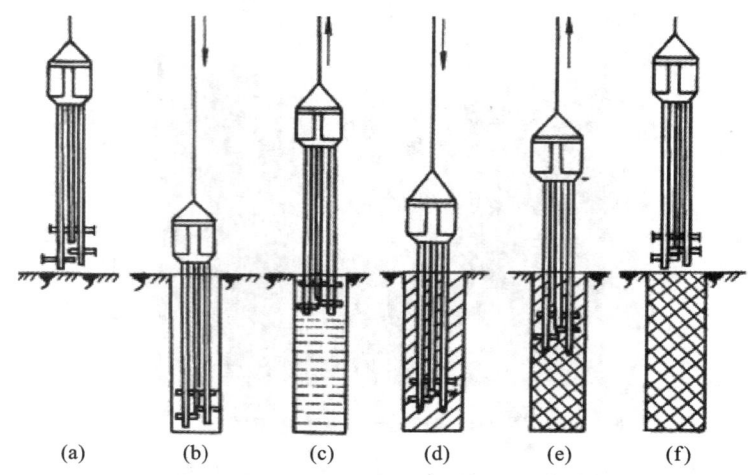

图 2-5 水泥土搅拌桩施工工艺

（a）定位下沉；（b）沉入设计深度；（c）喷浆搅拌提升；

（d）原位重复搅拌下沉；（e）重复搅拌提升；（f）搅拌完成后加固体

（2）施工前应检查水泥外加剂的质量，检查搅拌机工作性能，检查各种计量设备的完好度；

（3）施工过程中应检查机头提升速度、水泥浆或水泥砂浆注入量、搅拌桩的深度及标高；

（4）施工完成后应检查桩体强度和桩体直径，用于地下止水帷幕墙体和边坡支护搅拌桩其工作时间应达到 28 d 强度。

其他较常用的
地基处理方法

对不合格的桩应根据其位置、数量等具体情况，分别采取补桩或加强邻桩等措施。

学习情境二　浅埋式钢筋混凝土基础施工

一、浅埋式钢筋混凝土基础概述

通常把位于天然地基土、埋置深度不大于 5 m 的一般基础（柱基或墙基）以及埋置深度虽超过 5 m，但小于基础宽度的大尺寸基础（如箱形基础），统称为天然地基浅基础。如果地基属于软弱土层（通常指承载力低于 100 kPa 的土层），或者其上部有较厚的软弱土层，不适合做天然地基的浅基础时，也可将浅基础做在人工地基上。如果建筑物荷载较大或下部土层较软弱，需要将基础埋置于深度大于 5 m 的坚实土层上，并应采用特殊的施工方法和机械设备施工，或大于基础宽度的基础，称为深基础。

建（构）筑物的浅基础一般用砖、石、混凝土或钢筋混凝土等材料制作。砖、石和素混凝土所做的基础因材料的抗拉强度低，截面形式具有足够的刚度，基础在受力时其本身几乎不产生变形，故此类基础称为刚性基础。若是钢筋混凝土制作的基础，因材料的抗拉压和抗剪性能都较好，且基础本身有较小程度的变形，故此类基础称为柔性基础。

二、浅基础施工

浅基础按其构造形式主要分为独立基础、条形基础、十字交叉基础、筏板基础和箱形基础等。

1. 独立基础施工

1）钢筋混凝土独立基础构造要求

当建筑物上部采用框架结构或排架结构承重，且柱距较大，地基条件较好时，常采用独立基础。

钢筋混凝土独立基础有阶梯形和锥形两种。如图 2-6 所示。

现浇钢筋混凝土独立基础构造要求如下。锥形基础的边缘高度不宜小于 200 mm，且两个方向的坡度不宜大于 1:3；顶部为安装模板，需每边放大 20～50 mm，阶梯形基础的每阶高度，宜为 300～500 mm，混凝土强度等级不应低于 C20。垫层的厚度不宜小于 70 mm，垫层混凝土强度等级不宜低于 C10。柱下钢筋混凝土独立基础的受力钢筋应双向布置。基础与柱一般不同时浇筑，在基础内预留插筋，其直径和根数与柱内纵筋相同。当基础边长大于或等于 2.5 m 时，底板受力钢筋的长度可取长边或宽度的 0.9 倍，并宜交错布置。

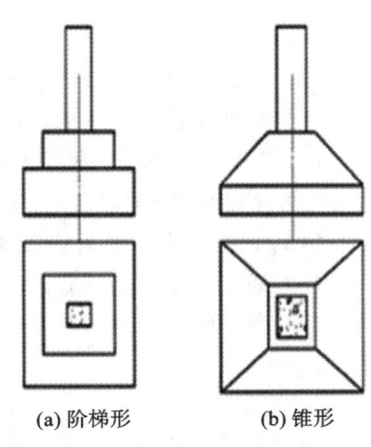

(a) 阶梯形　　(b) 锥形

图 2-6　钢筋混凝土独立基础

2）施工要点

施工工艺流程为：基坑验槽→浇筑混凝土垫层→弹线→支模→绑扎钢筋（包括柱插筋）→浇筑混凝土→混凝土振捣→混凝土养护→模板拆除。

（1）阶梯形基础施工时，每个台阶高度内应为一整体浇捣层，每浇完一层台阶应等待 0.5～1.0 h，待其初步沉实后，再浇上一层台阶，以防下台阶混凝土溢出，每台阶浇完，表面应原浆抹平。

（2）锥形基础应注意斜面坡度的正确，斜面部分的模板应随混凝土浇捣分段支设，并应支撑顶紧，以防模板上浮变形；边角处的混凝土以原浆抹平。

（3）条件浇筑每段 2～3 m，呈梯形推进，并注意先使混凝土充满边角，然后浇筑中间部分，务必使混凝土充满模板。

（4）混凝土应连续浇筑，如必须间歇，时间不能超过规范的规定；若超过规定时间，应设置施工缝，并用木板挡住。

（5）浇筑柱下基础时，要特别注意连接钢筋的位置，防止移位和倾斜，发现偏差及时纠正。

2. 条形基础施工

1）构造要求

条形基础如图 2-7 所示。

（1）基础垫层厚度不宜小于 70 mm，混凝土强度等级应为 C20。

     (a) 条形基础模型   (b) 条形基础现场图

图 2-7　条形基础

（2）钢筋混凝土底板的厚度不小于 200 mm 时，底板应做成平板。

（3）基础底板混凝土强度等级不宜低于 C20。

（4）基础底板的受力钢筋直径不宜小于 10 mm，间距不宜大于 200 mm，也不宜小于 100 mm。

（5）基础底板的分布钢筋直径不宜小于 8 mm，间距不宜大于 300 mm；底板内每延米的分布钢筋截面应小于受力钢筋面积的 1/10。

（6）基础底板钢筋保护层厚度，当有垫层时为 40 mm，当无垫层时为 70 mm。

（7）当基础底板宽度不小于 2.5 m 时，受力钢筋的长度可取宽度的 0.9 倍，并宜交错布置。

2）施工要点

施工工艺流程为：基坑验槽→浇筑混凝土垫层→弹线→支模→绑扎钢筋（包括柱插筋）→浇筑混凝土→混凝土振捣→混凝土养护→模板拆除。

（1）浇筑前，应根据基础顶面标高弹出标高线，并应进行基层处理；检查垫块设置是否正确、板缝是否漏浆、模板支设是否牢固，若用木模板浇前应先浇水润湿。

（2）根据基础深度分段分层连续浇筑，一般不留施工缝。各段、层间应相互衔接，每段浇筑长度控制在 2～3 m，并逐层逐段程阶梯形推进。

3. 筏板基础施工

当地基土软弱且上部荷载很大时，采用十字基础仍不能满足承载力要求，或两相邻基础的间距很小时，基础底面形成整片等厚度的平板基础，称为筏板基础（也称满堂基础），如图 2-8 所示。按板的形式不同，筏板基础分为平板基础和梁板基础两种。

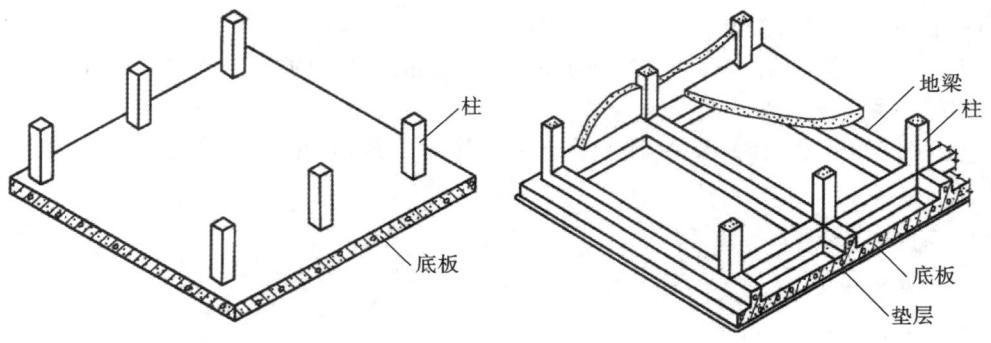

图 2-8　钢筋混凝土筏板基础

1）构造要求

钢筋混凝土筏板基础构造要求如表 2-4 所示。

表 2-4　钢筋混凝土筏板基础构造要求

编号	项　　目	技　术　要　求
1	基础厚度	一般为等厚度，平面应大致对称，尽量减少基础承受偏心力矩
2	底板厚度	不应小于 300 mm，且板厚与板格的最小跨度之比不宜小于 1/20
3	梁截面	梁截面按计算确定，梁高出板的顶面一般不小于 300 mm，梁宽不小于 250 mm
4	配筋及保护层厚度	钢筋宜用 HPB300，HRB335，钢筋保护层厚度不小于 40 mm
5	混凝土强度等级	垫层混凝土宜为 C20，厚度一般为 100 mm，每边伸出基础宽度不宜小于 100 mm，筏板基础混凝土强度等级不应低于 C30

2）工艺流程及施工要点

施工工艺流程如图 2-9 所示。

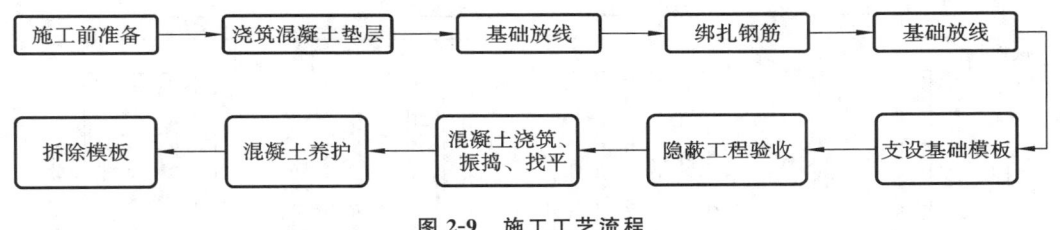

图 2-9　施工工艺流程

施工要点如下。

（1）筏板基础混凝土应一次连续浇筑完成，不宜留施工缝。必须留施工缝时应留垂直缝于次梁中部的 1/3 跨度范围内。混凝土浇筑方向应平行于次梁长度方向，平板应平行于基础长边方向。

（2）在基础底板预埋沉降观测点，定期观测，加强养护。

学习情境三　桩基础工程施工

一、桩基础概述

当天然地基土质不良，无法满足建筑物对地基承载力和变形的要求，而又不适宜采取地基处理措施时，则需考虑下部坚实土层或岩层作为持力层深基础的设计方案。常用的深基础有桩基础、沉井基础、沉箱基础和地下连续墙等，其中桩基础运用最广。桩基础是由若干根单桩组成，并在单桩的顶部用承台连接成一整体。本节主要介绍桩基础。

桩基础因桩体材料、使用功能、结构形式、施工方法、挤土效应和承台位置等不同，其分类也不尽相同。

（1）桩基础按桩的材料分为木桩、碎石桩、钢筋混凝土桩、混凝土桩等。

目前,木桩使用很少,一般在地基处理中使用碎石桩,与原地基共同作用形成复合地基。其中工程上使用最广泛的是钢筋混凝土桩。混凝土桩可用于承压、抗拔、抗弯,提高抗裂性和节约钢材,可采用预制桩或现场预制后打(压)入,现场钻孔灌注混凝土等方法成桩。

（2）桩基础按桩的承载性质分为摩擦型桩和端承型桩。

摩擦型桩是指在竖向极限荷载作用下,桩顶荷载全部或主要由桩身和土体之间的摩擦力来支承。根据桩侧阻力分担荷载的大小,摩擦型桩又分为摩擦桩和端承摩擦桩两类。摩擦桩桩顶荷载绝大部分由桩侧摩阻力承担,桩端阻力可忽略不计,如图 2-10(a)所示。端承摩擦桩桩顶荷载由桩侧摩阻力和桩端阻力共同承担,但大部分由桩侧摩阻力承担,如图 2-10(b)所示。

端承型桩是指在竖向极限荷载作用下,桩顶荷载全部或主要由桩端阻力承担。根据桩端阻力分担荷载的比例和大小不同,分为摩擦端承桩和端承桩两类。摩擦端承桩桩顶荷载由桩侧摩阻力和大部分桩端阻力共同承担,如图 2-10(c)所示。端承桩桩顶荷载由绝大部分桩端阻力和很少部分桩侧摩阻力承担,如图 2-10(d)所示。

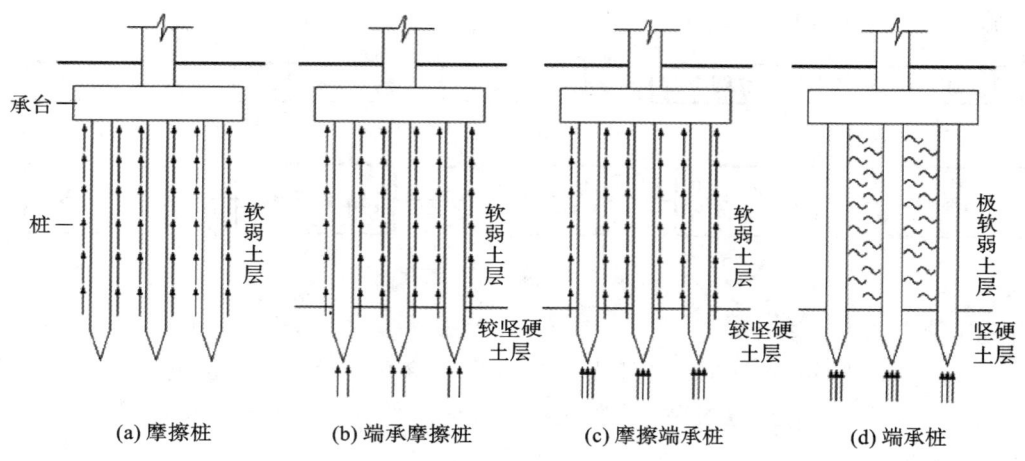

(a) 摩擦桩　　(b) 端承摩擦桩　　(c) 摩擦端承桩　　(d) 端承桩

图 2-10　摩擦桩和端承桩

端承桩施工时以控制贯入度为主,桩尖进入持力层深度或桩尖标高作为参考。摩擦桩施工时以控制桩尖设计标高为主,贯入度作为参考。

（3）桩基础按施工方法与工艺分为非挤土桩、部分挤土桩和挤土桩等。

①非挤土桩,如干作业法桩、泥浆护壁法桩、套管护壁法桩、人工挖孔桩。

②部分挤土桩,如部分挤土灌注桩、预钻孔打入式预制桩、打入式钢管桩、螺旋成孔桩等。

③挤土桩,如挤土灌注桩、挤土预制混凝土桩(打入式桩、振入式桩、压入式桩)。

（4）按桩制作工艺分为预制桩和灌注桩。

目前,工程上使用较多的是现场灌注桩。

二、静力压桩施工

静力压桩法是在软土地基上用静力压桩机将预制钢筋混凝土桩分节压入土层中的一种

沉桩新工艺。与锤击沉桩相比,它具有施工无噪声、无振动、无污染,不会打碎桩头,不易偏心,可节约材料,降低成本,提高施工质量,施工速度快,可预估和验证单桩承载力等特点。静力压桩法主要适用于软土、填土及一般黏性土层中,特别适用于建筑物密集及附近环境保护要求严格的地区;不宜用于地下有较多孤石、障碍物或厚度大于 2 m 的中密以上砂夹层的情况,以及单桩承载力超过 1600 kN 的情况。

1. 静力压桩机选型

目前主要使用的静力压桩机是液压履式底座,最大吨位可达 800 t。压桩时利用压桩架的自重和配重,将预制桩逐节压入土层中。根据设计荷载、土质情况、施工经验选择桩机类型,也可以根据打桩前的试桩得到相关参数进行选择,静力压桩机选型参数见表 2-5。

表 2-5　静力压桩机选型参数表

最大压桩力/kN		1600~1800	2400~2800	300~3600	4000~4600	5000~6000
适用管桩	最小桩径/mm	300	300	400	400	500
	最大桩径/mm	400	500	500	550	600
单桩极限承载力/kN		1000~2000	1700~3000	2100~3800	2800~4600	3500~5500
桩端持力层		中密至密实砂土层,硬塑坚硬的黏性土层,残积土层	密实砂土层,坚硬黏性土层,全风化岩	密实砂土层,坚硬黏性土层,全风化岩	密实砂土层,坚硬的黏性土层,全风化岩,强风化岩	密实砂土层,坚硬黏性土层,全风化岩,强风化岩

2. 静力压桩施工工艺

静力压桩一般是将预制桩分节压入土层,逐段接长,图 2-11 所示为静力压桩施工工艺流程。

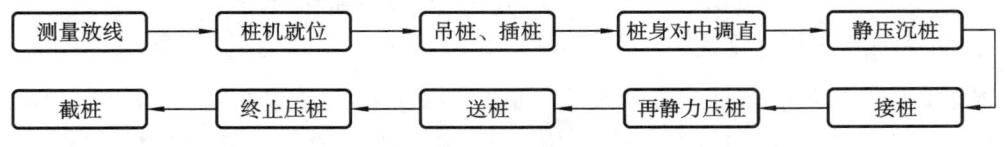

图 2-11　静力压桩施工工艺流程

静力压桩机自带起重机将预制桩吊入夹持器中,夹持油缸将桩从桩周夹紧,压桩油缸做伸展动作,把桩压入土层中。伸长完后,夹持油缸回程松夹,压桩油缸回程,重复上述动作,可进行连续压桩操作,直至把桩压入预定标高,如图 2-12 和图 2-13 所示。施工时,压桩机应根据土质情况配足额定重量,桩帽、桩身和送桩的中心线应重合。由于是分段预制,逐节连续压入,若需接桩,可压至桩顶离地面 1 m 左右时进行。常用的接桩方法有焊接连接、法兰连接和硫磺胶泥锚接。

3. 静力压桩施工要点

(1)静力压桩施工时应随时注意使桩保持轴心受压,接桩时也应保证上下接桩的轴线重合,第一节桩下压时垂直度偏差不应大于 0.5%,接桩应连续进行,因故停歇时间不宜过长,否则,会出现土体固结而难以压桩。

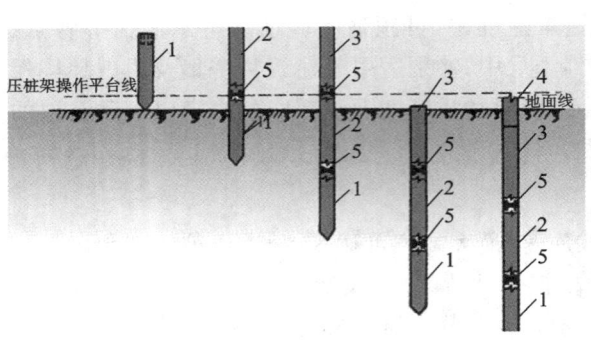

图 2-12　静力压桩施工程序

1—第一节桩；2—第二节桩；

3—第三节桩；4—送桩杆；5—接桩处

图 2-13　静力压桩现场施工图

（2）静力压桩的终压控制很关键。一般对纯摩擦桩，终压时以设计桩长为控制条件；对长度大于 21 m 的端承摩擦静压桩，应以设计桩长控制为主，终压力值作为对照；对长 14～21 m 的静压桩，应以终压力达到满载值为终压控制条件；对桩周土质较差且设计承载力较高的，宜复压 1～2 次，对长度小于 14 m 的桩，宜连续多次复压，特别对长度小于 8 m 的短桩，连续复压次数应适当增加。

三、灌注桩施工

灌注桩是一种直接在施工现场的桩位上成孔，然后在孔内吊放钢筋骨架，浇筑混凝土而成的现浇钢筋混凝土桩。与预制桩相比，灌注桩具有施工噪声低，振动小，无挤土效应，可做成大直径、大深度的桩体，节约材料，造价较低等特点。灌注桩能适应各种底层的变化，无须接桩，但成孔时有大量土渣或泥浆排出，在软土地基中容易缩颈、断桩。

1. 混凝土灌注桩使用条件

根据成孔方法不同，灌注桩可分为干作业成孔灌注桩、泥浆护壁成孔灌注桩、套管成孔灌注桩、旋挖成孔灌注桩、冲孔灌注桩、长螺旋钻孔灌注桩、爆扩成孔灌注桩等。不同灌注桩桩型的适用条件如表 2-6 所示。

表 2-6　不同灌注桩桩型的适用条件

编号	项　　　目	成孔方法	适　用　条　件
1	干作业成孔	螺旋钻	地下水位以上的黏性土、砂土及人工填土
		钻孔扩底	地下水位以上的坚硬、硬塑的黏性土及中密以上的砂土
		洛阳铲	地下水位以上的黏性土，稍密及松散的砂土
2	泥浆护壁成孔	冲抓、冲击、回转钻	地下水位较高的碎石土、砂土、黏性土及风化岩
		潜水钻	地下水位较高的黏性土、淤泥、淤泥质土及砂土
3	套管成孔	锤击振动	可塑、软塑、流塑的黏性土，稍密及松散的砂土

编号	项　目	成孔方法	适用条件
4	爆扩成孔		地下水位以上的黏性土、黄土、碎石土及风化岩
5	长螺旋钻孔加压灌注		黏性土、粉土、砂土、填土、非密实的碎石类土、强风化岩

2. 泥浆护壁成孔灌注桩施工

泥浆护壁成孔灌注桩采用原位土自然造浆或人工造浆浆液进行护壁,通过循环泥浆将土渣排出孔外成孔,后安放钢筋骨架,水下浇筑混凝土成桩。

施工工艺流程为:测量放线定桩位→埋设护筒→钻孔机就位、调平→拌制泥浆→成孔→第一次清孔→质量检测→吊放钢筋骨架→放导管→第二次清孔→水下浇筑混凝土→成桩。

1) 测量放线定桩位

按照设计图纸进行放线,将桩位定好。

2) 埋设护筒

在杂填土或松软土层中钻孔时,应在桩位处埋设钢护筒,固定桩孔位置,保护孔口,增加桩孔内水压,以防塌孔及成孔时引导钻头方向。

护筒埋设的位置应准确稳定,护筒中心线与桩位中心线偏差不得大于 50 mm。护筒埋设应牢固密实,护筒与坑壁之间用黏土填实,以防漏水。护筒的埋设深度一般不宜小于 1.5 m。护筒顶面高于地面 0.3～0.4 m,并应保持孔内泥浆面高于地下水位 1 m 以上,防止塌孔。当灌注桩混凝土达到设计强度 25% 以后,方可拆除护筒。

3) 钻机就位、调平

钻机就位前,先平整场地,铺好枕木并用水平尺校正,保证钻机平稳、牢固。在桩位埋设 6～8 mm 厚钢板护筒,内径比孔口大 100～200 mm,埋深 1～1.5 m,同时挖好水源坑、排泥槽、泥浆池等。钻机就位,要保证钻具中心与护筒中心重合。偏差应小于 20 mm,成孔垂直偏差不大于 1%。钻进时应根据土层情况加压,开始应轻压力、慢转速,逐步转入正常。

4) 成孔

(1) 成孔方法。

①回转钻机成孔。

回转钻机是由动力装置带动有钻头的钻杆转动,由钻头切削土壤。切削形成的土渣通过泥浆循环排出桩孔。根据泥浆循环方式的不同,分为正循环回转钻机和反循环回转钻机。

正循环回转钻机成孔工艺如图 2-14 所示。成孔时泥浆由钻杆内部注入,从钻杆底部喷出,携带钻下的土渣沿孔壁向上经孔口带出并流入沉淀池,沉淀后的泥浆流入泥浆池再注入钻杆,由此进行循环。

反循环回转钻机成孔工艺如图 2-15 所示。成孔时泥浆由钻杆与孔壁间的间隙流入钻孔,由砂石泵在钻杆内形成真空,使钻下的土渣由钻杆内腔吸出至地面而流向沉淀池,沉淀后再流入泥浆池。反循环工艺的泥浆上流的速度较高,排放土渣的能力强。

②冲击钻机成孔。

冲击钻主要用于在岩土层中成孔,成孔时将冲锥式钻头在桩位上下往复冲击,以自由下落的冲击力来破碎坚硬土或岩层,然后用掏渣筒来掏取孔内的渣浆。冲击钻机如图 2-16 所示。

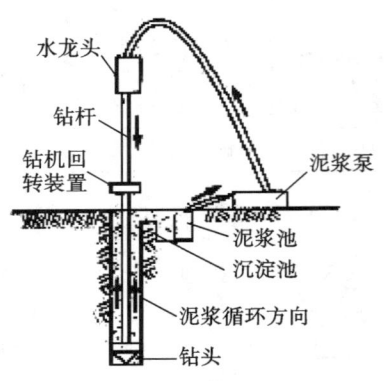

图 2-14 正循环回转钻机成孔工艺

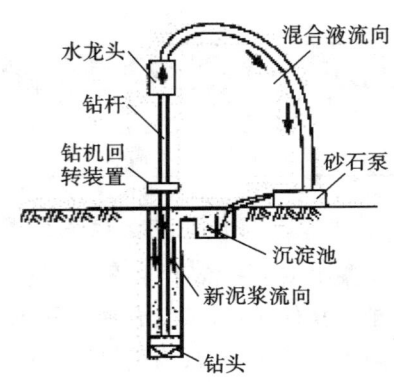

图 2-15 反循环回转钻机成孔工艺

③潜水钻机成孔。

潜水钻机是一种旋转式钻孔机械,其动力、变速机构和钻头连在一起,加以密封,因而可以下放至孔中地下水位以下进行切削土壤成孔,也可采用正、反循环方式进行泥浆护壁钻进排渣。潜水钻机如图 2-17 所示。

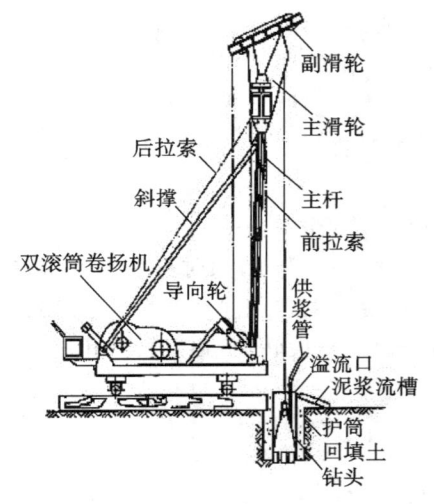

图 2-16 冲击钻机

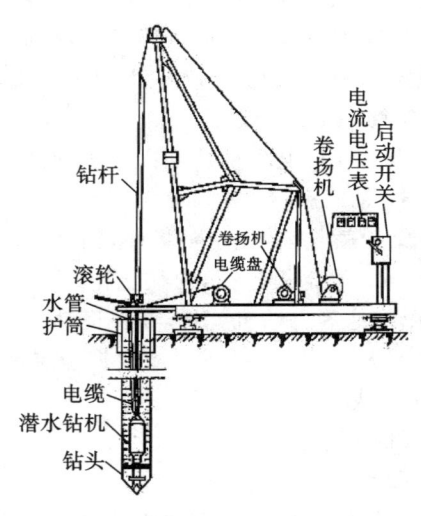

图 2-17 潜水钻机

④冲抓锥成孔。

用冲抓锤张开抓瓣冲入土石中,然后收紧钢丝绳,抓瓣便将土抓入锥中,提升冲抓锤出井孔,松钢丝绳开瓣将土卸掉。冲抓锥如图 2-18 所示。

(2) 泥浆护壁成孔。

①护壁泥浆的作用。

泥浆在桩孔内吸附在孔壁上,将孔壁上空隙填塞密实,防止漏水,保持孔内的水压,可以稳固土壁,防止塌孔;泥浆的密度比水大,泥浆所产生的液柱压力可平衡地下水压力,并对孔壁有一定侧压力,成为孔壁的一种液态支撑;泥浆具有一定的黏度,通过泥浆的循环可将切削下的泥渣悬浮后排出,起携砂、排土的作用;泥浆对钻头有冷却和润滑的作用,提高钻孔速度。

②泥浆准备。

在黏性土和粉质黏土中成孔时，采用自配泥浆护壁，即在孔中注入清水，使清水和孔中钻头切削来的土混合而成。在砂土或其他土中钻孔时，应采用高塑性黏土或膨润土加水配制护壁泥浆。

③泥浆比重要求。

黏土或粉质黏土比重为 1.1～1.2，砂土或较厚夹砂层比重为 1.1～1.3，砂夹卵石或易塌孔土层比重为 1.3～1.5。施工中应经常测定泥浆比重，并定期测定浓度、含水率和胶体率等指标，对施工中废弃的泥浆、渣应按环保的有关规定处理。

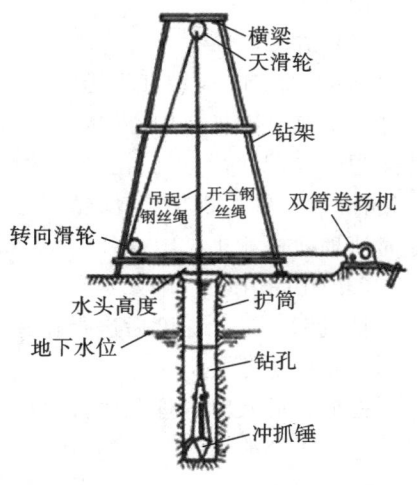

图 2-18　冲抓锥

5）清孔（分两次进行）

清孔主要是清除孔底沉渣、淤泥，以减少桩基的沉降量，保证成桩的承载力。

第一次清孔，钻孔达到设计标高后应进行清孔。以原土造浆的钻孔可使钻杆只转不进，待泥浆比重降至 1.1 左右，即可认为清孔已合格，若注入制备泥浆的钻孔则应采用"换浆法"清孔，至换出的泥浆比重小于 1.15 时方为合格。

第二次清孔，在钢筋笼和导管安放后、水下混凝土浇灌前进行。第二次清孔后的沉渣厚度和泥浆性能指标要符合验收规范：①距孔底 500 mm 处取样泥浆的比重为 1.15～1.20，含砂率不大于 8%，黏度不大于 28 s，②端承桩孔底沉渣厚度不大于 50 mm，摩擦桩孔底沉渣厚度不大于 300 mm，端承摩擦桩或端承摩擦桩孔底沉渣厚度不大于 100 mm。第二次清孔结束与灌注混凝土开始这一段时间间隔，一般不得大于 0.5 h，否则，应重新清孔。

6）水下浇筑混凝土

钢筋骨架固定好后，在 4 h 内且在距二次清孔后的 0.5 h 内必须进行混凝土浇筑。水下混凝土浇筑一般采用导管法。开始浇筑水下混凝土时，管底至孔底的距离宜为 300～500 mm，并使导管一次埋入混凝土面以下 0.8 m 以上，在后续的浇筑中，导管埋深宜为 2～6 m。同时还要注意在导管内的混凝土柱体必须保持一定的高度，使作用在导管底部出口处的混凝土有一定的出口压力，方能使混凝土向外、向上扩散，进行桩身混凝土浇筑。桩顶浇筑高度不能偏低（0.5 m 以上），应使在凿除泛浆层后，桩顶混凝土要达到强度设计值（凝土表面层始终与泥浆接触，使桩顶上部分混凝土夹泥、结构松软）。

3. 干作业成孔灌注桩施工

干作业成孔灌注桩一般是采用螺旋钻机成孔，在孔内安放钢筋笼，浇筑混凝土而成的桩。其适用于地下水位较低、成孔深度内无地下水的一般黏性土、砂土及人工填土，无需护壁，成孔深度 8～20 m，成孔直径 300～600 mm，不宜用于地下水位以下的各类土及淤泥质土。

1）施工工艺

（1）原理：电动机带动钻杆转动，使螺旋叶片旋转削土，土渣随螺旋叶片上升排出孔外。

（2）工艺流程：测量放线、定桩位→钻机就位、调整垂直度→钻孔、土外运→钻孔至设计标高→清除孔底虚土→成孔质量检查、验收→吊放钢筋笼→灌注混凝土→成桩。

2）施工要点

（1）钻孔。

钻机钻孔前，应做好现场施工前的准备工作。钻机场地必须平整、坚实。钻机就位后，钻杆应垂直对准桩位中心线，钻杆钻进时，应先慢后快，避免钻杆摇晃，当出现钻杆偏移或其他问题时，应及时纠正。在施工过程中，若遇到硬质土层，应保持钻杆垂直，缓慢钻进。若出现钻杆跳动、钻机机架晃动、钻杆钻不进等不正常情况，应立即暂停、检查。钻进过程中，应随时清理孔口积土。

（2）孔底清理。

钻机钻至设计深度后进行孔底清理，方法是只钻不进、空转清土、提钻卸土。

（3）灌注混凝土。

桩成孔后及时清理孔底，吊放钢筋笼，浇筑混凝土。为了防止孔壁坍塌，避免雨水冲刷，成孔进检查合格后，应在成孔后的 24 h 内进行混凝土浇筑，混凝土强度等级应不低于 C15，坍落度一般为 80～100 mm，混凝土应连续浇筑并分层捣实，每层的高度不应大于 1.5 m。当混凝土浇筑至桩顶标高时，应适当超过桩顶标高，以保证在凿除泛浆层后，桩顶标高和质量达到设计要求。

4. 沉管灌注桩施工

沉管灌注桩是利用锤击或振动的方法，将带有活瓣式桩靴或预制钢筋混凝土桩尖的钢管沉入土中，后放入钢筋骨架并浇筑混凝土，同时通过锤击或振动的方式拔出钢管而成桩。

1）锤击沉管灌注桩

通过锤击沉桩机械成桩的，称为锤击沉管灌注桩。其适用宜于一般黏性土、淤泥质土和人工填土地基，其施工工艺如图 2-19 所示。

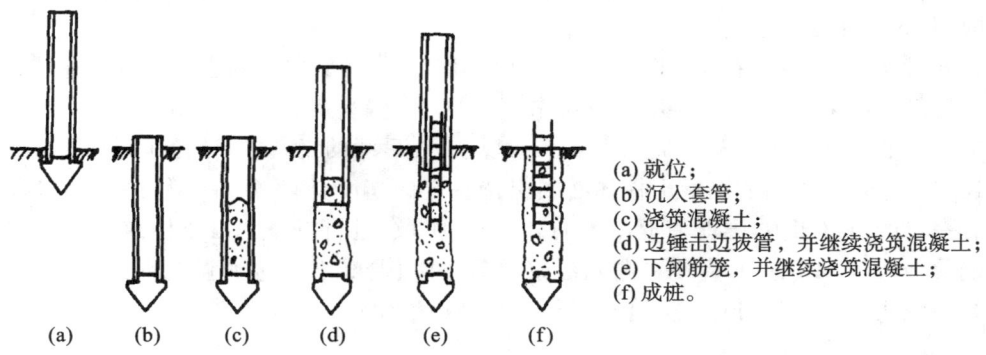

(a) 就位；
(b) 沉入套管；
(c) 浇筑混凝土；
(d) 边锤击边拔管，并继续浇筑混凝土；
(e) 下钢筋笼，并继续浇筑混凝土；
(f) 成桩。

图 2-19　锤击沉管灌注桩施工工艺图

（1）施工工艺。

定位埋设混凝土预制桩尖→桩机就位→锤击沉管→灌注混凝土→边拔管、边锤击、边继续灌注混凝土（中间插入吊放钢筋笼）→成桩。

（2）施工要点。

①就位。

用桩架吊起桩管，关闭桩尖活瓣或对准预设在桩位处的预制混凝土桩靴，套入桩靴，然后缓缓放下套管，压进土中。

桩靴的主要作用是阻止地下水及泥砂进入桩管,故要求桩靴应具有足够强度,开启灵活,并与桩管贴合紧密。桩靴可分为活瓣式桩靴和钢筋混凝土预制桩靴两种,如图 2-20 所示。

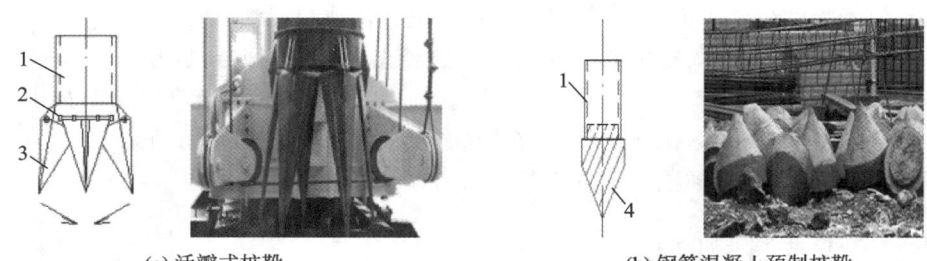

(a) 活瓣式桩靴　　　　　　　　　　(b) 钢筋混凝土预制桩靴

图 2-20　桩靴示意图

1—桩管;2—锁轴;3—活瓣;4—钢筋混凝土预制桩靴

②沉管。

桩管上端扣上桩帽,检查桩管与桩锤是否在同一垂直线上,桩管偏斜不大于 0.5% 时,即可起锤沉管。先低锤轻击,观察如无偏移方可正常施打,直至符合设计要求的贯入度或标高。

③灌注混凝土。

检查桩管内是否有泥浆或水进入,若无,则可灌注混凝土。第一次灌注混凝土时桩管内应尽量灌满,拔管过程中应向桩管内继续灌注混凝土,并使桩管内混凝土保持略高于地面。

④拔管。

在混凝土灌满桩管后,则可进行拔管。一边拔管、一边锤击,拔管的速度要均匀,一般土层以 1 m/min 为宜,软弱土层以 0.3~0.8 m/min 为宜。倒打拔管的速度为单动汽锤不得少于 50 次/min,自由落锤不少于 40 次/min。在管底未拔至桩顶设计标高时,倒打和轻击不得中断。

2) 振动沉管灌注桩

通过振动器成桩的,称为振动沉管灌注桩。其适用于一般黏性土、淤泥质土及人工填土地基,更适用于砂土、稍密及中密的碎石土地基。振动沉管灌注桩施工工艺如图 2-21 所示。

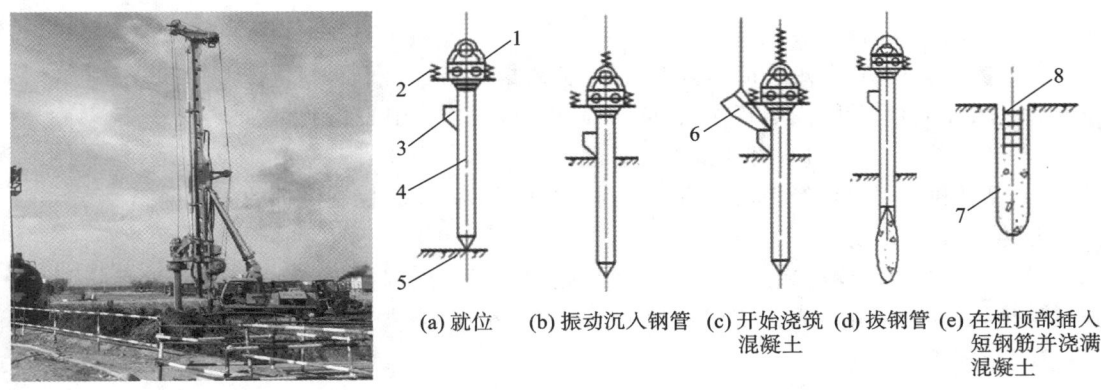

(a) 就位　(b) 振动沉入钢管　(c) 开始浇筑　(d) 拔钢管　(e) 在桩顶部插入
　　　　　　　　　　　　　　混凝土　　　　　　　　　　　　短钢筋并浇满
　　　　　　　　　　　　　　　　　　　　　　　　　　　　　混凝土

图 2-21　振动沉管灌注桩施工工艺图

1—振动锤;2—加压减震弹簧;3—加料口;4—钢管;5—桩尖;6—上料口;7—混凝土桩;8—短钢筋骨架

施工前,先装好桩机,关闭桩管下端活瓣或套入桩靴,对准桩位,缓慢下套管,压入土层,勿使偏斜,即可开动激振器沉管。桩管受到振动后与土体间的摩擦阻力减小,又套管受振动锤自重作用,即可使套管沉入土中。

振动沉管灌注桩施工方法还可采用单打法、复打法或反插法。

单打法施工时,在沉入土中的桩管内灌满混凝土,开动激振器,振动 5~10 s,之后开始拔管,边振边拔。每拔 0.5~1 m,停拔振动 5~10 s,反复进行,直至套管全部拔出。在一般土层内拔管速度宜为 1.2~1.5 m/min,在较软土层中不得大于 1.0 m/min。

振动沉管复打法、反插法施工方法及要求与锤击沉管灌注桩相同。

四、桩基质量验收规范

(一)静力压桩

1. 质量控制点

1)桩质量控制

钢筋混凝土预制桩、预应力管桩,运到施工现场后,应复检,经质量检验合格后方准使用,并核查出厂合格证与产品质量是否相符。

2)桩定位控制

压桩前对已放线定位按施工图进行轴线复核,桩位的放样,群桩控制在 20 mm 偏差之内,单排桩控制在 10 mm 之内。

3)桩位过程检验

当桩顶设计标高低于施工场地标高,送桩后无法对桩位进行检查时,对压入桩可在每根桩顶沉至场地标高后,在送桩前对每根桩的轴线位置进行中间验收,符合允许偏差范围方可送桩到位。待全部压入,达到设计标高后,再做桩的轴线位置最终验收。

4)压桩顺序

(1)根据基础设计标高,宜先深后浅,根据桩的规格,宜先大后小,先长后短。

(2)根据桩的密集程度可采用自中间向两侧对称进行,自中间向四周进行,及由一侧向另一方向进行。

5)桩身垂直度控制

(1)场地应平整,有足够的承载力,保证桩架稳定垂直。

(2)压梁中心桩锤,用于打入法,桩帽和桩身应在同一中心线上。

(3)桩或桩管插入时垂直度偏差不得超过 0.5%。

(4)沉桩时,用两台经纬仪从两个面(构成 90° 的两个面)控制沉桩的垂直度。

6)接桩的节点要求

(1)焊接接桩。钢材宜用低碳钢。接桩处如有间隙应用铁皮填实焊牢,对称焊接,焊缝连续饱满,并注意焊接变形。焊温冷却 1 min 后方可压实。

(2)硫磺胶泥接桩。

①选用半成品硫磺胶泥。

②浇筑硫磺胶泥的温度,控制在 140~150 ℃。

③浇筑时间不得超过 2 min。

④上下节桩连接的中心线偏差不得大于 10 mm,节点弯曲矢高不得大于 $1/1000\ L(L$ 为两节桩长)。

⑤硫磺胶泥浇筑后须停息的时间应大于 7 min。

⑥硫磺胶泥半成品应每 100 kg 做一组试件(一组三件)。

2. 静力压桩检验批施工质量验收

静力压桩检验批按有关施工质量验收规范及现场实际情况划分。

静压预制桩质量检验标准如表 2-7 所示。

表 2-7　静压预制桩质量检验标准

项	序	检查项目	允许值或允许偏差		检查方法
			单位	数值	
主控项目	1	承载力	不小于设计值		静载试验、高应变法等
	2	桩身完整性	—		低应变法
一般项目	1	成品桩质量	按规范要求		查产品合格证
	2	桩位	按规范要求		全站仪或用钢尺量
	3	电焊条质量	设计要求		查产品合格证
	4	接桩:焊缝质量	按规范要求		按规范方法
		电焊结束后停歇时间	min	≥6	用表计时
		上下节平面偏差	mm	≤10	用钢尺量
		节点弯曲矢高	同桩体弯曲要求		用钢尺量
	5	终压标准	设计要求		现场实测或查成桩记录
	6	桩顶标高	mm	±50	水准测量
	7	垂直度	≤1/100		经纬仪测量
	8	混凝土灌芯	设计要求		查灌注量

(二)混凝土灌注桩

1. 质量控制点

1)材料要求

①粗骨料。应采用质地坚硬的卵石、碎石,其粒径宜用 15～25 mm。卵石不宜大于 50 mm,碎石不宜大于 40 mm。含泥量不大于 2%,无杂质。

②细骨料。应选用质地坚硬的中砂,含泥量不大于 5%,无垃圾、草根、泥块等杂物。

③水泥。宜用 42.5 级的普通硅酸盐水泥或硅酸盐水泥,使用前必须查明其品种、强度等级、出厂日期,应有出厂质量证明,到现场后分批见证取样,复试合格后才准使用。严禁用快硬水泥浇筑水下混凝土。

④水。一般采用饮用水或洁净的自然水。

⑤钢筋。应有出厂合格证,钢筋到达现场,分批随机抽样,见证复试合格后方准使用。

2) 泥浆护壁成孔灌注桩

①成孔设备就位。成孔设备就位后,必须保持平正、稳固,确保其在施工中不发生倾斜、移动。为准确控制成孔深度,在桩架或桩管上应设置标尺,以便在施工中进行观测记录。

②成孔深度控制。成孔深度应符合下列要求。

a.摩擦桩。摩擦桩以设计桩长控制成孔深度。当采用锤击沉管法成孔时,桩管入土深度以标高控制为主,以贯入度控制为参考。

b.端承桩。当采用钻机成孔时,必须保证桩孔进入设计持力层的深度;当采用锤击沉管成孔时,沉管深度以贯入度控制为主,设计持力层控制为参考。

③护筒埋设。埋设护筒时,应满足下列要求。

a.护筒埋设应准确、稳定,护筒中心与桩位中心的偏差不得大于 50 mm。

b.护筒一般用 4~8 mm 钢板制作,其内径应大于钻头直径 100 mm,其上部开设 1~2 个溢浆孔。

c.护筒的埋设深度:在黏性土中不宜小于 1.0 m;在砂土中不宜小于 1.5 m;其高度尚应满足孔内泥浆面高度的要求,一般高出地面或水面 400~600 mm。

d.受水位涨落影响或水下施工的钻孔灌注桩,护筒应加高加深,必要时应打入不透水层。

④钻孔要求。

a.在松软土层中钻进,应根据泥浆补给情况控制钻进速度;在硬层或岩层中的钻进速度以钻机不发生跳动为准。

b.为了保证钻孔的垂直度,钻机设置的导向装置应符合下列规定:潜水钻孔的钻头上应有不小于 3 倍钻头直径长度的导向装置;利用钻杆加压的正循环回转钻机,在钻具中应加设扶正器。

c.加接钻杆时,应停止钻进,将钻具提离孔底 80~100 mm,冲洗液循环 1~2 min,以清洗孔底,并将管道内的钻渣携出排净,然后停泵加接钻杆。钻杆连接应拧紧上牢,防止螺栓、螺母、拧卸工具等掉入坑内。

d.钻进过程中如发生斜孔、塌孔和护筒周围冒浆,应停钻,并采取相应措施后再行钻进。

⑤清孔要求。第一次清孔,应使孔底沉渣循环液中含砂量和孔壁泥垢厚度符合质量要求,也为下一道工序即在泥浆中灌注混凝土创造良好的条件。

当钻孔达到设计深度后应立即停止钻进,此时提钻杆,使钻斗在距孔底 10~20 cm 处空转,并保持泥浆正循环,将相对密度为 1.05~1.10 的不含杂质的新泥浆压入钻杆,把钻孔内悬浮较多土渣的泥浆置换出孔外。清孔应符合下列规定。

a.孔底 500 mm 以内的泥浆相对密度应小于 1.25;含砂率≤8%;黏度≤28 s。

b.灌注混凝土之前,孔底沉渣厚度指标应符合下列规定:端承桩<50 mm;摩擦端承桩、端承摩擦桩≤100 mm。

第二次清孔,在第一次清孔达到要求后,要安放钢筋笼及导管准备浇筑水下混凝土,这段时间间隙较长,孔底又会产生新的沉渣,所以待钢筋笼及导管安放就绪后,再利用导管进行第二次清孔。清孔方法是在导管顶部安设一个弯头和皮笼,用泵将泥浆压入导管内,再从孔底沿着导管外置换沉渣,清孔标准是孔深达到设计要求,复测沉渣厚度在 100 mm 以内,此时清孔就算完成,立即进行浇筑水下混凝土的工作。

3）沉管成孔灌注桩

①必须预先制订防止缩孔和断桩等的措施。沉管过程中,应经常探测管内有无地下水或泥浆,如发现水或泥浆较多,应拔出管桩进行处理后再继续沉管。

②活瓣桩尖应有足够强度和刚度,预制桩尖混凝土强度不得低于 C30。

③浇筑混凝土和拔管时应保证混凝土质量。桩管灌满混凝土后开始拔管,管内应保持不少于 2 m 高度的混凝土。拔管速度:锤击沉管时应为 0.3～1.0 m/min;振动沉管时,对于预制桩尖,不宜大于 4 m/min,用活瓣桩尖,不宜大于 2.5 m/min。

④锤击沉管扩大灌注桩施工时,必须在第一次灌注的混凝土初凝前完成复打工作。第一次灌注的混凝土应接近自然地面标高,复打前应把管桩外壁的污泥清除,管桩每次打入时,中心线应重合。

⑤振动沉管灌注桩,采用单打法时,每次拔管高度应控制在 50～100 cm;采用反插法时,反插深度不宜大于活瓣桩尖长度的 2/3。

⑥套管成孔灌注桩任意一段平均直径与设计直径之比不得小于 1。实际浇筑混凝土量不得小于计算体积,混凝土强度必须达到设计要求。

4）干作业成孔灌注桩

①钻孔扩底桩的施工直孔部分应符合下列规定:钻杆应保持垂直稳固,位置正确,防止因钻杆晃动从而扩大孔径;钻进速度应根据电流值变化及时调整;钻进过程中,应随时清理孔口积土,遇到地下水、塌孔、缩孔等异常情况时,应及时处理。

②钻孔扩底部位应符合下列规定:根据电流值或油压值调节扩孔刀片切削土量,防止出现超负荷现象;扩底直径应符合设计要求,经清底扫膛,孔底的虚土厚度应符合规定。

③成孔达到设计要求后,孔口应予以保护,按规定验收,并做好记录。

④浇筑混凝土前,应先放置孔口护孔漏斗,随后放置钢筋笼并再次测量孔内虚土厚度。扩底桩灌注混凝土时,第一次应灌到扩底部位的顶面,随即振捣密实;浇筑桩顶以下 5 m 范围内的混凝土时,应随浇随振动,每次浇筑高度不得大于 1.5 m。

2. 混凝土灌注桩施工质量验收

检验批的划分:同一规格,相同材料、工艺和施工条件的混凝土灌注桩,以桩总数的 1% 为一个检验批,不足总数 1% 的也应划分为一个检验批。

混凝土灌注桩质量检验标准如表 2-8 所示。

表 2-8　混凝土灌注桩质量检验标准

项	序	检 查 项 目	允许值或允许偏差		检 查 方 法
			单位	数值	
主控项目	1	桩位	按规范要求		基坑开挖前量护筒,开挖后量桩中心
	2	孔深	mm	＋300	按规范要求
	3	桩体质量检验	按规范要求		查检测报告
	4	混凝土强度	设计要求		查检测报告
	5	承载力	按规范要求		按规范要求

续表

项	序	检查项目	允许值或允许偏差		检查方法
			单位	数值	
一般项目	1	垂直度	按规范要求		测钻杆,或超声波探测
	2	桩径	按规范要求		超声波检测
	3	泥浆比重	1.15～1.20		用比重计测,清孔后距孔底50 cm处取样
	4	泥浆面标高	m	0.5～1.0	目测
	5	沉渣厚度:端承桩	mm	≤50	用沉渣仪或重锤测量
		摩擦桩	mm	≤150	
	6	钢筋笼安装深度	mm	±100	用钢尺量
	7	混凝土坍落度	70～220		坍落度筒测定
	8	混凝土充盈系数	>1		检查每根桩的实际灌注量
	9	桩顶标高	mm	−50～+30	水准仪测定,须扣除桩顶浮浆及劣质桩体

思考与练习

一、选择题

1. 打桩的入土深度控制,对于承受轴向荷载的摩擦桩,应(　　)。

A. 以贯入度为主,以标高作为参考　　　　B. 仅控制贯入度,不控制标高

C. 以标高为主,以贯入度作为参考　　　　D. 仅控制标高,不控制贯入度

2. 静力压桩的施工程序中,"静压沉管"紧前工序为(　　)。

A. 压桩机就位　　B. 吊桩插桩　　C. 桩身对中调直　　D. 测量定位

3. 正式打桩时宜采用(　　)的方式,可取得良好的效果。

A. 重锤低击,低提重打　　　　　　B. 轻锤高击,高提重打

C. 轻锤低击,低提轻打　　　　　　D. 重锤高击,高提重打

4. 群桩桩位的放样允许偏差是(　　)mm。

A. 15　　　　　　B. 20　　　　　　C. 25　　　　　　D. 30

二、填空题

1. 强夯法适用于处理碎石土、砂土、低饱和度的黏性土、粉土、_____及____等的深层加固。

2. 板与地下室外墙的连接缝、地下室外墙沿高度的水平接缝应严格按施工缝要求采取措施,必要时设_____。

3. 当桩不太密集,桩的中心距大于或等于4倍桩的直径时,可采取_____和_____的顺序。

4. 桩的规格、埋深、长度不同,且桩较密集时,宜_____,先深后浅,_____打设,这样可避免后施工的桩对先施工的桩产生挤压而发生桩的偏斜。

5. 根据成孔方法的不同,灌注桩可分为干作业成孔的灌注桩、_____、套管成孔的灌注桩、_____。

三、简答题

1. 地基处理方法一般有哪几种? 各有什么特点?

2. 试述换土地基适用范围、施工要点与质量检查。

3. 浅埋式钢筋混凝土基础主要有哪几种?

4. 试述钢筋混凝土独立基础施工工艺。

5. 正循环回转钻机成孔和反循环回转钻机成孔,泥浆循环有何区别? 各有何优缺点?

6. 现浇混凝土桩的成孔方法有几种? 各种方法的特点及适用范围是什么?

7. 灌注桩常易发生哪些质量问题? 如何预防和处理?

8. 预制桩和灌注桩各自的特点和适用范围是什么?

学习领域三　脚手架工程施工

 教学目标

育人目标

1. 帮助学生树立正确的人生观、世界观和价值观,培养学生的家国情怀和使命担当。

2. 培养学生尊重客观规律,立足本职、脚踏实地、爱岗敬业的职业素养。

3. 锻炼学生的专业技术和技能,培养学生精益求精的工匠精神。

4. 培养学生团队合作意识,提高学生解决复杂问题的能力。

5. 培养学生知法守法、诚实守信的意识。

6. 培养学生具有思维创新、理论创新、方法创新的创新精神。

知识目标

1. 掌握脚手架的分类及脚手架工程的基本要求。

2. 掌握双排扣件式钢管脚手架的基本构造。

3. 熟悉双排扣件式钢管脚手架的搭设及拆除要点。

4. 掌握悬挑扣件式钢管脚手架的基本构造。

5. 熟悉悬挑扣件式钢管脚手架的搭设及拆除要点。

6. 掌握满堂碗扣式钢管脚手架的基本构造。

7. 熟悉满堂碗扣式钢管脚手架的搭设及拆除要点。

8. 了解附着式升降脚手架的基本构造,搭设及拆除要点。

9. 了解垂直运输设施的工作原理,安装及使用要点。

能力目标

1. 选择脚手架和垂直运输设备的类型。

2. 指导架子工进行双排扣件式脚手架的搭设与拆除。

3. 参与编制普通脚手架的专项施工方案。

4. 参与编制垂直运输设备的专项施工方案。

学习情境一 脚手架基础知识

一、脚手架的作用与分类

（一）脚手架的作用

脚手架是建筑施工过程中必须使用的重要设施，对施工安全、工程进度和施工质量有着直接影响。一定要重视脚手架的搭、拆质量及使用安全。

1. 脚手架的作用

（1）堆放及运输一定数量的建筑材料。

（2）保证施工人员在高处作业时的安全。

（3）满足短距离的水平运输要求。

脚手架的
规范标准

2. 我国脚手架工程的发展历程

（1）第一阶段（20 世纪 40 年代至 60 年代），以竹、木为主要材料的脚手架。

（2）第二阶段（20 世纪 70 年代），钢管扣件式脚手架、钢制工具式脚手架和竹木脚手架并存。

（3）第三阶段（20 世纪 80 年代至今），随着土木工程的发展，国内一些研究、设计、施工单位在国外引入的新型脚手架基础上，经多年研究、应用，开发出一系列新型脚手架。

目前脚手架发展趋势是采用金属制作的、具有多种功用的组合式脚手架，该种脚架可以满足不同情况下安全作业的要求，并逐步限制使用竹木材料脚手架和安全性较差的脚手架。

（二）脚手架的分类

脚手架在我国建筑业应用广泛，它是为保证施工人员操作和水平运输而搭设的各种支架，在建筑工程施工中有着极重的分量。不同类型的工程施工要选用不同用途的脚手架，脚手架的分类有以下情形。

1. 按用途分类

（1）操作（作业）脚手架：为施工操作提供高处作业条件的脚手架，又分为结构作业脚手架（结构脚手架）和装饰作业脚手架（装饰脚手架）。

（2）防护用脚手架：指只用作安全防护的脚手架，包括各种护栏架和棚架。

（3）承重、支撑用脚手架：指用于材料的运转、存放、支撑以及其他承载用途的脚手架，如收料平台、模板支撑架和安装支撑架等。

2. 按构架方式分类

（1）杆件组合式脚手架：杆件组合式脚手架俗称"多立杆式脚手架"，简称"杆组式脚手架"。

（2）框架组合式脚手架：由简单的平面框架（如门架）与连接、撑拉杆件组合而成的脚手架，简称"框组式脚手架"，如门式钢管脚手架、梯式钢管脚手架等。

（3）格构件组合式脚手架：由桁架梁和格构柱组合而成的脚手架，如桥式脚手架。

（4）台架：具有一定高度和操作平面的平台架，多为定型产品，其本身具有稳定的空间结构，可单独使用或立拼增高与水平连接扩大，并常附带有移动装置。

3．按设置形式分类

（1）单排脚手架：指只有一排立杆的脚手架，其小横杆的另一端搁置在墙体结构上。

（2）双排脚手架：指具有两排立杆的脚手架。

（3）多排脚手架：指具有三排以上立杆的脚手架。

（4）满堂脚手架：指按施工作业范围满设的、两个方向各有三排以上立杆的脚手架。

（5）交圈（周边）脚手架：指沿建筑物或作业范围周边设置并相互交圈连接的脚手架。

（6）特形脚手架：指具有特殊平面和空间造型的脚手架，如用于烟囱、水塔、冷却塔以及其他平面为圆形、环形、外方内圆、多边形、上扩、上缩等特殊形式的建筑施工脚手架。

4．按支固方式分类

（1）落地式脚手架：指搭设（支座）在地面、楼面、屋面或其他平台结构之上的脚手架。

（2）悬挑脚手架：简称"挑架"，是指采用悬挑方式支固的脚手架。

（3）附墙悬挂脚手架：简称"挂架"，是指上部或（和）中部挂设于墙体挑挂件上的定型脚手架。

（4）悬吊脚手架：简称"吊架"，是指悬吊于悬挑梁或工程结构之下的脚手架。当采用篮式作业架时，称为"吊篮"。

（5）附着式升降脚手架：简称"爬架"，是指附着于工程结构、依靠自身提升设备实现升降的悬空脚手架。

（6）水平移动脚手架：指带行走装置的脚手架或操作平台架。

5．按连接方式分类

（1）承插式脚手架：指在平杆与立杆之间采用承插连接的脚手架，常见的承插连接方式有插片和楔槽、插片和碗扣、套管和插头以及 U 形托挂等。

（2）扣件式脚手架：指使用扣件箍紧连接的脚手架，即靠拧紧扣件螺栓所产生的摩擦力承担连接作用的脚手架。

6．其他分类方式类

（1）按材料规格分，可划分为竹脚手架、木脚手架、钢管或金属脚手架、门式组合脚手架。

（2）按搭设位置分，可划分为外脚手架、里脚手架。

（3）按使用场合分，可划分为高层建筑脚手架、烟囱脚手架、水塔脚手架等。

二、脚手架工程的基本要求

建筑施工过程中对脚手架工程的基本要求如下。

（1）脚手架应有足够的宽度或面积、步架高度和离墙距离。

（2）脚手架应有足够的强度、刚度和稳定性。

（3）脚手架的构造要简单，搭拆和搬运方便，能多次周转使用。

（4）因地制宜，就地取材，尽量利用自备和可租赁的脚手架材料，以节省脚手架费用。

学习情境二　扣件式钢管脚手架施工

扣件式钢管脚手架是由扣件和钢管等构成的脚手架与支撑架,常用于房屋建筑工程和市政工程等施工用落地式单、双排脚手架、满堂脚手架、型钢悬挑脚手架、满堂支撑架。其特点是:杆配件数量少;装卸方便,利于施工操作;搭拆灵活,搭设高度大;坚固耐用,使用方便。

一、落地扣件式双排脚手架施工

(一)基本构造

落地扣件式双排脚手架由标准的钢管杆件和特制扣件组成的脚手架骨架与脚手板、连墙件、底座、安全围蔽等组成,如图 3-1 所示。

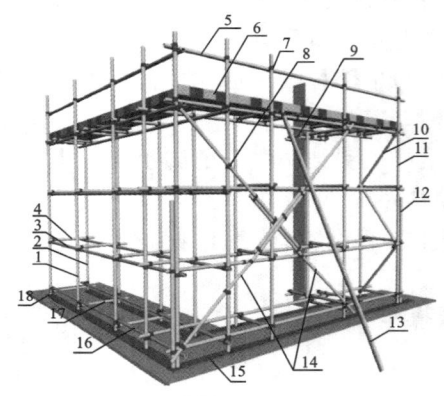 

(a)结构示意图　　　　　　　　　　　(b)实景图

图 3-1　落地扣件式双排脚手架

1—外立杆;2—内立杆;3—纵向水平杆;4—横向水平杆;5—栏杆;6—挡脚板;7—直角扣件;
8—旋转扣件;9—连墙杆;10—横向斜撑;11—主立杆;12—副立杆;13—抛撑;
14—剪刀撑;15—垫板;16—纵向扫地杆;17—横向扫地杆;18—底座

1. 钢管杆件

钢管杆件包括立杆、大横杆、小横杆、斜撑、剪刀撑、抛撑等。

2. 扣件

扣件有对接、旋转、直角三种基本形式,如图 3-2 所示。

(a)对接扣件　　　　　　(b)旋转扣件　　　　　　(c)直角扣件

图 3-2　扣件的基本形式

3．脚手板

脚手板又称脚手片，在脚手架、操作架上铺设，便于工人在其上方行走、转运材料和施工作业的一种临时周转使用的建筑材料。

4．连墙件

连墙件是将立杆与主体结构连接在一起的杆件。连墙件可用钢管、型钢或粗钢筋等。连墙杆每3步5跨设置一根，其作用是防止架子外倾和增加立杆的纵向刚度，如图3-3所示。

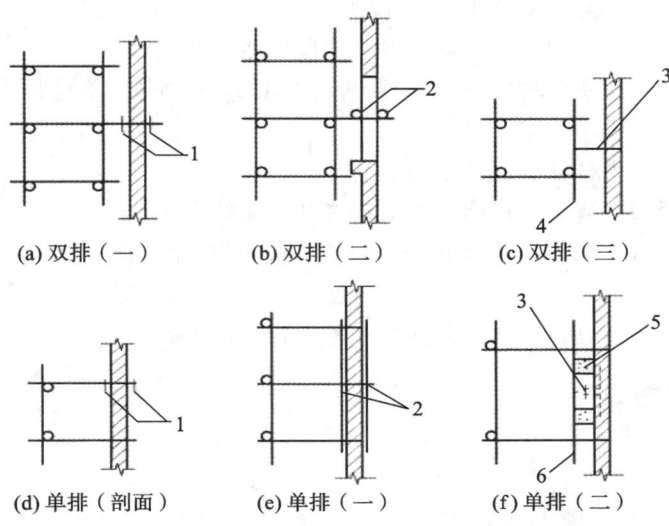

图3-3 连墙件连接方式

1—扣件；2,6—短钢管；3—钢丝与墙内埋设的钢环拉住；4—顶墙横杆；5—木楔

5．底座

底座用于承受脚手架立柱传递下来的荷载，设于立杆底部，包括固定底座、可调底座。

底座一般采用厚度为8 mm、边长为150～200 mm的钢板做底板，上焊150 mm高的钢管。底座形式有内插式和外套式两种，内插式的外径 D_1 比立杆内径小2 mm，外套式的内径 D_2 比立杆外径大2 mm，如图3-4所示。

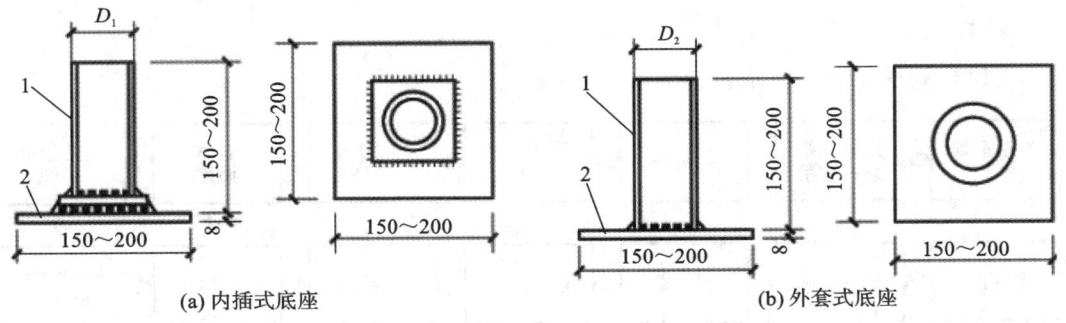

(a) 内插式底座   (b) 外套式底座

图3-4 扣件式钢管立杆底座（单位：mm）

1—承压钢管；2—钢板底座

6. 可调托撑

可调托撑为插入立杆钢管顶部,可调节高度的顶撑。

可调托撑螺杆外径不得小于 36 mm;可调托撑的螺杆与支托板焊接应牢固,焊缝高度不得小于 6 mm;可调托撑螺杆与螺母旋合长度不得少于 5 扣,螺母厚度不得小于 30 mm。可调托撑受压承载力设计值不应小于 40 kN,支托板厚不应小于 5 mm。

7. 其他相关概念

(1)脚手架高度:自立杆底座下皮至架顶栏杆上皮之间的垂直距离。

(2)脚手架长度:脚手架纵向两端立杆外皮间的水平距离。

(3)脚手架宽度:脚手架横向两端立杆外皮之间的水平距离,单排脚手架为外立杆外皮至墙面的距离。

(4)步距:上下水平杆轴线间的距离。

(5)立杆纵(跨)距:脚手架纵向相邻立杆之间的轴线距离。

(6)立杆横距:脚手架横向相邻立杆之间的轴线距离,单排脚手架为外立杆轴线至墙面的距离。

(7)主节点:立杆、纵向水平杆、横向水平杆三杆紧靠的扣接点。

(二)脚手架搭设

1. 施工准备

(1)脚手架工程专项施工方案。

脚手架属危险性较大的分部分项工程,在施工前必须编制安全专项施工方案。对高度为 50 m 及以上落地扣件式钢管脚手架工程,应当组织专家对专项方案进行论证。

(2)脚手架操作人员必须持特殊工种操作证上岗作业。在搭设前,应接受技术人员按专项施工方案的交底并签字。

(3)根据工程规模和施工临时堆放场地面积情况,计划好架体搭设所需要各规格尺寸的钢管、扣件、脚手板、可调托撑等的数量,并进行检查验收,不合格产品不得使用。

(4)准备好合格的安全帽、安全带、防滑鞋等安全防护用品,以及手动扳手、电动扳手及备用电池、工具袋等工具。

2. 搭设流程

搭设全流程如图 3-5 所示。

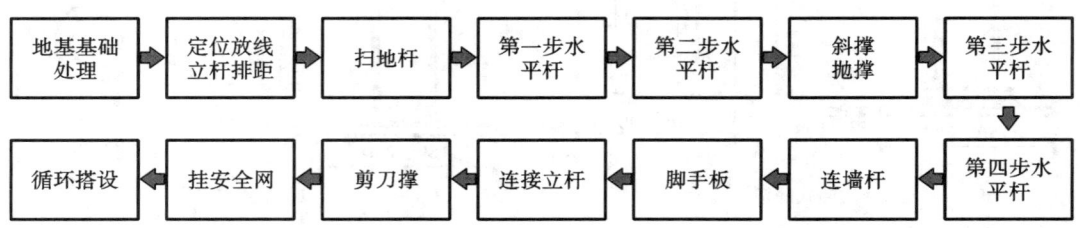

图 3-5 搭设流程

落地扣件式双排
脚手架搭设要点

（三）质量检查与验收

1. 构配件质量检查与验收

（1）新钢管的检查应符合下列规定。

①应有产品质量合格证。

②应有质量检验报告，钢管材质检验方法应符合现行国家标准《金属材料　拉伸试验　第1部分：室温试验方法》GB/T 228.1 的有关规定。

③钢管表面应平直光滑，不应有裂缝、结疤、分层、错位、硬弯、毛刺、压痕和深的划道。

④钢管外径、壁厚、端面等的偏差符合相关规定要求。

⑤钢管应涂有防锈漆。

（2）旧钢管的检查应符合下列规定。

①锈蚀检查应每年一次。检查时，应在锈蚀严重的钢管中抽取三根，在每根锈蚀严重的部位横向截断取样检查，当锈蚀深度超过规定值时不得使用。

②钢管弯曲变形应符合相关规定要求。

（3）扣件验收应符合下列规定。

①扣件应有生产许可证、法定检测单位的测试报告和产品质量合格证。当对扣件质量有怀疑时，应按现行国家标准《钢管脚手架扣件》GB 15831 的规定抽样检测。

②新、旧扣件均应进行防锈处理。

（4）扣件进入施工现场应检查产品合格证，并应进行抽样复试，技术性能应符合现行国家标准《钢管脚手架扣件》GB 15831 的规定。扣件在使用前应逐个挑选，有裂缝、变形、螺栓出现滑丝的严禁使用。

（5）脚手板的检查应符合下列规定。

①冲压钢脚手板应有产品质量合格证；尺寸偏差应符合相关规范规定，且不得有裂纹、开焊与硬弯；新、旧脚手板均应涂防锈漆；应有防滑措施。

②木脚手板质量应符合相关规范规定，宽度、厚度允许偏差应符合现行国家标准《木结构工程施工质量验收规范》GB 50206 的规定；不得使用扭曲变形、劈裂、腐朽的脚手板。

（6）悬挑脚手架用型钢的质量应符合相关规范的规定，并应符合现行国家标准《钢结构工程施工质量验收标准》GB 50205 的有关规定。

（7）可调托撑的检查应符合下列规定。

①应有产品质量合格证，其质量应符合相关规范的规定。

②应有质量检验报告，可调托撑抗压承载力应符合相关规范规定。

③可调托撑支托板厚不应小于 5 mm，变形不应大于 1 mm。

④严禁使用有裂缝的支托板、螺母。

2. 脚手架检查与验收

（1）脚手架及其地基基础应在下列阶段进行检查与验收。

①基础完工后及脚手架搭设前。

②作业层上施加荷载前。

③每搭设完 6～8 m 高度后。

④达到设计高度后。

⑤遇有六级及以上强风或大雨后,冻结地区解冻后。

⑥停用超过一个月。

(2) 应根据下列技术文件进行脚手架检查、验收。

①专项施工方案及变更文件。

②技术交底文件。

③构配件质量检查表。

(3) 脚手架使用中,应定期检查下列要求内容。

①杆件的设置和连接,连墙件、支撑、门洞桁架等的构造应符合相关规范和专项施工方案的要求。

②地基应无积水,底座应无松动,立杆应无悬空。

③扣件螺栓应无松动。

④高度在 24 m 以上的双排、满堂脚手架,其立杆的沉降与垂直度的偏差应符合相关规范的规定;高度在 20 m 以上的满堂支撑架,其立杆的沉降与垂直度的偏差应符合相关规范的规定。

⑤安全防护措施应符合相关规范要求。

⑥应无超载使用。

(4) 脚手架搭设的技术要求、允许偏差与检验方法,应符合相关规定。

脚手架搭设的技术要求、允许偏差与检验方法

(5) 安装后的扣件螺栓拧紧扭力矩应采用扭力扳手检查,抽样方法应按随机分布原则进行。抽样检查数目与质量判定标准,应按表 3-1 的规定确定。不合格的应重新拧紧至合格。

表 3-1　扣件拧紧抽样检查项目及质量判定标准

项次	检查项目	安装扣件数量/个	抽检数量/个	允许的不合格数量/个
1	连接立杆与纵(横)向水平杆或剪刀撑的扣件;接长立杆、纵向水平杆或剪刀撑的扣件	51～90	5	0
		91～150	8	1
		151～280	13	1
		281～500	20	2
		501～1200	32	3
		1201～3200	50	5
2	连接横向水平杆与纵向水平杆的扣件(非主节点处)	51～90	5	1
		91～150	8	2
		151～280	13	3
		281～500	20	5
		501～1200	32	7
		1201～3200	50	10

（四）脚手架拆除

1. 拆除前准备工作

（1）应全面检查脚手架的扣件连接、连墙件、支撑体系等是否符合构造要求。

（2）应根据检查结果补充完善脚手架专项方案中的拆除顺序和措施，经审批后方可实施。

（3）拆除前应对施工人员进行交底。

（4）应清除脚手架上杂物及地面障碍物。

2. 拆除工艺流程

拆除工艺流程如图 3-6 所示。

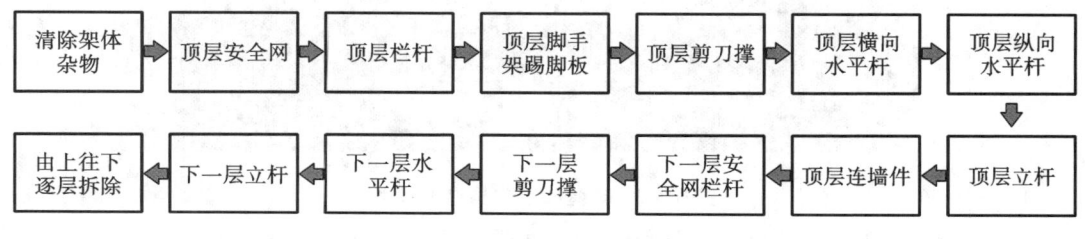

图 3-6　拆除工艺流程

3. 拆除要点

（1）单、双排脚手架拆除作业必须由上而下逐层进行，严禁上下同时作业；连墙件必须随脚手架逐层拆除，严禁先将连墙件整层或数层拆除后再拆脚手架；分段拆除高差大于两步时，应增设连墙件加固。

（2）当脚手架拆至下部最后一根长立杆的高度（约 6.5 m）时，应先在适当位置搭设临时抛撑加固后，再拆除连墙件。当单、双排脚手架采取分段、分立面拆除时，对不拆除的脚手架两端，应先设置连墙件和横向斜撑加固。

（3）架体拆除作业应设专人指挥，当有多人同时操作时，应明确分工、统一行动，且应具有足够的操作面。

（4）卸料时各构配件严禁抛掷至地面。拆除的杆件、构配件应采用机械或人工运至地面。

（5）运至地面的构配件应按相关规范的规定及时检查、整修与保养，并应按品种、规格分别存放。

二、落地扣件式满堂脚手架施工

《建筑施工扣件式钢管脚手架安全技术规范》（JGJ 130—2011）定义扣件式满堂钢管脚手架为在纵、横方向，由不少于三排立杆并与水平杆、水平剪刀撑、竖向剪刀撑、扣件等构成的脚手架。该架体顶部作业层施工荷载通过水平杆传递给立杆，顶部立杆呈偏心受压状态，简称为满堂脚手架。

(一）基本构造

1. 构造形式

满堂脚手架构造形式如图 3-7 所示。

图 3-7 满堂脚手架构造形式

满堂脚手架在双排脚手架的构造基础上增加了立杆，其架体的高宽比不大于 2，同时也增加了水平杆、剪刀撑，其整体稳定性较大。

2. 架体尺寸

常用敞开式满堂脚手架结构的设计尺寸，可按表 3-2 采用。

表 3-2 常用敞开式满堂脚手架结构的设计尺寸

序号	步距/m	立杆间距/m	支架高宽比	下列施工荷载时最大允许高度/m	
				2 kN/m²	3 kN/m²
1	1.7~1.8	1.2×1.2	2	17	9
2		1.0×1.0	2	30	24
3		0.9×0.9	2	36	36
4	1.5	1.3×1.3	2	18	9
5		1.2×1.2	2	23	16
6		1.0×1.0	2	36	31
7		0.9×0.9	2	36	36
8	1.2	1.3×1.3	2	20	13
9		1.2×1.2	2	24	19
10		1.0×1.0	2	36	32
11		0.9×0.9	2	36	36

续表

序号	步距/m	立杆间距/m	支架高宽比	下列施工荷载时最大允许高度/m	
				2 kN/m²	3 kN/m²
12	0.9	1.0×1.0	2	36	33
13		0.9×0.9	2	36	36

注:①脚手板自重标准值取 0.35 kN/m²;

②地面粗糙度为 B 类,基本风压 $w_0 = 0.35$ kN/m²;

③立杆间距不小于 1.2 m×1.2 m,施工荷载标准值不小于 3 kN/m²时,立杆上应增设防滑扣件,防滑扣件应安装牢固,且顶紧立杆与水平杆连接的扣件。

(二) 脚手架搭设

1. 施工准备

同本学习情境"落地扣件式双排脚手架施工"相对应的"施工准备"内容。

2. 搭设流程

脚手架搭设流程如图 3-8 所示。

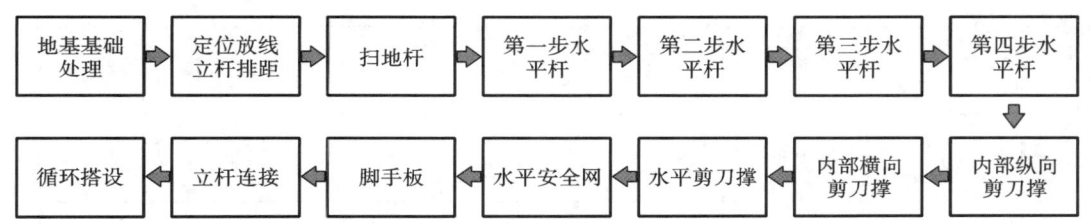

图 3-8　搭设流程

三、落地扣件式满堂支撑架施工

《建筑施工扣件式钢管脚手架安全技术规范》(JGJ 130—2011)定义扣件式满堂钢管支撑架为在纵、横方向,由不少于三排立杆并与水平杆、水平剪刀撑、竖向剪刀撑、扣件等构成的承力支架。该架体顶部的钢结构安装等施工荷载通过可调托撑轴心传力给立杆,顶部立杆呈轴心受压状态,简称为满堂支撑架。

(一) 基本构造

1. 构造形式

满堂支撑架构造形式如图 3-9 所示。

满堂支撑架在满堂脚手架的构造杆的顶端增加可调顶撑,其作用是支承上部混凝土水平构件形成时的荷载。

满堂脚手架搭设要点

满堂脚手架质量检查与验收,脚手架拆除

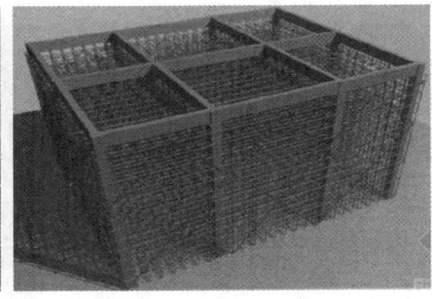

图 3-9 满堂支撑架构造形式

2. 架体尺寸

常用满堂支撑架结构高宽比、最少跨数宜符合表 3-3 的规定,满堂支撑架搭设高度不宜超过 30 m。

表 3-3 常用满堂支撑架结构高宽比、最少跨数

序号	步距 /m		立杆间距/m					
			1.2×1.2	1.0×1.0	0.9×0.9	0.75×0.75	0.6×0.6	0.4×0.4
1	1.8	高宽比	不大于 2	不大于 2	不大于 2	不大于 2	不大于 2.5	不大于 2.5
2		最少跨数	4	4	5	5	5	8
3	1.5	高宽比	不大于 2	不大于 2	不大于 2	不大于 2	不大于 2.5	不大于 2.5
4		最少跨数	4	4	5	5	5	8
5	1.2	高宽比	不大于 2	不大于 2	不大于 2	不大于 2	不大于 2.5	不大于 2.5
6		最少跨数	4	4	5	5	5	8
7	0.9	高宽比	不大于 2	不大于 2	不大于 2	不大于 2	不大于 2.5	不大于 2.5
8		最少跨数	4	4	5	5	5	8
9	0.6	高宽比	不大于 2	不大于 2	不大于 2	不大于 2	不大于 2.5	不大于 2.5
10		最少跨数	4	4	5	5	5	8

（二）支撑架搭设

1. 施工准备

同本学习情境"落地扣件式双排脚手架施工"相对应的"施工准备"内容。

2. 搭设流程

基本搭设流程如图 3-10 所示。

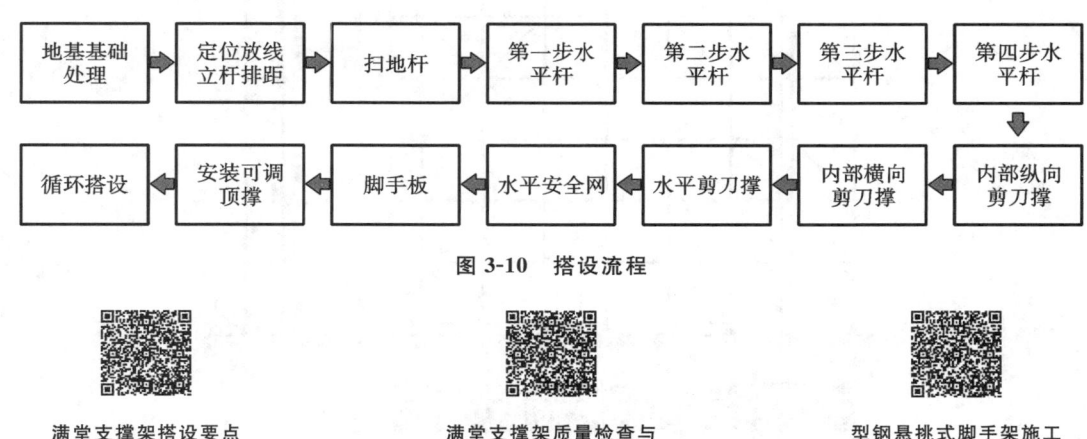

图 3-10 搭设流程

满堂支撑架搭设要点

满堂支撑架质量检查与
验收，脚手架拆除

型钢悬挑式脚手架施工

学习情境三　碗扣式钢管脚手架施工

《建筑施工脚手架安全技术统一标准》(GB 51210—2016)和《建筑施工碗扣式脚手架安全技术规范》(JGJ 166—2016)定义碗扣式钢管脚手架是指节点采用碗扣方式连接的钢管脚手架,根据其用途主要分为落地式双排脚手架和落地式模板支撑脚手架两类。

一、落地式双排脚手架施工

（一）基本构造

1. 构造组成

当双排脚手架高度在 24 m 及以下时,可按如图 3-11 所示的构造要求搭设。

2. 专业术语

（1）碗扣节点:由上碗扣、下碗扣、限位销和水平杆接头等组成的盖固式连接节点。

（2）立杆:带有活动上碗扣,且焊有固定下碗扣和竖向连接套管的竖向钢管构件。

（3）上碗扣:沿立杆上下滑动,起锁紧作用的碗形紧固件。

（4）下碗扣:焊接固定在立杆上的碗形紧固件。

（5）立杆连接销:用于立杆竖向承插接长的销子。

（6）限位销:焊接固定在立杆上用于锁紧上碗扣的定位销子。

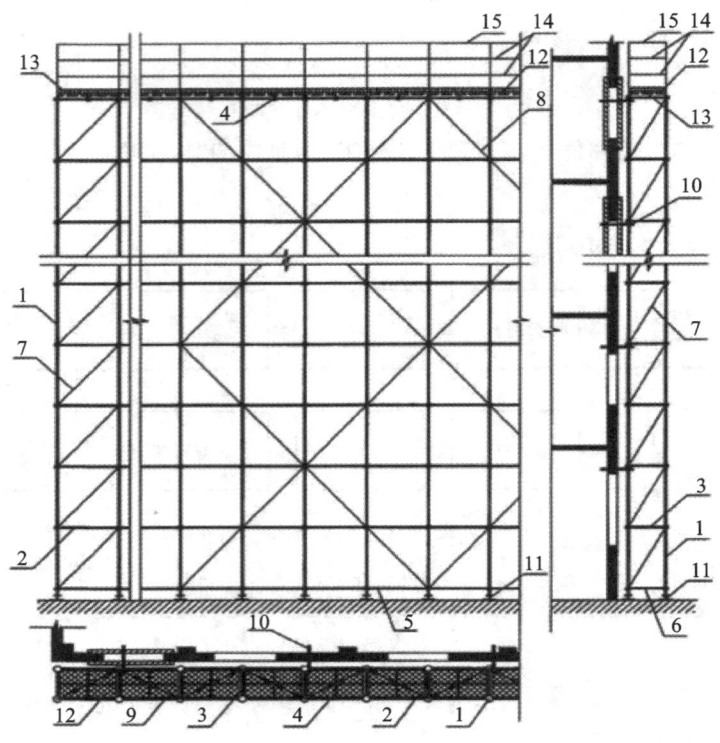

图 3-11 碗扣式钢管脚手架的组成

1—立杆；2—纵向水平杆；3—横向水平杆；4—间水平杆；5—纵向扫地杆；6—横向扫地杆；7—竖向斜撑杆；
8—剪刀撑；9—水平斜撑杆；10—连墙件；11—底座；12—脚手板；13—挡脚板；14—栏杆；15—扶手

（7）水平杆：两端焊接有连接板接头，与立杆通过上下碗扣连接的水平钢管构件，包括纵向水平杆和横向水平杆。

（8）水平杆接头：焊接于水平杆两端的曲板状连接件。

（9）间水平杆：两端焊有插卡装置，与纵向水平杆通过插卡装置相连，用于双排脚手架的横向水平钢管构件。

（10）斜杆：两端带有接头，用作脚手架斜撑杆的钢管构件。按接头形式可分为专用外斜杆和内斜杆；按设置方向可分为水平斜杆和竖向斜杆。

（11）专用外斜杆：用于脚手架端部或外立面，两端焊有旋转式连接板接头的斜向钢管构件。

（12）内斜杆：用于脚手架内部，两端带有扣接头的斜向钢管构件。

（13）挑梁：双排脚手架作业平台的挑出定型构件。包括外挑宽度为 300 mm 的窄挑梁和外挑宽度为 600 mm 的宽挑梁。

3．构配件

1）节点构造及杆件模数

（1）立杆的碗扣节点应由上碗扣、下碗扣、水平杆接头和限位销等构成，如图 3-12 所示。

（2）立杆碗扣节点间距，对 Q235 级材质钢管立杆宜按 0.6 m 模数设置；对 Q345 级材质钢管立杆宜按 0.5 m 模数设置。水平杆长度宜按 0.3 m 模数设置。采用钢管外径为48.3 mm、壁厚 3.5 mm。

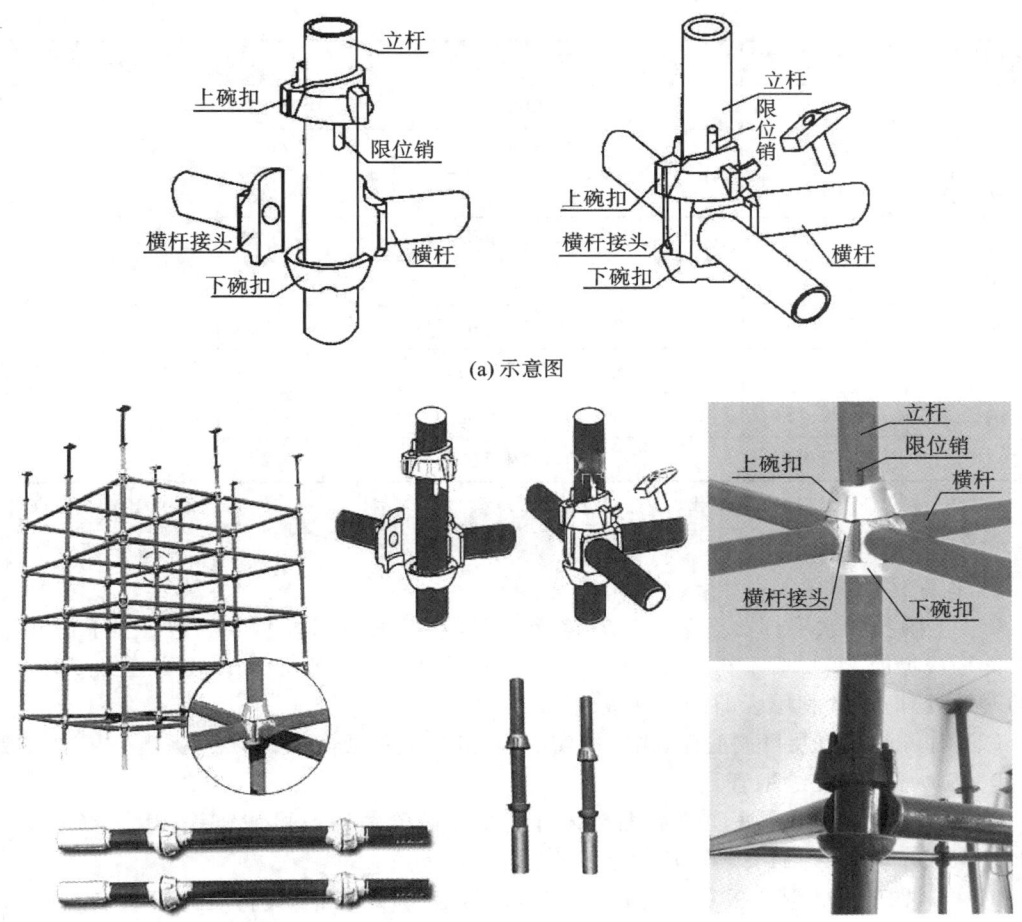

(a) 示意图

(b) 实物图

图 3-12 碗扣节点图

（3）碗扣式钢管脚手架主要构配件种类、规格、材质参考表 3-4 选用。

表 3-4 主要构配件各类和规格

名　　称	常用型号	规格/mm	材质	备　　注
立杆	LG-A-＊＊＊	1200、1800、2400、3000	Q235	＊＊＊为长度(cm)
	LG-B-＊＊＊	800、1000、1300、1500、1800、2300、2500、2800、3000	Q345	＊＊＊为长度(cm)
水平杆	SPG-＊＊＊	300、600、900、1200、1500、1800	Q235	＊＊＊为长度(cm)
间水平杆	JSPG-＊＊＊	900、1200	Q235	
	JSPG-＊＊＊＋＊＊	1200＋300、1200＋600	Q235	＋后面为挑梁的长度
专用外斜杆	WXG-＊＊-＊＊	0912-1500、1212-1700、1218-2160、1518-2340、1818-2550	Q235	前＊＊为水平长度，后＊＊为垂直长度，单位为分米

名　　称	常用型号	规格/mm	材质	备　　注
挑梁	TL-30	300	Q235	
	TL-60	600	Q235	
立杆接销	LJX	10	Q235	
可调底座	KTZ-45	T38×50,可调范围≤300	Q235	
	KTZ-60	T38×50,可调范围≤450	Q235	
	KTZ-75	T38×50,可调范围≤600	Q235	
可调托撑	KTC-45	T38×50,可调范围≤300	Q235	
	KTC-45	T38×50,可调范围≤450	Q235	
	KTC-45	T38×50,可调范围≤600	Q235	

注:表中所列立杆型号标识为"-A"代表节点间距按 0.6 m 模数(Q235 材质立杆)设置;标识为"-B"代表节点间距按 0.5 m 模数(Q345 材质立杆)设置。

2) 构配件的材质

(1) 上碗扣和水平杆接头采用碳素铸钢铸造,不得采用钢板冲压成型。当下碗扣采用钢板冲压成型时,其材质不得低于 Q235 级钢,板材厚度不得小于 4 mm,并应经 600～650 ℃的时效处理;严禁利用废旧锈蚀钢板改制。

(2) 对可调托撑及可调底座,当采用实心螺杆时,其材质为 Q235 级钢;当采用空心螺杆时,其材质为 20 号无缝钢管。

(3) 可调托撑及可调底座调节螺母铸件应采用碳素铸钢或可锻铸铁,其材质应分别为 ZG230-450 牌号和 KTH330-08 牌号。

(4) 可调托撑 U 形托板和可调底座垫板应采用碳素结构钢,其材质为 Q235 级钢。

(5) 其他构配件的材质同扣件式脚手架所对应的构配件。

3) 构配件的质量要求

(1) 钢管宜采用公称尺寸为 48.3 mm×3.5 mm 的钢管,外径允许偏差应为±0.5 mm,壁厚偏差不应为负偏差。

(2) 立杆接长当采用外插套时,外插套管壁厚不应小于 3.5 mm;当采用内插套时,内插套管壁厚不应小于 3.0 mm。插套长度不应小于 160 mm,焊接端插入长度不应小于 60 mm,外伸长度不应小于 110 mm,插套与立杆钢管间的间隙不应大于 2 mm。

(3) 可调托撑及可调底座调节螺母厚度不得小于 30 mm;螺杆外径不得小于 38 mm,空心螺杆壁厚不得小于 5 mm;螺杆与调节螺母啮合长度不得少于 5 扣;可调托撑 U 形托板厚度不得小于 5 mm,弯曲变形不应大于 1 mm,可调底座垫板厚度不得小于 6 mm。

4) 构配件外观质量要求

(1) 钢管应平直光滑,不得有裂纹、锈蚀、分层、结疤或毛刺等缺陷,立杆不得采用横断面接长的钢管。

(2) 铸造件表面应平整,不得有砂眼、缩孔、裂纹或浇冒口残余等缺陷,表面黏砂应清除干净。

(3) 冲压件不得有毛刺、裂纹、氧化皮等缺陷。

(4) 焊缝应饱满,焊药应清除干净,不得有未焊透、夹砂、咬肉、裂纹等缺陷。

（5）构配件表面应涂刷防锈漆或进行镀锌处理,涂层应均匀、牢靠,表面应光滑,在连接处不得有毛刺、滴瘤和多余结块。

（二）脚手架搭设

1. 准备工作

（1）脚手架施工前应根据建筑结构的实际情况,编制专项施工方案,并应经审核批准后方可实施。

（2）脚手架在安装、拆除作业前,应根据专项施工方案要求,对作业人员进行安全技术交底。

（3）进入施工现场的脚手架构配件,在使用前应对其质量进行复检,不合格产品不得使用。

（4）对经检验合格的构配件应按品种、规格分类码放,并应标识数量和规格。构配件堆放场地排水应畅通,不得有积水。

（5）脚手架搭设前,应对场地进行清理、平整,地基应坚实、均匀,并应采取排水措施。

（6）当采取预埋方式设置脚手架连墙件时,应按设计要求预埋;在混凝土浇筑前,应进行隐蔽检查。

2. 工艺流程

脚手架搭设工艺流程如图3-13所示。

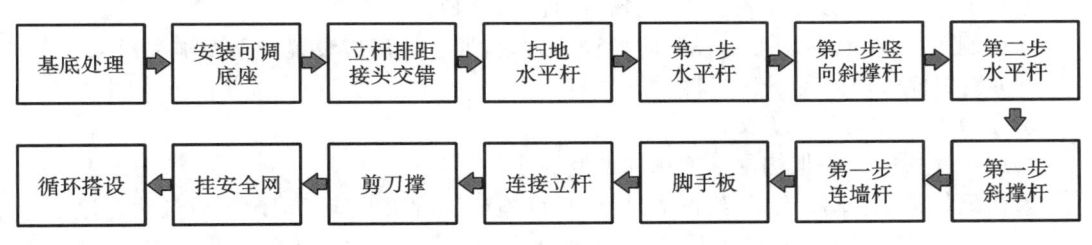

图3-13　工艺流程图

（三）质量检查与验收

（1）根据施工进度,脚手架应在下列环节进行检查与验收:

①施工准备阶段,构配件进场时;

②地基与基础施工完后,架体搭设前;

③首层水平杆搭设安装后;

④双排脚手架每搭设一个楼层高度,投入使用前;

⑤模板支撑架每搭设完4步或搭设至6 m高度时;

⑥双排脚手架搭设至设计高度后;

⑦模板支撑架搭设至设计高度后。

（2）进入施工现场的主要构配件应有产品质量合格证、产品性能检验报告,并应按相关规定对其表面观感质量、规格尺寸等进行抽样检验。

（3）地基基础检查验收项目、质量要求、抽检数量、检验方法应符合相关规定,并应重点

落地式双排脚手架搭设要点

检查和验收下列内容：

①地基的处理、承载力应符合方案设计的要求；

②基础顶面应平整坚实，并应设置排水设施；

③基础不应有不均匀沉降，立杆底座和垫板与基础间应无松动、悬空现象；

④地基基础施工记录和试验资料应完整。

（4）架体检查验收项目、质量要求、抽检数量、检验方法应符合相关规定，并应重点检查和验收下列内容：

①架体三维尺寸和门洞设置应符合方案设计的要求；

②斜撑杆和剪刀撑应按方案设计规定的位置和间距设置；

③纵向水平杆、横向水平杆应连续设置，扫地杆距离地面高度应满足相关要求；

④模板支撑架立杆伸出顶层水平杆长度不应超出相应的上限要求；

⑤双排脚手架连墙件应按方案设计规定的位置和间距设置，并应与建筑结构和架体可靠连接；

⑥模板支撑架应与既有建筑结构可靠连接；

⑦上碗扣应将水平杆接头锁紧；

⑧架体水平度和垂直度偏差应在相关规定的允许范围内。

（5）安全防护设施检查验收项目、质量要求、抽检数量、检验方法应符合相关规定，并应重点检查和验收下列内容：

①作业层宽度、脚手板、挡脚板、防护栏杆、安全网、水平防护的设置应齐全、牢固；

②梯道或坡道的设置应符合方案设计的要求，防护设施应齐全；

③门洞顶部应封闭，两侧应设置防护设施，车行通道门洞应设置交通设施和标志。

（6）检查验收应具备下列资料：

①专项施工方案及变更文件；

②周转使用的脚手架构配件使用前的复验合格记录；

③构配件进场、基础施工、架体搭设、防护设施施工阶段的施工记录及质量检查记录。

（7）脚手架搭设至设计高度后，在投入使用前，应在阶段检查验收的基础上形成完工验收记录，记录表应符合相关规范的规定。

（四）脚手架拆除

（1）当脚手架拆除时，应按专项施工方案中规定的顺序拆除。

（2）当脚手架分段、分立面拆除时，应确定分界处的技术处理措施，分段后的架体应稳定。

（3）脚手架拆除前，应清理作业层上的施工机具及多余的材料和杂物。

（4）脚手架拆除作业应设专人指挥，当有多人同时操作时，应明确分工、统一行动，且应具有足够的操作面。

（5）拆除的脚手架构配件应采用起重设备吊运或人工传递到地面，严禁抛掷。

（6）拆除的脚手架构配件应分类堆放，并应便于运输、维护和保管。

（7）双排脚手架的拆除作业，必须符合下列规定：

①架体拆除应自上而下逐层进行，严禁上下层同时拆除；

②连墙件应随脚手架逐层拆除，严禁先将连墙件整层或数层拆除后再拆除架体；

③拆除作业过程中,当架体的自由端高度大于两步时,必须增设临时拉结件。

(8) 双排脚手架的斜撑杆、剪刀撑等加固件应在架体拆除至该部位时,才能拆除。

(9) 模板支撑架的拆除应符合下列规定。

①架体拆除应符合现行国家标准《混凝土结构工程施工质量验收规范》GB 50204、《混凝土结构工程施工规范》GB 50666 中混凝土强度的规定,拆除前应填写拆模申请单。

②预应力混凝土构件的架体拆除应在预应力施工完成后进行。

③架体的拆除顺序、工艺应符合专项施工方案的要求。当专项施工方案无明确规定时,应符合下列规定。

a.应先拆除后搭设的部分,后拆除先搭设的部分。

b.架体拆除必须自上而下逐层进行,严禁上下层同时拆除作业,分段拆除的高度不应大于两层。

c.梁下架体的拆除,宜从跨中开始,对称地向两端拆除;悬臂构件下架体的拆除,宜从悬臂端向固定端拆除。

二、落地式模板支撑脚手架

(一) 基本构造

1. 构造组成

落地式模板支撑脚手架是在满堂脚手架的基础上,根据所支撑的现浇混凝土构件的大小、长度等调整立杆间距、水平杆的步距,在立杆的顶端设置可调顶撑的构造形式。

2. 专业术语

详见本学习情境落地式双排脚手架施工。

3. 构配件

详见本学习情境落地式双排脚手架施工。

(二) 脚手架搭设

1. 准备工作

同本学习情境"落地式双排脚手架施工"相对应的"准备工作"内容。

2. 工艺流程

脚手架搭设工艺流程如图 3-14 所示。

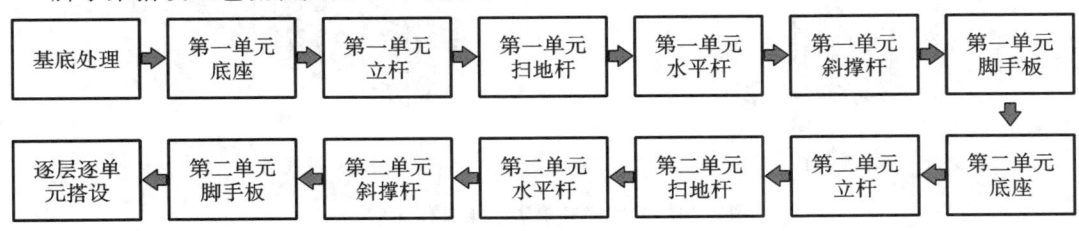

图 3-14　工艺流程

落地式模板支撑
脚手架搭设要点

落地式模板支撑脚手
架质量检查与验收

落地式模板支
撑脚手架拆除

学习情境四　附着式升降脚手架施工

《建筑施工脚手架安全技术统一标准》(GB 51210—2016)和《建筑施工工具式脚手架安全技术规范》(JGJ 202—2010)定义附着式升降脚手架是指搭设一定高度并附着于工程结构上,依靠自身的升降设备和装置,可随工程结构逐层爬升或下降,具有防倾覆、防坠落装置的外脚手架。根据升降方式主要可分为整体式和单跨式附着升降脚手架两类。

一、基本构造

(一) 构造组成

附着式升降脚手架架体如图 3-15 所示。

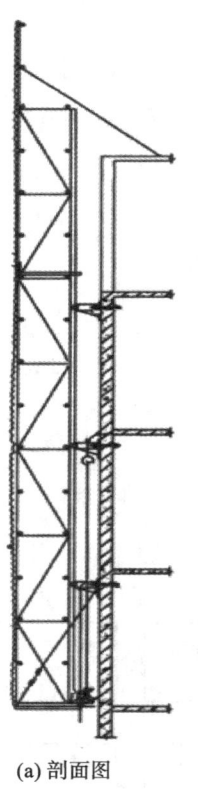
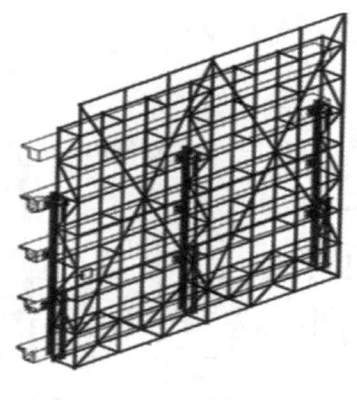

(a) 剖面图　　　　　　　　　　　(b) 透视图

图 3-15　附着式升降脚手架架体示意图

（1）附着式升降脚手架应由竖向主框架、水平支承桁架、架体构架三部分组成的架体结构，附着支承结构，防倾装置，防坠装置等组成，如图3-16所示。

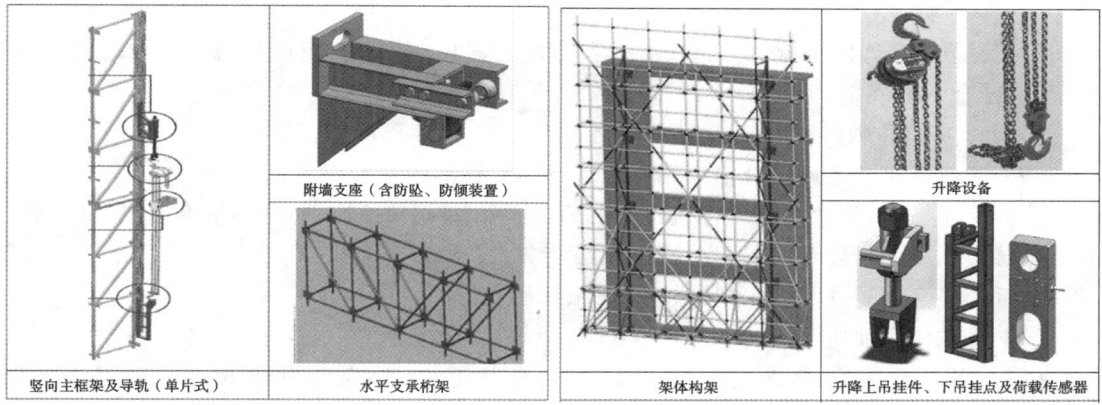

竖向主框架及导轨（单片式）　　附墙支座（含防坠、防倾装置）　　水平支承桁架　　架体构架　　升降设备　　升降上吊挂件、下吊挂点及荷载传感器

图 3-16　附着式升降脚手架组成图

①竖向主框架：附着式升降脚手架架体结构主要组成部分，垂直于建筑物外立面，并与附着支承结构连接。主要承受和传递竖向和水平荷载的竖向框架。

②水平支承桁架：附着式升降脚手架架体结构的组成部分，主要承受架体竖向荷载，并将竖向荷载传递至竖向主框架的水平支承结构。

③架体构架：采用钢管杆件搭设的位于相邻两竖向主框架之间和水平支承桁架之上的架体，是附着式升降脚手架架体结构的组成部分，也是操作人员作业场所。

④附着支承结构：直接附着在工程结构上，并与竖向主框架相连接，承受并传递脚手架荷载的支承结构。

⑤防倾覆装置：防止架体在升降和使用过程中发生倾覆的装置。

⑥防坠落装置：架体在升降或使用过程中发生意外坠落时的制动装置。

⑦升降机构：控制架体升降运行的动力机构，有电动和液压两种。

⑧荷载控制系统：能够反映、控制升降机构在工作中所承受荷载的装置系统。

⑨导轨：附着在附墙支承结构或者附着在竖向主框架上，引导脚手架上升和下降的轨道。

⑩同步控制装置：在架体升降中控制各升降点的升降速度，使各升降点的荷载或高差在设计范围内，即控制各点相对垂直位移的装置。

（2）其他相关术语。

①单跨式附着升降脚手架：仅有两个提升装置并独自升降的附着升降脚手架。

②架体高度：架体最底层杆件轴线至架体最上层横杆（即护栏）轴线间的距离。

③架体宽度：架体内、外排立杆轴线之间的水平距离。

④架体支承跨度：两相邻竖向主框架中心轴线之间的距离。

⑤悬臂高度：架体的附着支承结构中最高一个支承点以上的架体高度。

⑥悬挑长度：指架体水平方向悬挑长度，即架体竖向主框架中心轴线至架体端部立面之间的水平距离。

⑦悬臂梁：一端固定在附墙支座上，悬挂升降设备或防坠落装置的悬挑钢梁，又称悬

吊梁。

（二）构配件性能

（1）附着式升降脚手架和外挂防护架架体用的钢管，应采用现行国家标准 Q235 号普通钢管，应符合下列规定：

①钢管应采用 φ48.3×3.6 mm 的规格；

②钢管应具有产品质量合格证和符合现行国家标准的检验报告；

③钢管应平直，其弯曲度不得大于管长的 1/500，两端端面应平整，不得有斜口，有裂缝、表面分层硬伤、压扁、硬弯、深划痕、毛刺和结疤等；

④钢管表面的锈蚀深度不得超过 0.25 mm；

⑤钢管在使用前应涂刷防锈漆。

（2）水平支承桁架、竖向主框架、附墙支座、悬臂梁、钢拉杆、竖向桁架、三角臂等使用型钢、钢板和圆钢制作时，其材质应符合 Q235-A 级钢的规定。

（3）钢管脚手架的连接扣件应符合现行国家标准《钢管脚手架扣件》GB 15831 的规定。在螺栓拧紧的扭力矩达到 65 N·m 时，不得发生破坏。

（4）普通螺栓、锚栓采用 Q345 钢制成。

（5）附着式升降脚手架的构配件，当出现下列情况之一时，应更换或报废：

①构配件出现塑性变形的；

②构配件锈蚀严重，影响承载能力和使用功能的；

③防坠落装置的组成部件任何一个发生明显变形的；

④弹簧件使用一个单体工程后；

⑤穿墙螺栓在使用一个单体工程后，凡发生变形、磨损、锈蚀的；

⑥钢拉杆上端连接板在单项工程完成后，出现变形和裂纹的；

⑦电动葫芦链条出现深度超过 0.5 mm 咬伤的。

附着式升降脚
手架构造措施

（三）安全装置

（1）附着式升降脚手架必须具有防倾覆、防坠落和同步升降控制的安全装置。

（2）防倾覆装置应符合下列规定：

①防倾覆装置中应包括导轨和两个以上与导轨连接的可滑动的导向件；

②在防倾导向件的范围内应设置防倾覆导轨，且应与竖向主框架可靠连接；

③在升降和使用两种工况下，最上和最下两个导向件之间的最小间距不得小于 2.8 m 或架体高度的 1/4；

④应具有防止竖向主框架倾斜的功能；

⑤应采用螺栓与附墙支座连接，其装置与导轨之间的间隙应小于 5 mm。

（3）防坠落装置必须符合下列规定：

①防坠落装置应设置在竖向主框架处并附着在建筑结构上，每一升降点不得少于一个防坠落装置，防坠落装置在使用和升降工况下都必须起作用；

②防坠落装置必须采用机械式的全自动装置，严禁使用每次升降都需重组的手动装置；

③防坠落装置技术性能除应满足承载能力要求外，还应符合表 3-5 的规定。

表 3-5　防坠落装置技术性能

脚手架类别	制动距离/mm
整体式升降脚手架	≤80
单跨式升降脚手架	≤150

④防坠落装置应具有防尘、防污染的措施,并应灵敏可靠和运转自如;

⑤防坠落装置与升降设备必须分别独立固定在建筑结构上;

⑥钢吊杆式防坠落装置,钢吊杆规格应由计算确定,且直径不应小于 25 mm。

(4) 同步控制装置应符合下列规定。

①附着式升降脚手架升降时,必须配备有限制荷载或水平高差的同步控制系统。连续式水平支承桁架,应采用限制荷载自控系统;简支静定水平支承桁架,应采用水平高差同步自控系统;当设备受限时,可选择限制荷载自控系统。

②限制荷载自控系统应具有下列功能。

a.当某一机位的荷载超过设计值的 15% 时,应采用声光形式自动报警和显示报警机位;当超过 30% 时,应能使该升降设备自动停机;

b.应具有超载、失载、报警和停机的功能,宜增设显示记忆和储存功能;

c.应具有自身故障报警功能,并应能适应施工现场环境;

d.性能应可靠、稳定,控制精度应在 5% 以内。

(5) 水平高差同步控制系统应具有下列功能:

①当水平支承桁架两端高差达到 30 mm 时,应能自动停机;

②应具有显示各提升点的实际升高和超高的数据,并应有记忆和储存的功能;

③不得采用附加重量的措施控制同步。

二、脚手架搭设

(一) 架体安装

(1) 附着式升降脚手架应按专项施工方案进行安装,可采用单片式主框架的架体(图3-17),也可采用空间桁架式主框架的架体,如图 3-18 所示。

(2) 附着式升降脚手架在首层安装前应设置安装平台,安装平台应有保障施工人员安全的防护设施,安装平台的水平精度和承载能力应满足架体安装的要求。

(3) 安装时应符合下列规定:

①相邻竖向主框架的高差不应大于 20 mm;

②竖向主框架和防倾导向装置的垂直偏差不应大于 5‰,且不得大于 60 mm;

③预留穿墙螺栓孔和预埋件应垂直于建筑结构外表面,其中心误差应小于 15 mm;

④连接处所需要的建筑结构混凝土强度应由计算确定,但不应小于 C10;

⑤升降机构连接应正确且牢固可靠;

⑥安全控制系统的设置和试运行效果应符合设计要求;

⑦升降动力设备工作正常。

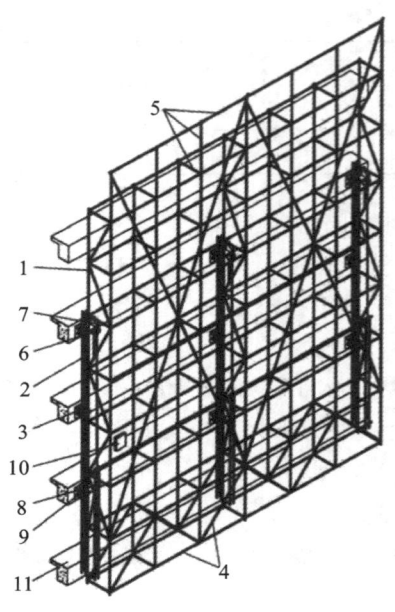 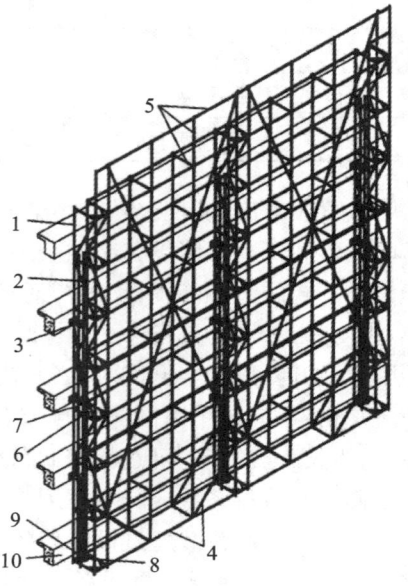

图 3-17　单片式主框架的架体示意图

1—竖向主框架(单片式);2—导轨;

3—附墙支座(含防倾覆、防坠落装置);

4—水平支承桁架;5—架体构架;

6—升降设备;7—升降上吊挂件;

8—升降下吊挂点(含荷载传感器);

9—定位装置;10—同步控制器;11—工程结构

图 3-18　空间桁架式主框架的架体示意图

1—竖向主框架(空间桁架式);2—导轨;

3—悬臂梁(含防倾覆装置);4—水平支承桁架;

5—架体构架;6—升降设备;7—悬吊梁;

8—下提升点;9—防坠落装置;10—工程结构

（4）附着支承结构的安装应符合设计规定，不得少装和使用不合格螺栓及连接件。

（5）安全保险装置应全部合格，安全防护设施应齐备，且应符合设计要求，并应设置必要的消防设施。

（6）电源、电缆及控制柜等的设置应符合现行行业标准《施工现场临时用电安全技术规范》JGJ 46 的有关规定。

（7）采用扣件式脚手架搭设的架体构架，其构造应符合现行行业标准《建筑施工扣件式钢管脚手架安全技术规范》JGJ 130 的要求。

（8）升降设备、同步控制系统及防坠落装置等专项设备，均应采用同一厂家的产品。

（9）升降设备、控制系统、防坠落装置等应采取防雨、防砸、防尘等措施。

（二）架体升降

（1）附着式升降脚手架可采用手动、电动和液压三种升降形式，并应符合下列规定：

①单跨架体升降时，可采用手动、电动和液压三种升降形式；

②当两跨以上的架体同时整体升降时，应采用电动或液压设备。

（2）附着式升降脚手架每次升降前，应按相关规定进行检查，经检查合格后，方可进行升降。

（3）附着式升降脚手架的升降操作应符合下列规定：

①应按升降作业程序和操作规程进行作业；

②操作人员不得停留在架体上；

③升降过程中不得有施工荷载；

④所有妨碍升降的障碍物应已拆除；

⑤所有影响升降作业的约束应已解除；

⑥各相邻提升点间的高差不得大于 30 mm，整体架最大升降差不得大于 80 mm。

（4）升降过程中应实行统一指挥、统一指令。升降指令应由总指挥一人下达；当有异常情况出现时，任何人均可立即发出停止指令。

（5）当采用环链葫芦作升降动力时，应严密监视其运行情况，及时排除翻链、绞链和其他影响正常运行的故障。

（6）当采用液压设备作升降动力时，应排除液压系统的泄漏、失压、颤动、油缸爬行和不同步等问题和故障，确保正常工作。

（7）架体升降到位后，应及时按使用状况要求进行附着固定；在没有完成架体固定工作前，施工人员不得擅自离岗。

（8）附着式升降脚手架架体升降到位固定后，应按相关规定进行检查，合格后方可使用；遇 5 级及以上大风和大雨、大雪、浓雾、雷雨等恶劣天气时，不得进行升降作业。

脚手架使用与管理　　　　　　　脚手架质量检查与验收　　　　　　　脚手架拆除

学习情境五　垂直运输设施

《建筑机械使用安全技术规程》（JGJ 33—2012）规范了现行建筑工程施工过程中各类施工机械的使用与管理，其中常用的垂直运输机械设备主要有井架、龙门架物料提升机、塔式起重机、施工升降机、混凝土输送泵等。

垂直运输设施为在建筑施工中垂直运（输）送材料、设备和供人员上下的机械设备或设施，是施工技术措施中不可缺少的重要环节。随着高层建筑、超高层建筑、高耸构筑工程以及超深地下工程的飞速发展，对垂直运输设施的要求也相应提高，垂直运输技术已成为建筑施工中的重要技术之一。

一、物料提升机

《建筑机械使用安全技术规程》（JGJ 33—2012）和《龙门架及井架物料提升机安全技术规范》（JGJ 88—2010）规定物料提升机是指只准运送物料不准载人的提升设备。物料提升机的额定起重量在 2000 kg 以下，以地面卷扬横为牵引力，由底架、立柱及天梁组成的架本，吊笼沿导轨升降运动，垂直输送物料的起重设备。物料提升机包括提井架物料提升机和龙门架物料提升机。

（一）工作原理

（1）井架是以地面卷扬机为动力，由型钢组成井字形架体、吊笼（吊篮）在井孔内或架体外侧沿轨道作垂直运动的提升机，如图 3-19 所示。

（2）龙门架以地面卷扬机为动力，由两根立柱与天梁构成门架式架体、吊笼（吊篮）在两立柱间沿轨道作垂直运动的提升机，如图 3-20 所示。

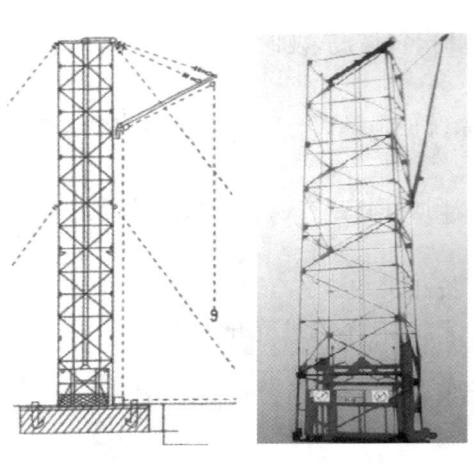

图 3-19 井架

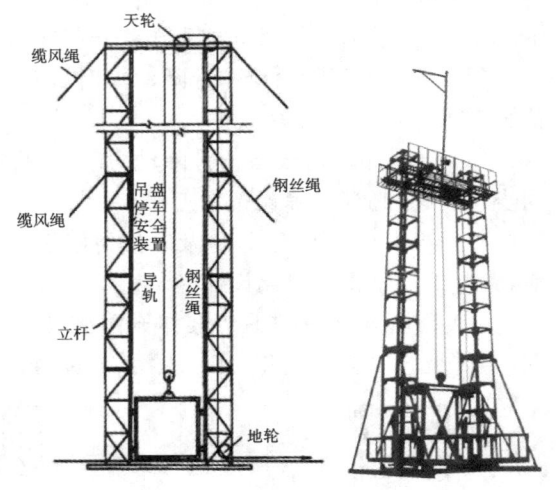

图 3-20 龙门架

（二）基本要求

（1）安装位置确定应符合下列原则：

①根据施工平面布置图，满足施工现场物料运输需要；

②运送物料方便；

③便于安装和设置附墙装置；

④保证卷扬机与架体的距离符合说明书或规范的要求；

⑤接近电源，有良好的夜间照明。

（2）物料提升机额定起重量不宜超过 160 kN，安装高度不宜超过 30 m。当安装高度超过 30 m 时，物料提升机除应具有起重量限制、防坠保护、停层及限位功能外，尚应符合下列规定：

①吊笼有自动停层功能，停层后吊笼底板与停层平台的垂直高度偏差不超过 30 mm；

②防坠安全器为渐进式；

③具有自升降安拆功能；

④具有语音及影像信号。

（3）物料提升机应设置标牌，且应标明产品名称和型号、主要性能参数、出厂编号、制造商名称和产品制造日期。

（4）安装与拆除作业前，应根据现场工作条件及设备情况编制专项安装、拆除施工方案，且应经安装、拆除单位技术负责人审批，并报相关单位批准后实施。专项安装、拆除方案

应具有针对性、可操作性,并应包括下列内容:

①工程概况;

②编制依据;

③安装位置及示意图;

④专业安装、拆除技术人员的分工及职责;

⑤辅助安装、拆除起重设备的型号、性能、参数及位置;

⑥安装、拆除的工艺程序和安全技术措施;

⑦主要安全装置的调试及试验程序。

(三) 安装要点

(1) 施工作业条件。

①现场已平整,具备必要的作业面,满足汽车吊行驶至作业位置和支腿支设的需要。

②已根据使用说明书或施工方案要求做好基础施工,基础混凝土强度已达到规定值。

③安装作业前已全面检查,其内容一般包括:金属结构的成套性和完好性;提升机构完整良好;电气设备齐全可靠;基础位置和做法符合要求;地锚的位置、附墙架连接埋件的位置正确和埋设牢靠。

(2) 物料提升机的基础应符合设计要求,当无设计要求时,应符合下列规定:

①土层压实后的承载力,不小于 80 kPa;

②浇筑混凝土不低于 C20,厚度不小于 300 mm;

③基础表面平整,水平度偏差不大于 10 mm;

④基础周边有排水设施。

(3) 距基础边缘 5 m 范围内,开挖沟槽或有较大振动的施工时,必须有保证架体稳定的措施。

(4) 基础的位置应保证视线良好,物料提升机任意部位与建筑物或其他施工设备间的安全距离不应小于 0.6 m。

(5) 安装操作工艺流程。

底座安装→卷扬机安装→架体总成安装(吊篮安装,架体安装,附墙架安装,顶梁安装,缆风绳安装,摆杆、铰座及拉索座安装)→电气安装→配重安装→钢丝绳安装→外门安装→安全防护装置安装→调试、验收。

(四) 调试、验收要点

(1) 空载试车一切正常后方可进行载荷试车。

(2) 试车时应有专人监视指挥。

(3) 物料提升机安装完毕后,由工程负责人组织安装单位、使用单位、租赁单位和监理单位等对物料提升机安装质量进行验收。

(4) 资料验收主要有产品生产许可证、合格证复印件、基础施工资料验收目录、装拆方案、安装过程记录、使用说明书、原始记录、架体垂直度检测记录等。

(5) 新制作的提升机,架体安装的垂直偏差,最大不超过架体高度的 1.5%;多次使用过的提升机,在重新安装时,其偏差不超过 3%;井架截面内,两对角线长度公差不超过最大边长名义尺寸的 3%;导轨接点截面错位不大于 1.5 mm;吊篮导靴与导轨的安装间隙,控制在 5～10 mm。

(6) 安装完毕后,应进行检验试验,检验试验方法应符合《龙门架及井架物料提升机安全技术规范》(JGJ 88—2010)的规定。

(7) 完成验收后,应在导轨架明显处悬挂验收合格标示牌。

物料提升机使用、
保养和维护要点

(五) 拆除要点

(1) 拆除作业前应对物料提升机进行检查,主要检查下列内容:

①查看物料提升机导轨架、附墙架与建筑物的连接情况;

②查看物料提升机架体有无其他牵拉物;

③临时附墙架、缆风绳及地锚的设置情况;

④地梁和基础的连接情况。

(2) 拆除作业应先挂吊具、后拆除附墙架或缆风绳及地脚螺栓。但应注意下列事项:

①在拆除缆风绳或附墙架前,先设置临时缆风绳或支撑,确保架体的自由高度符合说明书要求;

②拆除作业中,不抛掷构件;

③拆除龙门架的顶梁前,先分别对两立柱采取稳固措施,保证单柱的稳定;

④拆除作业宜在白天进行,夜间作业应有良好的照明,因故中断作业时,采取临时稳固措施;

⑤龙门架整体拆除作业时先挂好吊具拉紧起吊绳,使架体呈起吊状态,再解除缆风绳和地脚螺栓。

二、施工升降机

《建筑机械使用安全技术规程》(JGJ 33—2012)和《建筑施工升降机安装、使用、拆卸安全技术规程》(JGJ 215—2010)定义施工升降机是指临时安装的、带有有导向的平台、吊笼或其他运载装置并可在建筑施工工地各层站停靠服务的升降机械。施工升降机又称为外用电梯、施工电梯、附壁式升降机。

(一) 工作原理

1. 功能特性

建筑施工升降机是一种使用工作笼(轿箱)沿导轨作垂直(或倾斜)运动来运送人员和物料的机械。

施工升降机可根据需要的高度到施工现场进行组装,一般架设可达 100 m,用于超高层建筑施工时可达 200 m。施工升降机可借助本身安装在顶部的电动吊杆组装,也可利用施工现场的塔吊等起重设备组装。另外由于梯笼(轿箱)和平衡重的对称布置,倾覆力矩很小,立柱又通过附壁与建筑结构牢固连接(不需缆风绳),所以受力合理可靠。施工升降机为保证使用安全,本身设置了必要的安全装置,这些装置应该经常保持良好的状态,防止意外事故的发生。施工升降机结构坚固,拆装方便,不用另设机房,因此,被广泛应用于工业、民用高层建筑施工、桥梁、矿井、水塔的高层物料和人员的垂直运输。

2．施工升降机分类

①按驱动方式分为齿轮齿条驱动（SC 型）施工升降机、卷扬机钢丝绳驱动（SS 型）施工升降机和混合驱动（SH 型）施工升降机三种。

②按导轨架的结构分为单柱施工升降机和双柱施工升降机两种。

一般情况下，SC 型建筑施工升降机多采用单柱式导轨架，而且采取上接节方式。SC 型建筑施工升降机按其吊笼数又分为单笼和双笼两种。单导轨双吊笼的 SC 型建筑施工升降机，在导轨架的两侧各装一个吊笼，每个吊笼各有自己的驱动装置，并可独立地上、下移动，从而提高了运送客货的能力。

（二）基本要求

（1）施工升降机应按照安拆方便，便于施工的原则布置。

（2）施工升降机的机型选择应根据建筑体型、结构高度、建筑面积、运输总量、工期要求等确定，并力求做到环保、节能、可靠性好。

（3）施工升降机安装、拆卸方案应按照安全、环保、经济、实用的编制原则，当安装、拆卸过程中施工方案发生变更时，应按程序重新对方案进行审批，未经审批不得继续进行安装、拆卸作业。

（4）施工升降机的类型、型号和数量应能满足施工现场货物尺寸、运载重量、运载频率和使用高度等方面的要求。

（5）当利用辅助起重设备安装、拆卸施工升降机时，应对辅助设备设置位置、锚固方法和基础承载能力等进行设计和验算。

（6）安放施工前技术准备工作。

①施工升降机安装、拆卸工程专项施工方案应包括下列主要内容：

a．工程概况；

b．编制依据；

c．作业人员组织和职责；

d．施工升降机安装位置平面、立面图和安装作业范围平面图；

e．施工升降机技术参数、主要零部件外形尺寸和重量；

f．辅助起重设备的种类、型号、性能及位置安排；

g．吊索具的配置、安装与拆卸工具及仪器；

h．安装、拆卸步骤与方法；

i．安全技术措施；

j．安全应急预案。

②使用单位应对安装人员进行安装技术交底，施工升降机司机进行书面安全技术交底，交底资料应留存备查。

③在施工升降机使用期限内，非标准构件的设计计算书、图纸、施工升降机安装工程专项施工方案及相关资料应在工地存档。

④基础顶埋件、连接构件的设计、制作应符合使用说明书的要求。

⑤附墙架附着点处的建筑结构承载力、附墙架形式、附着高度、垂直间距、附着点水平距离、附墙架与水平面之间的夹角、导轨架自由端高度和导轨架与主体结构间水平距离等均应符合使用说明书的要求,当附墙架不能满足施工现场要求时,应对附墙架另行设计,附墙架的设计应满足构件刚度、强度、稳定性等要求,制作应满足设计要求。

⑥施工升降机安装前应对各部件进行全面检查,确保达到标准要求后,方能进行安装。

⑦施工升降机的附墙装置有四种型式,其构造、适用范围与附着力计算公式见表3-6,锚固支座一般由预埋件及连接螺栓组成。施工升降机的自由高度和锚固间距必须符合使用说明书的要求。导轨架的纵向中心线至建筑物外墙面的距离宜选用较小的安装尺寸。

表 3-6　施工升降机附墙装置的四种型式及应用范围

型式		Ⅰ	Ⅱ	Ⅲ	Ⅳ
示意图					
适用范围	L/mm	2400～3000	4300	4200	2300
	B/mm	1700～3000	3200	2020	750
附着力 P(N) 计算公式		$P=(L\times6000)/(B\times2.05)$		$P=(L\times6000)/(B\times2.1)$	$P=(L\times3600)/(B\times2.1)$

(三) 安装要点

1. 基础处理

(1)施工升降机基础应为钢筋混凝土基础,基础应能承受最不利工作条件下的全部荷载。

(2)地基上表面平整度允许偏差为 10 mm。地基承载能力应大于 150 kPa,不能满足要求时,应对地基进行处理或对基础另行设计。

(3)施工升降机基础应根据厂家提供的图纸或说明书的要求施工。

(4)基础尺寸、预埋件尺寸和地脚螺栓数量、规格应符合图纸及说明书要求。

2. 安装操作工艺流程

底架安装→基础节及标准节安装→外笼围栏安装→吊笼安装→传动机构、对重装置安装→电气安装→加节及支撑架安装→限位安装→电缆导向装置安装→层门安装、呼叫系统安装→调试、验收。

(四) 调试、验收要点

(1)空载试车一切正常后方可进行载荷试车。

(2)施工升降机安装完毕且经调试后,安装单位应按规范的施工升降机安装验收表及使用说明书的有关要求对安装质量进行自检,安装单位自检合格后,应经有相应资质的检验检测机构监督检验,合格后方可使用。

(3) 使用单位应自施工升降机安装验收合格之日起 30 日内,将施工升降机安装验收资料、施工升降机安全管理制度、特种作业人员名单等,向工程所在地县级以上建设行政主管部门办理使用登记备案。

(4) 严禁使用未经验收或验收不合格的施工升降机。

(5) 应对下列资料进行验收:

①地基基础施工验收资料记录齐全,有责任人签字;

②安装单位必须具有施工升降机安拆资质并提供复印件,安拆方案应经审批签字;

③安装过程记录齐全、真实,有责任人签字,安装完毕有自检记录;

④施工升降机操作手册、安装手册、维修手册等随机文件和有关原始记录齐全;

⑤有效的施工升降机司机操作证;

⑥架体垂直度检测记录;

⑦附墙距离及顶端自由高度记录;

⑧电气及安全装置的灵敏度检查测试结果;

⑨空载及额定载荷的试验运行记录。

施工升降机使用、
保养和维护要点

(6) 进行坠落试验时,吊笼内不允许有人。额定载荷在吊笼内均匀布置,通过操作按钮盒驱动吊笼上升约 3~10 m,按坠落试验按钮,电磁制动器松闸,吊笼呈自由状态下落,直至达到试验速度,安全装置产生动作。测量制动距离(标准为 0.25~1.2 m),试验后检查施工升降机的结构及连接件应无任何损坏及永久变形。试验结束后重新将安全装置复位,并在全行程进行一个工作循环的运行。

(五) 拆除要点

(1) 施工升降机拆卸前应对关键部件进行检查,当发现问题解决后方能进行拆卸作业。

(2) 施工升降机拆卸作业应按照专项施工方案执行,拆除作业人员应按施工安全技术交底内容进行作业,拆除单位的专业技术人员、专职安全生产管理人员应进行现场监督。

(3) 应有足够的工作面作为拆卸场地,在拆卸场地周围设置警戒线和醒目的安全警示标志,并派专人监护。拆卸施工升降机时,不得在拆卸作业区域内进行与拆卸无关的其他作业。

(4) 夜间不得进行施工升降机的拆卸作业。

(5) 拆卸前,不得先行全部拆除附墙装置,必须随拆机架随拆除附墙杆,拆卸附墙架时升降机导轨架的自由端高度应不大于 9 m,与基础相连的导轨架在最后一个附墙架拆除前,采取措施保持附墙拆除后各方向的稳定性。

(6) 拆除前,检查各受力杆件变形情况,消除应力后拆除。

(7) 拆卸应连续作业,当拆卸作业不能连续完成时,应根据拆卸状态采取相应的安全措施。

(8) 吊笼未拆除之前,非拆卸作业人员不得在地面防护围栏内、施工升降机运行通道内、导轨架内以及附墙架上等区域活动。

(9) 施工升降机的拆除作业范围应设置警戒线及明显的警示标志,非作业人员不得进入警戒范围,任何人不得在悬吊物下方行走或停留。

(10) 拆除作业中应统一指挥、分工明确,危险部位安装时应采取可靠的防护措施,当指挥信号传递困难时,应使用对讲机等通信工具进行指挥。

(11) 当遇大雨、大雪、大雾以及导轨架、电缆结冰或风速大于 13 m/s(六级)等恶劣天气时,应停止拆除作业。

三、塔式起重机

《建筑机械使用安全技术规程》(JGJ 33—2012)和《建筑施工塔式起重机安装、使用、拆卸安全技术规程》(JGJ 196—2010)定义塔式起重机是指臂架安置在垂直的塔身顶部的可回转型起重机,简称塔机。

(一)工作原理

1. 性能特点

塔式起重机的起重臂安装在塔身顶部,且可作 360°回转。它具有较高的起重高度、工作幅度和起重能力,提升材料速度快、生产效率高,且机械运转安全可靠,使用和装拆方便,因此广泛用于多层和高层工业与民用建筑的结构安装工程中。

2. 塔式起重机分类

1) 按起重能力分类

(1) 轻型塔式起重机,起重量为 0.5~3.0 t,一般用于六层以下的民用建筑施工。

(2) 中型塔式起重机,起重量为 3~15 t,适用于一般工业建筑与民用建筑施工。

(3) 重型塔式起重机,起重量为 20~40 t,一般用于重工业厂房的施工和高炉等设备的吊装。

2) 按结构形式分类

(1) 固定式塔式起重机:通过连接件将塔身基架固定在地基基础或结构上,进行起重作业的塔式起重机。

(2) 移动式塔式起重机:具有运行装置,可以行走的塔式起重机。根据装置的不同,又可分为轨道式、轮胎式、汽车式、履带式。

(3) 自升式塔式起重机:依靠自身的专门装置,增、减塔身标准或自行整体爬升的塔式起重机。根据升高方式的不同又分为附着式和内爬式两种。

①附着式塔式起重机:提一定间隔距离,通过支撑装置将塔身锚固在建筑物上的自升塔式起重机。

②内爬式塔式起重机:设置在建筑物内部,通过支承在结构物上的专门装置,使整机能随着建筑的高度增加而升高的塔式起重机。

3) 按回转形式分类

(1) 上回转塔式起重机:回转支承设置在塔身上部的塔式起重机。又可分为塔帽回转式、塔顶回转式、上回转平台式、转柱式等形式。

(2) 下回转塔式起重机:回转支承设置在塔身上部的塔式起重机。

4) 按架设方法分类

(1) 非自行架设塔式起重机:依靠其他起重设备进行组装架设成整体机的塔式起重机。

(2) 自行架设塔式起重机:依靠自身的动力装置和机构能实现运输状态与工作状态相

互转换的塔式起重机。

　　5）按变幅方式分类

　　（1）小车变辐塔式起重机：起重小车沿起重臂运行进行变幅的塔式起重机。

　　（2）动臂变幅塔式起重机：臂架作俯仰运动进行变幅的塔式起重机。

　　（3）折臂式塔式起重机：根据起重作业的需要，臂架可以弯折的塔式起重机。它同时具备动臂变幅塔式起重机和小车变幅塔式起重机的性能。

　　3. 塔式起重机型号分类及表示方法

　　塔式起重机型号分类及表示方法如表 3-7 所示。

表 3-7　塔式起重机型号分类及表示方法

组	型		代号	代号含义	主参数
塔式起重机（起塔 QT）	轨道式	—	QT	上回转式塔式起重机	额定起重力矩＝基本臂长最大幅度（m）×相应起重量（kN）
		Z（自）	QTZ	上回转自升式塔式起重机	
		A（下）	QTA	下回转式塔式起重机	
		K（快）	QTK	快速安装式塔式起重机	
	固定式	G（固）	QTG	固定式塔式起重机	
	内爬升式	P（爬）	QTP	内爬式塔式起重机	
	轮胎式	L（轮）	QTL	轮胎式塔式起重机	
	汽车式	Q（汽）	QTQ	汽车式塔式起重机	
	履带式	U（履）	QTU	履带式塔式起重机	

　　4. 塔式起重机的基本参数

　　（1）起升高度（最大起升高度）：塔式起重机运行或固定状态时，空载、塔身处于最大高度、吊钩位于最大幅度外，吊钩支承面对塔式起重机支承面的允许最大垂直距离。

　　（2）工作速度：塔式起重机的工作速度参数包括起升速度、回转速度、小车变幅速度、整机运行速度和稳定下降速度等。

　　（3）工作幅度：塔式起重机置于水平场地时，吊钩垂直中心线与回转中心线的水平距离。

　　（4）起重量：起重机吊起重物和物料，包括吊具（或索具）质量的总和。起重量又包括两个参数，一个是基本臂幅度时的起重量，另一个是最大起重量。

　　5. 塔式起重机的基本构件

　　（1）基础节：位于塔身下端与基架连接的塔节。

　　（2）标准节：用于改变塔身高度的具有标准尺寸的塔节。

　　（3）加强节：强度和刚度高于标准节的塔节。

　　（4）平衡臂：装于起重臂对称的方向，装设平衡重以及其他有关设备的结构件。

　　（5）爬升套架：塔式起重机在爬升过程中，用来引导被顶升部分稳定地进行垂直运动的结构件。

　　（6）顶升机构：塔式起重机中，增减标准节的机构。

（二）基本要求

（1）塔式起重机的选型和布置应满足工程施工要求，便于安装和拆卸，并不得损害周边其他建筑物或构筑物。

（2）塔式起重机的各种安全装置、仪器、仪表必须齐全、有效，塔式起重机进场前必须进行验收，详细检查各个机构、部件和系统的完好情况，根据设备清单，验收进场的设备，严禁将不合格的设备用于工程施工。

（3）塔式起重机安装、拆卸作业人员应配备下列人员：

①持有安全生产考核合格证书的项目负责人和安全负责人、机械管理人员；

②具有建筑施工特种作业操作资格证书的建筑起重机械安装拆卸工、起重司机、起重信号工、司索工等特种作业操作人员。

（4）对于停用时间超过一个月的塔式起重机在启用时，应做好润滑、调整、保养、检查。

（5）对于使用的进口塔式起重机应按说明书提供的性能，根据塔式起重机生产国家的有关标准进行检查、试验，并向上级主管部门提供试验报告，检验合格后方可使用。

（6）有下列情况之一的塔式起重机严禁使用：

①国家明令淘汰的产品；

②超过规定使用年限经评估不合格的产品；

③不符合国家现行相关标准的产品；

④没有完整安全技术档案的产品。

（7）塔式起重机安装前应编制专项施工方案，并应包括下列内容：

①工程概况；

②安装位置平面和立面图；

③所选用的塔式起重机型号及性能技术参数；

④基础和附着装置的设置；

⑤爬升工况及附着节点详图；

⑥安装顺序和安全质量要求；

⑦主要安装部件的重量和吊点位置；

⑧安装辅助设备的型号、性能及布置位置；

⑨电源的设置；

⑩施工人员配置；

⑪吊索具和专用工具的配备；

⑫安装工艺程序；

⑬安装装置的调试；

⑭重大危险源和安全技术措施；

⑮应急预案。

（8）塔式起重机拆卸专项方案，应包括下列内容：

①工程概况；

②塔式起重机位置的平面和立面图；

③拆卸顺序；

④部件的重量和吊点位置；

⑤拆卸辅助设备的型号、性能及布置位置；

⑥电源的设置；

⑦施工人员配置；

⑧吊索具和专用工具的配备；

⑨重大危险源和安全技术措施；

⑩应急预案等。

（9）塔式起重机与架空输电线路的安全距离应符合《施工现场临时用电安全技术规范》JGJ 46 的规定，必须靠近时，应保证最小安全距离，并应采取安全防护措施。其最小安全距离如表 3-8 所示。

表 3-8　塔式起重机与架空输电线路的最小安全距离　　　　　　单位：m

方　　向	电压/kV						
	<1	1～15	20～40	60～110	220	330	500
沿垂直方向	1.5	3.0	4.0	5.0	6.0	7.0	8.5
沿水平方向	1.0	1.5	2.0	4.0	6.0	7.0	8.5

（三）安装要点

1．基础施工

塔式起重机的基础应按国家现行标准和使用说明书所规定的要求进行设计和施工。

（1）塔式起重机基础的混凝土施工见《塔式起重机混凝土基础工程技术规程》JGJ/T 187。

（2）设备基础的预埋螺栓必须按照图纸要求，位置准确，预留高度适当。

（3）基础的几何尺寸满足图纸要求，混凝土的强度已经达到设计规定。

（4）各项隐蔽验收记录齐全。

2．安装工艺流程

1）固定和附着式塔式起重机

安装基础节（加强节或标准节）→安装爬升机构→安装回转总成→安装塔帽→安装平衡臂总成→安装司机室→安装起重臂和穿主钢丝绳→吊装平衡臂剩余配重块→安装电气→塔机的顶升→安装附着支撑架→调试、验收。

2）内爬式塔式起重机

安装内爬底座→安装内爬基础节→安装爬升机构→安装回转总成→安装塔帽→安装平衡臂总成→安装司机室→安装起重臂和穿主钢丝绳→吊装平衡臂剩余配重块→安装电气→塔机的爬升→安装附着支撑架→调试、验收。

（四）拆除要点

1．塔式起重机的拆除

（1）塔式起重机的拆卸与安装顺序相反，即先安装的后拆，后安装的先拆。

塔式起重机使用、
保养和维护要点

（2）在拆卸起重臂时,要先松解起重钢丝绳,并将起重小车固定在指定部位。拆卸平衡臂前,必须将全部起重钢丝绳收回绕在卷筒上。

（3）拆卸附着的塔式起重机,必须将塔身降到附着框架位置时方可拆除锚固装置,严禁先拆锚固装置再降下塔身。

（4）拆附着杆时,必须先降低塔身,使起重机在拆除附着杆后满足方案要求。

2. 内爬式塔式起重机的拆除

（1）根据工程的实际情况和作业条件,在屋面安装适当的吊装设备,一般是采用特制的屋面吊、台灵架或人字扒杆进行拆卸作业。

（2）将塔式起重机按照爬升的相反动作下降到能满足拆卸要求的高度,塔式起重机应能自由回转,起重臂距离楼顶的距离最小。

（3）在屋面利用吊装设备拆卸、分解起重机。利用施工电梯或屋面的吊装设备等将部件运至地面。

（4）拆除屋面的吊装设备,并运至地面。

（5）在屋面结构施工前,应考虑以后的塔式起重机拆除中屋面安装的吊装设备以及塔机解体后在屋面堆放的荷载。

四、混凝土输送泵

《建筑机械使用安全技术规程》(JGJ 33—2012)和《混凝土泵送施工技术规程》(JGJ/T 10—2011)定义了混凝土输送泵是将混凝土沿管道连续输送到浇筑工作面的一种混凝土输送机械。

（一）工作原理

1. 功能特性

混凝土输送泵是利用了泵送单元(由混凝土料斗、分配阀、控制系统、混凝土缸、水洗箱和推进装置等零部件组成),使混凝土通过泵压作用沿输送管道强制流动到目的地并进行浇筑。

2. 混凝土泵的分类

（1）按移动方式分为拖式、固定式、臂架式和车载式。最常用的为拖式。

（2）按驱动方法分为活塞式、挤压式和风动式。其中活塞式又可分为机械式和液压式。挤压式混凝土泵适用于泵送轻质混凝土,其泵务小,故泵送距离短。机械式混凝土泵结构笨重,寿命短,能耗大。目前使用较多的是液压活塞式混凝土泵。

将混凝土泵装置安装在汽车底盘上,并用液压折叠式臂架(又称面料杆)管道来输送混凝土,就形成了混凝土泵车。其臂架具有变幅、曲折和回转三个动作,在其活动范围内可任意改变混凝土浇筑位置,在有效幅度内进行水平和垂直方向的混凝土输送,从而降低劳动强度,提高生产率,并能保证混凝土质量。

（二）基本要求

（1）混凝土输送泵安装场地应平整坚实、道路畅通,接近排水设施、便于配管。整机应放置水平,工作过程中不下陷。

（2）应根据混凝土输送管路系统布置方案及浇筑量、浇筑进度以及混凝土坍落度、设备状况等施工技术条件,确保混凝土输送泵的选型。

（3）当多台混凝土输送泵同时泵送或与其他输送方法组合输送混凝土时,应根据各自的输送能力合理布置,规定浇筑区域和浇筑顺序。

（4）泵送混凝土的供应,应根据技术要求、施工进度、运输条件以及混凝土浇筑量等因素编制供应方案。混凝土的供应过程应加强通信联络、调度,确保连续均衡供料。

（5）应根据制造商提供的混凝土输送泵的最大理论输送压力来计算理论泵送距离。

（6）混凝土输送泵送施工方案应根据混凝土工程特点、浇筑工程量、拌和物特性以及浇筑进度等因素设计和确定,混凝土泵送施工方案应包括下列内容:

①编制依据;

②工程概况;

③施工技术条件分析;

④混凝土运输方案;

⑤混凝土输送方案;

⑥混凝土浇筑方案;

⑦施工技术措施;

⑧施工安全措施;

⑨环境保护技术措施;

⑩施工组织。

（7）泵送设备场地作业条件:

①地面平整坚实,可以摆放混凝土输送泵。

②地面承压能力应不小于支腿最大支撑力,布料作业过程中,整机的倾斜度不得大于3°。

③泵车行驶状态的外轮廓尺寸应不超过表 3-9 规定的数值,其车辆后悬应不大于 3.5 m。

表 3-9　外轮廓尺寸限值　　　　　　　　　　　　　单位:m

泵车最大布料高	整车长度	整车宽度	整车高度
≤37	≤12	≤2.5	≤7
≤48	≤14	≤2.5	≤7
>48	≤16	≤3	≤7

（三）安装要点

1. 安装操作工艺流程

支腿架设及固定→接电调试→安装混凝土输送管→润滑输送管道→泵送混凝土。

2. 安装作业要点

（1）支腿架设及固定,支腿应保持平衡受力均匀,固定牢固。

（2）接电调试,电气系统的设计、安装应符合设备用电需求。

（3）安装混凝土输送管,应从大到小逐步变径,同一管路宜采用相同管径的输送管,除终端出口处外,不得采用软管;垂直向上配管时,地面水平管折算长度不宜小于垂直管长度的 1/4,且不宜小于 15 m;垂直泵送高度超过 100 m 时,混凝土输送泵机出料口处应设置截止阀;混凝土输送管的固定应可靠稳定。用于水平输送的管路应采用支架固定;用于垂直输送的管路支架应与结构牢固连接。支架不得支承在脚手架上,并应符合下列规定:

①水平管的固定支承宜具有一定离地高度;

②每根垂直管应有两个或两个以上固定点;

③如现场条件受限,可另搭设专用支承架;

④垂直管下端的弯管不应作为支承点使用,宜设钢支承承受垂直管重量;

⑤应严格按要求安装接口密封圈,管道接头处不得漏浆。

(4)在有人员通过之处的高压管段、距混凝土输送泵出口较近的弯管,宜设置安全防护设施。

(5)润滑输送管道,混凝土泵送前应先泵送 2～3 m 清水,紧接着再泵送 3～6 m 混凝土泵浆。

(6)泵送混凝土,倾斜或垂直向下泵送施工,且高差大于 20 m 时,应在倾斜或垂直管下端设置弯管或水平管,弯管和水平管折算长度不宜小于1.5倍高差。

混凝土输送泵使用、保养和维护要点

(四)拆除要点

(1)当混凝土输送泵送完毕后,应及时清洗干净混凝土输送泵和输送管。长距离的输送管宜用水清洗,对于垂直管道,也可从上向下用压缩空气或者水洗方法吹洗管道,清洗混凝土输送泵和输送管时,必须要有专人统一指挥。

(2)60 m 以下高度时,宜采用海绵塞的通用水洗方法。

(3)混凝土泵送结束时,应接着泵送砂浆,再泵水清洗,泵送多高,水洗多高。当浇筑层泵管出口出现过渡层混凝土时,应用斗承盛装直到出水,然后反抽。最后拆开输送管,将冲洗水放入沉淀池,如此完成整个管路清洗。

(4)输送管的清洗,应采用有利于节水节能、减少排污量的清洗方法。

(5)泵送和清洗过程中产生的废弃混凝土或清洗残余物,应按预先确定的处理方法和场所,及时进行妥善处理,并不得将其用于未浇筑的结构部位中。

思考与练习

一、选择题

1. 在下列运输设备中,既可作水平运输也可作垂直运输的是( )。

A.并架运输　　　B.快选井式升体机　C.龙门架　　　　D.塔式起重机

2. 双排扣件式钢管脚手架的搭设高度应不大于( )。

A.50 m　　　　B.25 m　　　　C.80 m　　　　D.45 m

3. 为了防止整片脚手架在风荷载作用下外倾,脚手架还须设置( ),将脚手架与建筑物主体结构相连。

A.小横杆　　　B.连墙杆　　　C.大横杆　　　D.剪刀撑

4. 横向斜杆应在同一节间,由底至顶呈之字形连续布置,高度 24 m 以上的封闭型双排脚手架,拐角除设置横向斜撑外,中间应每隔(　　)跨距设置一道。

A. 5　　　　　　　　B. 6　　　　　　　　C. 7　　　　　　　　D. 8

5. 下列垂直运输机械中,既可以运输材料和工具,又可以运输工作人员的是(　　)。

A. 塔式起重机　　　B. 井架　　　　　　C. 龙门架　　　　　　D. 施工电梯

6. 脚手架砌筑时均布荷载每平方米不得超过(　　)kN。

A. 3　　　　　　　　B. 4　　　　　　　　C. 4.5　　　　　　　D. 5

7. 钢管脚手架连墙杆应(　　)设置一道。

A. 一步两跨　　　　B. 两步四跨　　　　C. 三步五跨　　　　D. 四步六跨

8. 剪刀撑与地面的倾角宜为(　　)。

A. 45°～70°　　　　B. 45°～60°　　　　C. 30°～60°　　　　D. 30°～70°

9. 钢管脚手架接长应采用(　　)方式。

A. 对接　　　　　　B. 丝接　　　　　　C. 搭接　　　　　　D. 连接

10. 钢管脚手架大横杆间距为(　　)。

A. 1.0～1.4 m　　　B. 1.1～1.5 m　　　C. 1.2～1.3 m　　　D. 1.4～1.5 m

11. 脚手架的搭设必须满足一定的强度、侧弯度和(　　)的要求。

A. 美观　　　　　　B. 装拆方便　　　　C. 节约材料　　　　D. 稳定性

12. 扣件式钢管脚手架底座抗压承载力为(　　)。

A. 20 kN　　　　　B. 30 kN　　　　　　C. 40 kN　　　　　　D. 50 kN

二、填空题

1. 脚手架按支固方式,可分为_____、悬吊式脚手架和_____。

2. 单排脚手架搭设高度不宜超过_____m,双排脚手架搭设高度不宜超过_____m。

3. 悬挑脚手架与建筑结构连接应采用水平形式,固定在建筑梁板混凝土结构上,水平锚固段应大于悬挑段的_____倍,与建筑物连接可靠。

4. 高度在_____m 及以上的双排脚手架应在外侧立面连续设置剪刀撑;高度在_____m及以下的单、双排脚手架,均必须在外侧立面两端、转角及中间间隔不超过_____m的立面上,各设置一道剪刀撑,并应由底至顶连续设置。

5. 扣件有三种类型:_____、旋(回)转扣件、_____。

三、简答题

1. 脚手架拆除时有哪些注意事项?

2. 简述附着式起重机的自升过程。

3. 扣件式钢管脚手架的基本构件有哪些?

4. 扣件式钢管脚手架对搭设有什么要求?

5. 试论述连墙件的分类及使用范围。

6. 试论述碗扣接头的组成。

7. 对悬挑式外脚手架工字钢及锚固螺栓有何要求?

8. 常用模板支撑架按构造类型分为哪几种?

9. 模板支撑立杆对接和搭接时有哪些规定?

10. 碗扣式钢管脚手架材料搭设的模板支撑架结构由哪些部分组成?

11. 垂直运输设施可分为哪几类?

12. 施工升降机按传动形式可分为哪几种?

13. 简述电梯井内爬式布料机的特点。

学习领域四 砌体工程施工

 教学目标

育人目标

1. 帮助学生树立正确的人生观、世界观和价值观,培养学生的家国情怀和使命担当。

2. 培养学生尊重客观规律,立足本职、脚踏实地、爱岗敬业的职业素养。

3. 锻炼学生的专业技术和技能,培养学生精益求精的工匠精神。

4. 培养学生团队合作意识,提高学生解决复杂问题的能力。

5. 培养学生知法守法、诚实守信的意识。

6. 培养学生具有思维创新、理论创新、方法创新的创新精神。

知识目标

1. 掌握砌体材料的性质。

2. 掌握砌体材料的进场检测。

3. 熟悉砌体工程施工准备工作。

4. 掌握砖砌体的施工方法。

5. 掌握砌块砌体的工作方法。

6. 掌握砌体工程验收方法。

能力目标

1. 具有材料、设备选择鉴别能力。

2. 具备各种不同类别砌块施工的能力。

3. 具备主要岗位相应的管理能力(技术、质量、进度、安全控制)。

4. 施工项目的综合管理能力。

学习情境一 砌体施工的准备工作

一、砌体工程简述

砌体工程是指在建筑工程中使用普通黏土砖、承重黏土空心砖、蒸压灰砂砖、粉煤灰砖、各种中小型砌块和石材等材料进行砌筑的工程。它包括以砌体作为结构的砖砌体结构、砌块砌体结构、石砌体结构，以及砌体只作为分隔维护作用的填充墙砌体工程等。砌体工程在我国应用广泛。一般民用和工业建筑的墙、柱和基础都可采用砌体结构。在采用钢筋混凝土框架和其他新型结构的建筑中，常用非承重砖墙做围护分隔结构，如框架结构的填充墙。

二、砌体工程材料

砌体工程是由块材和砂浆组成，块材主要分为砖、砌块和石材三个类别。

（一）砖

砌筑中常用的砖有实心砖、多孔砖、实心砖等。

实心砖是孔隙率小于15％的砖，主要有烧结普通砖、混凝土实心砖、蒸压灰砂砖和粉煤灰砖等，实心砖一般用于承重结构。

（1）烧结普通砖。

烧结普通砖主要分为黏土砖、页岩砖、煤矸石和粉煤灰砖。砖的强度主要有MU30、MU25、MU20、MU15、MU10五个等级。砖的外观为直角六面体，其公称尺寸为长240 mm、宽115 mm、高53 mm，如图4-1所示。

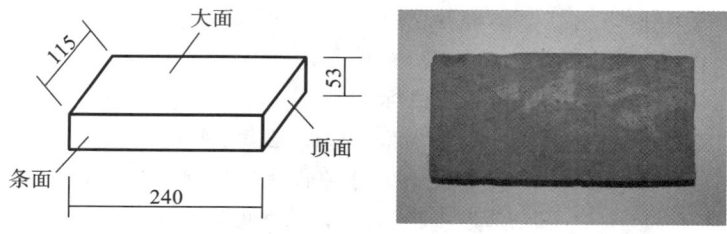

图4-1 烧结普通砖(单位:mm)

（2）混凝土实心砖。

混凝土实心砖是以水泥、骨料，以及根据需要加入的掺合料、外加剂等，经加水搅拌、成型、养护支撑的混凝土实心砖。其主要用于砌筑墙体。砖的抗压强度分为MU40、MU35、MU30、MU25、MU20、MU15六个等级，尺寸和烧结普通砖一样，如图4-2所示。

（3）蒸压灰砂砖。

蒸压灰砂砖和粉煤灰砖是以灰砂或粉煤灰或其他矿渣为原料，添加石灰、石膏以及骨料，经胚料制备、压制成型、高温蒸汽养护等工艺制成。蒸压灰砂砖的抗冻性、耐腐蚀性、抗压强度等多项性能都优于实心黏土砖。砖的规格尺寸与普通实心黏土砖完全一致，为240 mm×115 mm×53 mm，蒸压灰砂砖的抗压强度分为MU25、MU20、MU15、MU10四个等级。所以用蒸压灰砂砖可以直接代替实心黏土砖。蒸压灰砂砖是国家大力发展、应用的新型墙体材料,如图 4-3 所示。

图 4-2 混凝土实心砖

图 4-3 蒸压灰砂砖

(4)多孔砖。

多孔砖是指孔隙率大于 15%,孔洞小而多的砖,有烧结多孔砖和混凝土多孔砖两个类别,主要用于承重结构,如图 4-4 所示。

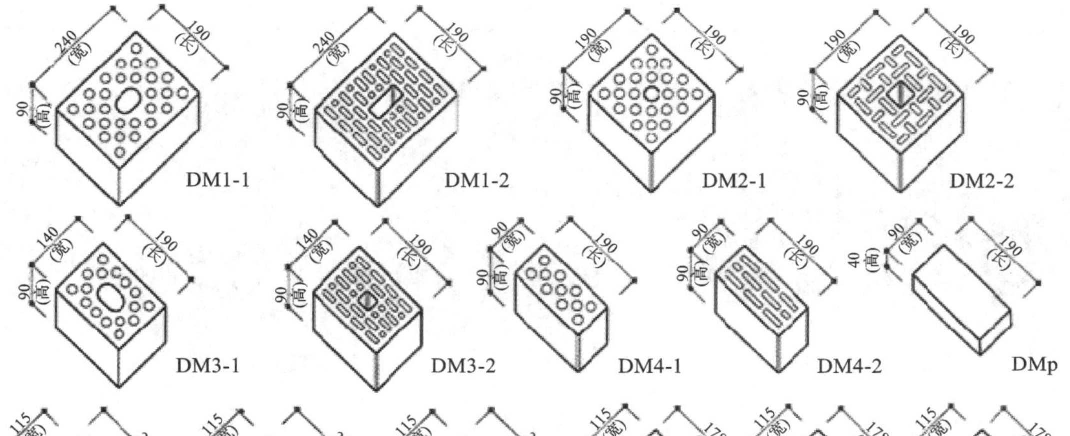

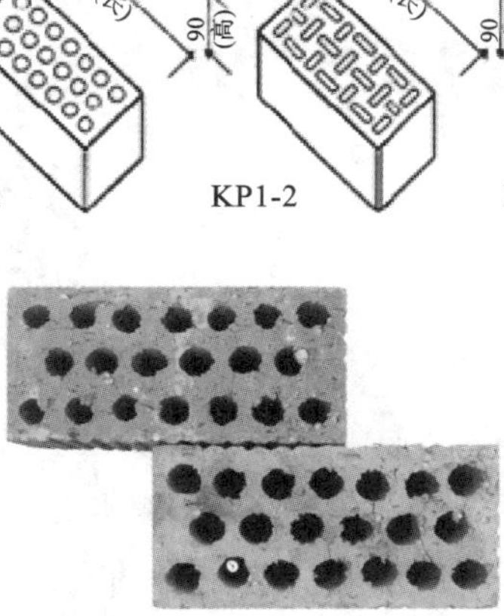

DM1-1   DM1-2   DM2-1   DM2-2

DM3-1   DM3-2   DM4-1   DM4-2   DMp

KP1-1   KP1-2   KP1-3   KP1-(1)   KP1-(2)   KP1-(3)

(a)烧结多孔砖

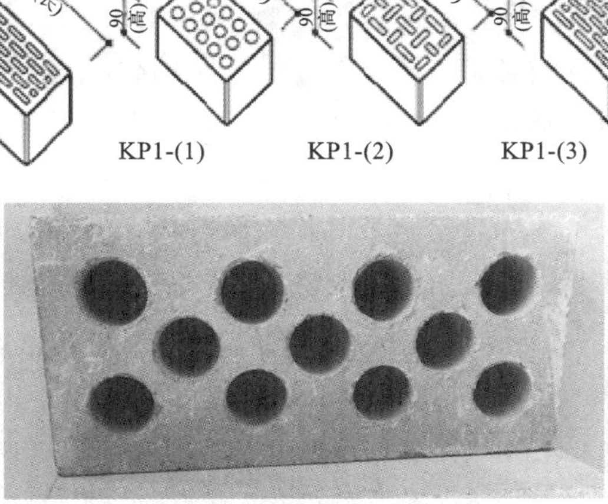

(b)混凝土多孔砖

图 4-4 多孔砖(单位:mm)

（5）空心砖。

规范规定空心砖的孔隙率大于 35％，一般空心砖孔隙率大于 45％。空心砖孔洞数量较少，但是每个孔洞都较大，工程中主要有烧结空心砖、混凝土空心砖两个类别。空心砖主要用于隔墙和围护墙体等非承重墙体。空心砖如图 4-5 所示。

	规格 /mm	抗压强度/MPa	密度/(kg/m²)	孔洞率/(%)	隔音性能/db	吸水率/(%)	抗风化性能(饱和系数)	内照射指数	外照射指数
TO1	290 × 240 × 190	3.5～5.0	800～900	50～60	48	9.5	0.78	0.2	0.5
TO2	290 × 190 × 190	3.5～5.0	800～900	50～60	45	9.5	0.76	0.2	0.5
TO3	290 × 115 × 190	3.5～5.0	800～900	50	40	9.6	0.75	0.2	0.5

（a）烧结空心砖

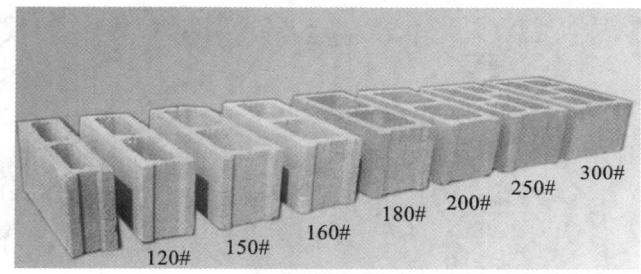

（b）混凝土空心砖

图 4-5　空心砖

（6）砖检验批划分及外观检测要求。

砖在进场时需要厂家出具产品合格证书、出厂性能检测报告，并按规范的检验批划分要求分批进场，对每组进行尺寸偏差检测和外观检测。

（二）砌块

砖进场检测

砌块是砌筑用的人造块材，是一种新型墙体材料，外形多为直角六面体，也有各种异型体砌块。砌块系列中主要规格的长度、宽度或高度有一项或一项以上分别超过 365 mm、240 mm 或 115 mm，但砌块高度一般不大于长度或宽度的 6 倍，长度不超过高度的 3 倍。砌块是利用混凝土、工业废料（炉渣，粉煤灰等）或地方材料制成的人造块材，外形尺寸比砖大，具有设备简单、砌筑速度快的优点，符合建筑工业化发展中墙体改革的要求。

　　砌块按尺寸和质量的大小不同分为小型砌块、中型砌块和大型砌块。砌块系列中,主规格的高度为 115～380 mm 的称为小型砌块,高度为 380～980 mm 的称为中型砌块,高度大于 980 mm 的称为大型砌块。使用中以中小型砌块居多。

　　砌块按外观形状可以分为实心砌块和空心砌块。空心率小于 25% 或无孔洞的砌块为实心砌块;空心率大于或等于 25% 的砌块为空心砌块。

　　根据材料不同,常用的砌块有普通混凝土与装饰混凝土小型空心砌块、轻集料混凝土小型空心砌块、粉煤灰小型空心砌块、蒸压加气混凝土砌块、免蒸加气混凝土砌块(又称环保轻质混凝土砌块)和石膏砌块。吸水率较大的砌块不能用于长期浸水、经常受干湿交替或冻融循环的建筑部位。

　　(1) 蒸压加气混凝土砌块。

　　蒸压加气混凝土砌块是以粉煤灰、石灰、水泥、石膏、矿渣等为主要原料,加入适量发气剂、调节剂、气泡稳定剂,经配料搅拌、浇筑、静停、切割和高压蒸养等工艺过程而制成的一种多孔混凝土制品。蒸压加气混凝土砌块的单位体积重量是黏土砖的三分之一,保温性能是黏土砖的 3～4 倍,隔声性能是黏土砖的 2 倍,抗渗性能是黏土砖的一倍以上,耐火性能是钢筋混凝土的 6～8 倍。砌块的砌体强度约为砌块自身强度的 80%(红砖为 30%)。蒸压加气混凝土砌块的施工特性也非常优良,它不仅可以在工厂内生产出各种规格,还可以像木材一样进行锯、刨、钻、钉,又由于它的体积比较大,施工速度也较为快捷,可作为一般建筑的填充材料。蒸压加气混凝土砌块的尺寸:一般长为 600 mm,宽度为 100 mm、120 mm、125 mm、150 mm、180 mm、200 mm、240 mm、250 mm、300 mm,高度为 200 mm、240 mm、250 mm。如有特殊要求可以和材料供应商协商。蒸压加气混凝土砌块一般不考虑强度,只适用于非承重墙体,如图 4-6 所示。

图 4-6　蒸压加气混凝土砌块

　　(2) 普通混凝土小型空心砌块。

　　普通混凝土小型空心砌块是以水泥为胶凝材料,添加砂石等粗细骨料,经计量配料、加水搅拌,振动加压成型,经养护制成的具有一定空心率的砌块材料。混凝土小型空心砌块主规格尺寸为 390 mm×190 mm×190 mm,其他规格尺寸可由供需双方协商(表 4-1)。按抗压强度分为 MU5、MU7.5、MU10、MU15、MU20、MU25、MU30、MU35、MU40 九个强度等级。

表 4-1　主规格砌块与辅助规格砌块

砌 块 名 称		外形尺寸/mm		
		长	宽	高
主规格砌块	全长砌块	390	190	190

续表

砌块名称		外形尺寸/mm		
		长	宽	高
辅助规格砌块	七分头砌块	290	190	190
	半长砌块	190	190	190
	三分头砌块	90	190	190

普通混凝土小型空心砌块自重轻,热工性能好,抗震性能好,砌筑方便,墙面平整度好,施工效率高等。其不仅可以用于非承重墙,较高强度等级的砌块也可用于多层建筑的承重墙。可充分利用我国各种丰富的天然轻集料资源和一些工业废渣为原料,可降低砌块生产成本和减少环境污染,具有良好的社会和经济双重效益。普通混凝土小型空心砌块一般用于承重墙体砌筑,如图 4-7 所示。

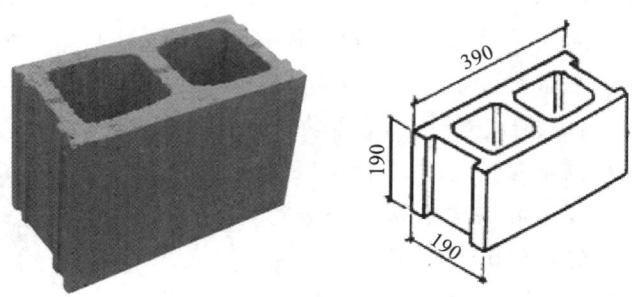

图 4-7　普通混凝土小型空心砌块(单位:mm)

(3)砌块检验批划分及外观检测要求。

砌块在进场时需要厂家出具产品合格证书、出厂性能检测报告,并按规范的检验批划分要求分批进场,对每组进行尺寸偏差检测和外观检测。

(三)砂浆

砌筑砂浆指的是将砖、石、砌块等块材经砌筑成为砌体的砂浆。它起黏结、衬垫和传力作用,是砌体的重要组成部分。

砌块进场检测

砂浆由胶凝材料、细骨料、拌和用水、外加剂等四部分组成,可以分为如下几种类型。

①一般砌筑砂浆。强度等级分为 M15、M10、M7.5、M5 和 M2.5。

②混凝土小型空心砌块和混凝土砖砌筑砂浆。强度等级分为 Mb5.0、Mb7.5、Mb10.0、Mb15.0、Mb20.0、Mb25.0。

③混凝土小型空心砌块灌孔混凝土。强度等级分为 Cb20、Cb25、Cb30、Cb35 和 Cb40。

④蒸压灰砂砖、蒸压粉煤灰砖专用砌筑砂浆。强度等级分为 Ms15、Ms10、Ms7.5、Ms5。

⑤蒸压加气混凝土专用砌筑砂浆(Ma)。中国工程建设协会标准《蒸压加气混凝土砌块砌体结构技术规范》(CECS 289—2011),提出了加气混凝土砌体强度设计值指用专用砂浆(Ma)。

1. 胶凝材料

用于砌筑砂浆的胶凝材料有水泥和石灰。

水泥为粉状水硬性无机胶凝材料,其能在水中更好地硬化,并能把砂、石等材料牢固地胶结在一起。砌筑宜采用42.5级以上的通用硅酸盐水泥。

水泥进场时应对其品种、等级、包装或散装仓号、出厂日期进行检查,并应对其强度、安定性进行复验,抽检数量是按同一生产厂家、同品种、同等级、同批号连续进场的水泥,袋装水泥不超过200 t为一批,散装水泥不超过500 t为一批,每批抽样不少于一次。当在使用中对水泥质量有怀疑或水泥出厂超过三个月(快硬硅酸盐水泥超过一个月)时,应复查试验,并按其复验结果使用。

(1)进场时先检查产品合格证的品种、强度等级等指标是否符合设计要求,进货品种是否与合格证相符。进场时应检查水泥包装上的标志。水泥袋上应清楚标明工厂名称、生产许可证编号、品种、名称、代号、强度等级、包装日期和编号。掺火山灰质混合材料的普通水泥还应标上"掺火山灰"字样,散装水泥应提交与袋装标志相同内容的卡片和散装仓号;设计对水泥有特殊要求时,应查是否与设计要求相符。

(2)抽查水泥的重量是否符合规定。绝大部分水泥每袋净重为(50 ± 1) kg,但以下品种的水泥每袋净重略有不同。

①快凝快硬硅酸盐水泥每袋净重为(45 ± 1) kg。

②砌筑水泥每袋净重为(40 ± 1) kg。

③硫铝酸盐早强水泥每袋净重为(46 ± 1) kg。

(3)水泥外观检查。进场水泥应查看是否受潮、结块、混入杂物或不同品种、强度等级的水泥混在一起,检查合格后入库贮存。

(4)水泥的送检。袋装抽样时随机地从不少于20袋中各采取等量水泥,经搅拌均匀后,从中称取不少于12 kg水泥作为送检试样。散装抽样时随机从不少于3个罐车中取等量水泥,经混拌均匀后称取不少于12 kg做样品。

2. 石灰

石灰是一种以氧化钙为主要成分的气硬性无机胶凝材料。石灰是用石灰石、白云石、白垩、贝壳等碳酸钙含量高的产物,经900~1100 ℃煅烧而成。

砌筑必须要使用熟化后的石灰,建筑生石灰熟化成石灰膏时,应采用尺寸不大于3 mm × 3 mm的网过滤,熟化时间不得少于7 d;建筑生石灰粉的熟化时间不得少于2 d;沉淀池中贮存的石灰膏,应防止干燥、冻结和污染,严禁使用脱水硬化的石灰膏;建筑生石灰及建筑生石灰粉保管时应分类、分等级存放 在干燥的仓库内,且不宜长期储存。

3. 砂

砂浆用砂宜采用过筛中砂,不应混有草根、树叶、树枝、塑料、煤块、炉渣等杂物。砂中含泥量、泥块含量、石粉含量、云母、轻物质、有机物、硫化物、硫酸盐及氯盐含量(配筋砌体砌筑用砂)等应符合现行行业标准《普通混凝土用砂、石质量及检验方法标准》JGJ 52的有关规定。人工砂、山砂及特细砂,应经试配能满足砌筑砂浆技术条件要求。

砂的检验批划分:使用大型运输工具(火车、船、汽车)时,以400 m³或600 t为一验收批;使用小型运输工具时,以200 m³或300 t为一验收批。不足上述数量按一批计。每一单位工程,建筑面积每 3000 m²,砂、石送检不少于 1 次。砂在料堆取样时,取样部位应均匀分布,取样时先将取样部位表层铲除,然后从不同部位抽取大致等量的砂 8 份组成一组样品,取样重量为 5 kg。

4. 水

一般饮用水即可用于砂浆搅拌,拌和用水不应有漂浮明显的油脂和泡沫,不应有明显的颜色和异味。未经处理的海水严禁用于配筋砌体。

水质检验水样不应少于 5 L;用于测定水泥凝结时间和胶砂强度的水样不应少于 3 L。采集水样的容器应无污染;容器应用待采集水样冲洗三次再灌装,并应密封待用。

三、技术准备

(1)图纸会审和深化设计工作已完成报审。

(2)主体结构已分阶段施工完毕,质量合格并已通过验收。认真熟悉建筑施工图纸,根据设计图纸要求和国家现行规范及工艺规程编制施工方案并向班组进行技术交底,进行样板间的施工。

(3)楼面要弹出轴线、墙身线、拉结筋位置线、门窗洞口位置线、管道预留洞位置及标高线,经复核符合设计图纸要求,并办理预检手续。样板间放线后经监理、业主验收,如与结构不符,可通过监理、业主共同洽商后进行适当的调整,变动较大处应经设计认可。

(4)由业主、监理、施工方共同做好砌体材料的选样、订货工作,并及时报监理、业主审核批准。

(5)根据设计图纸要求,提前做好砂浆的试配工作。

四、作业条件

1. 承重墙作业条件

(1)砌筑前,基础或下部砌体应经验收合格,砌体处弹好墙身轴线、墙边线、门窗洞口和柱子的位置线。

(2)已办理完基础或下部砌体的验收手续。

(3)完成回填基础两侧及房心土方,并验收合格。

(4)在墙转角处、楼梯间及内外墙交接处,已按标高立好皮数杆;皮数杆的间距以10~15 m为宜,并办好预检手续。

(5)砌筑部位(基础或楼板等)的灰渣、杂物应清除干净,并浇水湿润。

(6)砂浆由试验室做好试配,确定配合比;准备好砂浆试模。

(7)搭好砌筑用脚手架,挂好立网和平网;垂直运输机具准备就绪。

(8)项目部建立健全各项管理制度,管理人员持证上岗;对作业班组进行质量、安全、技术交底;班组作业人员中,高级工不少于 70%,并应具有同类工程的施工经验。

2. 填充墙作业条件

(1)砌筑前按装饰工程要求弹好墙身轴线、墙边线、门窗洞口和构造柱的位置线,验线须符合图纸设计要求,预检合格。

（2）根据统一标高控制线及窗台、窗顶标高，预排出砖砌块的皮数线，皮数线可划在柱、墙上，并标明拉结筋、圈梁、过梁等的尺寸标高，皮数线应经质检部门验收合格。

（3）根据最下面第一皮砖的标高，拉通线检查，如水平灰缝厚度超过 20 mm，先用 C15 以上混凝土找平，严禁用砂浆或砂浆包碎砖找平。

（4）在墙转角处及内外墙交接处，已按标高立好皮数杆；皮数杆的间距以 15～20 m 为宜，并办好预检手续。

（5）砌筑部位（基础或楼板等）的灰渣、杂物应清除干净，并浇水湿润。

（6）搭好砌筑用的脚手架，垂直运输机具准备就绪。

（7）构造柱钢筋绑扎完毕，并经建设、监理单位检验合格，办理隐蔽工程验收记录。

（8）填充外墙施工时，外防护脚手架应随楼层搭设完毕，墙体距外脚手架间的间隙应水平防护，防止高空坠落及落物，内墙已准备好工具式脚手架。

（9）大面积施工前，先做样板，经各方确认后再大面积施工。

（10）"三宝"配齐，"四口"和"五临边"做好防护；施工人员已经接受进场三级安全教育工作，学习并掌握施工技术、安全交底内容。

学习情境二　砖砌体结构工程施工

一、砖砌体砌筑基本动作

砌砖的基本功包括铲灰、取砖、砍砖、铺灰、摆砖 5 个主要动作，这也是每个砌筑工人必须掌握的基本动作。

1. 铲灰

铲灰常用的工具为瓦刀、大铲、灰斗。在小灰桶中取灰时一般不将瓦刀贴近灰斗长边，而应顺长边取灰，同时还要掌握好取灰的数量，尽量做到一瓦刀灰一块砖，取灰通常用于三一砌筑法、披灰砌筑法等。

2. 取砖

砌墙时，施工人员应顺墙斜站，砌筑方向是由前向后退着砌。这样易于检查已砌好的墙是否平直。用挤浆法操作时，铲灰和取砖的动作应该一次完成，这样不仅节约时间，而且减少了弯腰的次数，使操作者能更持久地操作，如图 4-8 所示。

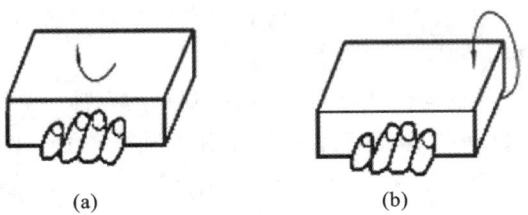

（a）　　　　　　　　　　（b）

图 4-8　选砖手法

3. 砍砖

由于砖的尺寸不符合建筑模数，砌筑过程中常常需要砍砖。

（1）砍七分头砖。七分头砖即长度为 3/4 砖长的砖，其尺寸为 180 mm×115 mm×53 mm。其砍凿方法为：选砖（外观平整、内在质地均匀）→左手持砖（条面向上）→以砖刀或刨锛所刻标记量测砖块→在砖条面划线痕→用砖刀或刨锛砍下二分头，如图 4-9 所示。

刨锛量测

瓦刀量测

图 4-9　砍砖手法

（2）砍二寸条砖。二寸条砖即宽度为 1/2 砖宽的砖，其尺寸为 240 mm×57.5 mm×53 mm。其砍凿方法为：选砖（外观平整、内在质地均匀）→2 个面划线痕→用砖刀或刨锛在砖的 2 个丁面上各砍一下→用砖刀口轻轻叩打砖的 2 个大面并逐渐加力→最后在砖的 2 个丁面用力砍成二寸条。

4. 铺灰

砌条砖时的铺灰手法如下。

①甩灰（适宜砌筑离身低而远部位的墙体）：铲取砂浆呈均匀条状（长 160 mm、宽 40 mm、厚 3 mm）并提升到砌筑位置→铲面转动 90°（手心向上）→用手腕向上扭动并配合手臂的上挑力顺砖面中心将灰甩出→砂浆呈条状均匀落下（长 260 mm、宽 80 mm、厚 20 mm）。

②扣灰（适宜砌筑近身高部位的墙体）：铲取砂浆呈均匀条状并提升到砌筑位置→铲面转动 90°（手心向下）→利用手臂前推力顺砖面中心将灰扣出→砂浆呈条状均匀落下。

③泼灰（适宜砌筑近身及身后部位的墙体）：铲取砂浆呈扁平状并提升到砌筑位置→铲面转成斜状（手柄在前）→利用手腕转动成半泼半甩，平行向前推进泼出砂浆→砂浆落下呈扁平状（长 260 mm、宽 90 mm、厚 15 mm）。

④溜灰（适宜砌角砖）：铲取砂浆呈扁平状并提升到砌筑位置→铲尖紧贴砖面，铲柄略抬高→向身后抽铲落灰→砂浆呈扁平状并与墙边平齐。

摊尺铺灰法就是在墙上均匀倒灰，然后用瓦刀刮平后砌砖。砌筑时，用砂浆均匀地倒在墙上，瓦工左手拿摊尺平搁在砖墙边棱上，右手拿瓦刀刮平砂浆，砂浆虚铺稍高于摊尺厚度。在砌砖时，左手拿砖，右手拿瓦刀，披好竖缝随即砌上，看齐、放平、摆正，砌好砖，瓦刀轻敲一下，以使砂浆饱满。

5. 摆砖

（1）操作铺好砂浆→左手拿砖并离已砌好的砖 30～40 mm，将砖平放并蹭着灰面→把砂浆刮起一点到砖顶头的竖缝里→揉挤砖，并按要求把砖摆好→右手用铲或砖刀将挤出墙面的灰刮起,并随手甩到竖缝里。摆砖操作图如图 4-10 所示。

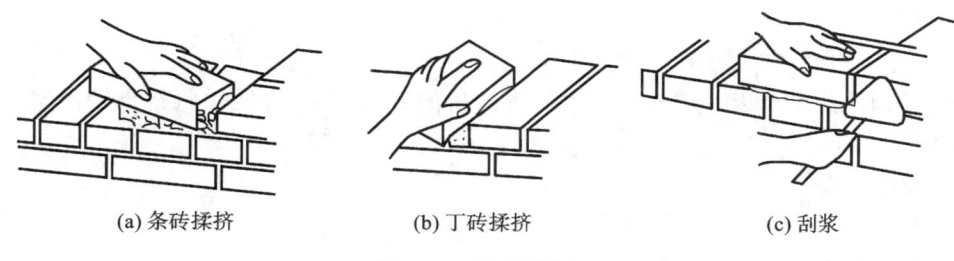

(a) 条砖揉挤　　　　　(b) 丁砖揉挤　　　　　(c) 刮浆

图 4-10　摆砖操作图

(2)要求揉砖时要上平线,下跟棱,浆薄轻揉,浆厚重揉,达到横平竖直、错缝搭接、灰浆饱满、厚度均匀。

二、砖砌体砌筑方法

1. 砖刀披灰法

砖刀披灰法,又指满刀灰法,是指在每一块砖上用砖刀满披砂浆后轻轻按在墙上的砌砖方法。

(1)操作步骤。

右手拿砖刀取灰→左手取砖→砖刀挂灰→摆砖揉压,如图 4-11 所示。

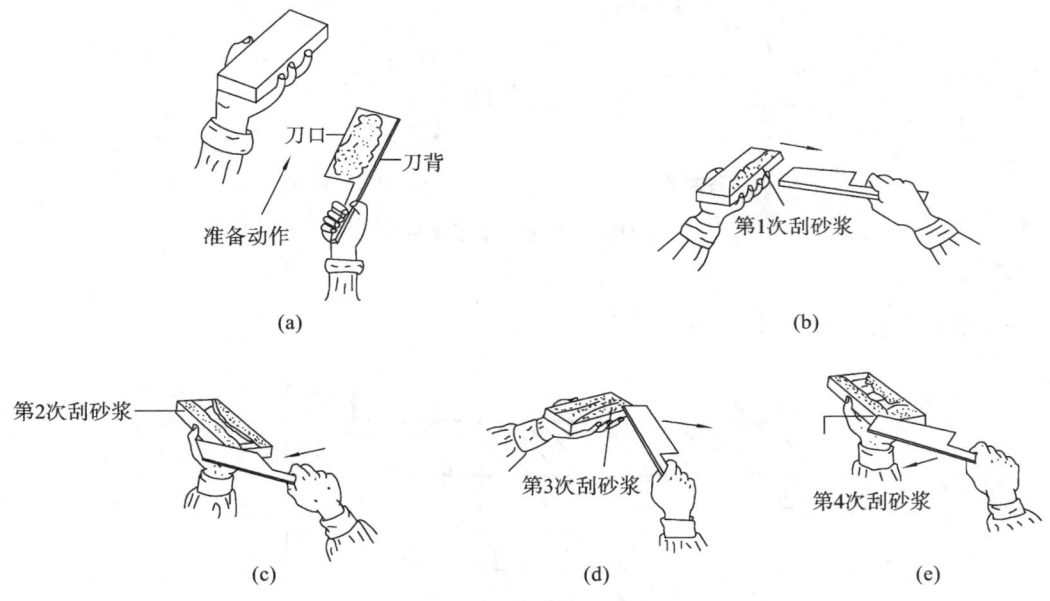

图 4-11　砖砌体操作步骤

(2)特点。

砂浆刮得均匀,灰缝饱满,但工效太低。

(3)适用范围及要求。

砖刀披灰法适用于砌空斗墙、拱碹、窗台、炉灶等。要求所用砂浆稠度大、黏性好,砖大面的砂浆要刮布均匀,中间不留空隙,丁、条面酌情满披砂浆,砖砌到墙上后,取挤出的灰浆甩入竖缝内。

2."三一"砌砖法

"三一"砌砖法是指以一铲灰、一块砖、一揉挤的方式砌砖,并随手将挤出的砂浆刮去的砌筑办法。

(1)操作步骤。

铲灰取砖→大铲铺灰→摆砖揉挤。

(2)砌砖动作。

铲灰→取砖→转身→铺灰→摆砖揉挤→将余灰甩入竖缝,如图4-12所示。

(a)铲灰、取砖   (b)转身   (c)铺灰

(d)摆砖揉挤   (e)将余灰甩入竖缝

图4-12 砌砖动作流程图

(3)砌筑布料。

灰斗和砖的排放如图4-13所示。

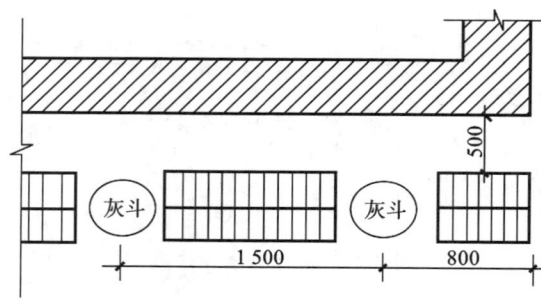

图4-13 灰斗和砖的排放(单位:mm)

(4)特点。

砂浆饱满、黏结性好,能保证砌筑质量,但劳动强度大,砌筑效率低。

（5）适用范围及要求。

"三一"砌砖法适用于砌筑各种实心砖墙，要求所用砂浆稠度为 7～9 cm。

三、砌体结构施工工艺

砌体结构施工工艺流程：抄平、弹线→立皮数杆→摆样砖、确定组砌方法→砖浇水→拌制砂浆→盘脚、挂线→铺浆砌筑→验收。

1. 抄平、弹线

抄平：定出各楼层标高，找平，并设置墙体防潮层。

弹线：确定各段墙体砌筑位置，即定出轴线、边线，如图 4-14 所示。

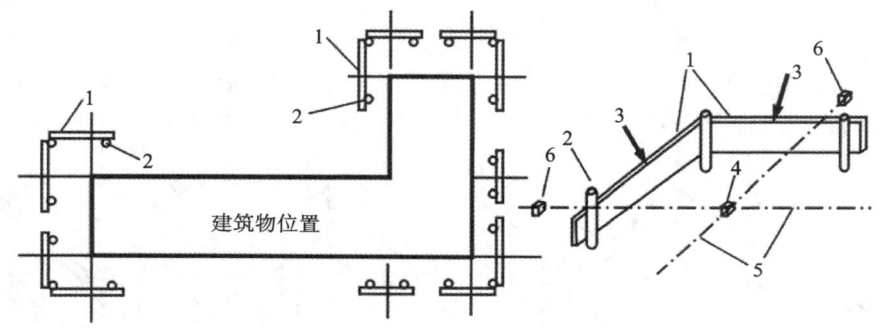

图 4-14 建筑物的定位
1—龙门板（标志板）；2—龙门桩；3—轴线钉；4—轴线桩（角桩）；5—轴线；6—控制桩（引桩、保险桩）

2. 立皮数杆

皮数杆是一根 2 m 长，其上划有每皮砖的砖及灰缝厚度，门窗洞口、过梁、楼板、梁高等标高的木质或铝制标杆。皮数杆的主要作用是控制砌体竖向尺寸正确及砌体垂直度。皮数杆一般设置在墙体转角处，纵横墙交接处，每隔 10～15 m 立一根，其±0.00 与建筑物的±0.00 相吻合。

立皮数杆时我们需要利用水准仪，首先根据楼面±0.00 和整个的平整度确定皮数杆的起始标高，皮数杆一般不会是落地的，所以立皮数杆时我们需要准备一些物品用来固定皮数杆。皮数杆一旦固定后一般工人就不会触碰它了，如图 4-15 所示。

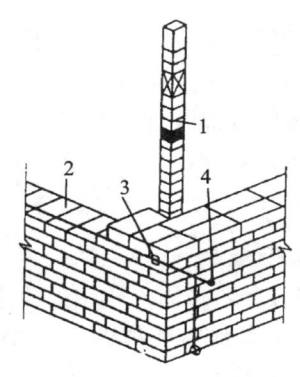

图 4-15 皮数杆示意图
1—皮数杆；2—准线；3—竹片；4—铁钉

3. 摆样砖、确定组砌方法

（1）砖墙的组砌，其实就是砖块或者是砌块在墙上按照一定方式进行排列。用普通黏土砖砌筑的砖墙，按其墙面组砌形式不同，有梅花丁、三顺一丁、一顺一丁等砌法。

梅花丁砌法：这种砌法是在同一皮砖上采用两块顺砖夹一块丁砖的砌法，上下两皮砖的竖向缝错开四分之一砖长。梅花丁砌法的内外竖向灰缝每皮都能错开，竖向灰缝容易对齐，墙面容易控制平整。当砖的规格不一致时，一般砖的长度方向容易出现超长，而宽度方向容易出现缩小的现象，更显出其能控制竖向灰缝的优越性。这种砌法灰缝整齐，美观，尤其适宜清水外墙。但由于顺砖与丁砖交替砌筑，影响操作速度，工效较低。

三顺一丁砌法：为采用三皮顺砖一皮丁砖的组砌方法。上下皮顺砖搭接二分之一砖长，丁砖与顺砖搭接四分之一砖长，以利于错缝和搭接。这种砌法丁砖少，砖的两个条面中挑选一面朝外，故墙面美观。同时在墙的转角处，丁字和十字接头处和门窗砍凿砖少，利于加快砌筑速度。缺点是顺砖层多，特别是砖比较潮湿时，容易向外挤出，出现游墙，而且花槽三层同缝，砌体整体性较差。

一顺一丁砌法：这是最常见的一种组砌方法，有的地方叫满丁满条组砌法，一顺一丁砌法是由一皮砖，一皮丁砖间隔组砌组成。上下皮之间的竖向灰缝都相互错开四分之一砖长。这种砌法效率较高，操作较易掌握，墙面平正也容易控制。缺点是对砖的规格要求较高，如果规格不一致，竖向灰缝就难以整齐。另外，在墙的转角、丁字接头和门窗洞口处都要砍砖，在一定程度上影响了工效。它的墙面组合形式有两种，一种是顺砖层上下对整齐的，称十字缝；另一种是顺砖层上下错开半砖的，称骑马缝。砖墙砌筑形式如图 4-16 所示。

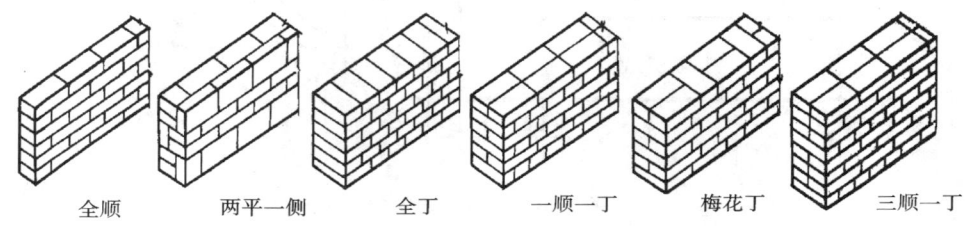

图 4-16 砖墙砌筑形式

全顺　　两平一侧　　全丁　　一顺一丁　　梅花丁　　三顺一丁

（2）摆砖主要目的是核对所放出的墨线在门窗、洞口等处是否符合模数要求，以尽可能减少砍砖。外出墙第一层应排丁砖，前后纵墙排顺砖。山墙两大角排砖应对称。窗间墙、扶壁柱的位置尺寸应符合排砖模数，若不符合模数，可用七分头或丁砖排在窗间墙中间或扶壁柱的不明显部位进行调整。门窗洞口两边顺砖层的第一块砖应为七分头，各楼层排砖和门窗洞口位置应与底层一致。

4. 砖浇水

砌筑烧结普通砖、烧结多孔砖、蒸压灰砂砖、蒸压粉煤灰砖砌体时，砖应提前 1～2 d 适度湿润，严禁采用干砖或处于吸水饱和状态的砖砌筑，块体湿润程度宜符合下列规定：

（1）烧结类块体的相对含水率为 60%～70%；

（2）混凝土多孔砖及混凝土实心砖不需要浇水湿润，但在气候干燥炎热的情况下，宜在砌筑前对其喷水湿润。其他非烧结类块体的相对含水率为 40%～50%。

5. 拌制砂浆

砂浆配合比应由试验室确定，采用质量比，砌筑的砂浆必须机械搅拌均匀，随拌随用。水泥砂浆和水泥混合砂浆的搅拌时间不得少于 2 min，掺外加剂的砂浆不得少于 3 min，掺有机塑化剂的砂浆应根据实验确定。同时砂浆还应具有较好的和易性和保水性，一般稠度以5～7 cm 为宜。外加剂和有机塑化剂的配料精度应控制在±2% 以内，其他配料精度应控制在±5% 以内。水泥砂浆和混合砂浆应在 3 h 内使用完毕。如果室外气温超过 30 ℃，则应该在 2 h 内使用完毕。

在 250 m^3 的砌体中,对每种强度等级的砂浆,应至少制作一组试块(每组六块)。如砂浆的强度等级或配合比变更,也应制作试块以便检查。

6. 盘脚、挂线

盘脚、挂线如图 4-17 所示。

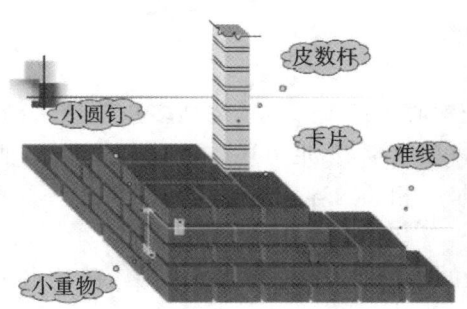

图 4-17　盘角、挂线

砌筑时先盘角,每次不得超过 5 层,随盘随吊线,使砖的层数、灰缝厚度与皮数杆相符。新盘的大角,及时进行吊、靠。如有偏差要及时修整。盘角时要仔细对照皮数杆的砖层和标高,控制好灰缝大小,使水平灰缝均匀一致。大角盘好后再复查一次,平整和垂直完全符合要求后,再挂线砌墙。

砌一砖半厚及其以上的墙应两面挂线,一砖半厚以下的墙可单面挂线。线长时,中间应设支线点,拉紧线后,应穿线看平,使水平缝均匀一致,平直通顺,砌一砖混水墙时宜采用外手挂线,注意砖墙两面平整。在砌筑过程中,要经常校核墙体的轴线和边线,当挂线过长,应检查是否达到平直通顺一致的要求,以防轴线产生位移。

7. 铺浆砌筑

砌砖宜采用一铲灰、一块砖、一挤揉的"三一"砌砖法或采用铺浆法(包括挤浆法和靠浆法)。砖要砌得横平竖直,灰浆饱满,做到"上跟线,下跟棱,左右相邻要对平"。每砌五皮左右要用靠尺检查墙面垂直度和平整度,随时纠正偏差,严禁事后凿墙。水平和竖向灰缝厚度不小于 8 mm,不大于 12 mm,一般为 10 mm。竖向灰缝不得出现透明缝、瞎缝和假缝。采用铺浆法砌筑砌体,铺浆长度不得超过 750 mm;当施工期间气温超过 30 ℃时,铺浆长度不得超过 500 mm。

设计要求的洞口、管道、沟槽应于砌筑时正确留出或预埋,未经设计同意,不得打凿墙体和在墙体上开凿水平沟槽。宽度超过 300 mm 的洞口上部,应设置钢筋混凝土过梁。不应在截面长边小于 500 mm 的承重墙体、独立柱内埋设管线。墙体抗震拉结筋的位置,钢筋规格、数量、间距,均应按设计要求留置,不应错放、漏放。砌筑门窗口时,若先立门窗框,则砌砖应离开门窗框边 3 mm 左右。若后塞门窗框,则应按弹好的位置砌筑(一般线宽比门窗实际尺寸大 10~20 mm)。240 mm 厚承重墙的每层墙的最上一皮砖,砖砌体的阶台水平面上及挑出层的外皮砖,应整砖丁砌。

墙体日砌高度不宜超过 1.8 m,雨天不宜超过 1.2 m,雨天砌筑时,砂浆稠度应适当减少,收工时应将砌体顶部覆盖好。砌体完基础或每一楼层后,应校核砌体轴线和标高。在允许范围内,轴线偏差可在基础顶面或楼面上校正,标高偏差宜通过调整上部砌体灰缝厚度校正。雨天不宜在露天砌筑墙体,对下雨当日砌筑的墙体应进行遮盖。继续施工时,应复核墙体的垂直度,如果垂直度超过允许偏差,应拆除重新砌筑。

四、砖砌体结构验收

1. 主控项目

(1)砖和砂浆的强度等级必须符合设计要求。

抽检数量:每一生产厂家,烧结普通砖、混凝土实心砖每15万块,烧结多孔砖、混凝土多孔砖、蒸压灰砂砖及蒸压粉煤灰砖每10万块各为一验收批,不足上述数量时按1批计,抽检数量为1组。砂浆试块的抽检数量要求见学习情境一相关内容。

检验方法:查砖和砂浆试块试验报告。

(2)砌体灰缝砂浆应密实饱满,砖墙水平灰缝的砂浆饱满度不得低于80%;砖柱水平灰缝和竖向灰缝饱满度不得低于90%。

抽检数量:每检验批抽查不应少于5处。

检验方法:用百格网检查砖底面与砂浆的黏结痕迹面积。每处检测3块砖,取其平均值。

(3)砖砌体的转角处和交接处应同时砌筑。严禁无可靠措施的内外墙分砌施工。在抗震设防烈度为8度及8度以上的地区,对不能同时砌筑而又必须留置的临时间断处应砌成斜槎,普通砖砌体斜槎水平投影长度不应小于高度的2/3。多孔砖砌体的斜槎长高比不应小于1/2。斜槎高度不得超过一步脚手架的高度。

抽检数量:每检验批抽查不应少于5处。

检验方法:观察检查。

(4)非抗震设防及抗震设防烈度为6度、7度地区的临时间断处,当不能留斜槎时,除转角处外,可留直槎,但直槎必须做成凸槎,且应加设拉结钢筋,拉结钢筋应符合下列规定:

①每120 mm墙厚放置1φ6拉结钢筋(120 mm厚墙应放置2φ6拉结钢筋);

②间距沿墙高不应超过500 mm;且竖向间距偏差不应超过100 mm;

③埋入长度从留槎处算起每边均不应小于500 mm,对抗震设防烈度6度、7度的地区,不应小于1000 mm;

④末端应有90°弯钩。

抽检数量:每检验批抽查不应少于5处。

检验方法:观察和尺量检查。

2. 一般项目

(1)砖砌体组砌方法应正确,内外搭砌,上、下错缝。清水墙、窗间墙无通缝;混水墙中不得有长度大于300 mm的通缝,长度200~300 mm的通缝每间不超过3处,且不得位于同一面墙体上。砖柱不得采用包心砌法。

抽检数量:每检验批抽查不应少于5处。

检验方法:观察检查。砌体组砌方法抽检每处应为3~5 m。

(2)砖砌体的灰缝应横平竖直,厚薄均匀。水平灰缝厚度及竖向灰缝宽度宜为10 mm,

但不应小于 8 mm,也不应大于 12 mm。

抽检数量:每检验批抽查不应少于 5 处。

检验方法:水平灰缝厚度用尺量 10 皮砖砌体高度折算。竖向灰缝宽度用尺量 2 m 砌体长度折算。

(3) 砖砌体尺寸、位置的允许偏差及检验应符合表 4-2 的规定。

表 4-2　砖砌体尺寸、位置的允许偏差及检验

项	项　　目			允许偏差/mm	检 验 方 法	抽 检 数 量
1	轴线位移			10	用经纬仪和尺或用其他测量仪器检查	承重墙、柱全数检查
2	基础、墙、柱顶面标高			±15	用水准仪和尺检查	不应小于 5 处
3	墙面垂直度	每层		5	用 2 m 托线板检查	不应小于 5 处
		全高	10 m	10	用经纬仪、吊线和尺或其他测量仪器检查	外墙全部阳角
			10 m	20		
4	表面平整度	清水墙、柱		5	用 2 m 靠尺和楔形塞尺检查	不应小于 5 处
		混水墙、柱		8		
5	水平灰缝平直度	清水墙		7	拉 5 m 线和尺检查	不应小于 5 处
		混水墙		10		
6	门窗洞口高、宽(后塞口)			±10	用尺检查	不应小于 5 处
7	外墙下下窗口偏移			20	以底层窗口为准,用经纬仪或吊线检查	不应小于 5 处
8	清水墙游丁走缝			20	以每层第一皮砖为准,用吊线和尺检查	不应小于 5 处

学习情境三　蒸压加气混凝土砌块施工

一、构造柱与植筋设置要求

1. 构造柱设置要求

构造柱基本设置如图 4-18 所示。

施工中构造柱应按设计要求设置,如图纸中未注明,施工中按以下原则设置。

(1) 墙长:墙高大于等于 2 m,中间加构造柱。

(2) 墙高:墙长大于等于 2 m,中间加腰梁。

(3) 墙长大于等于 5 m,中间加构造柱。

(4) 墙高大于等于 4 m,中间加腰梁。

(5) 悬端墙在端头加构造柱。

图 4-18　构造柱

2. 构造柱施工要求

(1) 构造柱钢筋安装与砌体拉结筋预埋。

凡设有构造柱的工程,在砌砖前,应先根据设计图纸将构造柱位置进行弹线,并把构造柱插筋处理顺直。构造柱的截面尺寸和配筋应满足设计要求。当设计无要求时,构造柱截面最小宽度不得小于 200 mm,厚度同墙厚,纵向钢筋不应小于 4φ10,箍筋可采用 φ6@200。纵向钢筋顶部和底部应锚入混凝土梁或板中。浇筑主体混凝土时应准确测量构造柱纵筋位置,确保插筋位置准确。为确保钢筋位置准确,可以采用后植筋法预埋构造柱纵筋。若采用后植筋法施工,钻孔深度 60 mm,植筋前先用吹筒吹净孔内粉尘,然后注满结构胶液或环氧树脂液,再植入钢筋。

按规范规定,砌体与混凝土构造柱之间应设置拉结钢筋。拉结钢筋应沿砌筑全高设置,拉结筋间隔不应超过 600 mm。蒸压加气混凝土砌体的拉结筋埋入深度宜为 700 mm,且拉结筋末端应加弯勾,放置拉结钢筋的砌体水平灰缝厚度应比拉结钢筋直径大 4 mm。

(2) 预留构造柱位置砌体施工。

按规范规定,砌体与构造柱的连接处应砌成马牙槎,每个马牙槎的高度不宜超过 300 mm,马牙槎凹入深度宜为 50～60 mm。目前砌体砌块普遍使用蒸压加气混凝土砌块,加气混凝土砌块模数高度为 250 mm,刚好作为一个马牙。砌筑时第一块砖应为凹入,称为咬脚,然后按顺序同进同退砌筑马牙槎(若底部采用灰砂砖砌筑,也应视为一个马牙槎凹入咬脚)。不论马牙槎凹入凸出,同时都要用线坠吊垂直,马牙槎砌体界面应放整砖面,砌块切割面应放在里侧,确保马牙槎美观。

(3) 构造柱模板安装与混凝土浇筑。

为保证浇筑构造柱混凝土时有一定的操作空间,便于小型振动棒插入,构造柱模板的对拉螺杆宜设置于构造柱两侧的砌体上,不宜设置于构造柱中。若对拉螺杆设置于构造柱中,会阻碍振动棒的插入。模板安装可分三种方式进行。①构造柱顶部梁高大于或等于 800 mm 的,模板可以满封,端部一侧模板装成喇叭式进料口,进料口应比构造柱高出 100 mm,浇筑柱混凝土时应把进料口也满浇,拆模后将突出的混凝土打凿掉即可。这样能保证构造柱顶部混凝土与顶梁之间没有空隙。②构造柱顶部梁高小于 800 mm 的,模板一侧满封,另一侧模板应预留缺口作为进料口及小型插入式振动棒使用,即浇筑构造柱端部还剩一小截混凝土没浇,必须进行二次补浇。拆模时满封一侧的模板不宜拆除,作为二次补浇模板,有缺口一侧的模板应拆除。二次补浇混凝土应制成较干硬性混凝土(如面团状),二次补浇混凝土塞满后再钉模板,拆模后混凝土二次浇筑外观迹象较模糊,观感较好。③对于顶部没梁的构造柱,施工方法比较简单,可在楼板开口浇筑。不论采用何种施工方式,浇筑构造柱混凝土一定要用小型插入式振动棒(直径 3 cm),才能保证混凝土密实。若沿砌体马牙槎凹凸边缘贴上双面胶,则封模更加严密不漏浆,拆模后构造柱与砌体界线更加美观。构造柱模板如图 4-19 所示。

3. 砌体植筋

植筋是指在混凝土、墙体岩石等基材上钻孔,然后注入高强植筋胶,再插入钢筋或型材,胶固后将钢筋与基材粘接为一体,是加固补强行业较常用的一种建筑技术。砌体植筋如图 4-20 所示。

图 4-19　构造柱模板

图 4-20　砌体植筋

植筋施工工艺流程如下。

现场清理→定位放线→钢筋下料制作→钢筋处理→钻孔→清孔→孔烘干→结构胶调制→灌胶→植筋→固化养护→验收。

(1)现场清理。

将需要植筋部位的现场清理干净。

(2)定位放线。

必须按照图纸要求的钢筋间距、位置放线,但为了避免原钢筋混凝土结构层内钢筋相碰,允许微量移位。

(3)钢筋下料制作。

钢筋下料时必须按照图纸要求,严格根据图纸下料。

钢筋处理:锚固用钢筋必须做好除锈清理,除锈长度大于锚固长度 5 cm 左右,锚固用钢筋的型号、规格要严格按图纸设计要求选用。

用铜丝刷将除锈清理高度范围内的钢筋表面打磨出光泽。

将所有处理完的钢筋码放整齐,现场负责人检查清理工作。

(4)钻孔。

由专业人员接通电源,检查、调试机具;选用与埋筋匹配的钻头进行钻孔,其孔径应略大于钢筋直径(4~5 mm)。

(5)清孔。

用毛刷和电吹风机配用塑料管吹净孔内粉尘。(清孔是植筋过程中重要的一个环节,它直接影响锚固质量,所以必须清理干净)

(6)孔烘干。

孔内必须烘干,避免影响植筋质量。

(7)结构胶调制。

每次使用前检查包装桶内有无沉淀,按照一定比例充分搅拌。

(8)灌胶。

结构胶充分搅拌均匀后注入孔内,以孔内盛满即可。

(9)植筋。

将钢筋埋深部分用钢丝刷清除锈污后,迅速插入灌满结构胶的孔内并慢慢单向旋入(不可中途逆向反转),直至埋件入孔洞底壁,应有结构胶从孔洞内溢出,钢筋预留长度应符合相关图集、规范要求。

(10)固化养护。

固结期间勿振动埋筋,待完全固结后可进行下道工序施工。

(11)验收。

填充墙与承重墙、柱、梁的连接钢筋,当采用化学植筋的连接方式时,应进行实体检测。锚固钢筋拉拔试验的轴向受拉非破坏承载力检验值应为 6.0 kN。埋植工作完成后,现场负责人按部位请监理对植筋质量进行检查验收。墙体砌筑前需要对植筋进行现场拉拔试验,如图 4-21 所示。填充墙砌体植筋锚固力检验抽样判定如表 4-3、表 4-4 所示。

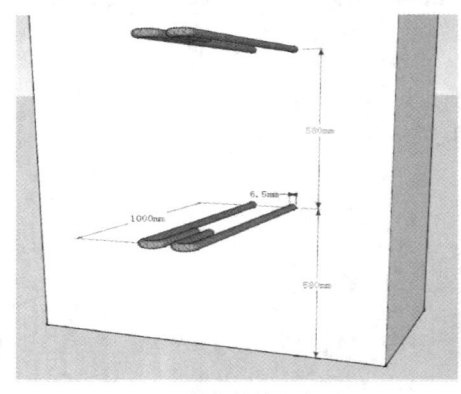
(a)预留拉结筋示意图

(b)拉结筋拉拔试验

图 4-21 植筋施工

表 4-3 正常一次性抽样的判定

样 本 容 量	合格判定数	不合格判定数	样 本 容 量	合格判定数	不合格判定数
5	0	1	20	2	3
8	1	2	32	3	4
13	1	2	50	5	6

表 4-4　正常二次性抽样的判定

抽样次数与样本容量	合格判定数	不合格判定数	抽样次数与样本容量	合格判定数	不合格判定数
(1)—5	0	2	(1)—20	1	3
(2)—10	1	2	(2)—40	3	4
(1)—8	0	2	(1)—32	2	5
(2)—16	1	2	(2)—64	6	7
(1)—13	0	3	(1)—50	3	6
(2)—26	3	4	(2)—100	9	10

二、蒸压加气混凝土砌块施工工艺

(一) 蒸压加气混凝土砌块

蒸压加气混凝土砌块进场时需要检查出厂合格证书、性能检测报告、进场验收记录及复验报告。蒸压加气混凝土砌块的产品龄期不应小于 28 d,蒸压加气混凝土砌块的含水率宜小于 30%。

蒸压加气混凝土砌块、轻骨料混凝土小型空心砌块等的运输、装卸过程中,严禁抛掷和倾倒;进场后应按品种、规格堆放整齐,堆置高度不宜超过 2 m。蒸压加气混凝土砌块在运输与堆放中应防止雨淋。

吸水率较小的轻骨料混凝土小型空心砌块及采用薄灰砌筑法施工的蒸压加气混凝土砌块,砌筑前不应对其浇(喷)水浸润;在气候干燥炎热的情况下,对吸水率较小的轻骨料混凝土小型空心砌块宜在砌筑前喷水湿润。

用普通砌筑砂浆砌筑填充墙时,烧结空心砖、吸水率较大的轻骨料混凝土小型空心砌块应提前 1～2 d 浇(喷)水湿润。蒸压加气混凝土砌块采用蒸压加气混凝土砌块砌筑砂浆或普通砌筑砂浆砌筑时,应在砌筑当天对砌块砌筑面喷水湿润。块体湿润程度宜符合下列规定。

(1) 烧结空心砖的相对含水率为 60%～70%。

(2) 吸水率较大的轻骨料混凝土小型砌块、蒸压加气混凝土砌块的相对含水率为 40%～50%。

蒸压加气混凝土砌块黏结砂浆的黏性强,保水性好,砌筑蒸压加气混凝土砌块墙体时无须砌筑前预湿砌块,水平灰缝厚度和竖向灰缝宽度为 2～4 mm,砌筑质量能符合规范要求,近些年已得到推广使用。

(二) 蒸压加气混凝土砌块施工的技术要求

在厨房、卫生间、浴室等处采用轻骨料混凝土小型空心砌块、蒸压加气混凝土砌块砌筑墙体时,墙底部宜现浇混凝土坎台等,其高度宜为 150 mm。

框架柱、剪力墙侧面等结构部位应预埋 φ6 的拉墙筋和构造柱、圈梁的插筋,或者结构施工后植上钢筋。

蒸压加气混凝土砌块填充墙砌体施工过程中,严格按设计要求留设构造柱,当设计无要求时,应按墙长度每 5 m 设构造柱。构造柱应置于墙的端部、墙角和 T 形交叉处。构造柱马牙槎应先退后进,进退尺寸大于 60 mm,进退高度宜为 1～2 层砌块高度,且在 300 mm 左右。

加气混凝土砌块填充墙与构造柱之间以 φ6 拉结筋连接,拉结筋按墙厚每 120 mm 放置一根,120 mm 厚墙放置两根拉结筋。拉结筋埋于砌体的水平灰缝中,埋入每边墙的长度不应小于 500 mm。对抗震设防烈度 6 度、7 度的地区,不应小于 1000 mm,末端应做 90°弯钩。

加气混凝土砌体填充墙每天的砌筑高度不宜超过 1.8 m,并且填充墙上不得留设脚手眼、搭设脚手架。

蒸压加气混凝土砌体填充墙砌筑前应进行排砖、截砖,达到节约材料、减少建筑垃圾的目的。

蒸压加气混凝土砌块、轻骨料混凝土小型空心砌块不应与其他块体混砌,不同强度等级的同类砌块也不得混砌。

(三) 蒸压加气混凝土砌块施工工艺

蒸压加气混凝土砌块施工工艺:绘制砌块排列图→墙体放线→设置拉结钢筋、构造柱、圈梁→蒸压加气混凝土砌块砌筑→构造柱混凝土浇筑→顶砖砌筑。

1. 绘制砌块排列图

中小型砌块体积较大、较重,不如砖块可以随意搬动,因此在砌块砌筑前,应在基础平面和楼层平面按每片纵、横墙分别绘制砌块排列图,放出第一皮砌块的轴线、边线和洞口线,对于空心砌块还应放出分块线。砌块排列应按下列原则:①尽量采用主规格砌块;②砌块应错缝搭砌,搭砌长度不得小于块高的 1/3,也不应小于 15 cm;③纵横墙交接处,应交错搭砌;④必须镶砖时,砖应分散布置。砌块排列图如图 4-22 所示。

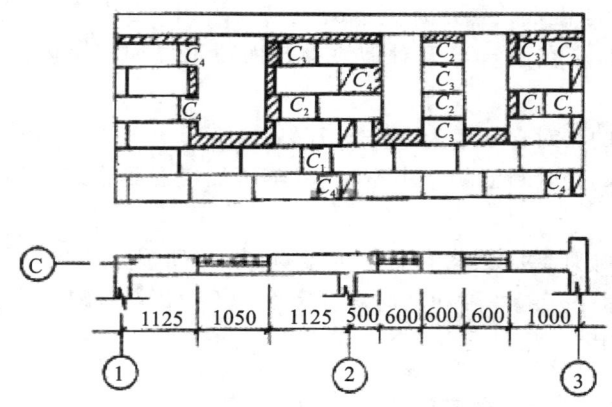

图 4-22　砌块排列图(单位:mm)

2. 墙体放线

墙体放线示意图如图 4-23 所示。

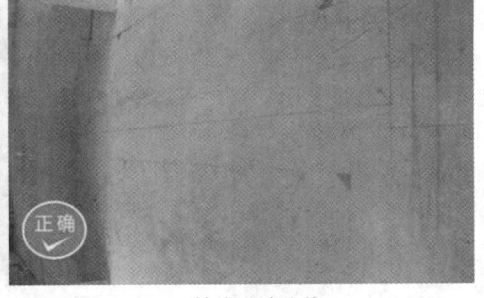

(a) 标高控制线　　　　　　　　　(b) 轴线和墙边线

图 4-23　墙体放线示意图

3. 设置拉结钢筋、构造柱、圈梁

为消除主体结构和围护墙体之间由于温度变化产生的收缩裂缝,砌块与墙柱相接处,须留拉结筋。蒸压加气混凝土砌体填充墙与结构或构造柱连接的部位,应预埋 2φ6 的拉结筋,拉结筋的竖向间距应为 500~1000 mm,当有抗震要求时,拉结筋的末端应做 40 mm 长 90°弯钩。

有抗震要求的砌体填充墙按设计要求设置构造柱、圈梁,构造柱的宽度由设计确定,厚度一般与墙等厚,圈梁宽度与墙等宽,高度不应小于 120 mm。圈梁、构造柱的插筋宜优先预埋在结构混凝土构件中或后植筋,预留长度符合设计要求。构造柱施工时按要求应留设马牙槎,马牙槎宜先退后进,进退尺寸不小于 60 mm,高度为 300 mm 左右。当设计无要求时,构造柱应设置在填充墙的转角处、T 形交接处或端部;当墙长大于 5 m 时,应间隔设置。圈梁宜设在填充墙高度中部。具体如图 4-24 所示。

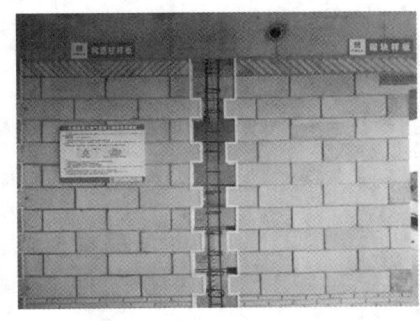

图 4-24　蒸压加气混凝土砌块填充墙构造柱与圈梁

4. 蒸压加气混凝土砌块砌筑

正常施工条件下,砖砌体、小砌块砌体每日砌筑高度宜控制在 1.5 m 或一步脚手架高度内。(严禁一次砌筑到顶)

砌筑填充墙时应错缝搭砌,蒸压加气混凝土砌块搭砌长度不应小于砌块长度的 1/3(但最小搭砌长度不得小于 150 mm),竖向通缝不应大于 2 皮。同时蒸压加气混凝土砌块灰缝厚度为 15 mm 以内,如果采用薄灰砌法,灰缝厚度为 3~4 mm。具体如图 4-25 所示。

当搭砌长度小于 150 mm 时,即形成通缝,竖向通缝不应大于 2 皮砌块,否则应配 φ4 钢筋网片或 2φ6 钢筋,长度宜为 700 mm,如图 4-26 所示。

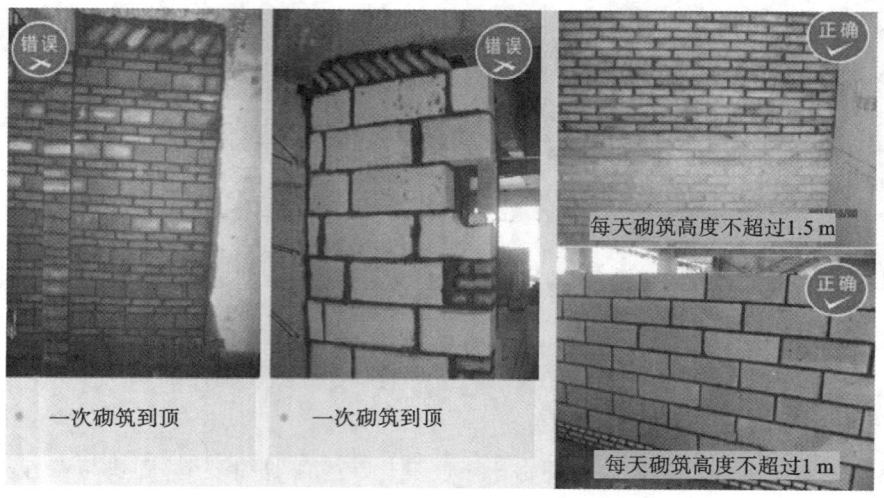

图 4-25　薄灰砌法

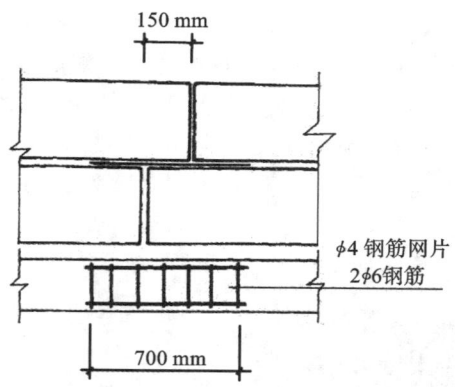

图 4-26　蒸压加气混凝土砌块砌筑搭砌长度小于 150 mm 时处理方法

砌块墙的转角处,应隔皮纵、横墙砌块相互搭砌。砌块墙的 T 字形交接处,应使横墙砌块隔皮断面露头。具体如图 4-27 所示。

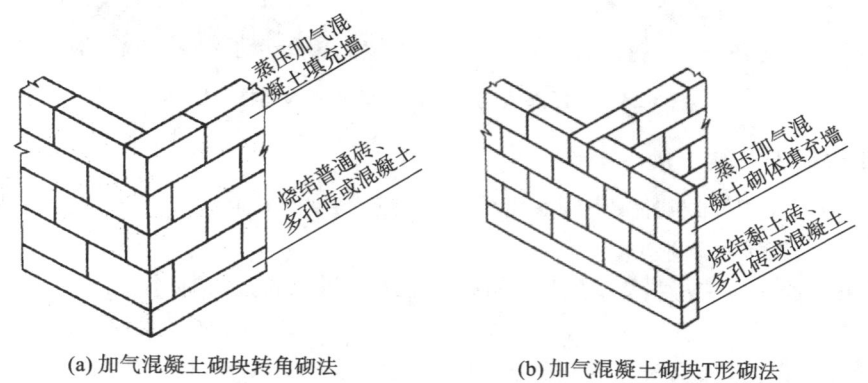

(a) 加气混凝土砌块转角砌法　　　　　(b) 加气混凝土砌块T形砌法

图 4-27　加气混凝土砌块砌法

蒸压加气混凝土砌体的竖向灰缝宽度和水平灰缝厚度宜分别为 20 mm 和 15 mm。灰缝应横平竖直、砂浆饱满,正、反手墙面均宜进行勾缝。砂浆的饱满度不得小于 80%。横向灰缝的一次铺灰长度不应大于 2 m;竖向灰缝应采用临时内外夹板夹紧后灌缝。

蒸压加气混凝土砌块填充墙砌体与后塞口门窗的连接:后塞口门窗与砌体间通过木砖与门窗框连接,具体可用 100 mm 长的铁钉把门框与木砖钉牢。木砖可以预埋,也可以后打。预埋木砖时,木砖应经过炭化,埋到预制混凝土块中,随加气混凝土块一起砌筑,预制混凝土块大小应符合砌体模数,或用普通烧结砖在需放木砖部位砌长度 240 mm、宽度与加气块等厚的砖磡,木砖放置中间。

加气混凝土填充墙砌体在转角处及纵横墙交接处,应同时砌筑,当不能同时施工时,应留成斜槎。砌体每天的砌筑高度不应超过 1.8 m。

切锯砌块应使用专用工具,不允许用斧或瓦刀任意砍劈。

墙体洞口上部应放置 2φ6 的拉结筋,伸过洞口两边长度每边不少于 500 mm。

不同干密度和强度等级的加气混凝土不应混砌。加气混凝土砌块也不得与其他砖、砌块混砌。但在墙底、墙顶及门窗洞口处局部采用烧结普通砖和多孔砖砌筑不视为混砌。

5. 构造柱混凝土浇筑

构造柱根部施工缝处,在浇筑前宜先铺 5 cm 厚与混凝土配合比相同的水泥砂浆或减石子混凝土。将混凝土卸到铁皮上,用铁锹将混凝土卸到模内。浇筑混凝土构造柱时,先将振动棒插入柱底部,使其振动再灌入混凝土,应分层浇筑振捣,每层不得超过 60 cm,边下料边振捣,一般浇筑高度不超过 1.5 m。混凝土浇时要求边浇筑边用橡皮锤敲击模板,同时注意模板是否变形,变形随时修正。浇灌混凝土时,应注意保护钢筋位置及外砖墙、外墙板的防水构造,不使其损害,专人检查模板、钢筋是否变形、移位;螺栓、拉杆是否松动、脱落;发现漏浆等现象指派专人检修。表面抹平:过梁、板缝混凝土每振捣完一次,应随即用木抹子压实抹平。表面不得有松散混凝土。混凝土浇筑完 12 h 以内,应对混凝土加以覆盖并浇水养护。常温下每日至少浇水两次,养护时间不得少于 7 d。构造柱设置要求如图 4-28 所示。

图 4-28 构造柱设置要求

6.顶砖砌筑

填充墙与承重主体结构间的空(缝)隙部位(即斜顶砖位置)施工,应在填充墙砌筑 14 d 后进行。斜顶砖端部及中间部位配砌混凝土三角块。斜顶砖必须成 45°~60°夹角与结构梁板顶紧,砂浆饱满,不得出现瞎缝、假缝。严禁斜顶砖一边倒。具体如图 4-29 所示。

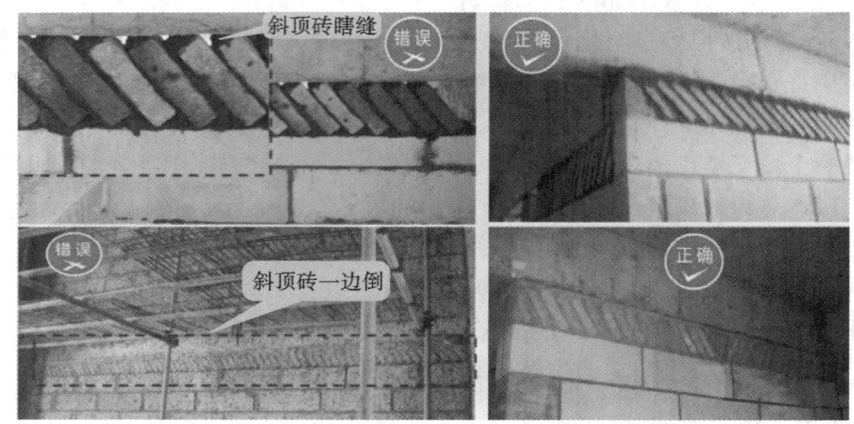

图 4-29　顶砖砌筑

三、蒸压加气混凝土砌块验收

1.主控项目

(1)烧结空心砖、小砌块和砌筑砂浆的强度等级应符合设计要求。

抽检数量:烧结空心砖每 10 万块为一验收批,小砌块每 1 万块为一验收批,不足上述数量时按一批计,抽检数量为一组。砂浆试块的抽检数量要求同学习情境一相关内容。

检验方法:检查砖、小砌块进场复验报告和砂浆试块试验报告。

(2)填充墙砌体应与主体结构可靠连接,其连接构造应符合设计要求,未经设计同意,不得随意改变连接构造方法。每一填充墙与柱的拉结筋的位置超过一皮块体高度的数量不得多于一处。

抽检数量:每检验批抽查不应少于 5 处。

检验方法:观察检查。

2.一般项目

(1)填充墙砌体尺寸、位置的允许偏差及检验方法应符合表 4-5 的规定。

表 4-5　填充墙砌体尺寸、位置的允许偏差及检验方法

序号	项　目		允许偏差/mm	检 验 方 法
1	轴线位移		10	用尺检查
2	垂直度 (每层)	≤3 m	5	用 2 m 托线板或吊线、尺检查
		>3 m	10	
3	表面平整度		8	用 2 m 靠尺和楔形尺检查

序号	项　目	允许偏差/mm	检　验　方　法
4	门窗洞口高、宽(后塞口)	±10	用尺检查
5	外墙上、下窗口偏移	20	用经纬仪或吊线检查

抽检数量:每检验批抽查不应少于 5 处。

(2)填充墙砌体的砂浆饱满度及检验方法应符合表 4-6 的规定。

表 4-6　填充墙砌体的砂浆饱满度及检验方法

砌体分类	灰　缝	饱满度及要求	检　验　方　法
空心砖砌体	水平	≥80%	采用百格网检查块体底面或侧面砂浆的黏结痕迹面积
	垂直	填满砂浆、不得有透明缝、瞎缝、假缝	
蒸压加气混凝土砌块、轻骨料混凝土小型空心砌块砌体	水平	≥80%	
	垂直	≥80%	

抽检数量:每检验批抽查不应少于 5 处。

(3)填充墙留置的拉结钢筋或网片的位置应与块体皮数相符合。拉结钢筋或网片应置于灰缝中,埋置长度应符合设计要求,竖向位置偏差不应超过一皮高度。

抽检数量:每检验批抽查不应少于 5 处。

检验方法:观察和用尺量检查。

(4)砌筑填充墙时应错缝搭砌,蒸压加气混凝土砌块搭砌长度不应小于砌块长度的 1/3;轻骨料混凝土小型空心砌块搭砌长度不应小于 90 mm;竖向通缝不应大于 2 皮。

抽检数量:每检验批抽检不应少于 5 处。

检查方法:观察和用尺检查。

(5)填充墙的水平灰缝厚度和竖向灰缝宽度应正确。烧结空心砖、轻骨料混凝土小型空心砌块砌体的灰缝应为 8～12 mm 。蒸压加气混凝土砌块砌体当采用水泥砂浆、水泥混合砂浆或蒸压加气混凝土砌块砌筑砂浆时,水平灰缝厚度及竖向灰缝宽度不应超过 15 mm;当蒸压加气混凝土砌块砌体采用蒸压加气混凝土砌块黏结砂浆时,水平灰缝厚度和竖向灰缝宽度宜为 3～4 mm。

抽检数量:每检验批抽查不应少于 5 处。

检查方法:水平灰缝厚度用尺量 5 皮小砌块的高度折算;竖向灰缝宽度用尺量 2 m 砌体长度折算。

学习情境四　特殊砌体工程施工

一、砌体工程冬期施工

当日平均气温降低到 5 ℃或 5 ℃以下,或者最低气温降低到 0 ℃或 0 ℃以下时,用一般的施工方法难以达到预期目的,必须采取特殊措施进行施工方能满足要求,即为冬期施工。

（一）砌体工程冬期施工基本规定

（1）当室外日平均气温连续 5 d 稳定低于 5 ℃即进入冬期施工；当室外日平均气温连续 5 d 稳定高于 5 ℃即解除冬期施工。

（2）冬期施工的砌体工程质量验收要符合《砌体结构工程施工质量验收规范》（GB 50203—2011）、《建筑工程冬期施工规程》（JGJ/T 104—2011）的要求。

（3）砌体工程冬期施工要有完整的冬期施工方案。

（4）砂浆宜优先采用普通硅酸盐水泥拌制。冬期砌筑不得使用无水泥拌制的砂浆。

（5）混凝土小型空心砌块不得采用冻结法施工。加气混凝土砌块承重墙体及围护外墙不宜冬期施工。

（6）冬期施工工程应进行质量控制，在施工日记中除应按常规要求外，尚应记录室外空气温度、暖棚温度、砌筑时砂浆温度、外加剂掺量以及其他有关资料。

（7）地基土有冻胀性时，应在未冻的地基上砌筑，并应防止在施工期间和回填土地基受冻。

（8）抗震设防烈度为 9 度的建筑物，当烧结普通砖、烧结多孔砖、蒸压粉煤灰砖、烧结空心砖无法浇水湿润时，如无特殊措施，不得砌筑。

（二）施工准备

（1）冬期施工前，要与工程所在地的气象部门取得联系，了解气象资料。根据气象预报、当地施工经验资料或历年气象资料估计冬期施工时间。

（2）要做好冬期施工前准备工作，包括暂设热源、设备检查、防寒保温材料贮备、原材料出厂化验单、外加剂产品说明书等，对水泥、外加剂等产品进场后要取样送往试验室检验，经复验合格后，方准使用。

（3）砌体工程的冬期施工应优先选用外加剂法。对绝缘、装饰等有特殊要求的工程，可采用其他方法。

（4）采用外加剂法施工，应按不同负温界限选择适宜的外加剂掺量。当采用掺盐砂浆法施工时，宜将砂浆强度等级按常温施工的强度等级提高一级。

（5）配筋砌体不得采用掺盐砂浆法施工，当采用氯盐外加剂时，砌体的钢筋、金属埋件应做防腐处理。

（三）材料要求

（1）冬期施工所用原材料应符合下列规定。

①砌体用砖或其他块材不得遭水浸冻。

②水泥。宜采用普通硅酸盐水泥，不可使用无熟料水泥。水泥的强度等级应根据砌体部位和所处环境来选择，一般以 42.5 级为宜。水泥不得受潮结块。当遇到水泥强度等级不明或出厂日期超 3 个月或者对水泥质量有怀疑时，应经复验确定后，方可按复验结果使用。不同品种的水泥不得混合搅拌使用。

③石灰膏。把生石灰置于灰池中加水熟化，熟化后所得膏状材料称为石灰膏。熟化时

间不少于 7 d。灰池中贮存的石灰膏应防止污染、干燥和冻结。如受冻,应经融化后方可使用。受冻脱水风化干燥的石灰膏不得使用。

④砂。拌制砂浆用砂宜用中砂,并应过筛,水泥砂浆或砂浆强度等级等于或大于 M5 的水泥混合砂浆,砂的含泥量不得超过 5%;强度等级大于 M5 的水泥混合砂浆,砂的含泥量不得超过 10%。拌制砂浆用砂不得含有冻块和大于 10 mm 的冻结块;水和砂可预先加热,其中水温不得超过 80 ℃,以免水泥发生假凝。砂温不得超过 40 ℃。

⑤外加剂。砌筑时砂浆使用的防冻剂分单组分及复合产品。单组分材料的质量要求应符合相应的国家标准。复合产品应使用经省、市级以上部门鉴定并认证的产品,其质量要求见厂家产品说明书。

(2)砌筑砂浆。

①冬期施工砂浆试块的留置,除应按常温规定要求外,尚应增加 1 组与砌体同条件养护的试块,用于检验转入常温 28 d 的强度。如有特殊需要,可另外增加相应龄期的同条件养护试块。

②砌筑砂浆的稠度要求如表 4-7 所示。

表 4-7 砌筑砂浆的稠度要求

砌 体 种 类	砂浆稠度/mm
烧结普通砖砌体 蒸压粉煤灰砖砌体	70～90
混凝土实心砖、混凝土多孔砖砌体 普通混凝土小型空心砌块砌体 蒸压灰砂砖砌体	50～70
烧结多孔砖、空心砖砌体 轻骨料小型空心砌块砌体 蒸压加气混凝土砌块砌体	60～80
石砌体	30～50

烧结普通砖、烧结多孔砖、蒸压灰砂砖、蒸压粉煤灰砖、烧结空心砖、吸水率较大的轻骨料混凝土小型空心砌块在气温高于 0 ℃条件下砌筑时,应浇水湿润;在气温低于、等于 0 ℃条件下砌筑时,可不浇水,但必须增大砂浆稠度。

③砂浆在运输和使用时不得产生泌水、分层、离析现象,要保证砂浆组分的均匀性。

(四)作业条件

技术准备、材料(包括保温材料)准备及储备、人力组织达到施工要求,并具备作业条件和能够展开作业。

(1)砌体工程冬期施工所用的砖、砌块、石、外加剂、水泥等材料进场必须有材质试验单,结合外观检查,必要时按规定送试验室进行检验。

(2)外加剂应根据性质、品种的不同分别堆放。外加剂配置、掺加应由专人负责。

(3)保温材料要注意防潮,否则会影响保温效果。

（4）施工所用的砖、砌块、石、水泥、外加剂等材料的产品合格证书、性能检测报告、进场验收记录和复验报告。

（5）冬期施工测温记录。

（五）冬期施工方法

1. 外加剂法

外加剂法俗称氯盐砂浆法。氯盐砂浆是在砂浆中掺加氯化钠（即食盐），如气温更低可以掺用双盐（即氯化钠和氯化钙）。掺盐是使砂浆中的水降低冰点，并能在空气负温下，有水能够与水泥反应，保持砂浆强度的继续增长，从而也可以保证砌筑的质量。其掺盐量应符合表 4-8 的规定。掺盐砂浆使用时应注意以下几点。

①当最低气温不高于 15 ℃时，采用外加剂法砌筑承重砌体，其在浆强度等级应按常温施工时的规定提高一级。

②在氯盐砂浆中掺加砂浆增塑剂时，应先加氯盐溶液后再加在浆增塑剂。

③外加剂溶液应由专人配制，并应先配制成规定浓度溶液置于专用容器中，再按使用规定加入搅拌机中。

下列砌体工程，不得采用掺氯盐的砂浆。

①可能影响装饰效果的建筑物。

②使用湿度大于 80％的建筑物。

③热工要求高的工程。

④配筋、铁埋件无可靠的防腐处理措施的砌体。

⑤接近高压电线的建筑物。

⑥经常处于地下水位变化范围内，而又无防水措施的砌体。

⑦经常受 40 ℃以上高温影响的建筑物。

表 4-8 掺盐砂浆掺盐量

氯盐及砌体材料种类		日最低气温/℃			
		≥－10	－15～－11	－20～－16	－25～－21
单掺氯化钠/（％）	砖、砌块	3	5	7	—
	石材	4	7	10	—
复掺/（％）	氯化钠	砖、砌块	—	—	5	7
	氯化钙		—	—	2	3

2. 暖棚法

暖棚法是在砌体结构物周围用廉价的保温材料搭设简易暖棚，在棚内装热风机或生火炉，使砌体砂浆的养护温度始终保持在＋5 ℃以上的施工方法。

暖棚法主要适用于较寒冷地区的地下工程和基础工程的砌筑。这种施工方法费工费料、成本较高，而且需要一定的加热设备或者燃料，效率较低，一般地下工程、基础工程以及建筑面积不大又急需砌筑使用的砌体结构可以采用暖棚法施工。

①当采用暖棚法施工时，块体和砂浆在砌筑时的温度不应低于 5 ℃。距离所砌结构底

面 0.5 m 处的棚内温度也不应低于 5 ℃ 。

②在暖棚内的砌体养护时间,应符合表 4-9 的规定。

表 4-9　暖棚法砌体的养护时间

暖棚的温度/℃	5	10	15	20
养护时间/d	≥6	≥5	≥4	≥3

③采用暖棚法施工,搭设的暖棚应牢固、整齐。宜在背风面设置一个出入口,并应采取保温避风措施。当需设两个出入口时,两个出入口不应对齐。

二、砌体工程雨期施工

雨期比较突出地集中在夏季,特点是:降雨量增加,降雨日数增多,降雨强度增强,经常出现暴雨或雷暴。当雨期到来时,砖、砂、石的含水率都有极大的提高,雷暴对建筑工程安全施工危害性最大。在积雨云中水滴不断碰撞分裂,产生正负电荷,并各自不断聚集,当云层间或大地间的电位差达到一定程度时,即发生强烈的发电现象——闪电。在放电路径上,空气强烈增热,体积骤然膨胀,发生爆炸、雷鸣。在中国雨期施工的时间集中在 6—8 月份,雨量大且集中。

雨期施工是指在降雨量超过年降雨量 50％ 以上的降雨集中季节进行的施工。在工程中砌筑用的砂石一般是露天堆放,有时砖也是露天堆放,下雨后各种砌筑材料的含水率提高,对砌筑影响很大。雨天施工砂浆会混合雨水容易产生分层离析的现象,影响砌筑质量;直接用达到吸水饱和状态的砖进行砌筑,砂浆和砖的黏结力下降,砌筑过程中容易发生砌块滑移,甚至墙身倾倒,为此施工时需要制定雨期施工措施。

(一) 施工准备

(1) 雨季施工以预防为主,特别是对于受雨季影响较大的工程,采取防雨措施及加强排水手段,以确保工程施工的正常进行,将雨季对工程质量、进度的影响降到最低。

(2) 开工前与当地气象部门签订服务合同,及时掌握天气预报的气象趋势与动态,以利生产安排。

(3) 进场后,根据现场具体情况及总体工期的要求,编制雨季施工计划,及相应的保证措施,提交监理工程师审查批准。

(二) 技术准备

(1) 熟悉图纸,了解砌筑材料的强度标号。

(2) 编制专项的雨期砌体工程施工方案。

(3) 在砌筑施工前对操作人员进行雨期砌体工程技术交底。

(4) 砌筑材料堆放点应做好防雨和排水措施。

(5) 严格控制砌块的含水率,空心砖含水率宜为 10％～15％;灰砂砖、粉煤灰砖含水率宜为 5％～8％,砖面有浮水严禁使用。

(6) 及时测量砂石中的含水率,调整施工配合比。

（三）施工作业条件

（1）基础砌筑前基槽或基础垫层施工均已完成，并做好工程隐蔽验收记录。

（2）首层砌筑前，地基、基础工程均已完成并办理好工程隐蔽验收记录，并按设计要求及标高完成水泥砂浆防潮层。

（3）楼层砌筑时，外脚手架应按雨期施工方案要求搭设，并经检查验收符合安全及使用要求。

（4）做好场地周围防洪排水措施，疏通现场排水沟道，做好低洼地面的挡水堤，准备好排水机具，防止雨水淹泡砖基础。

（5）现场中主要运输道路路基应碾压坚实，铺垫焦渣或天然级配砂石，并做好路拱。道路两旁要做好排水沟，保证雨后通行不塌陷。

（四）雨期施工措施

（1）雨期施工的工作面不宜过大，应逐段、逐区域地分期施工。

（2）雨期施工前，应对施工场地原有排水系统进行疏通或加固，必要时应增加排水措施，保证水流畅通；另外还应防止地面水流入场地内；在傍山、沿河地区施工，应采取必要的防洪措施。

（3）基础坑边要设挡水埂，防止地面水流入。基坑内设集水坑并配足水泵。坡道部分应备有临时接水措施（如草袋挡水）。

（4）基坑挖完后，应立即浇筑好混凝土垫层，防止雨水泡槽。

（5）基础护坡桩距既有建筑物较近时，应随时测定位移情况。

（6）控制砌体含水率，不得使用过湿的砌块，以避免砂浆流淌，影响砌体质量。

（7）确实无法施工时，可留接槎缝，但应做好接缝的处理工作。

（8）施工过程中，考虑足够的防雨应急材料，如人员配备雨衣、电气设备配置挡雨板、成型后砌体的覆盖材料（如油布、塑料薄膜等）。尽量避免砌体被雨水冲刷，以免砂浆被冲走，影响砌体的质量。

（五）雨期防雷电

夏季为雷雨多发季节，项目部要做好现场防雷工作，外脚手架、垂直起重机械设备和在建工程必须按规定做好避雷接地，施工机械和照明装置做好保护接零。雷电发生时，严禁携带金属物体在露天行走，严禁靠近电器设备，严禁停留在空旷地带、电线杆和高压电线下。

项目部应对现场职工宿舍、临时用房、设备配电及临时照明线进行专项检查，对存在的问题，必须整改落实到人。同时要视电力供需情况，结合实际制定相应的安全措施，在遇到突然停电时，应立即把施工机械的控制器关闭，并断开各级电源总开关，防止突然停电可能引起的事故。安装了自备发电机组的应与外电线路电源连锁，可设置切换装置或双电源总配电箱，严禁并列运行。下班后应切断各类机械设备的电源，防止发生各类触电事故。

三、砌筑工程高温施工

国内南方夏季比较炎热，蒸发量大，气候相对干燥，极易使得各种材料干燥缺水，过于干燥对施工不利。当昼夜平均气温高于 30 ℃时,即进入高温施工,砌体工程的施工需按高温施工的有关要求进行。

(一)夏季施工的准备工作

(1)由试验人员负责收集气象部门的有关气象资料,在高温施工前后的 10 天内,做好温度的测定工作,并对各施工工点及作业队及时通报天气变化情况,以便及时采取养护、降温等措施。

(2)开工前,应针对施工内容和特点制定详细的高温施工措施,内容包括技术措施,安全、文明施工措施,材料供应计划,质量标准等,确保高温施工按标准要求顺利完成。

(3)工程施工现场所有临时用房、仓库应及时进行防渗漏、防台风检查,并做好维修工作。凡材料堆放场地、机具设备安放地点等均要有防雨、防风措施。

(4)加强高温施工的检查力度和对职工夏季施工防暑、降温知识的教育力度,提高认识,严格要求。

(二)夏季施工材料要求

(1)混凝土空心砌块、煤矸石砌块等材料和砌筑砂浆的配合比、所用的水泥、砂等材料应符合设计要求和施工规范规定。质量不符合要求的材料严禁投入使用。

(2)砖要隔夜浇水,严禁干砖砌墙,砌块的浮灰必须清除。当采用铺浆法砌筑时,铺浆长度不得超过 750 mm,施工期间温度超过 30 ℃时,铺浆长度不得超过 500 mm。

(3)砂浆应采用机械搅拌,自投料完算起水泥砂浆和水泥混合砂浆搅拌时间不少于 2 min,掺用外加剂砂浆搅拌时间不少于 3 min。

(4)砂浆应随拌随用,水泥砂浆和混合砂浆应分别在 3 h 和 4 h 内用完;当施工期间最高气温超过 30 ℃时,应分别在 2 h 和 3 h 内使用完毕。

(5)混凝土空心砌块、蒸压加气混凝土砌块等填充墙体下留有 30~50 mm 空隙,至少间隔 7 天再将细石混凝土塞实。

(6)连续雨天或高温施工,应严格控制砂浆稠度,在保证墙体稳定的前提下应控制墙体的砌筑高度,每日砌筑高度不得超过 1.2 m。每天收工或因雨天停工前,墙顶面应摆一皮干砖或用草帘等材料覆盖,防止雨水冲刷砂浆。

(7)砂浆试块应按规范制作、保管、养护,严禁暴晒、雨淋,超期送压。现场无标准养护室时,必须送试验室标养。

(三)高温施工防暑降温

(1)高温期间项目部要积极采取措施降温、消暑,不断改善职工的工作、生活、学习环境,确保作业人员的身体健康和生命安全。项目部要采取"做两头、歇中间"的方法,合理安排作息时间,不得为赶工期随意加班加点。高温季节的施工管理应提倡人性化管理,更加关爱从业人员健康安全。

(2)高温作业场所要采取有效的通风、隔热、降温措施,尽量减少高空和深基坑作业,对年老、身体素质差、不适应高温作业的人员要及时调换岗位。

（3）施工现场的职工临时宿舍要保证良好的通风，有条件的要配备电扇、空调等设施，严禁在在建工程内住人。施工现场要配备足够的饮用水以及含盐清凉饮料，为职工准备一定的绿豆汤、冰水等，向职工发放清凉油、人丹、风油精等预防中暑的药品。

思考与练习

一、选择题

1. 下列质量检测工具可用于检查砌体水平砂浆饱满度的工具是（　　　）。

A. 靠尺　　　　　　B. 百格网　　　　　　C. 拖线板　　　　　　D. 塞尺

2. 砂浆每一检验批且不超过（　　　）m³砌体的各类、各强度等级的普通砌筑砂浆，每台搅拌机应至少抽检一次。

A. 150　　　　　　B. 200　　　　　　C. 250　　　　　　D. 300

3. 某一墙体高度为 4.2 m，在砌筑砌体的转角处和交接处时，由于不能同时砌筑，需要留置斜槎，下列留置长度正确是（　　　）。

A. 1 m　　　　　　B. 2 m　　　　　　C. 2.5 m　　　　　　D. 3 m

4. 当室外日平均气温连续 5 d 稳定低于（　　　）℃时，砌体工程应采取冬期施工措施。

A. 2　　　　　　B. 3　　　　　　C. 4　　　　　　D. 5

5. 外墙砌筑高度超过（　　　）m 或立体交叉作业时，除在作业面正确铺设脚手板和安装防护栏杆与挡脚板外，还必须在脚手架外侧设置安全网。

A. 2　　　　　　B. 3　　　　　　C. 4　　　　　　D. 5

6. 砌体灰缝砂浆应紧密饱满，砖墙水平灰缝的砂浆饱满度不得低于（　　　）%。

A. 75　　　　　　B. 80　　　　　　C. 90　　　　　　D. 95

7. 下列位置可以留置脚手眼的是（　　　）。

A. 大于 1 m 的窗间墙　　　　　　B. 过梁上部与过梁成 60°角三角形范围

C. 梁下 500 mm 范围内　　　　　　D. 门窗洞口两侧 200 mm 范围内

8. 砌筑烧结普通砖、烧结多孔砖、蒸压灰砂砖、蒸压粉煤灰砖砌体时，砖应（　　　）浇水湿润。

A. 提前 1～2 天　　　　B. 提前 2～3 天　　　　C. 当天　　　　D. 不用

9. 下列哪种组砌方法是梅花丁？（　　　）

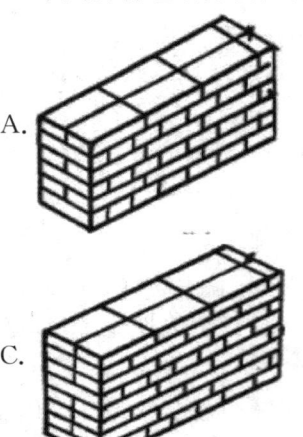

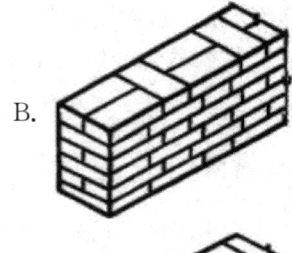

二、填空题

1. 砌筑砂浆按黏结材料不同分为_____、_____和_____。

2. 采用铺浆法砌筑砌体,铺浆长度不得超过_____mm;当施工期间气温超过 30 ℃时,铺浆长度不得超过_____mm。

3. 在厨房、卫生间、浴室等处采用轻骨料混凝土小型空心砌块、蒸压加气混凝土砌块砌筑墙体时,墙底部宜现浇混凝土坎台等,其高度宜为_____mm。

4. 砌体砌筑时,混凝土多孔砖、混凝土实心砖、蒸压灰砂砖、蒸压粉煤灰砖等块体的产品龄期不应小于_____d。

5. 填充墙砌至接近梁、板底时,应留一定空隙,待填充墙砌筑完并应至少间隔_____d再将其补砌挤紧。

三、简答题

1. 砖基础的大放脚有哪两种形式? 画出剖面图的示意图。

2. 在非抗震及抗震烈度为 6 度、7 度的设防区,砖砌体留直槎时必须设置拉结筋。简述设置要求。

学习领域五 混凝土结构工程施工

 教学目标

育人目标

1. 帮助学生树立正确的人生观、世界观和价值观，培养学生的家国情怀和使命担当。

2. 培养学生尊重客观规律，立足本职、脚踏实地、爱岗敬业的职业素养。

3. 锻炼学生的专业技术和技能，培养学生精益求精的工匠精神。

4. 培养学生团队合作意识，提高学生解决复杂问题的能力。

5. 培养学生知法守法、诚实守信的意识。

6. 培养学生具有思维创新、理论创新、方法创新的创新精神。

知识目标

1. 掌握混凝土结构工程各分项工程的常规施工工艺、施工方法及原理。

2. 掌握混凝土结构工程施工中遇到的一些必要计算方法。

3. 熟悉混凝土结构工程各分项工程施工中常见质量、安全问题及质量、安全验收规范。

4. 熟悉混凝土结构工程施工顺序及所需配备的设施和设备。

5. 了解国内外建筑施工新技术、新动向及国家技术政策。

能力目标

1. 能根据工程的具体条件，制定和审核混凝土结构工程施工中各工种的施工方案。

2. 在实际施工中，能完成钢筋下料长度、混凝土施工配料、模板设计等一些必要的计算。

3. 在实际施工中，能编写各工种的施工技术交底。

4. 在实际施工中，具备一定的混凝土结构工程施工现场技术指导、管理能力。

5. 能根据建筑工程质量验收方法及验收规范进行混凝土结构工程的施工质量控制、检查与检验。

学习情境一　模板工程施工

混凝土结构工程包括模板工程、钢筋工程和混凝土工程三部分。

混凝土结构具有许多优点：强度较高，钢筋和混凝土两种材料的强度都能充分利用；可模性好，适用面广；耐久性和耐火性较好，维护费用低；现浇混凝土结构的整体性和延性好，适用于抗震抗爆结构；同时防振性和防辐射性能较好，适用于防护结构；易于就地取材等。混凝土结构适用于多种结构形式，在房屋建筑中得到广泛应用。

混凝土结构的缺点是中大体积混凝土抗裂性较差，施工过程复杂，受环境影响的施工工期较长。

一、模板概述

（一）模板的组成、作用和基本要求

模板工程包括模板和支架系统两大部分，模板质量的好坏直接影响混凝土成型的质量；支架系统的好坏直接影响其安全性能。

1. 模板的组成

模板系统包括模板板块和支架两大部分。模板板块由面板、次肋、主肋等组成。支架则有支撑、桁架、系杆及对拉螺栓等不同的形式。其中支承件包括支撑梁、板模板的托架，支承桁架、顶撑及支承墙模板的斜撑，此外尚需适量的紧固连接件。

2. 模板的作用

模板是使新拌混凝土在浇筑过程中保持设计要求的位置尺寸和几何形状，使之硬化成为钢筋混凝土结构或构件的模型，是现浇混凝土结构工程中最为重要的组成部分，属于周转性材料。在混凝土结构施工中选用合理的模板形式、模板结构及施工方法，对提高工程质量、加速混凝土工程施工和降低造价有显著效果。

3. 基本要求

在现浇钢筋混凝土结构工程施工中，对模板的要求如下。

（1）保证工程结构各部分形状、尺寸和相互位置的正确性。

（2）具有足够的承载能力、刚度和稳定性，能可靠地承受新浇混凝土的重量和侧压力，以及施工过程中所产生的荷载。

（3）构造简单，装拆方便，能多次周转使用，并便于钢筋的绑扎与安装、混凝土的浇筑及养护等工艺要求。

（4）板面平整，接缝不漏浆。

（5）支撑必须安装在坚实的地基上，并有足够的支承面积，以保证所浇筑的结构不致发生下沉。

（6）选材合理，绿色、环保、节能、经济。

模板工程量大，材料和劳动力消耗多。模板及其支架应根据结构形式、荷载大小、地基土类别、施工设备和材料供应条件进行设计。

(二) 常见模板及其特性

1. 胶合板模板

胶合板模板包括木胶合板和竹胶合板。木胶合板是由木段旋切成单板或由木方刨切成薄木,再用胶黏剂胶合而成的三层或多层板状材料,通常用奇数层单板,并使相邻层单板的纤维方向互相垂直胶合而成。竹胶合板由竹席、竹帘、竹片等多种组坯结构,与木单板等其他材料复合而成,专用于混凝土施工。

胶合板模板的优点为:表面平整光滑,容易脱模;耐磨性强;高耐气候、耐水性好;强度和刚度好,使用寿命较长(周转次数可达五次);材质轻,施工安装方便简单,适宜加工大面积模板;板缝少,能满足清水混凝土施工的要求。

胶合板模板在施工现场使用中,一般应注意以下几个问题。

①脱模后立即清洗板面浮浆,堆放整齐。

②模板拆除时,严禁抛扔,以免损伤板面处理层。

③胶合板边角应涂有封边胶,故应及时清除水泥浆。为了保护模板边角的封边胶,最好在支模时在模板拼缝处粘贴防水胶带或水泥纸袋,加以保护,防止漏浆。

胶合板模板

④胶合板板面尽量不钻孔洞。遇有预留孔洞,可用普通木板拼补。

⑤现场应备有修补材料,以便对损伤的面板及时进行修补。

⑥使用前必须涂刷脱模剂。

2. 组合钢模板

20 世纪 70 年代末,我国从日本引进开发了组合钢模板,在"以钢代木"政策推动下,组合钢模板市场占有率曾经达到 70%。组合钢模板框架如图 5-1 所示。

图 5-1　组合钢模板框架

1) 组合钢模板的组成

组合钢模板一般均做成定型模板,由边框、面板、纵横肋组成,用连接构件拼装成各种形状和尺寸,适用于多种结构形式,在现浇钢筋混凝土结构施工中广泛应用。

2) 组合钢模板的构配件及其规格

(1) 面板:长度为 900 mm、1200 mm、1500 mm、1800 mm、2400 mm;宽度为 300 mm、450 mm、600 mm、750 mm;高度为 100 mm、150 mm 和 200 mm。

(2) 定型钢角模(图 5-2):阴角模、阳角模规格尺寸为 150 mm×150 mm×900 mm(1200

mm、1500 mm、1800 mm），可调阴角模规格尺寸为 250 mm×250 mm×900 mm（1200 mm、1500 mm、1800 mm）。钢模板规格编码见表 5-1。

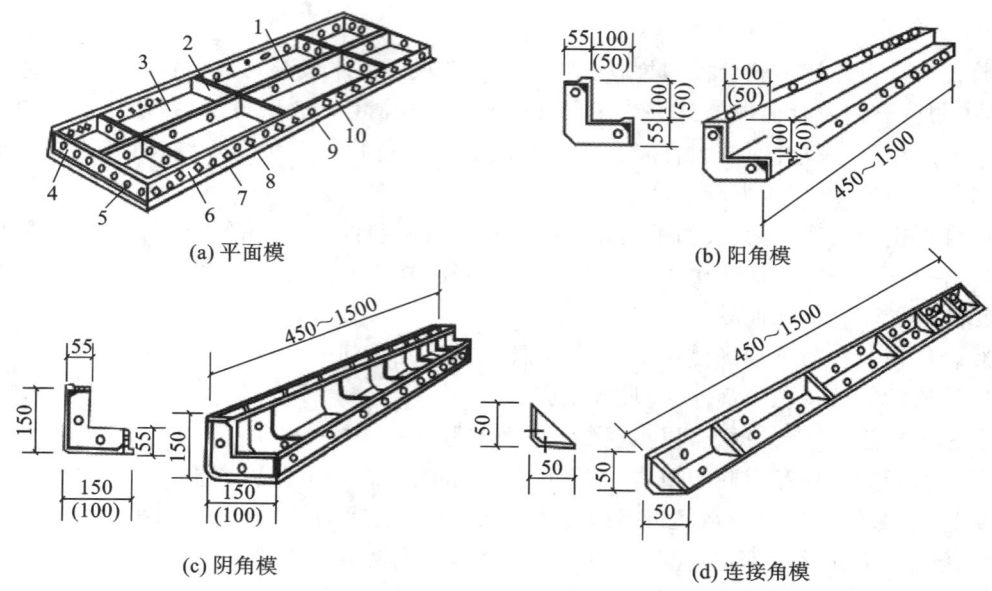

(a) 平面模　　　　　　　　　　　　　　(b) 阳角模

(c) 阴角模　　　　　　　　　　　　　　(d) 连接角模

图 5-2　定型钢角模(单位:mm)

1—中纵肋;2—中横肋;3—面板;4—横肋;5—插销孔;6—纵肋;

7—凸棱;8—凸鼓;9—U 形卡;10—钉子孔

（3）连接附件（图 5-3）：U 形卡、扣件、紧固螺栓、钩头螺栓、L 形插销、穿墙螺栓、防水穿墙拉杆螺栓、柱模定型箍。

（4）支撑系统：定型空腔龙骨（桁架梁）、碗扣立杆、横杆、斜杆、双可调早拆翼托、单可调早拆翼托、立杆垫座、立杆可调底座、模板侧向支脚、木方。

①钢楞：又称龙骨，主要用于支承钢模板并加强其整体刚度。钢楞的材料有 Q235 圆钢管、矩形钢管、内卷边槽钢、轻型槽钢、轧制槽钢等，可根据设计要求和供应条件选用。

②柱箍（图 5-4）：又称柱卡箍、定位夹箍，用于直接支承和夹紧各类柱模的支承件，可根据柱模的外形尺寸和侧压力的大小选用。

③斜撑（图 5-5、图 5-6）：由组合钢模板拼成的整片墙模或柱模，在吊装就位后，应由斜撑调整和固定其垂直位置。

④钢桁架（图 5-7）：其两端可支承在钢筋托具、墙、梁侧模板的横档以及柱顶梁底横档上，以支承梁或板的模板。

⑤梁卡具（图 5-8）：又称梁托架，用于固定矩形梁、圈梁等模板的侧模板，可节约斜撑等材料，也可用于侧模板上口的卡固定位。

⑥钢支撑（图 5-9）：用于大梁、楼板等水平模板的垂直支撑，采用 Q235 钢管制作，有单管支撑和四管支撑多种形式。单管支撑分 C-18 型、C-22 型和 C-27 型三种，其规格（长度）分别为 1812～3112 mm、2212～3512 mm 和 2712～4012 mm。

表 5-1　钢模板规格编码

单位：mm

模板名称		模板长度											
		450		600		750		900		1200		1500	
模板名称 / 宽度	平面模板代号	代号	尺寸	代号	尺寸	代号	尺寸	代号	尺寸	代号	尺寸	代号	尺寸
平面模板	300	P3004	300×450	P3006	300×600	P3007	300×750	P3009	300×900	P3012	300×1200	P3015	300×1500
	250	P2504	250×450	P2506	250×600	P2507	250×750	P2509	250×900	P2512	250×1200	P2515	250×1500
	200	P2004	200×450	P2006	200×600	P2007	200×750	P2009	200×900	P2012	200×1200	P2015	200×1500
	150	P1504	150×450	P1506	150×600	P1507	150×750	P1509	150×900	P1512	150×1200	P1515	150×1500
	100	P1004	100×450	P1006	100×600	P1007	100×750	P1009	100×900	P1012	100×1200	P1015	100×1500
阴角模板（代号E）		E1504	150×150×450	E1506	150×150×600	E1507	150×150×750	E1509	150×150×900	E1512	150×150×1200	E1515	150×150×1500
		E1004	100×150×450	E1006	100×150×600	E1007	100×150×750	E1009	100×150×900	E1012	100×150×1200	E1012	100×150×1500
阳角模板（代号Y）		Y1004	100×100×450	Y1006	100×100×600	Y1007	100×100×750	Y1009	100×100×900	Y1012	100×100×1200	Y1012	100×100×1500
		Y0504	50×50×450	Y0506	50×50×600	Y0507	50×50×750	Y0509	50×50×900	YD512	50×50×1200	Y0512	50×50×1500
连接角模（代号J）		J0004	50×50×450	J0006	50×50×600	J0006	50×50×750	J0009	50×50×900	J0012	50×50×1200	J0015	50×50×1500

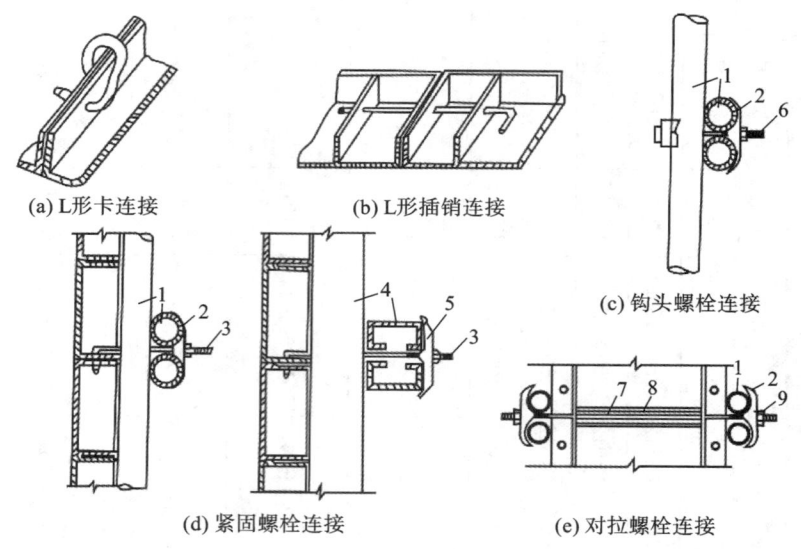

(a) L形卡连接　　　　(b) L形插销连接

(c) 钩头螺栓连接

(d) 紧固螺栓连接　　　　(e) 对拉螺栓连接

图 5-3　连接附件

1—圆钢管钢楞;2—"3"形扣件;3—钩头螺栓;4—内卷边槽钢钢楞;5—蝶形扣件;

6—紧固螺栓;7—对拉螺栓;8—塑料套管;9—螺母

图 5-4　型钢及钢管柱箍

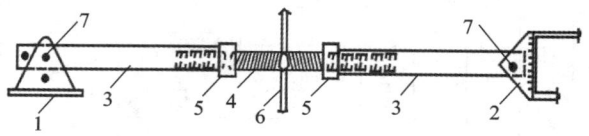

图 5-5　斜撑

1—底座;2—顶撑;3—钢管斜撑;4—花篮螺丝;5—螺母;6—旋杆;7—销钉

3）组合钢模板的优点

应用范围广,适用于不同的工程规模、结构形式和施工工艺,可就地拼装、整体吊装、滑模、爬模等;使用寿命长,部件强度高,耐久性好,能快速周转,若及时修理、妥善维护,可成为久用工具;板块制作精度高,拼缝严密,刚度大,不易变形,成型的混凝土结构尺寸准确,密实光洁;组合刚度大,板块错缝布置,拼成的面板有平面整体刚度;面板组合成柱梁模壳,本身就是承重构件,更能提高整体刚度,便于整体吊装,也可使支架结构简单化。

图 5-6　斜撑实景图

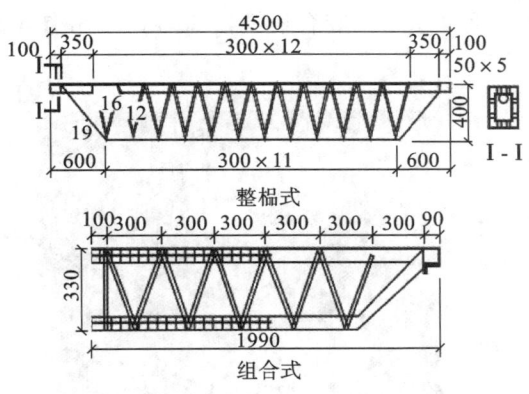

图 5-7　钢桁架(单位:mm)

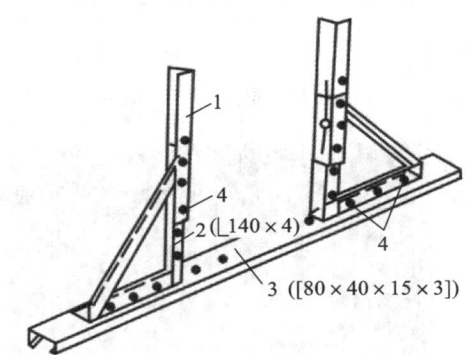

图 5-8　梁卡具

1—调节杆;2—三脚架;3—底座;4—螺栓

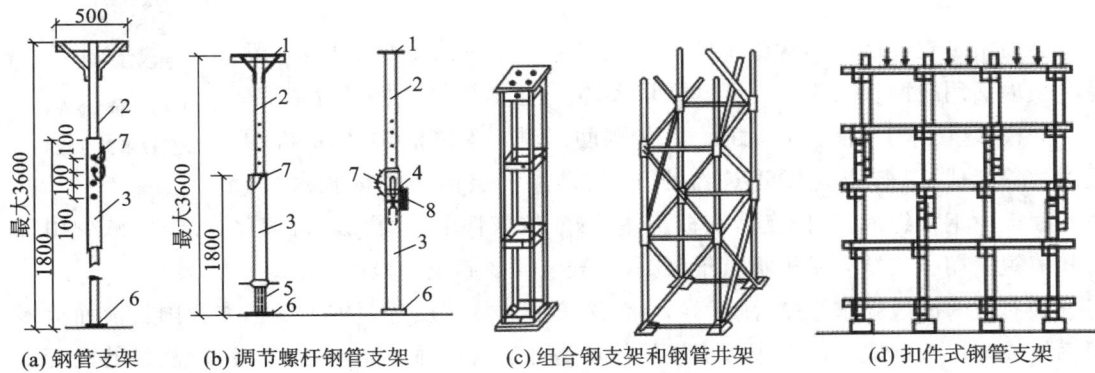

图 5-9　钢支撑(单位:mm)

1—顶管;2—插管;3—套管;4—转盘;5—螺杆;6—底板;7—插销;8—转动手柄

4) 组合钢模板的缺点

购置一次性投资大,成本回收周期长,因而使用组合钢模板必须加强维护保养,加速周转,增加使用次数,以提高经济效益;由于浇筑成型的混凝土表面过于光滑,黏着性差,不利于表面装修,有时需进行凿毛处理。

图 5-10 钢框木(竹)胶合板整体框架

3. 钢框木(竹)胶合板模板

钢框木(竹)胶合板模板是以热轧异型钢为钢框架,面板由钢板改为复塑竹胶合板、纤维板等,自重比钢模轻 1/3,用钢量减少 1/2,是一种针对钢模板投资大、工人劳动强度大的改良模板。其优点是自重轻,用钢量少,面积大,模板拼缝少,维修方便,充分利用短木料并能多次周转使用。钢框木(竹)胶合板整体框架如图 5-10 所示。

钢框木(竹)胶合板面板品种系列(按钢框高度分)除与 55 mm 型小钢模配套使用的 55 系列(即钢框高 55 mm,刚度小,易变形)外,现已发展有 63、70、75、78、90 等,其支承系统各具特色。钢框木(竹)胶合板模板如图 5-11 和图 5-12 所示。

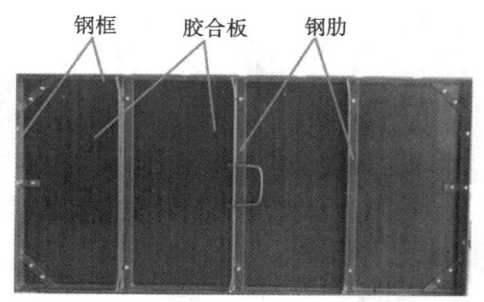

钢框　胶合板　钢肋

图 5-11 钢框木(竹)胶合板模板 1

图 5-12 钢框木(竹)胶合板模板 2

4. 大模板

大模板是现浇墙壁结构施工的一种大尺寸的工具式定型模板,一般是一块墙面用一两块大模板。因其重量大,需起重机配合装拆进行施工。

钢框木(竹)胶合板模板细部介绍

大模板(图 5-13、图 5-14)由面板、加劲肋、竖楞、支撑桁架、稳定机构及附件等组成,其特点是以建筑物的开间、进深和层高为大模板尺寸。由于面板由钢板组成,其优点是钢板整体性好、抗震性强、无拼缝、机械化程度高、减少用工量和缩短工期。其缺点是模板重量大,移动安装需要起重机械吊运。

大模板的面板要求平整,刚度好,平整度按普通抹灰质量要求确定。在我国目前面板多用钢板或多层板制成。用钢板做面板的优点是刚度大和强度高,表面平滑,所浇筑的混凝土墙面外观好,不需再抹灰即可直接粉面,模板可重复使用 200 次以上。缺点是耗钢量大、自重大、易生锈、不保温、损坏后不容易修复。钢面板厚度,根据加劲肋的布置确定,一般为 4~6 mm,用 12~18 mm 厚多层板做的面板,用树脂处理后可重复使用 50 次,重量轻、制作安装更换容易、规格灵活,对于非标准尺寸的大模板工程更为实用。

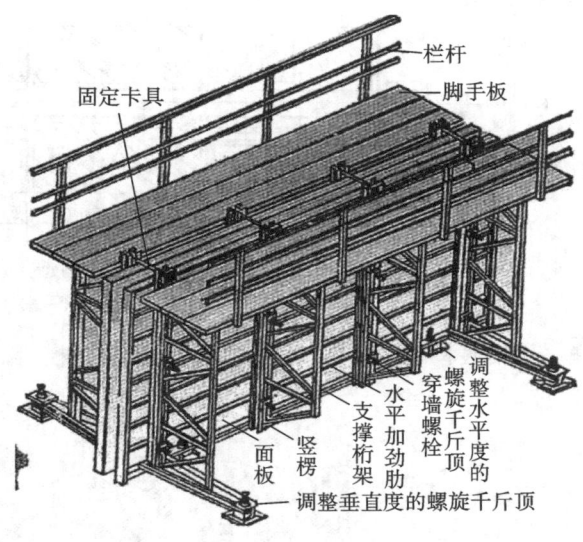

图 5-13　大模板构造示意图

图 5-14　大模板实景图

　　加劲肋的作用是固定面板,阻止其变形,并把混凝土传来的侧压力传递到竖楞上。加劲肋可采用 6 号或 8 号槽钢制成,间距一般为 300～500 mm。

　　竖楞是与加劲肋相连接的竖直部件。它的作用是加强模板刚度,保证模板的几何形状,并作为穿墙螺栓的固定支点,承受由模板传来的水平力和垂直力,竖楞多采用 6 号或 8 号槽钢制成,间距一般为 1～1.2 m。

　　支撑机构主要承受风荷载和偶然的水平力,防止模板倾覆,用螺栓或竖楞连接在一起,以加强模板的刚度。每块大模板采用 2～4 榀桁架作为支撑机构,兼做搭设操作平台的支座,承受施工荷载,也可用大型型钢代替桁架结构。

　　混凝土剪力墙作为高层住宅的主要结构,普遍采用全钢大模板施工,其清水墙施工不仅达到结构墙体外美内坚,垂直度、平整度控制在 1～3 mm 的偏差范围内的效果,而且减去了墙面抹灰工序。剪力墙模板构造如图 5-15 所示。对拉螺栓的连接构造图如图 5-16 所示。

　　5. 组合铝合金模板

　　组合铝合金模板(图 5-17)是一种新型绿色建筑产品。铝合金带肋面板、端板、主次肋均由铝合金型材或型钢焊接而成,用于现浇混凝土结构施工。铝合金模板体系包括墙柱模板、

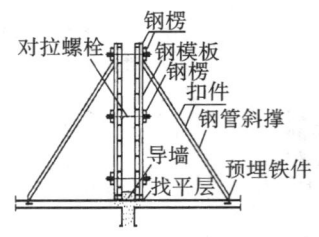

图 5-15 剪力墙模板构造图

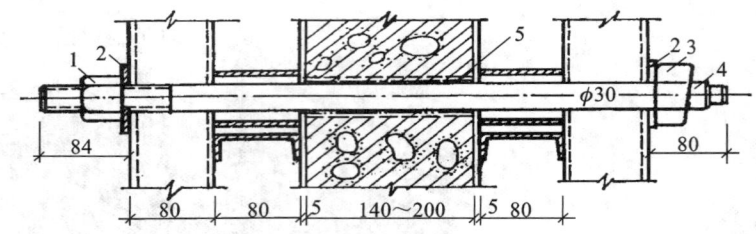

图 5-16 对拉螺栓的连接构造图(单位:mm)

1—螺母;2—垫板;3—板销;4—螺杆;5—套管

楼面板模板、楼面支撑模板、梁底模、梁侧模、梁底支撑模板、阴角模、阳角模板(连接角模)、模板连接销、钢支撑等构件。

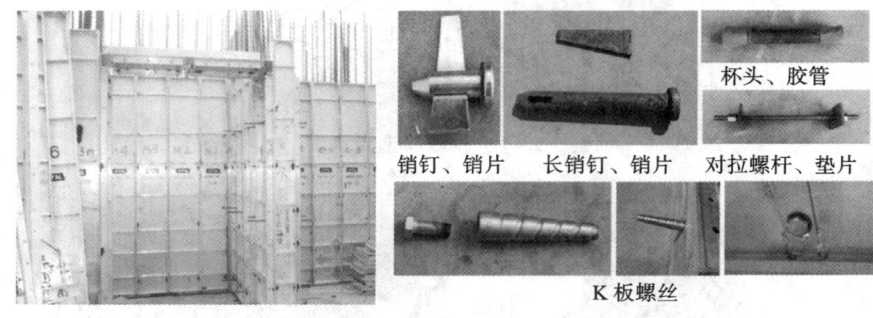

图 5-17 组合铝合金模板

组合铝合金模板的优势如下。

①可以整体浇筑、一次成型,施工效率高,从而缩短工期(正常情况4～5天一层)、保证建筑物的整体强度和使用寿命。

②施工效果好,几何尺寸精确,平整光洁,能够达到或接近清水墙效果,可以减少或省去二次抹灰作业、降低建筑商的抹灰成本。

③施工简便,熟练工人每工日可装拆 20～25 m²。

④强度高、重量轻、防火、防锈,易于保管,施工现场整洁,易于实现工地的文明施工。

⑤采用了早拆技术,可以用 1 套模板、3～4 套支撑完成整个建筑的施工。

⑥可以反复周转使用,正常使用寿命可达 300 次。

⑦铝合金材料可以一直循环利用,符合国家低碳环保、绿色建筑的政策。

组合铝合金模板细部介绍

6. 早拆模板体系

在模板支架立柱的顶端,采用柱头的特殊构造装置来保证国家现行标准所规定的拆模原则前提下,达到尽早拆除部分模板的体系。优点是部分模板可早拆,加快周转,节约成本。

按照常规的支模方法,现浇楼板施工的模板配置量,一般均需 3～4 个层段的支柱、龙骨和模板,一次投入最大。采用早拆体系模板,就是根据现行《混凝土结构工程施工质量验收规范》(GB 50204—2015)中对于跨度≤2 m 的现浇楼盖,其混凝土拆模强度可比跨度>2 m、≤8 m 的现浇楼盖拆模强度减少 25% 的规定,即达到设计强度的 50% 即可拆模。早拆体系模板就是通过合理地支设模板,对跨度较大的楼盖,通过增加支承点(支柱)的方式,缩小其跨度(≤2 m),从而达到"早拆模板,后拆支撑"的目的。这样,可使龙骨和模板的周转加快。

模板一次配置量可减少 $1/3\sim1/2$。

SP-70 早拆模板可用作现浇楼（顶）板结构的模板。由于支撑系统装有早拆柱头，可以实现早期拆除模板、后期拆除支撑（又称早拆模板、后拆支撑），从而大大加快了模板的周转。这种模板也可用于墙、梁模板。

SP-70 模板由模板块、支撑系统、拉杆系统、附件和辅助零件组成。

（1）模板块：由平面模板块、角模、角铁和镶边件组成。

（2）支撑系统（图 5-18）：由早拆柱头（图 5-19）、主梁、次梁、支柱、横撑、斜撑、调节螺栓组成。

早拆柱头是用于支撑模板梁的支拆装置，其承载力约为 35.3 kN。在常温条件下，当楼板混凝土浇筑 $3\sim4$ d 后，即可用锤子敲击柱头的支承板，使梁托下落 115 mm。此时便可先拆除模板梁及模板，而柱顶板仍然支顶着现浇楼板，直到混凝土强度达到规范要求拆模强度为止。早期拆模的原理如图 5-20 所示。

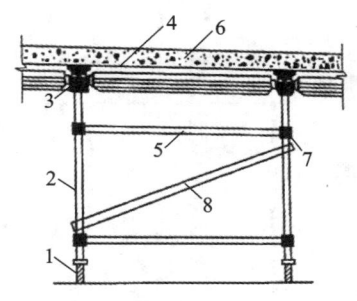

图 5-18　支撑系统示意图

1—底脚螺栓；2—支柱；3—早拆柱头；
4—主梁；5—水平支撑；6—现浇楼板；
7—梅花接头；8—斜撑

图 5-19　板底早拆柱头、梁底早拆柱头

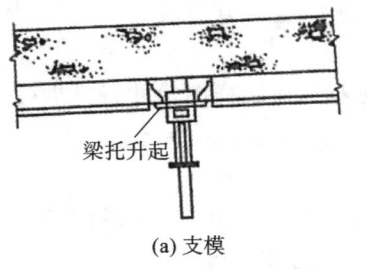

梁托升起

（a）支模

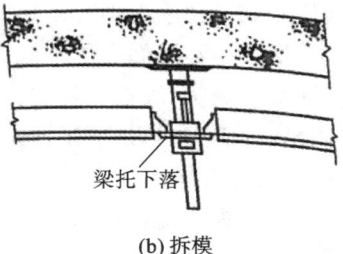

梁托下落

（b）拆模

图 5-20　早期拆模原理

（3）拉杆系统：用于墙体模板的定位工具，由拉杆、母螺栓、模板块挡片、翼形螺母组成。

（4）附件：用于非标准部位或不符合模数的边角部位，主要有悬臂梁或预制拼条等。

（5）辅助零件：有镶嵌槽钢、楔板、钢卡和悬挂撑架等。

二、现浇结构模板安装

(一) 基础模板安装

1. 基础模板构造

基础的特点是高度不大而体积较大,基础模板一般利用地基或基槽(坑)进行支撑。安装时,要保证上下模板不发生相对位移,如为杯形基础,则还要在其中放入杯口模板。粗线表示模板支护位置。基础模板构造图如图 5-21 所示。

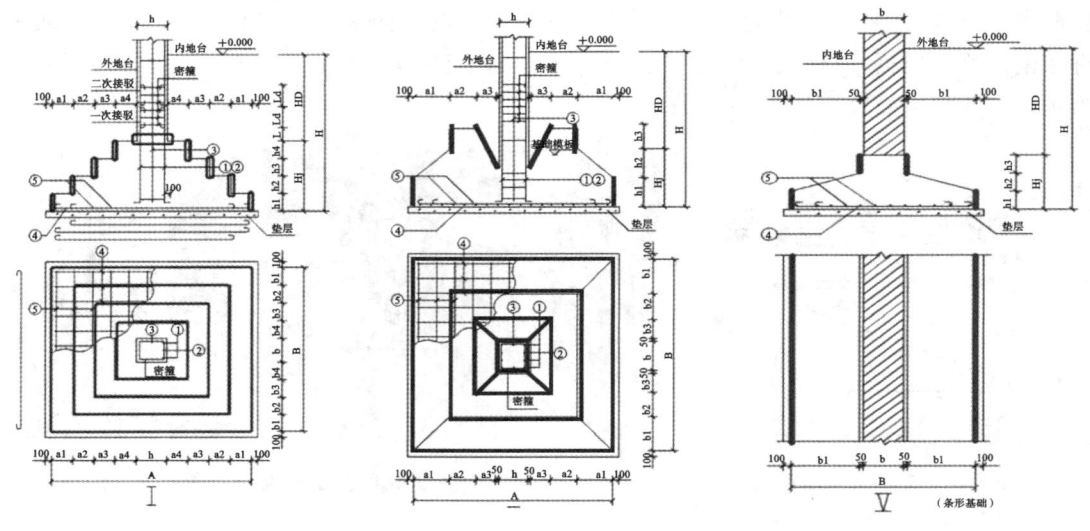

图 5-21 基础模板构造图

2. 基础模板安装

混凝土基础的形式有独立基础和条形基础两种,独立基础又分阶梯形、杯形等类型。基础模板的构造随着形式的不同而有所不同。

在基础垫层混凝土浇筑、底板钢筋绑扎及依据基础大样图尺寸将模板(拼板、柱箍、轿杠木、背方、斜撑、木桩)加工完成后,可以开始模板支护工作。

3. 阶梯形基础模板安装

阶梯形基础上每一级阶梯模板由四块侧板拼钉而成,其中两块侧板的尺寸与相应的台阶侧面尺寸相等;另外两块侧板长度与相应台阶相比,侧面长度大 150~200 mm,高度与其相等。四块侧板用木挡拼成方框。上台阶模板的其中两块侧板的最下一块拼板要加长(轿杠木),以便搁置在下层台阶模板上,下层台阶模板的四周要设斜撑和平撑支撑住。

阶梯形独立基础模板支护施工流程如下。

按顺序先进行第一阶模板支护,即短拼板→背方(柱箍)→木桩→斜撑→长拼板→背方(柱箍)→木桩→斜撑-轿杠木;再进行第二阶模板支护,即短拼板→背方(柱箍)→木桩→斜撑→长拼板→背方(柱箍)→木桩→对拉铅丝。

　　模板安装时首先根据基础平面布置图及基础大样图放出基础模板边线，支模顺序由下至上逐层向上安装，先把第一级台阶模板放在基坑垫层上，两者中线互相对准，并用水平尺校正，在模板周围钉上木桩。斜撑和平撑一端钉在侧板的木档上；在木桩与侧板之间用斜撑和平撑进行支撑，然后把钢筋放入模板内；再把上台阶模板放在下台阶模板上，两者中线互相对准，并用斜撑和瓶身加以钉牢，最后用对拉铅丝将基础最上一级模板以对边相连。具体如图 5-22、图 5-23 所示。

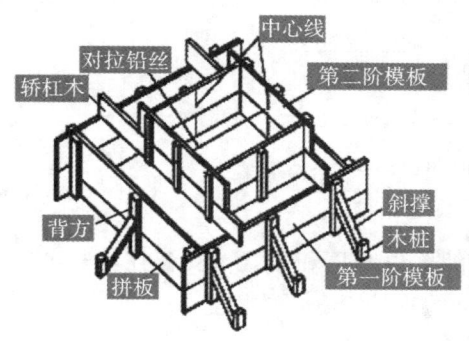
图 5-22　阶梯形基础模板示意图

图 5-23　阶梯形基础模板实景图

杯形基础、条形
基础模板安装

（二）主体结构模板安装

1. 作业条件

（1）确定所建工程的施工区段划分，以减少模板投入及增加周转次数。

（2）确定结构模板平面施工总图。

（3）确定模板配板平面布置及支撑布置。

（4）绘制与验算。

（5）轴线、模板线（或模边界线）放线完毕。

（6）模板承垫底部，沿模板内边线用 1∶3 水泥砂浆，根据给定标高基准线，准确找平。

2. 预组拼装模板

（1）拼装模板的场地应夯实平整，条件允许时应设拼装操作平台。

（2）按模板设计配板图进行拼装。

（3）柱子、墙模板在拼装时应预留清扫口、振捣口。

　　组装完毕的模板，要按图样要求检查其对角线、平整度、外形尺寸及紧固件是否有效、牢靠，并涂刷脱模剂，分规格堆放。

3. 柱模板安装工艺

　　柱子的特点是断面尺寸不大而高度较大。因此柱模板安装的关键是要解决垂直度、施工时的侧向稳定、混凝土浇筑时的侧压力问题，同时方便混凝土浇筑、垃圾清理和钢筋绑扎等。柱模板安装示意图如图 5-24 所示。

　　钢框胶合板柱模板的支设方法有两种，即单块就位组拼和预组拼，预组拼又可分为分片组拼和整体组拼。

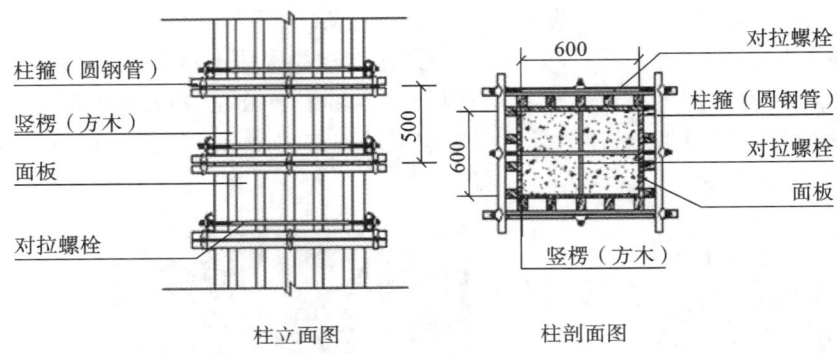

柱立面图　　　　　　　　　柱剖面图

图 5-24　柱模板安装示意图(单位:mm)

(1) 单块就位柱模板组拼工艺流程。

搭设安装架子→第一层模板安装就位→检查对角线、垂直度和位置→安装柱箍→第二、三等层柱模板及柱箍安装→安有梁口的柱模板→全面检查校正→群体固定。

(2) 单块安装柱模板施工要点。

①柱模底基面清理、找平时,先完成模板定位基准设置和架子的搭设。

弹线及定位:先在基础面(楼面)弹出柱轴线及边线,同一柱列则先弹两端柱,再拉通线弹中间柱的轴线及边线。按照边线先把底盘固定好,然后再对准边线安装柱模板。柱根弹线、柱模压脚板实景图如图 5-25 所示。

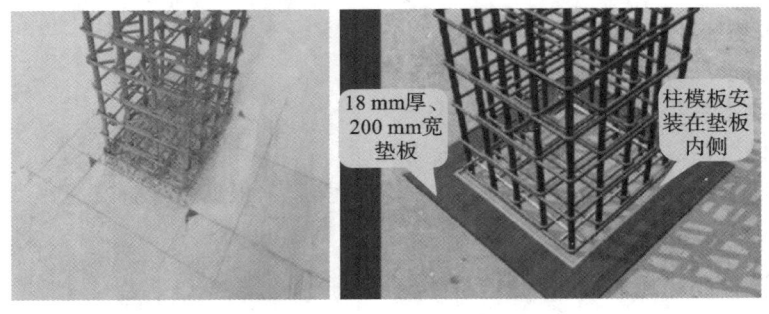

图 5-25　柱根弹线、柱模压脚板实景图

②就地将单块平板和角模用扣件连接,拼装成第一节柱子模板,检查调整对角线,并用柱箍固定,调整垂直度,加斜撑固定。

③以第一层模板为基准,以同样方法组拼第二层、第三层,直到带梁口柱模板。用 U 形卡对竖向、水平接缝反正交替连接。在适当高度进行支撑和拉结,以防倾倒。

为防止混凝土浇筑时模板鼓胀变形,柱箍应根据柱模断面大小经计算确定,柱截面尺寸较大时,可在柱模内设置对拉螺栓。单块安装柱模板如图 5-26 所示,有梁口的柱模板如图 5-27 所示。

④柱模配板时高度要符合模数,可以梁底标高为准自上往下配板,不符合模数部分放到柱根部位处理。

图 5-26　单块安装柱模板

图 5-27　有梁口的柱模板

⑤各节组拼时,每节柱模的水平接头和竖向接头用 U 形卡连接时,要正反交替扣紧。在安装到一定高度时,要进行支撑或拉结。当柱高在 4～6 m 时一般应四面支撑,超过 6 m 时,不宜采用单根柱支撑,应把多根柱连成一体,组成支撑构架,防止倾倒。

对于通排柱模板,应先装两端柱模板,校正固定后,再在柱模板上口拉通线校正中间各柱模板。柱模板如图 5-28 所示。

图 5-28　柱模板

⑥柱模安装到位后,要立即用四根支撑或缆风绳与柱模顶端拉结,并校正模板中心线和垂直度。

⑦全面检查合格后,与相邻柱群或四周支架临时拉结固定。

⑧柱模根部要用水泥砂浆封堵,防止浇筑时跑浆。在配板时要考虑柱根部预留清扫口,超过 2 m 高柱子中部预留浇灌口。

⑨将柱根模板内清理干净,封闭清理口。

4. 墙模板安装工艺

与柱相比,墙截面在长度和高度上尺寸变化较大。具体如图 5-29、图5-30、图 5-31 所示。

(1) 剪力墙模板安装前准备工作。

①测量,放墙、柱控制线。

②钻眼、打定位钢筋(一般钻眼深度不超过 40 mm)。

③配置墙模板,钻对拉螺杆眼,一般层高小于 5 m 的墙体,模板尺寸为 915 mm×1830 mm 的螺杆眼横竖间距均为 450 mm,既便于施工,也能满足加固要求。

④放置墙体模板支撑,安装模板,钉木方(方管),穿螺杆、钢管进行加固。

单片及整体预组
拼柱模板安装

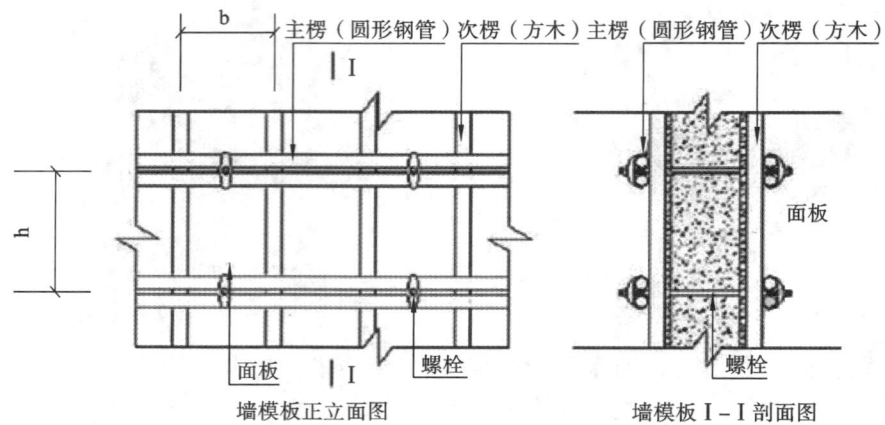

墙模板正立面图   墙模板Ⅰ-Ⅰ剖面图

图 5-29   剪力墙模板安装示意图

图 5-30   剪力墙门窗洞模板

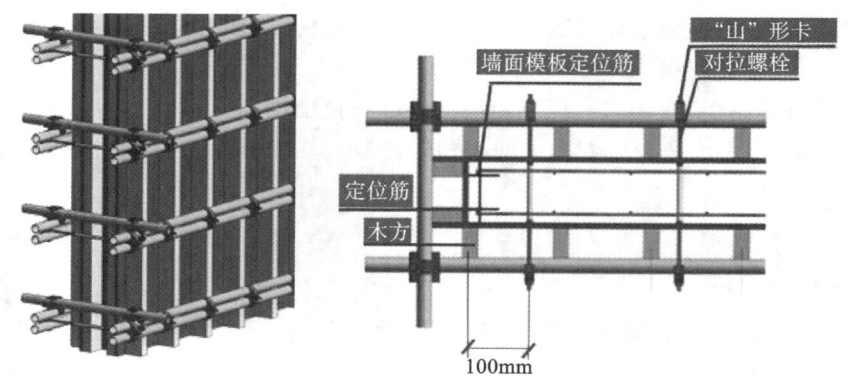

图 5-31   剪力墙模板收头处理示意图

（2）剪力墙模板安装施工要点。

墙体模板加固时螺杆离阴角间距 200 mm；螺杆离封头间距 200 mm；第一道加固离楼面 200 mm。对重点位置，例如拐角墙体阴角模板加固和墙体封头处的模板加固应特别重视，现场施工过程中该部位往往加固不到位，引起墙体变形。

为防止内外墙根部漏浆,应沿着内墙根模板处加设角钢套模板;外墙上下层接缝处预留模板加固连接件,使其接缝严密;确保边墙(柱)垂直度;边墙(柱)模板位置必须进行轴线和铅垂线双控。

(3)墙钢框胶合板模板安装工艺。

①墙钢框胶合板模板单块就位组拼工艺流程。

组装前检查→安装门窗口模板→安装第一步模板(两侧)→安装内钢楞→调整模板平直→安装第二步至顶部两侧模板→安装内钢楞→安装穿墙螺栓→安装外钢楞→加斜撑并调模板平直→与柱、墙、楼边模板连接。

剪力墙模板
施工图

②墙模板单块就位组拼安装施工要点。

a.在安装模板前,按位置线安装门窗洞口模板,与墙体钢筋固定,并安装好预埋件或木砖等。

b.安装模板宜采用墙两侧模板同时安装。第一步,模板边安装锁定边插入穿墙或对拉螺栓和套管,并将两侧模对准墙线使之稳定,然后用钢卡或蝶形扣件与钩头螺栓固定于模板边肋上,调整两侧模的平直度。

c.用同样方法安装其他若干步模板到墙顶部,内钢楞外侧安装外钢楞,并将其用方钢卡或蝶形扣件与钩头螺栓和内钢楞固定,穿墙螺栓由内外钢楞中间插入,用螺母将蝶形扣件拧紧,使两侧模板成为一体。安装斜撑,调整模板垂直度合格后,与墙、柱、楼板模板连接。

d.钩头螺栓、穿墙螺栓、对接螺栓等连接件都要连接牢靠,松紧力度一致。

5.梁模板安装工艺

梁的特点是跨度大、宽度小而高度大。梁模板及支撑系统要求稳定性好,有足够的强度和刚度,不产生超过规范允许的变形。

预拼装墙
模板安装

1)梁模板在安装前的准备工作

(1)梁模板应在复核梁底标高、校正轴线位置无误后进行。

(2)梁底板下用顶撑(琵琶撑)支设,顶撑间距视梁的断面大小而定,一般为0.8~1.2m,顶撑之间应设水平拉杆和剪刀撑,使之互相拉撑成为一整体,当梁底距地面高度大于6m时,应搭设排架或满堂红脚手架支撑;为确保顶撑支设的坚实,应在夯实的地面上设置垫板和楔子。

(3)梁侧模下方应设置夹木,将梁侧模与底模板夹紧,并钉牢在顶撑上。梁侧模上口设置托木,托木的固定可上拉(上口对拉)或下撑(撑于顶撑上),梁高度大于等于700 mm时,应在梁中部另加斜撑或对拉螺栓固定。

(4)当梁的跨度大于等于4 m时,梁模板的跨中要起拱,起拱高度为梁跨度的1‰~3‰。具体如图5-32~图5-35所示。

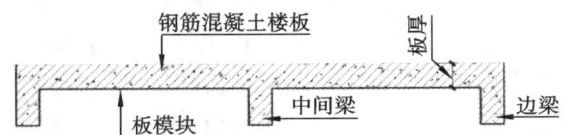

图5-32　梁、板模板关系示意图(红色线表示梁模板,蓝色线表示板模板)

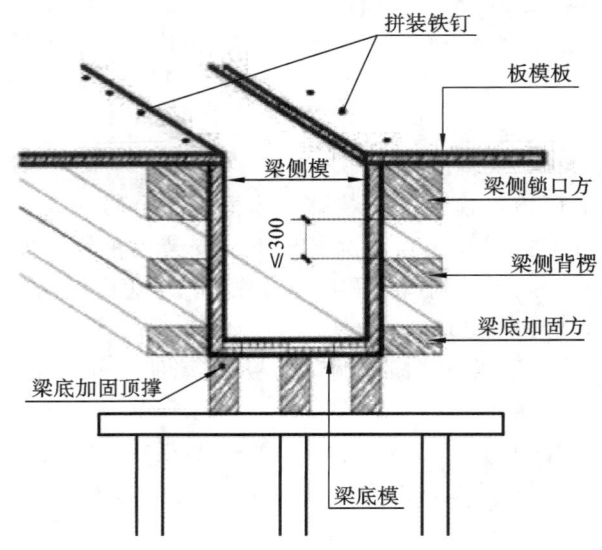

图 5-33 梁模板安装图和拼缝要求

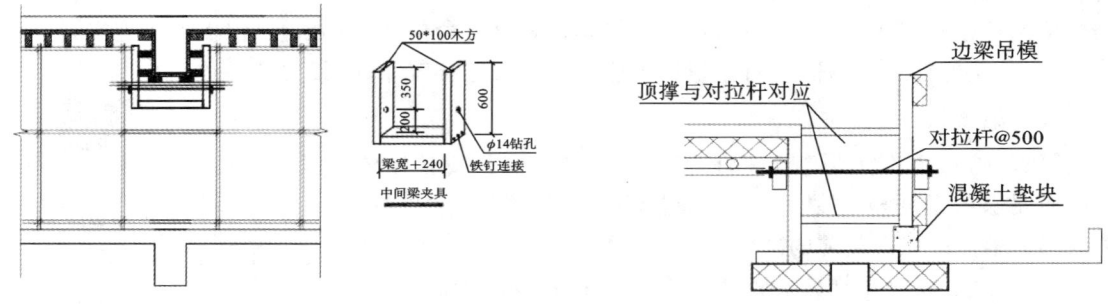

图 5-34 中间梁模板安装示意图(单位:mm)　　　　图 5-35 边梁模板安装示意图

2)梁钢框胶合板模板安装工艺

(1)梁模板单块就位组拼工艺流程。

弹出梁轴线及水平线并复核→搭设梁模支架→安装梁底楞或梁卡具→安装梁底模板→梁底起拱→绑扎钢筋→安装一侧梁模→安装另一侧梁模→安装上下锁扣楞、斜撑楞及腰楞和对拉螺栓→复核梁模尺寸、位置→与相邻模板连接固定。

(2)梁模板单块就位安装施工要点。

①在柱混凝土上弹出梁的轴线及水平线(梁底标高引测用),并复核。

②安装梁模支架之前,无论首层是土壤地面或楼板地面(首层为土壤地面时应平整夯实),在专用支柱下脚铺设通长脚手板,并且楼层间的上下支座应在一条直线上。支柱一般采用双排(设计定),间距以 600~1000 mm 为宜。支柱上连接固定 100 mm×100 mm 木楞(或定型钢楞)或梁卡具。支柱中间和下方加横杆或斜杆,立杆加可调底座。

③在支柱上调整预留梁底模板的厚度,符合设计要求后,拉线安装梁底模板并找直,底模上应拼上连接角模。

④在底模上绑扎钢筋,经验收合格后,清除杂物,安装梁侧模板,将梁两侧模板与底板连

接角模用 U 形卡连接。用梁卡具或安装上下锁扣楞及外竖楞附以斜撑,其间距一般宜为 75 cm。当梁高超过 60 cm 时,需加腰楞,并穿对拉螺栓(或穿墙螺栓)加固。侧梁模上要拉线找直,用定型夹子固定。

⑤复核检查梁模尺寸,与相邻梁柱模板连接固定。有楼板模板时,在梁上连接阴角模,与板模拼接固定。

(3)梁模板单片预组合模板安装工艺流程。

弹出梁轴线及水平线并做复核→搭设梁模支架→预组拼模板检查→底模吊装就位安装→起拱→侧模安装→安装侧向支撑或梁夹固定→检查梁口平直模板的尺寸→卡梁口卡→与相邻模板连接固定。

(4)梁模板单片预组合模板安装施工要点。

检查预组拼模板的尺寸、对角线、平整度、钢楞的连接、吊点的位置及梁的轴线及标高,符合设计要求后,先把梁底模吊装就位于支架上,与支架连接固定并起拱。分别吊装梁两侧模板,与底模连接。安装侧支撑固定,检查梁模位置、尺寸无误后,再将钢筋骨架吊装就位,或在梁模上绑扎钢筋入模就位。卡上梁上口卡,与相邻模板连接固定。其操作细节要点同单块就位安装工艺。

(5)梁模整体预组合模板安装工艺流程。

弹出梁轴线及水平线并做复核→搭设梁模支架→梁模整体吊装就位→梁模与支架连固→复核梁模位置尺寸→侧模斜撑固定→上梁卡扣。

(6)梁模整体预组合模板安装施工要点。

复核梁模标高及轴线,搭设双排梁模支架。短向两支柱间安装木(钢)楞。梁底模长向连固通长钢(木)楞,以增加底模整体性,便于吊装。复核预组合梁模的尺寸、连接件、钢楞及吊点位置,进行试吊。吊运时,梁模上口加支撑,以增加整体刚度。吊装就位,校正梁轴线、标高、梁底模两边长纵楞,与支架横楞固定。梁侧模用斜撑固定。

(7)梁模板安装质量要求。

①拼缝严密;②线条顺直;③尺寸准确;④节点到位。

6. 板模板安装工艺

板模板一般面积大而厚度不大,板模板及支撑系统要保证能承受混凝土自重和施工荷载,保证板不变形、不下垂。

1)模板安装要点

(1)底层地面应夯实,底层和楼层立柱应垫通长脚手板,多层支架时,上下层支柱应在同一竖向中心线上。

(2)模板铺设方向从四周或墙、梁连接处向中央铺设。

(3)为方便拆模,木模板宜在两端及接头处钉牢,中间尽量不钉或少钉。

(4)阳台、挑檐模板必须撑牢拉紧,防止向外倾覆、确保安全。

(5)楼板跨度大于 4 m 时,模板的跨中要起拱,起拱高度为板跨度的 1‰～3‰。

(6)肋形楼盖模板一般应先支梁、墙模板,然后将桁架或搁栅按设计要求支设在梁侧模通长的横档(托木)上,调平固定后再铺设楼板模板。楼板模板安装实景图如图 5-36 所示。

2)楼板钢框胶合板模板安装工艺

(1)支架搭设前楼地面及支柱托脚的处理。支架的支柱(可用早拆翼托支柱从边跨一侧开始),依次逐排安装,同时安装钢(木)楞及横立杆,其间距按模板设计的规定。一般情况

图 5-36　楼板模板安装实景图

下支柱间距为 80～120 cm,钢(木)楞间距 60～120 cm,需要装双层钢(木)楞时,上层钢楞间距一般为 40～60 cm。

（2）支架搭设完毕后,要认真检查板下钢(木)楞与支柱连接及支架安装的牢固与稳定,根据给定的水平线,认真调节支模冀托的高度,将钢(木)楞找平。

（3）铺设定型组合钢框竹(木)模板块:先用阴角模与墙模或梁模连接,然后向跨中铺设平模。相邻两块模板用 U 形卡满安连接。U 形卡紧方向应反正相间,并用一定数量的钩头螺栓(或按设计)与钢楞相连。也可用 U 形卡预组拼单元片模板再铺设,以减少仰面,在板面下作业。最后对不够整模数的模板和窄条缝,采用拼缝模或木方嵌补,但拼缝应严密。

（4）平模铺设完毕后,用靠尺、塞尺和水平仪检查平整度与楼板底标高,并进行校正。

**吊模模板
施工**

7. 楼梯模板安装工艺

楼梯模板的构造与楼板相似,不同点是楼梯模板要倾斜支设,且要能形成踏步。具体如图 5-37、图 5-38 所示。

图 5-37　楼梯胶合板模板安装图

图 5-38　楼梯钢模板安装图

楼梯模板安装工艺流程：施工前应根据设计放样→装平台梁板模板→装楼梯斜梁→楼梯板底模板→装楼梯外帮侧板→装踏步侧板。

楼梯模板的梯步高度要一致，尤其要注意每层楼梯最上一步和最下一步的高度，防止由于粉面层厚度不同而形成梯步高度差异。

铝模板
安装工艺

三、模板拆除

现浇混凝土结构模板的拆除日期，取决于结构的性质、模板的用途和混凝土硬化速度。及时拆模，可加速模板的周转，为后续工作创造条件。如过早拆模，因混凝土未达到一定强度，过早承受荷载会产生变形甚至会造成重大的质量事故。

1. 模板拆除的规定

（1）非承重模板（如侧板），应在混凝土强度能保证其表面及棱角不因拆除模板受损坏时，方可拆除。

（2）承重模板应在与结构同条件养护的试块达到表 5-2 规定的强度，方可拆除。

表 5-2　整体式结构拆模时所需的混凝土强度

项次	结构类型	结构跨度/m	按设计混凝土强度的标准值百分率计/（%）
1	板	≤2	50
		>2,≤8	75
		>8	100
2	梁、拱、壳	≤8	75
		>8	100
3	悬臂构件	—	100

（3）在拆除模板过程中，如发现混凝土有影响结构安全的质量问题，应暂停拆除。经过处理后，方可继续拆除。

（4）已拆除模板及其支架的结构，应在混凝土强度达到设计强度后才允许承受全部计算荷载。当承受施工荷载大于计算荷载时，必须经过核算，加设临时支撑。

2. 模板拆除注意事项

（1）拆模时不要用力过猛，拆下来的模板要及时运走、整理、堆放以便再用。

（2）模板及其支架拆除的顺序及安全措施应按施工技术方案执行。拆模程序一般应是后支的先拆,先拆除非承重部分,后拆除承重部分。一般是谁安谁拆。重大复杂模板的拆除,事先应制定拆模方案。

(3)拆除框架结构模板的顺序,首先是柱模板,然后是楼板底板,梁侧模板,最后是梁底模板。拆除跨度较大的梁下支柱时,应先从跨中开始,分别拆向两端。

(4)楼层板支柱的拆除,应按下列要求进行:上层楼板正在浇筑混凝土时,下一层楼板的模板支柱不得拆除,再下一层楼板模板的支柱,仅可拆除一部分;跨度 4 m 及 4 m 以上的梁下均应保留支柱,其间距不大于 3 m。

(5)拆模时,应尽量避免混凝土表面或模板受到损坏,注意整块板落下伤人。

四、模板及支架设计

模板工程施工
质量检查验收

模板及支架应根据工程结构形式、荷载大小、地基土类别、施工设备和材料供应等条件进行设计。模板及支架应具有足够的承载能力、刚度和稳定性,能可靠地承受浇筑混凝土的重量、侧压力以及施工荷载。

1. 模板及支架设计内容及原则

模板及支架设计内容应包括:模板及支架的选型及构造设计;模板及支架上的荷载及其效应计算;模板及支架的承载力、刚度验算;模板及支架的抗倾覆验算;绘制模板及支架施工图。

模板及支架的设计原则如下:

(1)模板及支架的结构设计宜采用以分项系数表达的极限状态设计方法;

(2)模板及支架的结构分析中所采用的计算假定和分析模型,应有理论或试验依据,或经工程验证可行;

(3)模板及支架应根据施工过程中各种受力工况进行结构分析,并确定其最不利的作用效应组合;

(4)承载力计算应采用荷载基本组合;变形验算可仅采用永久荷载标准值。

2. 作用在模板及支架上的荷载标准值

(1)模板及支架自重(G_1)的标准值应根据模板施工图确定。有梁楼板及无梁楼板的模板及支架自重的标准值,可按表 5-3 采用。

表 5-3　模板及支架的自重标准值　　　　　　　　　单位:kN/m²

项 目 名 称	木 模 板	定型组合钢模板
无梁楼板的模板及小楞	0.3	0.5
有梁楼板模板(包含梁的模板)	0.5	0.75
模板及支架(楼层高度为 4 m 以下)	0.75	1.10

(2)新浇筑混凝土自重(G_2)的标准值宜根据混凝土实际重力密度 γ_c 确定,普通混土可取 24 kN/m³。

(3)钢筋自重(G_3)的标准值应根据施工图确定。一般梁板结构、楼板的钢筋自重可取 1.1 kN/m³,梁的钢筋自重可取 1.5 kN/m³。

(4)采用插入式振动器且浇筑速度不大于 10 m/h,混凝土坍落度不大于 180 mm 时,新浇筑混凝土对模板的侧压力（G_4）的标准值，可按下列公式分别计算，并应取其中的较小值：

$$F = 0.28\gamma_c t_0 \beta V^{1/2} \tag{5-1}$$

$$F = \gamma_c H \tag{5-2}$$

当浇筑速度大于 10 m/h，或混凝土坍落度大于 180 mm 时，侧压力（G_4）的标准值可按式（5-2）计算。

式中：F——新浇筑混凝土作用于模板的最大侧压力标准值（kN/m²）；

γ_c——混凝土的重力密度（kN/m³）；

t_0——新浇混凝土的初凝时间（h），可按实测确定；当缺乏试验资料时，可采用 $t_0 = 200/(T+15)$计算，T 为混凝土的温度（℃）；

β——混凝土坍落度影响修正系数：当坍落度大于 50 mm 且不大于 90 mm 时，β 取 0.85；坍落度大于 90 m 且不大于 130 mm 时，β 取 0.9；坍落度大于 130 mm 且不大于 180 mm 时，β 取 1.0；

V——浇筑速度，取混凝土浇筑高度（厚度）与浇筑时间的比值（m/h）；

H——混凝土侧压力计算位置处至新浇筑混凝土顶面的总高度（m）。

混凝土侧压力的计算分布图形如图 5-39 所示，图中

$$h = F/\gamma_c \tag{5-3}$$

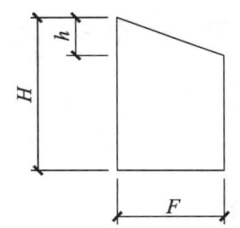

图 5-39　混凝土侧压力分布

h—有效压头高度；
H—模板内混凝土总高度；
F—最大侧压力

（5）施工人员及施工设备产生的荷载（Q_1）的标准值，可按实际情况计算，且不应小于2.5 kN/m²。

（6）混凝土下料产生的水平荷载（Q_2）的标准值可按表 5-12 采用，其作用范围可取为新浇筑混凝土压力的有效压头高度 h 之内。

（7）泵送混凝土或不均匀堆载等因素产生的附加水平荷载（Q_3）的标准值，可取计算工况下竖向永久荷载标准值的 2%，并应作用在模板支架上端水平方向。

（8）风荷载（Q_4）的标准值，可按现行国家标准《建筑结构荷载规范》（GB 50009—2012）的有关规定确定，基本风压可按 10 年一遇的风压取值，但不应小于 0.20 kN/m²。

3．模板及支架结构计算

混凝土下料产生的水平荷载标准值如表 5-4 所示。

表 5-4　混凝土下料产生的水平荷载标准值　　　　　单位：kN/m²

下 料 方 式	水 平 荷 载
溜槽、串筒、导管或泵管下料	2
吊车配备斗容器下料或小车直接倾倒	4

（1）模板及支架结构构件应按短暂设计状况进行承载力计算。

承载力计算应符合下式要求：

$$\gamma_c S \leqslant (R/\gamma_R) \tag{5-4}$$

式中：γ_c——结构重要性系数，对重要的模板及支架宜取 $\geqslant 1.0$，对一般的模板及支架应取 $\geqslant 0.9$；

S——模板及支架按荷载基本组合计算的效应设计值；

R——模板及支架结构构件的承载力设计值，应按国家现行有关标准计算；

γ_R——承载力设计值调整系数，根据模板及支架重复使用情况取用，不应小于 1.0。

（2）模板及支架的荷载基本组合的效应设计值按下式计算：

$$S = 1.35\alpha \sum S_{G_{ik}} + 1.4\psi_{cj} \sum S_{Q_{jk}} \qquad (5\text{-}5)$$

式中：$S_{G_{ik}}$——第 i 个永久荷载标准值产生的效应值；

$S_{Q_{jk}}$——第 j 个可变荷载标准值产生的效应值；

α——模板及支架的类型系数：对侧面模板，取 0.9；对底面模板及支架，取 1.0；

ψ_{cj}——第 j 个可变荷载的组合值系数，宜取 $\psi_{cj} \geqslant 0.9$。

（3）模板设计的荷载组合。

模板及支架设计时，应根据实际情况计算不同工况下的各项荷载及其组合。模板及支架承载力计算的各项荷载可按表 5-5 确定，并应采用最不利荷载的基本组合进行设计。

表 5-5　参与模板及支架承载力计算的各项荷载

计 算 内 容		参与荷载项
模板	底面模板的承载力	$G_1 + G_2 + G_3 + Q_1$
	侧面模板的承载力	$G_4 + Q_2$
支架	支架水平杆及节点的承载力	$G_1 + G_2 + G_3 + Q_1$
	立杆的承载力	$G_1 + G_2 + G_3 + Q_1 + Q_4$
	支架结构的整体稳定	$G_1 + G_2 + G_3 + Q_1 + Q_3$ $G_1 + G_2 + G_3 + Q_1 + Q_4$

注：表中的"+"仅表示各项荷载参与组合，而不表示代数相加。

4. 模板及支架的变形验算

模板及支架的变形验算应符合下列规定：

$$\alpha_{fG} \leqslant \alpha_{f,\lim} \qquad (5\text{-}6)$$

式中：α_{fG}——按永久荷载标准值计算的构件变形值；

$\alpha_{f,\lim}$——构件变形限值。

模板及支架的变形限值应根据结构工程要求确定，并宜符合下列规定：对结构表面外露的模板，其挠度限值宜取为模板构件计算跨度的 $1/400$；对结构表面隐蔽的模板，其挠度限值宜取为模板构件计算跨度的 $1/250$；支架的轴向压缩变形限值或侧向挠度限值，宜取为计算高度或计算跨度的 $1/1000$。

支架的高宽比不宜大于 3，当高宽比大于 3 时，应加强整体稳固性措施。

5. 支架抗倾覆验算

支架应按混凝土浇筑前和混凝土浇筑时两种工况进行抗倾覆验算。支架的抗倾覆验算应满足下式要求：

$$\gamma_0 M_0 \leqslant M_\gamma \qquad (5\text{-}7)$$

式中：M_0——支架的倾覆力矩设计值，按荷载基本组合计算，其中永久荷载的分项系数取 1.35，可变荷载的分项系数取 1.4；

M_γ——支架的抗倾覆力矩设计值，按荷载基本组合计算，其中永久荷载的分项系数取 0.9，可变荷载的分项系数取 0。

支架结构中钢构件的长细比不应超过表 5-6 规定的容许值。

采用钢管和扣件搭设的支架设计时应注意：钢管和扣件搭设的支架宜采用中心传力方式，单根立杆的轴力标准值不宜大于 12 kN，高大模板支架单根立杆的轴力标准值不宜大于 10 kN；立杆顶部承受水平杆扣件传递的竖向荷载时，立杆应按不小于 50 mm 的偏心距进行承载力验算，高大模板支架的立杆应按不小于 100 mm 的偏心距进行承载力验算；支承模板的顶部水平杆可按受弯构件进行承载力验算。

表 5-6　支架结构钢构件容许长细比

构 件 类 别	容许长细比
受压构件的支架立柱及架	180
受压构件的斜撑、剪刀撑	200
受拉构件的钢杆件	350

扣件抗滑移承载力验算可按现行行业标准《建筑施工扣件式钢管脚手架安全技术规范》（JGJ 130—2011）的有关规定执行。

采用门式、碗扣式、盘扣式或盘销式等钢管架搭设的支架，应采用支架立柱杆端插入可调托座的中心传力方式，其承载力及刚度可按国家现行有关标准的规定进行验算。

【例题 5-1】　某框架结构现浇钢筋混凝土楼板，厚 100 mm，其支模尺寸为 3.3 m×4.95 m，楼层高度为 4.5 m，采用组合钢模及钢管支架支模，要求做配板设计及模板结构布置与验算。

【解】

(1) 配板方案。（说明：P3015 表示钢模板面板 0.3 m 宽，1.5 m 长，以此类推）

支模面积＝3.3×4.95＝16.335（m²）

若模板以其长边沿 4.95 m 方向排列，可列出三种方案。

方案（一）为 33P3015＋11P3004，两种规格，共 44 块。

（33 块×0.3×1.5＋11 块×0.3×0.4＝16.17 m²）

方案（二）为 34P3015＋2P3009＋1P1515＋2P1509，四种规格，共 39 块。

（34 块×0.3×1.5＋2 块×0.3×0.9＋1 块×0.15×1.5＋2 块×0.15×0.9＝16.335 m²）

方案（三）为 35P3015＋1P3004＋2P1515，三种规格，共 38 块。

（35 块×0.3×1.5＋1 块×0.3×0.4＋2 块×0.15×1.5＝16.32 m²）

若模板以其长边 3.3 m 方向排列，可列出三种方案。

方案（四）为 16P3015＋32P3009＋1P1515＋2P1509，四种规格，共 51 块。

（16 块×0.3×1.5＋32 块×0.3×0.9＋1 块×0.15×1.5＋2 块×0.15×0.9＝16.335 m²）

方案(五)为 35P3015＋1P3004＋21515，三种规格，共 38 块。

(35 块×0.3×1.5＋1 块×0.3×0.4＋2 块×0.15×1.5＝16.32 m²)

方案(六)为 34P3015＋1P1515＋2P1509＋2P3009，四种规格，共 39 块。

(34 块×0.3×1.5＋1 块×0.15×1.5＋2 块×0.15×0.9＋2 块×0.3×0.9＝16.335 m²)

方案(三)及方案(五)模板规格及块数少，比较适宜。方案(一)错缝排列，刚性好，宜用于预拼吊装的情况，现取方案(3)作为模板结构布置及验算的依据。

(2) 模板结构布置。

模板结构布置如图 5-40 所示，其内外钢楞用矩形钢管 2□60×40×2.5，钢楞截面抵抗矩 $W=14.58$ cm³，惯性矩 $I=43.78$ cm⁴，弹性模量 $E=2×10^5$ N/mm²，强度设计值 $f=210$ N/mm²，内钢楞间距为 0.75 m。外钢楞间距为 1.3 m。内外钢楞交点处用 φ48×3.5 钢管作支架，用搭接接长，各支柱间布置双向水平撑上下两道，并适当布置剪刀撑。

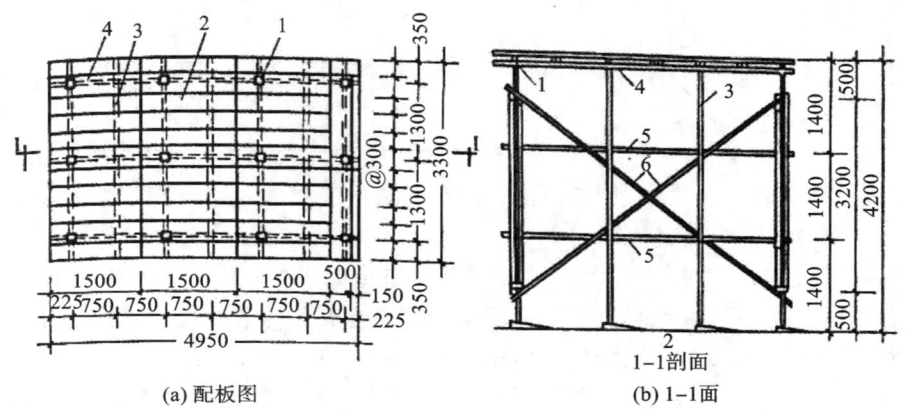

图 5-40 楼板模板的配板及支撑(单位：mm)

1—φ48×3.5 钢管支柱；2—钢模板；3—内钢楞；4—外钢楞 2□60×40×2.5；

5—水平撑 φ48×3.5；6—剪刀撑 φ48×3.5

荷载计算如下。

每平方米支承面模板荷载：

模板及配件自重(G_1)	500 N/m²
新浇筑混凝土自重(G_2)	2400 N/m²
钢筋自重(G_3)	110 N/m²
施工荷(Q_1)	2500 N/m²
合计	5510 N/m²

(3) 模板结构验算。

①内钢楞验算。内钢楞计算简图如图 5-41、图 5-42 所示，悬臂 $a=0.35$ m，内跨长 $L=1.3$ m，则有

荷载 $q=5510×0.75=4132.5$(N/m)

支点 A 弯矩 $M_A=(1/2)qa^2=(1/2)×4132×0.35^2=253.1$(N·m)

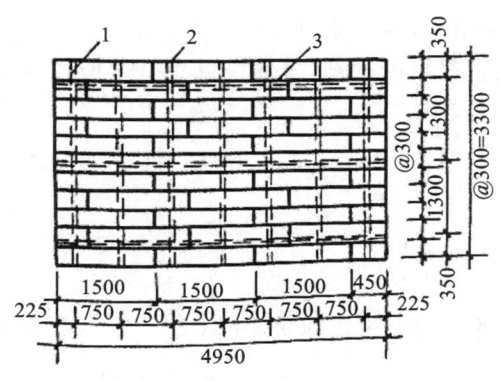

图 5-41　楼板模板按错缝排列的配板图(单位:mm)

1—钢模板;2—内钢楞 2□60×40×2.5;

3—外钢 2□60×40×2.5

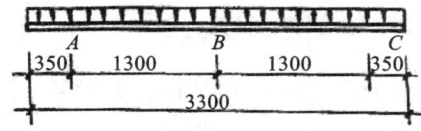

图 5-42　计算简图(单位:mm)

支点 B 弯矩 $M_B=(1/8)qL^2[1-2(\alpha/L)^2]=(1/8)\times4132\times1.3^2[1-2(0.35/1.3)^2]=746.32(\text{N}\cdot\text{m})$

最大抗弯强度验算:

$Q=M_B/W=746.32\times10^2/14.58\times10^2=51.17(\text{N/m}^2)\leqslant210\ \text{N/m}^2$

悬臂端挠度:

$$f=\frac{q'al^3}{48EI}\left[-1+6\left(\frac{a}{l}\right)^2+6\left(\frac{a}{l}\right)^3\right]$$

$$q'=(5510-2500)\times0.75=2258(\text{N/m})$$

故挠度:

$$f=\frac{2258\times0.35\times1.3\times10^9}{48\times2\times10^5\times43.76\times10^4}\left[-1+6\left(\frac{0.35}{1.3}\right)^2+6\left(\frac{0.35}{1.3}\right)^3\right]=0.17(\text{mm})$$

跨内最大挠度:

$$f'=\frac{0.1q'l^4}{24EI}=\frac{0.1\times2258\times1.3^4\times10^9}{24\times2\times10^5\times43.75\times10^4}=0.307(\text{mm})$$

$$\frac{f'}{l}=\frac{0.307}{1300}=\frac{1}{4235}\left(\frac{1}{400}\right)$$

所以满足要求。

②支柱验算。验算支柱时,模板及支架自重取 1100 N/m²,故

水平投影面上每平方米的荷载为 1100+2400+110+2500=6110(N/m²)

每一中间支柱所受荷载为 13×1.5×6110=11914.5(N)=11.9(kN)

当采用 φ48×3.5 钢管,用扣件搭接接长,横杆步距为 1.5 m 时,每根钢管的容许荷载为 13.3 kN,大于支架支柱所受的荷载 11.9 kN,故模板及支架安全。

学习情境二　钢筋工程施工

在钢筋混凝土结构中,钢筋起着关键性的作用。钢筋及其加工的质量,对整个施工质量也将产生重要甚至是决定性的影响。

　　钢筋工程属于隐蔽性工程,在混凝土浇筑完毕后,对其质量难以检查,因此对于钢筋从进场到一系列的加工以及绑扎安装过程必须进行严格的控制,并建立健全必要的检查及验收制度。

一、钢筋的分类及现场检验

(一)钢筋分类

　　钢筋混凝土结构及预应力混凝土结构常用的钢材有热轧钢筋(图 5-43)、钢绞线、消除应力钢丝和余热处理钢筋四类。

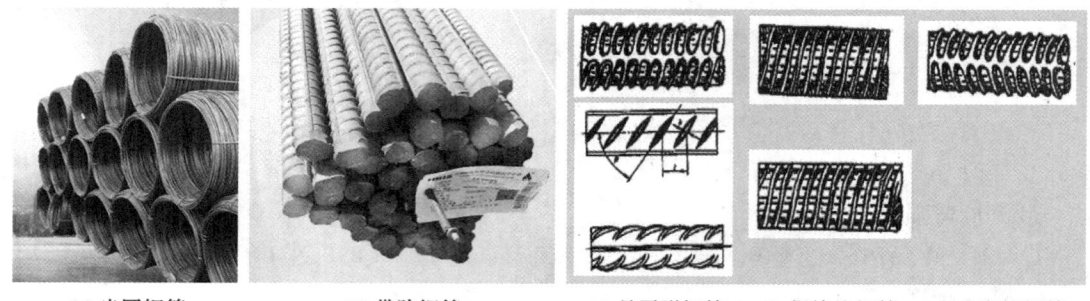

| (a) 光圆钢筋 | (b) 带肋钢筋 | (c) 月牙形钢筋 | (d) 螺旋纹钢筋 | (e) 人字纹钢筋 |

图 5-43　热轧钢筋

　　钢筋混凝土结构常用热轧钢筋。热轧钢筋按其强度和表面形状分为光圆钢筋和带肋钢筋,为满足抗震设防结构要求生产的专用带肋钢筋,在牌号后加有字母"F",其表面轧有专用标志。为便于运输,直径在 6～9 mm 的钢筋常卷成圆盘,直径大于 12 mm 的钢筋则轧成 6～12 m 长的直条。预应力混凝土结构常用的钢绞线一般由多根高强圆钢丝捻成,有 1×3 和 1×7 两种,其直径为 8.6～15.2 mm。消除应力钢丝有刻痕钢丝、光面螺旋肋钢丝两类,其直径为 4～9 mm。普通钢筋强度标准值和设计值如表 5-7 所示。

表 5-7　普通钢筋强度标准值和设计值

牌　　号	符　　号	公称直径 d/mm	屈服强度标准值 f_{yk}/(N/mm²)	屈服强度标准值 f_{stk}/(N/mm²)	屈服强度设计值 f_y/(N/mm²)	极限强度标准值 f_y/(N/mm²)
HPR300	Φ	6～14	300	420	270	270
HRB400	Φ					
HRBF400	Φ^F	6～50	400	540	360	360
RRB400	Φ^R					
HRB500	Φ	6～50	500	630	435	435
HRBF500	Φ^F					

　　混凝土结构的钢筋应按下列规定选用。①纵向受力普通钢筋可采用 HRB400、HRB500、HRBF400、HRBF500、RRB400、HPB300 钢筋;梁、柱和斜撑构件的纵向受力普通钢筋宜采用 HRB400、HRB500、HRBF400、HRBF500 钢筋。②箍筋宜采用 HPB300、

HRB400、HRB500、HRBF400、HRBF500 钢筋。③预应力筋宜采用预应力钢丝、钢绞线和预应力螺纹钢筋。预应力筋强度标准值如表 5-8 所示。钢绞线和预应力螺纹钢筋如图5-44所示。

表 5-8　预应力筋强度标准值

种　类		符　号	公称直径 d/mm	屈服强度标准值 f_{pyk} /(N/mm²)	极限强度标准值 f_{ptk} /(N/mm²)
中强度预应力筋	光圆螺旋筋	Φ^{PM}	5、7、9	620	800
				780	970
				980	1270
预应力螺纹钢筋	螺纹	Φ^{T}	18、25、32、40、50	785	980
				930	1080
				1080	1230
消除应力钢丝	光圆螺旋筋	Φ^{P} Φ^{H}	5	—	1570
				—	1860
			7	—	1570
			9	—	1470
				—	1570
钢绞线	1×3 (3绞)	Φ^{S}	8.6、10.8、12.9	—	1570
				—	1860
				—	1960
	1×7 (7绞)		9.5、12.7、15.2、17.8	—	1720
				—	1860
				—	1960
			21.6	—	1860

图 5-44　钢绞线和预应力螺纹钢筋

（二）钢筋的性能

（1）力学性能：常用拉伸试验来测定其屈服点和抗拉强度，亦称钢筋的延性。

（2）冷弯性能：这是钢筋的塑性指标，其代表着可加工性能。

（3）焊接性能：是指钢筋的可焊性，也可称适应性，代表焊接质量的好坏。

（4）锚固性能：是指连接锚固作用。如胶结力、摩擦力、咬合力和机械锚固力。

钢筋的计算截面面积及理论重量如表 5-9 所示。

表 5-9　钢筋的计算截面面积及理论重量表

公称直径/mm	不同根数钢筋截面面积/mm²									单根钢筋理论重量/(kg/m)
	1	2	3	4	5	6	7	8	9	
	A_s	A_s	A_s	A_s	A_s	A_s	A_s	A_s	A_s	
6	28.3	57	85	113	142	170	198	226	255	0.222
8	50.3	101	151	201	252	302	352	402	453	0.395
10	78.5	157	236	314	383	471	550	628	707	0.617
12	113.1	226	339	452	565	678	791	904	1017	0.888
14	153.9	308	461	615	769	923	1077	1231	1385	1.21
16	201.1	402	603	804	1005	1206	1407	1608	1809	1.58
18	254.5	509	763	1017	1272	1527	1781	2036	2290	2
20	314.2	628	942	1256	1570	1884	2199	2513	2827	2.47
22	380.1	760	1140	1520	1900	2281	2661	3041	3421	2.98
25	490.9	982	1473	1964	2454	2945	3436	3927	4418	3.85
28	615.8	1232	1847	2463	3079	3695	4310	4926	5542	4.83
32	804.2	1609	2413	3217	4021	4826	5630	6434	7238	6.31

（三）钢筋的进场检验

钢筋进场应有产品合格证、出厂检验报告，每捆（盘）钢筋均应有标牌，进场钢筋应按国家现行相关标准的规定按进场的批次和产品的抽样检验方案抽取试样作力学性能和重量偏差检验，检验结果必须符合规定后方可使用。

钢筋在加工过程中出现脆断、焊接性能不良或力学性能显著不正常等现象时，还应进行化学成分检验或其他专项检验。同时还应进行外观检查，要求钢筋应平直、无损伤，表面不得有裂纹、油污、颗粒状或片状老锈。

钢筋在运输和储存时必须保存标牌，并按批分别堆放整齐，避免锈蚀和污染。钢筋一般在钢筋车间加工，然后运到现场绑扎或安装。加工过程一般有冷拉、冷拔、调直、剪切、除锈、弯曲、绑扎、焊接等。

（四）钢筋的保管

（1）进场钢筋必须按批分类堆放，要有产品标志和产品标识，要有进场检验记录。

（2）露天堆放应选择地势高，基土平坦坚实，排水畅通及有利于施工的场所。堆放时要加垫木，离地不宜少于 200 mm。

（3）长期不使用的钢筋宜堆放在仓库或料棚内，如图 5-45 所示。

（4）堆放地点应严防酸、盐、油类物质和有害气体的侵蚀。

（5）已加工后的钢筋成品、半成品均应分类堆放，严防错用。

（6）钢筋加工场所应有完善的各项管理制度。

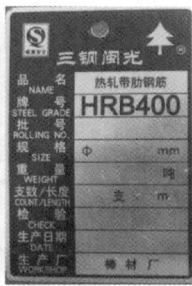

图 5-45　钢筋堆放

二、钢筋的配料与代换

（一）钢筋配料

钢筋配料是钢筋工程施工的重要一环，应由识图能力强、熟悉钢筋加工工艺的人员完成。钢筋加工前应根据设计图纸和会审记录按不同构件编制配料单，然后进行备料加工。

1. 钢筋弯曲调整值计算

钢筋下料长度计算是钢筋配料的关键。设计图中注明的钢筋尺是钢筋的外轮廓尺寸（从外皮到外皮量得的尺寸），称为钢筋的外包尺寸，在钢筋加工时，也按外包尺寸进行验收。钢筋弯曲后的特点是在钢筋弯曲处，内皮缩短，外皮延伸，而中心线尺寸不变，故钢筋的下料长度即中心线尺寸。钢筋成形后量度尺寸都是沿直线量外皮尺寸；同时弯曲处又成圆弧，因此弯钢的尺寸大于下料尺寸，两者之间的差值称为"弯曲调整值"，即在下料时，下料长度应用量度尺寸减去弯曲调整值。

钢筋弯曲直径的有关规定如下。

（1）受力钢筋的弯钩和弯弧规定。

HPB300 级钢筋末端应做 180°弯钩，弯弧内直径 $D \geqslant 2.5 d$（钢筋直径）、弯钩的弯后平直部分长度 $\geqslant 3 d$；当设计要求钢筋末端做 135°弯折时，HRB400 级钢筋的弯弧内直径 $D \geqslant 4 d$，弯钩的弯后的平直部分长度应符合设计要求；钢筋作不大于 90°的弯折时，弯折处的弯弧内直径 $D \geqslant 5 d$。

（2）箍筋的弯钩和弯弧规定。

除焊接封闭环式箍筋外，箍筋末端应做弯钩，弯钩形式应符合设计要求；当设计无具体要求时，应符合下列规定。①箍筋弯钩的弯弧内直径除应满足《混凝土结构工程施工质量验收规范》（GB 50204）规范第 5.3.1 条的规定外，尚应不小于受力钢筋直径。②箍筋弯钩的弯折角度，对一般结构，不应小于 90°；对有抗震等要求的结构，应为 135°。③箍筋弯后平直部分长度，对一般结构，不宜小于箍筋直径的 5 倍；对有抗震等要求的结构，不应小于箍筋直径的 10 倍。

2. 钢筋弯折各种角度时的弯曲调整值计算

（1）钢筋弯曲调整值计算简图如图 5-46（a）（b）（c）所示。相应的弯曲调整值如表 5-10 所示。

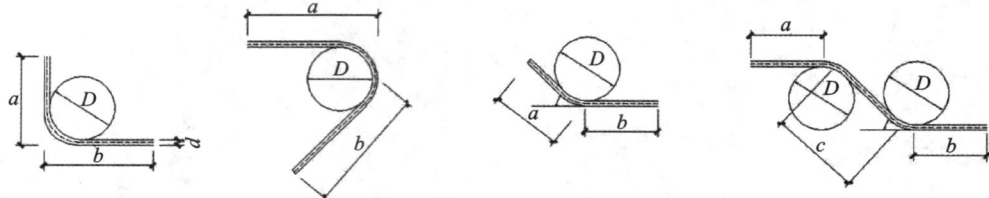

(a) 钢筋弯曲90°   (b) 钢筋弯曲135°   (c) 钢筋一次弯曲30°、45°、60°   (d) 钢筋弯曲30°、45°、60°

图 5-46 钢筋弯曲常见形式及调整值计算简图

表 5-10 钢筋弯折各种角度时的弯曲调整值

弯曲角度	钢筋级别	弯曲调整值		弯弧直径
		计算式	取值	
30°	HPB300 HRB400 HRB500	$\delta=0.006D+0.274d$	$0.3d$	$D=5d$
45°		$\delta=0.022D+0.436d$	$0.55d$	
60°		$\delta=0.054D+0.631d$	$0.9d$	
90°		$\delta=0.215D+1.215d$	$2.29d$	
135°	HPB300	$\delta=0.822d-0.178D$	$0.377d$	$D=2.5d$
	HRB400，HRB500		$0.11d$	$D=4d$

（2）弯起钢筋弯曲 30°、45°、60°的弯曲调整值计算简图如图 5-46（d）所示。相应的取值表如表 5-11 所示。

表 5-11 弯起钢筋弯曲 30°、45°、60°的弯曲调整值

弯折角度	钢筋级别	弯曲调整值		弯弧直径
		计算式	取值	
30°	HPB300 HRB400 HRB500	$\delta=0.012D+0.28d$	$0.34d$	$D=5d$
45°		$\delta=0.043D+0.457d$	$0.67d$	
60°		$\delta=0.108D+0.685d$	$1.23d$	

（3）钢筋 180°弯钩长度增加值。

根据规范规定 HPB300 级钢筋两端做 180°弯钩，其弯曲直径 $D=2.5d$，平直部分长度为 $3d$，如图 5-47 所示。量度方法为以外包尺寸量度，其每个弯钩长度增加值为 6.25 倍。

箍筋做 180°弯钩时，若其平直部分长度为 $5d$，则每个弯钩增加长度为 $8.25d$。

【推导】在这里用到一个弧度和角度的换算公式：$1\text{rad}=3.14\times r\times2/360$，即一度角对应的弧长是 $0.01745r$。另外，相关规范规定 180°弯钩的弯曲直径不得小于 $2.5d$，在下面的推导中 D 取 $2.5d$。

按照中轴线计算钢筋的长度：

钢筋长度＝AB 段水平长度＋BC 段弧长＋CE 段水平长度

$$=(L-D/2-d)+[0.01745\times(D/2+d/2)\times180]+3d=L+6.25d$$

故一个弯钩长度增加值为 6.25 d。

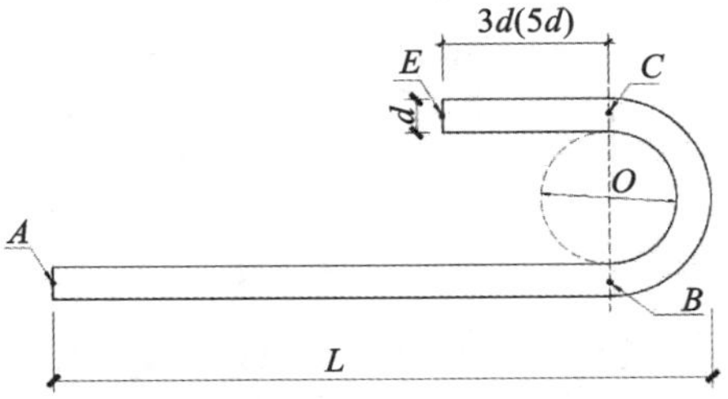

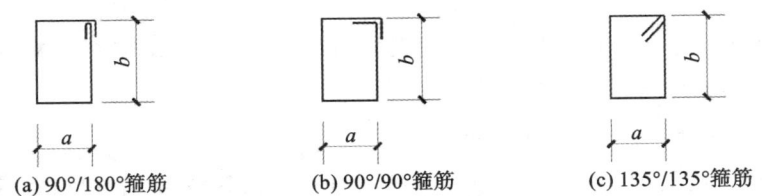

图 5-47　钢筋弯钩计算简图

(二) 钢筋下料长度计算

1. 一般钢筋下料长度计算

(1) 直钢筋下料长度＝构件长度－混凝土保护层厚度＋弯钩增加长度。

(2) 弯起钢筋下料长度＝直段长度＋斜段长度－弯曲调整值＋弯钩增加长度。

(3) 箍筋下料长度＝直段长度＋弯钩增加长度－弯曲调整值。

或：箍筋下料长度＝箍筋周长＋箍筋长度调整值。

(4) 曲线钢筋(环形钢筋、螺旋箍筋、抛物线钢筋等)下料长度计算公式为：

下料长度＝钢筋长度计算值＋弯钩增加长度。

2. 箍筋弯钩增加长度计算

由于箍筋弯钩形式较多,下料长度计算较为复杂,常用的箍筋形式如图 5-48 所示。箍筋的弯钩形式有三种,即半圆弯(180°)、直弯钩(90°)、斜弯钩(135°)。不同箍筋形式弯钩长度增加值计算如表 5-12 所示。箍筋下料长度计算简图如图 5-49 所示。不同形式箍筋下料长度计算式如表 5-13 所示。

(a) 90°/180°箍筋　　　(b) 90°/90°箍筋　　　(c) 135°/135°箍筋

图 5-48　常用的箍筋形式

表 5-12　箍筋一个弯钩增加长度计算

弯 钩 形 式	箍筋弯钩增加长度 计算公式 L_Z	平直段 长度 L_P	箍筋弯钩增加长度 L_Z	
			HPB300	HRB400
半圆弯钩(180°)	$L_Z=1.071D+0.57d+L_P$	5 d	9.1 d	
直弯钩(90°)	$L_Z=0.285D+0.215d+L_P$	5 d	7.5 d	7.5 d
斜弯钩(135°)	$L_Z=0.678D+0.178d+L_P$	10 d	12 d	

注：表中 90°弯钩：HPB300、HRB400 级钢筋均取 $D=5d$；135°、180°弯钩 HPB300 级取 $D=2.5d$。

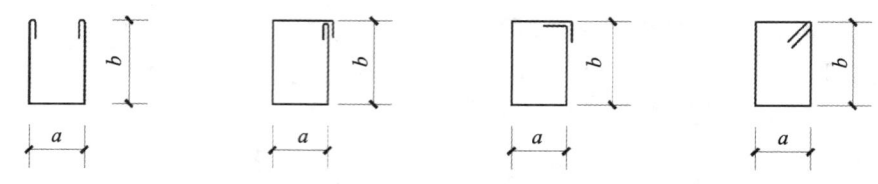

(a) 弯钩类型180°/180°　　(b) 弯钩类型90°/180°　　(c) 弯钩类型90°/90°　　(d) 弯钩类型135°/135°

图 5-49　箍筋下料长度计算简图

表 5-13　HPB300、HPB400 级箍筋下料长度计算式

序　号	简　图	下料长度计算式
1	(a)	$L=a+2b+(6-2\times2.29+2\times8.25)d$　或 $L=a+2b+17.9\,d$
2	(b)	$L=2a+2b+(8-3\times2.29+8.25+6.2)d$　或 $L=2a+2b+15.6\,d$
3	(c)	$L=2a+2b+(8-3\times2.29+2\times6.2)d$　或 $L=2a+2b+13.5\,d$
4	(d)	$L=2a+2b+(8-3\times2.29+2\times12)d$　或 $L=2a+2b+25.1\,d$

（三）钢筋配料单及料牌的填写

1. 钢筋配料单的作用及形式

钢筋配料单是根据施工设计图纸标定钢筋的品种、规格及外形尺寸、数量进行编号，并计算下料长度，用表格形式表达的技术文件。

（1）钢筋配料单的作用：钢筋配料单是确定钢筋下料加工的依据，是提出材料计划、签发施工任务单和限额领料单的依据。它是钢筋施工的重要工序，合理的配料单能节约材料，简化施工操作。

（2）配料单的形式：钢筋配料单一般用表格的形式反映，其由构件名称、钢筋编号、钢筋简图、尺寸、数量、下料长度及重量等内容组成。

2. 钢筋配料单的编制方法及步骤

（1）熟悉构件配筋图，弄清每一编号钢筋的直径、规格、种类、形状和数量，以及在构件中的位置和相互关系。

（2）绘制钢筋简图。

（3）计算每种规格的钢筋下料长度。

（4）填写钢筋配料单。

（5）填写钢筋料牌。

3. 钢筋的标牌与标识

钢筋除填写配料单外，还需针对每一编号的钢筋制作相应的标牌与标识，也即料牌，作为钢筋加工的依据，并在安装中作为区别、核实工程项目钢筋的标志。钢筋料牌的形式如图5-50 所示。

【例题 5-2】已知某工程部分钢筋计算表如表 5-14 所示。试计算钢筋工程量。

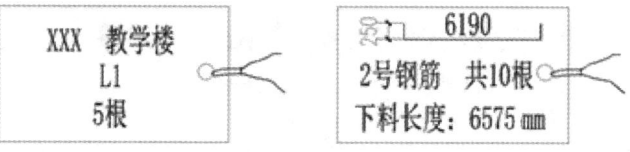

(a) 正面　　　　　　　　　　(b) 反面

图 5-50　钢筋料牌的形式

表 5-14　某工程部分钢筋计算表

名　称	规　格	钢　筋　大　样	数　量	单　位
梁纵筋	Φ16	2780 240	4	根
梁负筋	Φ16	1070 240	2	根
吊筋	Φ14	280　280 45° 300　390	2	根
梁箍筋	Φ8	352 152	19	根

【解】

梁纵筋 4Φ16,钢筋工程量 $L＝(240×2＋2780－2×2.29×16)×4＝3186.72×4＝12746.88(mm)＝12.75(m)$

梁负筋 2Φ16,钢筋工程量 $L＝(240＋1070－1×2.29×16)×2＝1273.36×2＝2546.72(mm)＝2.5(m)$

梁吊筋 2Φ14,有 4 个 45°弯起,2 个斜向钢筋长 390 mm,

钢筋工程量 $L＝(280×2＋300＋390×2－0.67×14×4)×2$
$＝1602.48×2＝3204.96(mm)＝3.2(m)$

梁箍筋 19Φ8,钢筋工程量 $L＝[(352＋152)×2＋25.1×8]×19＝22967.2(mm)＝22.97(m)$

现浇梁钢筋汇总重量如下。

Φ8:22.97 m×0.395 kg/m＝9.073 kg

Φ14:3.2 m×1.21 kg/m＝3.872 kg

Φ16:(12.75＋2.5)m×1.58 kg/m＝24.095 kg

（四）钢筋代换(新规强规:钢筋代换必须出设计变更)

1. 钢筋代换原则

在施工中,已确认工地不可能供应设计图要求的钢筋品种和规格时,在征得设计单位的同意并获得设计变更文件后,才允许根据库存条件进行钢筋代换。代换前,必须充分了解设计意图、构件特征和代换钢筋性能,严格遵守国家现行设计规范和施工验收规范及有关技术规定。代换后,仍能满足各类极限状态的有关计算要求以及配筋构造规定,如:受力钢筋和箍筋的最小直径、间距、锚固长度、配筋百分率以及混凝土保护层厚度等。一般情况下,代换钢筋还必须满足截面对称的要求。

梁内纵向受力钢筋与弯起钢筋应分别进行代换,以保证正截面与斜截面强度。偏心受压构件或偏心受拉构件(如框架柱、承受吊车荷载的柱、屋架上弦等)钢筋代换时,应受力方向(受压或受拉)分别代换,不得取整个截面配筋量计算。吊车梁等承受反复荷载作用的构件,必要时,应在钢筋代换后进行疲劳验算。同一截面内配置不同种类和直径的钢筋代换时,每根钢筋直径差不宜过大(同类型钢筋直径差一般不大于 5 mm),以免构件受力不均。钢筋代换应避免出现大材小用,优材劣用,或不符合专料专用等现象。钢筋代换后,其用量不大于原设计用量的 5%,也不应低于原设计用量的 2%。

对抗裂性要求高的构件(如吊车梁、薄腹梁、屋架下弦等),不宜用 HPB300 级光圆钢筋代换 HRB400 级带肋钢筋,以免裂缝开展过宽。当构件受裂缝宽度控制时,代换后应进行裂缝宽度验算。如代换后裂缝宽度有一定增大(但不超过允许的最大裂缝宽度),还应对构件作挠度验算。

进行钢筋代换的效果,除应考虑代换后仍能满足结构各项技术性能要求之外,同时还要保证用料的经济性和加工操作的方便。

2. 钢筋代换方法

（1）等强度代换。

当结构构件按强度控制时,可按强度相等的原则代换,称"等强度代换"。即代换前后钢筋的"钢筋抗力"不小于施工图纸上原设计配筋的钢筋抗力。

即

$$A_{s2} \cdot f_{y2} \geqslant A_{s1} \cdot f_{y1} \tag{5-8}$$

将圆面积公式 $A_s = \pi d^2/4$ 代入,有

$$n_{2}d_{2}^{2}f_{y1} \geqslant n_{1}d_{1}^{2}f_{y2} \tag{5-9}$$

当原设计钢筋与拟代换的钢筋直径相同时($d_1 = d_2$)

$$n_2 f_{y1} \geqslant n_1 f_{y2} \tag{5-10}$$

当原设计钢筋与拟代换的钢筋级别相同时(即 $f_{y1} = f_{y2}$)

$$n_{2}d_{2}^{2} \geqslant n_{1}d_{1}^{2} \tag{5-11}$$

式中:f_{y1}、f_{y2}——原设计钢筋和拟代换用钢筋的抗拉强度设计值(N/ mm²);

A_{s1}、A_{s2}——原设计钢筋和拟代换钢筋的计算截面面积(mm²);

n_1、n_2——原设计钢筋和拟代换钢筋的根数(根);

d_1、d_2——原设计钢筋和拟代换钢筋的直径(mm);

$A_{s2} \times f_{y2}$、$A_{s1} \times f_{y1}$——原设计钢筋和拟代换钢筋的钢筋抗力（N）。

（2）等面积代换。

当构件按最小配筋率配筋时，可按钢筋面积相等的原则进行代换，称为"等面积代换"，即

$$A_{s1} = A_{s2} \text{或} n_2 {}_{d_2}{}^2 \geqslant n_1 {}_{d_1}{}^2 \tag{5-12}$$

（3）当构件受裂缝宽度或抗裂性要求控制时，代换后应进行裂缝或抗裂性验算，满足构造方面的要求（如钢筋间距、最少直径、最少根数、锚固长度、对称性等）及设计中提出的其他要求。

三、钢筋连接

钢筋连接有四种常用的连接方法：绑轧连接、焊接连接、冷压连接和螺旋连接。除个别情况（如不准出现明火）外，应尽量采用焊接连接，以保证质量、提高效率和节约钢材。

（一）绑扎连接

1．连接原则

一是接头宜设在受力较小处；二是同一根钢筋上尽量少接头；三是同一构件中的钢筋接头应错开布置。例如梁跨中底部钢筋不能搭接，支座处支座负筋（面筋）不能搭接等。

2．相关规定

《混凝土结构设计规范》（GB 50010）相关规定如下。

（1）直径大于 12 mm 的钢筋应优先采用焊接或机械连接接头。

（2）轴心受拉及小偏心受拉杆件（如桁架和拱的拉杆）的纵向受力钢筋不得采用绑扎连接接头。当受拉钢筋的直径 $d > 28$ mm 及受压钢筋的直径 $d > 32$ mm 时，不宜采用绑扎连接接头。

（3）直接承受动力荷载的结构构件中，其纵向受拉钢筋不得采用绑扎连接接头。

3．钢筋绑扎连接接头的面积允许百分率

（1）钢筋绑扎连接接头连接区段的长度为 1.3 倍搭接长度，凡搭接接头中点位于该连接区段长度内的搭接接头均属于同一连接区段。同一连接区段内纵向钢筋搭接接头面积百分率为该区段内有搭接接头的纵向受力钢筋截面面积与全部纵向受力钢筋截面面积的比值。钢筋绑扎连接示意图如图 5-51 所示。

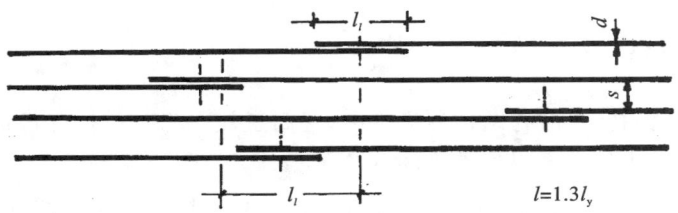

图 5-51　钢筋绑扎连接示意图

（注：图中所示 l_l 区段内有接头的钢筋面积按两根计）

（2）当设计无具体要求时，应符合：对梁板及墙类构件，不宜大于 25%；对柱类构件不宜大于 50%。

4. 钢筋机械和焊接接头的面积允许百分率

（1）钢筋连接区段的长度：机械连接长度为 35 倍钢筋直径；焊接连接长度为 35 倍钢筋直径且不应小于 500 mm。在同一区段内，纵向受拉钢筋的接头面积百分率应符合设计要求。

（2）当设计无具体要求时，应符合：受拉区不宜大于 50%，受压区可不限。

（3）纵向受力钢筋连接位置宜避开有抗震设防要求的框架梁端、柱端的箍筋加密区，当无法避开时，在受力较大处设置机械连接接头，位于同一连接区段内的纵向受拉钢筋接头面积百分率不宜大于 50%，纵向受压钢筋的接头面积百分率可不受限制；对直接承受动力荷载的构件，不宜采用焊接接头，采用机械连接接头时，也不应大于 50%。

5. 钢筋绑扎连接的要点

绑扎目前仍为钢筋连接的主要手段之一，尤其是板筋，如图 5-52 所示。

（1）钢筋绑扎时，应采用铁丝扎牢。

（2）板和墙的钢筋网，除外围的两行钢筋的相交点全部扎牢外，中间部分交叉点可相隔交错扎牢，保证受力钢筋位置不产生偏移。

（3）梁和柱的钢筋应与受力钢筋垂直设置。

（4）弯钩叠合处应沿受力钢筋方向错开设置。

（5）钢筋绑扎搭接接头的末端与钢筋弯起点的距离，不得小于钢筋直径的 10 倍，接头宜设在构件受力较小处。

（6）钢筋搭接处，应在中部和两端用铁丝扎牢。

图 5-52　钢筋绑扎连接实景图

（二）钢筋焊接

采用焊接代替绑扎，可改善结构受力性能，提高工效，节约钢材，降低成本。结构的有些部位，如轴心受拉和小偏心受拉构件中的钢筋接头，应焊接。

钢筋焊接分为压焊和熔焊两种形式。压焊包括闪光对焊、电阻点焊和气压焊；熔焊包括电弧焊和电渣压力焊。此外，钢筋与预埋件 T 形接头的焊接应采用埋弧压力焊等。

钢筋的焊接质量与钢材的可焊性、焊接工艺有关。在相同的焊接工艺条件下，能获得良好焊接质量的钢材,称其在这种条件下的可焊性好,相反则称其在这种工艺条件下的可焊性差。钢筋的可焊性与其含碳及含合金元素的数量有关。含碳、锰数量增加,则可焊性差;加入适量的钛可改善焊接性能。焊接参数和操作水平亦影响焊接质量,即使可焊性差的钢材,若焊接工艺适宜,亦可获得良好的焊接质量。

钢筋焊接的接头形式、焊接工艺和质量验收,应符合《钢筋焊接及验收规程》(JGJ 18)的规定。

1. 闪光对焊

闪光对焊广泛用于钢筋接长及预应力钢筋与螺丝端杆的焊接。热轧钢筋的焊接宜优先用闪光对焊,条件不可能时才用电弧焊。

(1)应用范围。闪光对焊是利用强电流产生的电阻热,使两根对接钢筋的端部熔化,产生闪光飞溅。在施加顶锻力后使两根钢筋连成一体,闪光对焊适用于直径 10～40 mm 的热轧钢筋焊接。

(2)材料准备。选用的钢筋必须有出厂合格证、出厂检验报告、进厂复试报告,进口钢筋亦应符合有关规定;钢筋宜采用砂轮切割机断料;清除钢筋上特别是钢筋端头部的浮锈、泥浆、污垢沾染的杂质等,以保证钢筋与混凝土的握裹力。钢筋对焊机及钢筋闪光对焊原理图如图 5-53 所示。

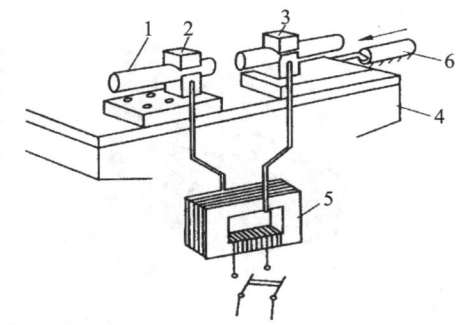

图 5-53　钢筋对焊机以及钢筋闪光对焊原理图
1—钢筋;2—固定电机;3—可动电机;4—机座;5—变压器;6—动压力机构

(3)对焊工艺。对焊工艺有连续闪光焊、预热闪光焊(此工艺适用于端面比较平整,直径较大的钢筋)和闪光-预热-闪光焊(此工艺适用于钢筋端面不够平整的情况)三种,可根据钢筋品种、直径、焊接条件和焊机功率等诸多因素合理选用。

连续闪光焊的工艺过程:先闭合一次电路,使两钢筋端面轻微接触,此时端面的间隙中即射出火花般熔化的金属微粒——闪光,接着徐徐移动钢筋使两端面仍保持轻微接触,形成连续闪光,当闪光到预定长度,使钢筋头加热到将近到熔点时,就以一定的压力迅速进行顶锻(先带电进行顶锻,再无电顶锻,到一定长度)。焊接接头即告完成。

预热闪光焊的工艺过程:预热、闪光和顶锻过程,施焊时先闭合电源,然后使两钢筋端面交替的接触和分开,这时钢筋端面的间隙中即发出连续的闪光,而形成预热过程。当钢筋达到预热温度后进入闪光阶段,随后顶锻而成。焊接接头即告完成。

闪光-预热-闪光焊的工艺过程：一次闪光、预热、二次闪光及顶锻过程，施焊时首先连续闪光，使钢筋端部闪平，然后同预热闪光焊。钢筋直径较粗时，宜采用预热闪光焊和闪光-预热-闪光焊。闪光对焊后的钢筋接头如图 5-54 所示。

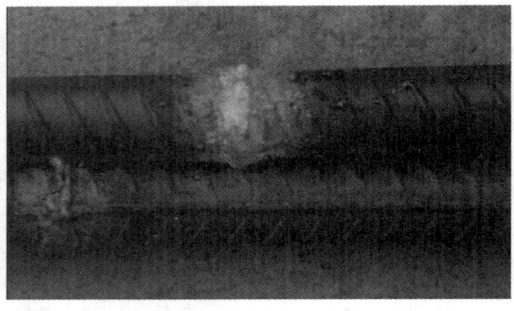

图 5-54 闪光对焊后的钢筋接头

2. 电弧焊

电弧焊是利用电弧焊机使焊条与焊件之间产生高温电弧，使焊条和电弧燃烧范围内的焊件熔化，待其凝固，便形成焊缝或接头，如图 5-55、图 5-56 所示。钢筋电弧焊可分为帮条焊、搭接焊、坡口焊等形式，如表 5-15 所示。

ZX7系列直流电弧焊机　　　　　　DN2-5交流电弧焊机

图 5-55 钢筋电弧焊机

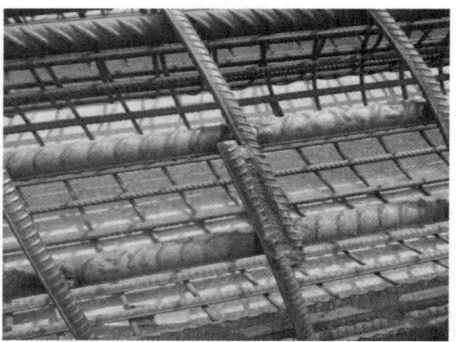

(a) 钢筋帮条焊　　　　　　　　　(b) 钢筋搭接焊

图 5-56 钢筋电弧焊

表 5-15　电弧焊不同接头形式及适用范围

接头形式		图　示	适用范围	
			钢筋牌号	钢筋直径/mm
帮条焊	双面焊		HRB300	10～20
			HRB400	10～40
	单面焊		RRB400	10～25
搭接焊	双面焊		HRB300	10～20
			HRB400	10～40
	单面焊		RRB400	10～25
坡口焊	平焊		HRB300	18～20
			HRB400	18～40
	立焊		RRB400	18～25

3．电渣压力焊

现浇钢筋混凝土框架结构中竖向钢筋的连接，宜采用自动或手工电渣压力焊进行焊接。与电弧焊比较，它工效高、节约钢材、成本低，在高层建筑施工中得到广泛应用。

电渣压力焊设备包括电源、控制箱、焊接夹具、焊剂盒。自动电渣压力焊的设备还包括控制系统及操作箱。

（1）应用范围。电渣压力焊是将钢筋的待焊端部置于焊剂盒中，通过引燃电弧加热熔化后，适时断电顶压，使上下筋焊成一体的方法，适用于竖向钢筋的连接。全自动压力焊机的产生，将加速这种焊接技术的发展。

（2）焊接工艺。一般有引弧、电弧、电渣和顶压四个过程。

引弧是在钢筋接合处放置铁丝圈后，将焊剂灌入熔剂盒内，封闭后接通电源达到引燃电弧的过程。

电弧是指引燃电弧后，产生的高温将焊剂充分熔化，稳定燃烧后形成一个渣池的过程。

电渣是指将上部钢筋徐徐插入渣池，但又不能与下部钢筋形成短路。由于渣池电阻大，产生的高电阻热可将钢筋端部迅速熔化，这个过程称为电渣过程。

顶压是指在钢筋端部均匀熔化达到定量时，立即进行顶压，切断电源，将熔化的金属和熔渣从接合面挤出来的过程。

钢筋电渣压力焊实景图如图 5-57、图 5-58 所示。

4．气压焊

气压焊接钢筋是利用乙炔-氧混合气体燃烧的高温火焰对已有初始压力的两根钢筋端面接合处加热，使钢筋端部产生塑性变形，并促使钢筋端面的金属原子互相扩散，当钢筋加热到 1250～1350 ℃（相当于钢材熔点的 0.80～0.90 倍，此时钢筋加热部位呈橘黄色，有白亮闪光出现）时进行加压顶锻，使钢筋内的原子得以再结晶而焊接在一起。

图 5-57 钢筋电渣压力焊实景图 1　　　　　　　图 5-58 钢筋电渣压力焊实景图 2

　　钢筋气压焊接属于热压焊。在焊接加热过程中,加热温度为钢材熔点的 0.8~0.9 倍,钢材未呈熔化液态,且加热时间较短,钢筋的热输入量较少,所以不会出现钢筋材质劣化倾向。另外,它设备轻巧、使用灵活、效率高、节省电能、焊接成本低,可进行全方位(竖向、水平和斜向)焊接,目前已在我国得到推广应用。相关设备图示如图 5-59、图 5-60 所示。

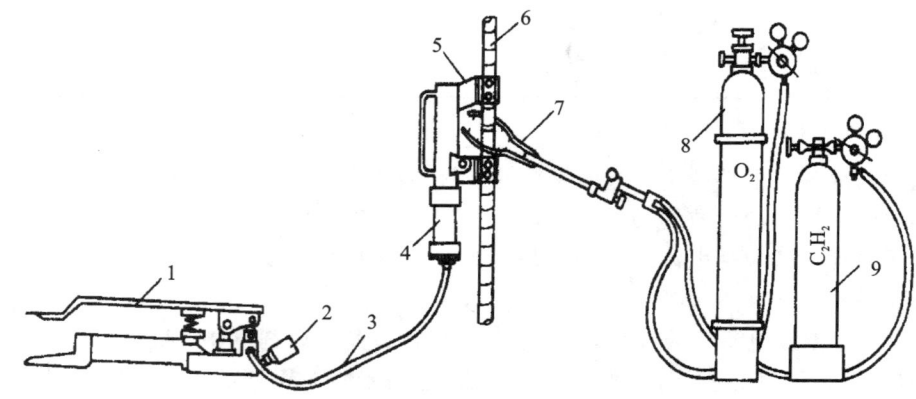

图 5-59 气压焊设备及工作简图
1—脚踏液压泵;2—压力表;3—液压胶管;4—活动油缸;5—钢筋卡具
6—被焊接钢筋;7—多火口烤枪;8—氧气瓶;9—乙炔瓶

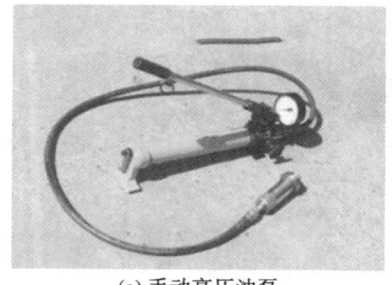

(a) 手动高压油泵　　　　(b) 钢筋气压焊对接卡具

图 5-60 钢筋气压焊接设备

　　(1) 适用范围。钢筋气压焊适用于现场焊接梁、板、柱的 Ⅱ、Ⅲ 级直径为 12~40 mm 的钢筋。不同直径的钢筋也可焊接,但直径差不大于 7 mm。钢筋弯曲的地方不能焊;在垂直、水平和倾斜位置的纵向对接接头的焊接，以及进口钢筋的焊接，要先做试验，以验证它的可焊性。

（2）焊接工艺。一般有顶压、加热与压接三个过程。气压焊时，应根据钢筋直径和焊接设备等采用等压法、二次加压法或三次加压法来焊接。（以直径为 25 mm 的钢筋为例）

①两钢筋安装后，预压顶紧。预压力宜为 10 MPa，钢筋之间局部缝隙不得大于 3 mm。

②钢筋加热初期应采用碳化焰（还原焰），对准两钢筋接缝处集中加热，并使其淡白色羽状内焰包住缝隙或伸入缝隙内，并始终不离开接缝，以防止压焊而产生氧化。待接缝处钢筋呈红黄色，随即对钢筋加第二次压，直至焊口缝隙完全闭合。应注意，碳化焰若呈黄色，说明乙炔过多，必须适当减少乙炔量。不得使用碳化焰外焰加热，严禁用气化过剩的氧化加热。

③在确认两钢筋的缝隙完全黏合后，应改用中性焰，在压焊面中 1～2 倍钢筋直径的长度范围内，均匀摆动往反加热。

④当钢筋表面变成白炽色，氧化物变成芝麻粒大小的灰白色球状物，继而聚集成泡沫状并开始随加热的摆动方向移动时，则可边加热边第三次加压，先慢后快，达到 30～40 MPa，使用接缝处隆起直径为 1.4～1.6 倍母材直径、变形长度为母材直径 1.2～1.5 倍的鼓包。

⑤压接后，当钢筋火红消失，即温度为 600～650 ℃时，才能解除压接器上的卡具。

⑥在加热过程中，如果火焰突然中断，发生在钢筋接缝已完全闭合以后，即可继续加热加压，直至完成全部压接过程；如果火焰突然中断发生在钢筋接缝完全闭合以前，则应切掉接头部分，重新压接。塑性气压焊方法示意图如图 5-61 所示。

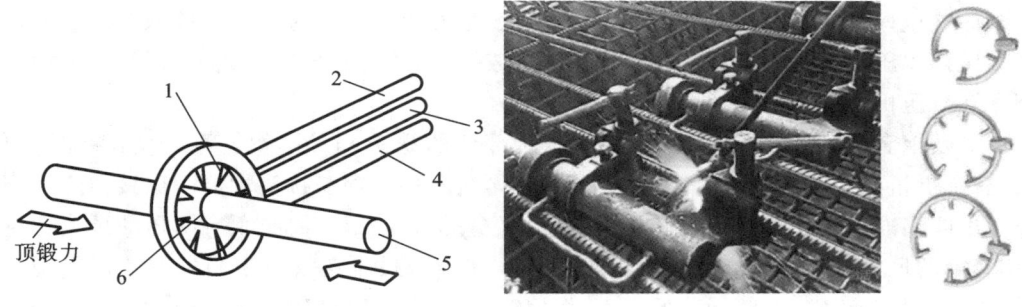

图 5-61　塑性气压焊方法示意图
1—多孔火焰；2—冷却水流入；3—燃气进入；4—冷却水流出；5—焊件；6—焊接端面

（三）钢筋机械连接

钢筋机械连接用套筒挤压连接、套筒直螺纹连接等形式，是大直径钢筋现场连接的主要方法。

1. 钢筋套筒挤压连接

钢筋套筒挤压连接（图 5-62）亦称钢筋套筒冷压连接。它是将需连接的带肋钢筋插入特制钢套筒内，利用液压驱动的挤压机进行侧向加压数道，使钢套筒产生塑性变形，套筒塑性变形后即与带肋钢筋紧密咬合达到连接的效果。它适用于竖向、横向及其他方向的较大直径带肋钢筋的连接。

图 5-62　钢筋套筒挤压连接

与焊接相比较,套筒挤压连接的接头强度高,质量稳定可靠,是目前各类钢筋接头中性能最好、质量最稳定的接头形式。挤压连接速度快,一般每台班可挤压 φ25 钢筋接头 150～200 个。此外,挤压连接具有节省电能、不受钢筋可焊性能的影响、不受气候影响、无明火、施工简便和接头可靠度高等特点。适用于垂直、水平、倾斜、高空及水下等各方位的钢筋连接,还特别适用于不可焊接钢筋的连接。

采用挤压连接的钢筋必须有资质证明书,性能应符合国际要求,钢套筒必须有材料质量证明书,其技术性能应符合钢套筒质量验收的有关规定。施工前,必须进行现场条件下的挤压连接试验,要求每批材料制作 3 个接头,按照套筒挤压连接质量验标准规定,合格后,方可进行施工。

钢筋挤压连接的工艺参数,主要是压接顺序、压接力和压接道数。压接顺序从中间逐渐向两端压接。压接力要能保证套筒与钢筋紧密咬合,压接力和压接道数取决于钢筋直径、套筒型号和挤压机型号。

钢筋及钢套筒压接之前,要清除钢筋压接部位的铁锈、油污、砂浆等,钢筋端部必须平直,如有弯折扭曲应予以矫直、修磨、锯切,以免影响压接后钢筋接头性能。压接前应在钢筋端部标出能够准确判断钢筋伸入套筒内长度的位置标记。钢套筒必须有明显的压痕位置标记,钢套筒的尺寸必须满足有关标准的要求。压接前应按设备操作说明书有关规定调整设备,检查设备是否正常,调整油浆的压力,根据要压接钢筋的直径,选配相应的压模。如发现设备有异常,必须排除故障后再使用。

2. 钢筋套筒直螺纹连接

钢筋套筒直螺纹连接(图 5-63)是将钢筋待连接的端头用滚轧加工工艺滚轧成规整的直螺纹,再用相配套的套筒直螺纹将两钢筋相对拧紧,实现连接。根据钢材冷作硬化的原理,钢筋上滚轧出的直螺纹强度大幅提高,从而使直螺纹接头的抗拉强度提高,一般均可高于母材的抗拉强度。

钢筋套筒直螺纹连接采用专用的滚轧螺纹设备加工,质量好,强度高;钢筋连接操作方便,速度快;钢筋滚丝可在工地的钢筋加工场地预制,不占工期;在施工面上连接钢筋时不用电、不用气、无明火作业,可全天候施工;可用于水平、竖直等各种不同位置钢筋的连接。

钢筋直螺纹加工方法有压肋滚轧和剥肋滚轧两种。

压肋滚轧直螺纹又分为直接滚轧直螺纹和挤压肋滚轧直螺纹两种。采用专用滚轧套丝机,先将钢筋的横肋和纵肋进行滚轧或挤压处理,使钢筋滚丝前的柱体达到螺纹加工的圆度

图 5-63　钢筋套筒直螺纹连接

尺寸,然后再进行螺纹滚轧成型,螺纹经滚轧后材质发生硬化,强度提高 6%～8%,全部直螺纹成型过程由专用滚轧套丝机一次完成。

剥肋滚轧直螺纹是将钢筋的横肋和纵肋进行剥切处理,使钢筋滚丝前的柱体圆度精度提高,达到同一尺寸,然后再进行螺纹滚轧成型,从剥肋到滚轧直螺纹成型过程由专用套丝机一次完成。剥肋滚轧直螺纹的精度高,操作简便,性能稳定,耗材量少。

钢筋套筒直螺纹连接工艺流程为:钢筋平头→钢筋滚轧或挤压(剥肋)→螺纹成型→丝头检验→套筒检验→钢筋就位→拧下钢筋保护帽和套筒保护帽→接头拧紧→做标记→施工质量检验。具体如图 5-64 所示。

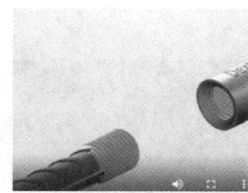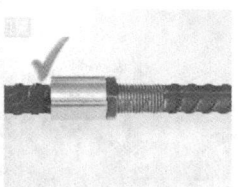

(a) 钢筋头胶丝　　　　(b) 对齐、连接　　　(c) 将套筒拧向一边　　(d) 另一边以螺母锁死

图 5-64　钢筋套筒直螺纹连接工艺图

四、钢筋的加工

钢筋的加工包括调直、除锈、切割、弯曲、接长等工作。

(1) 钢筋调直(图 5-65)宜采用机械方法,也可利用冷拉进行调直。采用冷拉法调直钢筋时 HPB300 光圆钢筋的冷拉率不宜大于 4%,HRB400、HRB500、HRBF400、HRBF500 及 RRB400 带肋钢筋的冷拉率不宜大于 1%。调直后的钢筋应进行力学性能和重量偏差的检验,其强度应符合有关标准的规定。

(2) 钢筋除锈(图 5-66)。钢筋的表面应洁净,油渍、漆污和用锤敲击时能剥落的浮皮、铁锈等应在使用前清除干净。在焊接前,焊点处的水锈应清除干净。钢筋的除锈,宜在钢筋冷拉或钢丝调直过程中进行,这对大量钢筋的除锈较为经济省工。用机械方法除锈,如用电动除锈机除锈,对钢筋的局部除锈较为方便。

(3) 钢筋切割。钢筋下料时须按下料长度切断。钢筋的切断可采用钢筋切割机或手动切断器。手动切断器一般只用于小于 φ12 的钢筋;钢筋切割机可切断小于 φ40 的钢筋。切断时根据下料长度统一排料;先断长料,后断短料;减少短头,减少损耗。钢筋手动切断器、钢筋砂轮切割机如图 5-67、图 5-68 所示。

图 5-65　钢筋调直

(a) 钢筋除锈刷　　　　　　　　　(b) 喷钢筋除锈剂

图 5-66　钢筋除锈

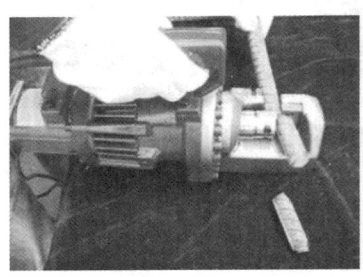

图 5-67　钢筋手动切断器　　　　　　　　　图 5-68　钢筋砂轮切割机

（4）钢筋弯曲。钢筋下料之后,应按钢筋配料单进行划线,以便将钢筋准确地加工成所规定的尺寸。当弯曲形状比较复杂的钢筋时,可先放出实样,再进行弯曲。钢筋弯曲宜采用弯曲机,弯曲机可弯 φ6～φ40 的钢筋。小于 φ25 的钢筋当无弯曲机时,也可采用板钩弯曲。目前钢筋弯曲机着重承担弯曲粗钢筋。为了提高工效,工地常自制多头弯曲机(一个电动机带动几个钢筋弯曲盘)以弯曲细钢筋。钢筋弯曲机如图 5-69 所示。

图 5-69　钢筋弯曲机

加工钢筋的允许偏差:受力钢筋顺长度方向全长的净尺寸偏差不应超过±10 mm;弯起筋的弯折位置偏差不应超过±20 mm;箍筋内净尺寸偏差不应超过5 mm。

五、钢筋的绑扎

针对柱、梁、板等不同构件采用不同的钢筋绑扎工艺流程和钢筋绑扎方法,以保证受力钢筋的位置准确。柱子钢筋采用套柱箍筋和划线定位方法,方便操作并保证受力钢筋位置和间距,箍筋采用缠和绑扎法防止下滑;梁钢筋采用主筋箍筋和在模板上划线定位方法保证位置和间距,箍筋采用套扣法绑扎保证角部主筋到位;板筋采用在模板上划线定位,确保位置和间距,板筋采用顺扣或八字扣保证网片不歪斜变形。

不同的构件钢筋绑扎有不同的工艺流程。

1. 桩承台钢筋绑扎

(1)流程。

施工放样→钢筋加工→钢筋运输→底板钢筋绑扎→钢筋固定→顶板钢筋绑扎→预埋钢筋加固。

(2)施工放样。

①依据设计资料,复核承台轴线控制网和高程基准点。确定承台十字轴线,并用墨线弹在施工垫层地板上。经驻地监理工程师核查、批准后绑扎。

②划钢筋位置线:按图纸标明的钢筋间距,算出底板实际需用的钢筋根数,一般让靠近底板模板边的那根钢筋离模板边为5 cm,在底板上弹出钢筋位置线。

(3)钢筋运输。

将加工好的钢筋运往施工现场时,应做好钢筋编号,并做好钢筋的运输管理,防止钢筋在运输过程中发生变形,被污染。

(4)底板钢筋绑扎(图5-70)。

①按弹出的钢筋位置线,先铺下层钢筋。根据底板受力情况,决定下层钢筋哪个方向钢筋在下面,一般情况下先铺短向钢筋,再铺长向钢筋。

②钢筋绑扎时,靠近外围两行的相交点每点都绑扎,中间部分的相交点可相隔交错绑扎,双向受力的钢筋必须将钢筋交叉点全部绑扎。

③摆放底板混凝土保护层用砂浆垫块,垫块厚度等于保护层厚度,按每1 m左右距离梅花形摆放。如底板较厚或钢筋用量较大,摆放距离可缩小。

(5)钢筋固定。

①先绑2~4根竖筋,并画好横筋分档标志。然后在下部及齐胸处绑两根横筋定位,并画好竖筋分档标志。一般情况横筋在外,竖筋在里,所以先绑竖筋后绑横筋。横竖筋的间距及位置应符合设计要求。

②在钢筋外侧应绑上带有铁丝的砂浆垫块,以保证保护层的厚度。

(6)顶板钢筋绑扎(图5-71)。

在进行顶板钢筋绑扎前应该先对该基础再次施工放样,即对已经施工完成的钢筋绑扎进行检查,确定基础的平面尺寸。根据放样进行顶板的钢筋绑扎。绑扎的工艺与底板的施工工艺基本一致。

图 5-70　承台底板钢筋绑扎

图 5-71　承台顶板钢筋绑扎

（7）预埋件钢筋绑扎。

①根据弹好的肋板（立柱）位置线，将肋板（立柱）伸入基础的插筋绑扎牢固，插入基础深度要符合设计要求，甩出长度不宜过长，其上端应采取措施保证甩筋垂直，不歪斜、倾倒、变位。

②在底板混凝土上弹出肋板（立柱）位置线，再次校正预埋插筋。

③承台及基础梁预埋件的位置、标高均应符合设计要求。

2. 柱钢筋绑扎

（1）施工工艺流程。

弹柱位置线、模板控制线→清理柱筋污渍、柱根浮浆→修整底层伸出的柱预留钢筋→预留钢筋上套柱子箍筋→绑扎（焊接或机械连接）柱竖向钢筋→标识箍筋间距→柱子箍筋绑扎→在柱顶绑定距、定位框→安装保护层垫块。

（2）施工操作要点。

①弹柱位置线、模板控制线。

在下层混凝土浇筑时，为控制柱子竖向主筋的位置，一般在柱子预留筋的上口设置一个定距框，定距框离混凝土成型面约 150 cm，用 φ14 以上的钢筋焊制，可做成"井"字形，卡口的尺寸大于柱子竖向主筋直径 2 mm 即可。

②清理柱筋污渍、柱根浮浆。

用钢丝刷将柱预留钢筋上的污渍清刷干净。根据柱皮位置线向柱内偏移 5 mm 弹出控制线，将控制线内的柱根混凝土浮浆用剁斧清理到全部露出石子，用水冲洗干净，但不得留有明水。

③修整底层伸出的柱预留钢筋。

根据柱皮位置线和柱竖筋保护层厚度大小,检查柱预留钢筋位置是否符合设计要求及施工规范的规定,如柱筋位移过大,应按1:6的比例将其调整到位。柱钢筋绑扎实景图如图5-72所示。

| (a) 柱端设置定位箍筋 | (b) 预留钢筋上套箍筋 | (c) 画出柱定位线 |

| (d) 柱竖向钢筋连接 | (e) 箍筋绑扎 | (f) 设置保护层垫块 |

图5-72　柱钢筋绑扎实景图

④在预留钢筋上套柱子箍筋。

按图纸要求间距及柱箍筋加密区情况,计算好每根柱箍筋数量,先将箍筋套在下层伸出的搭接筋上。

⑤绑扎(焊接或机械连接)柱子竖向钢筋。

连接柱子竖向钢筋时,相邻钢筋的接头应互相错开,错开距离符合有关施工规范、图集及图纸要求。并且接头距柱根起始面的距离要符合施工方案的要求。

采用绑扎形式立柱子钢筋,在搭接长度内,绑扣不少于3个,绑扣要向柱中心,如果柱子主筋采用光圆钢筋搭接,角部弯钩应与模板成45°,中间钢筋的弯钩应与模板成90°。

⑥标识箍筋间距线。

在立好的柱子竖向钢筋上,按图纸要求用粉笔画出箍筋间距线(或使用皮数杆控制箍筋间距)。柱上下两端及柱筋搭接区箍筋应加密,加密区长度及加密区内箍筋间距应符合设计图纸和规范要求。

⑦柱箍筋绑扎。

按照已画好的箍筋位置线,将已套好的箍筋往上移动,由上往下绑扎,宜采用缠扣绑扎,在绑扎过程中可在柱顶设置定位框,以保证在绑扎过程中主筋的相对位置;箍筋与主筋要垂直和紧密贴实,箍筋转角处与主筋交点均要绑扎,主筋与箍筋非转角部分的相交点成梅花形交错绑扎;箍筋的弯钩叠合处应沿柱子竖筋交错布置,并绑扎牢固;有抗震要求的工程,柱箍筋端头应完成135°,平直部分长度不小于$10d$(d为箍筋直径),如箍筋采用90°搭接,搭接处应焊接,焊缝长度单面焊缝不小于$10d$。如设计要求柱设有拉筋时,拉筋应钩住箍筋。

⑧保护层垫块设置。

钢筋保护层厚度应符合设计要求,垫块应绑在柱竖筋外皮上,间距一般为 1000 mm,或用塑料卡卡在外竖筋上,以保证主筋保护层厚度准确。

3. 梁钢筋绑扎

(1)模板内绑扎。

划主次梁箍筋间距→放主次梁箍筋→穿主梁底层纵向筋及弯起钢筋→穿次梁底层纵筋并与箍筋固定→穿主梁上层纵向架立筋→按箍筋间距绑扎→穿次梁上层纵向钢筋→按箍筋间距绑扎。

(2)模板外绑扎。

划箍筋间距→在主次梁模板上口放架杆数根→在架杆上放箍筋→穿主梁底层纵筋→穿次梁底层纵筋→穿主梁上层纵筋→按箍筋间距绑扎→穿次梁上层纵筋→按箍筋间距绑扎→抽出架杆落绑扎好的钢筋骨架模板内。梁钢筋绑扎实景图如图 5-73 所示。

图 5-73 梁钢筋绑扎实景图

(3)梁钢筋绑扎操作要点。

①在梁侧模板上划出箍筋间距,摆放箍筋。

②先穿主梁的下部纵向受力钢筋及弯起钢筋,将箍筋按已划好的间距逐个分开;穿次梁的下部纵向受力钢筋及弯起钢筋,并套好箍筋;放主次梁的架立筋;隔一定间距将架立筋与箍筋绑扎牢固;调整箍筋间距使间距符合设计要求,先绑架立筋,再绑主筋,主次梁同时配合进行。

③框架梁上部纵向钢筋应贯穿中间节点,梁下部纵向钢筋伸入中间节点锚固长度及伸过中心线的长度要符合设计要求。框架梁纵向钢筋在端节点内的锚固长度也要符合设计要求。

④绑梁上部纵向筋的箍筋,宜用套扣法绑扎,如图 5-74 所示。

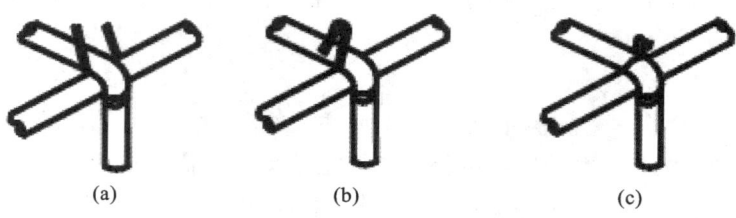

(a)   (b)   (c)

图 5-74 梁钢筋套扣法绑扎示意图

⑤箍筋在叠合处的弯钩,在梁中应交错绑扎,有抗震设防要求的箍筋弯钩应为 $135°$,平直部分长度为 $10 d$,如做成封闭箍时,单面焊缝长度为 $5 d$。

⑥梁端第一个箍筋应设置在距离柱节点边缘 50 mm 处。梁端与柱交接处箍筋应加密，其间距与加密区长度均要符合设计要求。

⑦在主、次梁受力筋下均应垫垫块（或塑料卡），保证保护层的厚度。受力筋为双排时，可用短钢筋垫在两层钢筋之间，钢筋排距应符合设计要求。

⑧梁筋的搭接：梁的受力钢筋直径等于或大于 22 mm 时，宜采用焊接接头；小于 22 mm 时，可采用绑扎接头，搭接长度要符合规范的规定。搭接长度末端与钢筋弯折处的距离，不得小于钢筋直径的 10 倍。接头不宜位于构件最大弯矩处，受拉区域内 HPB300 级钢筋绑扎接头的末端应做弯钩（HRB400 级钢筋可不做弯钩），搭接处应在中心和两端扎牢。接头位置应相互错开，当采用绑扎搭接接头时，在规定搭接长度的任一区域内有接头的受力钢筋截面面积占受力钢筋总截面面积百分率，受拉区不大于 50%。梁箍筋绑扎细节示意图如图5-75所示。

4. 板钢筋绑扎

（1）板钢筋绑扎施工工艺流程。

清理模板→模板上划线→铺设绑扎板下层钢筋→绑扎板负弯矩筋（或板上层钢筋）。

（2）板钢筋绑扎施工要点。

①清理模板上面的杂物，用粉笔在模板上划好主筋、分布筋间距。

②按划好的间距，先摆放受力主筋、后放分布筋。预埋件、电线管、预留孔等及时配合安装。

图 5-75 梁箍筋绑扎细节示意图

③在现浇板中有板带梁时，应先绑板带梁钢筋，再摆放板钢筋。

④绑扎板筋时一般用顺扣或八字扣，除外围两根钢筋的相交点应全部绑扎外，其余各点可交错绑扎（双向板相交点需全部绑扎）。如板为双层钢筋，两层钢筋之间须加钢筋马凳，以确保上部钢筋的位置。负弯矩钢筋每个相交点均要绑扎。具体如图5-76～图5-78所示。

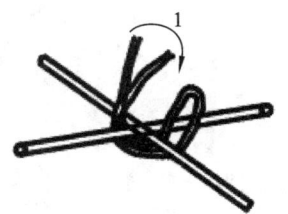
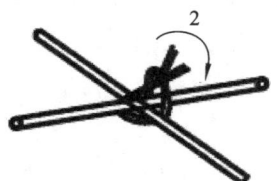
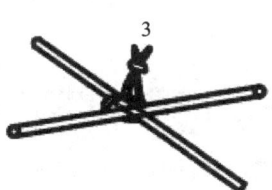

图 5-76 楼板钢筋绑扎方式示意图

六、植筋施工

植筋技术是在需连接的旧混凝土构件上根据结构的受力特点，确定钢筋的数量、规格、位置，在旧构件上经过钻孔、清孔、注入植筋黏结剂，再插入所需钢筋，使钢筋与混凝土通过结构胶黏在一起，然后浇筑新混凝土，从而完成新旧钢筋混凝土的有效连接，达到共同作用、整体受力的目的。

(a) 板底钢筋绑扎

(b) 板支座钢筋绑扎

图 5-77　楼板钢筋绑扎实景图 1

(a) 板底钢筋垫块

(b) 梁板交界处钢筋位置

图 5-78　楼板钢筋绑扎实景图 2

由于在钢筋混凝土结构上植筋锚固已不必再进行大量的开凿挖洞,而只需在植筋部位钻孔后,利用化学锚固剂作为钢筋与混凝土的黏合剂就能保证钢筋与混凝土的良好黏结,从而减轻对原有结构构件的损伤,也减少了加固改造的工程量,又因植筋胶对钢筋的锚固力,使锚杆与基材有效地锚固在一起,产生的黏结强度与机械咬合力来承受受拉载荷。当植筋达到一定的锚固深度后,植入的钢筋就具有很强的抗拉力,从而保证了锚固强度。植筋方法具有工艺简单、工期短、造价省、操作方便、劳动强度低、质量易保证等优点,适用于竖直孔、水平孔、倒垂孔,因此被广泛应用于建筑结构加固及混凝土的补强工程中。如图 5-79 所示。

(一)植筋施工工艺流程

植筋施工工艺流程为:弹线定位→钻孔→清孔→钢筋处理→注胶→植筋→固化养护→检验→绑钢筋→浇筑。

(二)施工要点

1. 弹线定位

按设计图纸的要求,标示出植筋钻孔的位置、型号,若基体上存在受力钢筋,钻孔位置可适当调整,避免钻孔时钻到原有钢筋;植筋宜植在箍筋内侧(对梁、柱)或分布筋内侧(对板、力墙)。

钻孔

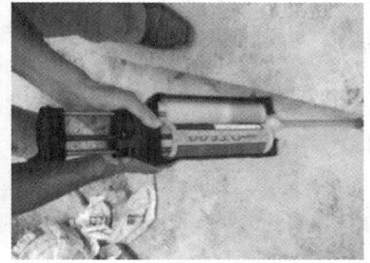
注胶

固化养护

楼板植筋

梁植筋

图 5-79　植筋施工图

2. 钻孔

钻孔使用配套冲击电钻。钻孔时,如遇不可切断钢筋应调整孔位避开;钻孔直径为所植钢筋直径 $d+(4\sim10)$mm(小直径钢筋取低值,大直径钢筋取高值);孔洞间距与孔洞深度应满足设计要求。

3. 清孔

钻孔完毕,检查孔深、孔径合格后先用吹气泵清除孔洞内粉尘等,再用清孔刷清孔,要经多次吹刷完成,直至孔内无灰尘,将孔口临时封闭。若有废孔,清净后用植筋胶填实。清孔时,不能用水冲洗,以免残留在孔中的水分削弱黏合剂的作用。

4. 钢筋处理

用角磨机或钢丝轮片将钢筋锚固长度范围的铁锈清除干净,并打磨出金属光泽。

5. 注胶

(1)植筋用胶的配制。植筋用胶黏剂必须严格按产品说明书配制。配胶宜采用机械搅拌,搅拌器可由电锤和搅拌齿组成,搅拌齿可采用电锤钻头端部焊接十字形 $\varphi14$ 钢筋制成,也可用细钢筋棍人工搅拌。

(2)使用植筋注射器从孔底向外均匀地把适量胶黏剂填注孔内,从里到外渐渐填孔并排出空气,注胶量为孔深的 $1/3\sim1/2$,以钢筋植入后有少许胶液溢出为宜。注意勿将空气封入孔内。

6. 植筋

按顺时针方向把钢筋平行于孔洞走向轻轻植入孔中,直至插入孔底,胶黏剂溢出。钢筋也可用手锤击打入孔,手锤击打时,一人应扶住钢筋,以避免回弹。锚固胶填充量应保证插入钢筋后周边有少许胶料溢出。

7. 固化养护

将钢筋外露端固定在模架上,使其不受外力作用,直至凝结,并派专人现场保护。凝胶的化学反应时间一般为 15 min,固化时间一般为 1 h。植筋后夏季 12 h 内(冬季 24 h 内)不得扰动钢筋,若有较大扰动宜重新植入。胶黏剂的固化时间按产品说明书确定。

8. 检验

采用千斤顶、锚具、反力架系统作拉拔试验。一般加载至钢筋强度的标准值。

(三)注意事项

(1)包装桶内结构胶若有沉淀,使用前应搅拌均匀。

(2)锚固构造措施宜满足《混凝土结构后锚固技术规程》(JGJ 145—2013)的有关规定。

(3)结构胶宜在阴凉处密闭保存,保存期应按使用说明执行。

(4)施工场所温度低于 5 ℃,可采用碘钨灯、红外线灯、电炉或水浴等增温方式在胶使用前对其预热至 20~40 ℃。施工场所温度低于 −5 ℃,建议对锚固部位也加温 5 ℃以上,并维持 2 h 以上。

(5)结构胶对皮肤有刺激性,个别人员有过敏反应,胶固化后也不易清除,人体直接接触后应用清水冲洗干净;如不慎溅到眼睛里,大量清水冲洗后立刻就医。施工人员注意适当的劳动保护,如配备安全帽、工作服、手套等。

钢筋工程施工质
量检查验收方法

(6)周围环境温度越高,每次配胶量越大,可操作时间越短。预估适用期内每次的配胶量,以避免不必要的浪费。

学习情境三　混凝土工程施工

混凝土工程包括混凝土的拌制、运输、浇筑捣实和养护等施工过程。各个施工过程既相互联系又相互影响,在混凝土施工过程中除按有关规定控制混凝土的原材料质量外,任一施工过程处理不当都会影响混凝土的最终质量,因此如何在施工过程中控制每一施工环节,是混凝土工程需要研究的课题。

混凝土有如下许多优点。①具有较高的抗压强度,能承受较大的荷载。②混凝土拌和物具有良好的可塑性,可以根据建筑结构的需要,利用模板浇捣成各种形状和尺寸的构件。③与钢筋有牢固的黏结,从而共同组成钢筋混凝土及预应力钢筋混凝土构件以满足建筑结构的各种受力需要。④所用材料中的砂、石、水等占全部体积的 80% 以上,可以就地取材,成本低。⑤经久耐用,结构建成后维修费用较少。⑥耐火性好。但也有如下缺点。①自重大,其构件的运输和安装比较困难。②抗拉强度低,抗裂性能差。③硬化前需要有较长时间的养护期。

一、混凝土概述

（一）混凝土的组成

混凝土是工程建设的主要材料之一、广义的混凝土是指由胶凝材料、细集料（砂）、粗集料（石）和水按适当比例配制的混合物，经硬化而成的人造石材。目前建筑工程中使用较为广泛的还是普通混凝土。普通混凝土是以胶凝材料（水泥）、水、细骨料（砂）、粗骨料（石子）、外加剂、矿物合料（需要时加入）为原料，按适当比例配合，经过均匀拌制，密实成型及养化而成的人工石材。

在普通混凝土中，砂、石起骨架作用，称为集料；水泥和水形成水泥浆，包裹在集料表面并填充集料间的空隙。在硬化前，水泥浆起润滑作用，赋予拌和物一定的和易性，便于施工；水泥浆硬化后，则将集料胶结成一个坚实的整体，并具有一定的强度。砂石一般不参与水泥和水发生化学反应，其主要作用是节约水泥、承担荷载和限制硬化水泥的收缩。外加剂、掺合料除了起改善混凝土性能的作用外，还有节约水泥的作用。

（1）水泥。普通混凝土常用水泥有硅酸盐水泥、普通硅酸盐水泥、矿渣硅酸盐水泥、火山灰质硅酸盐水泥、粉煤灰硅酸盐水泥和复合硅酸盐水泥。

水泥进场时应对其品种、级别、包装或散装仓号、出厂日期等进行检查，并应对其强度、安定性及其他必要的性能指标进行复验，其质量必须符合现行国家标准的规定。

水泥贮存应做好防潮措施，避免受潮。不同品种的水泥不得混掺使用。水泥不得和石灰石、石膏等物料混放在一起。当在使用中对水泥质量有怀疑或水泥出厂超过三个月（快硬硅酸盐水泥超过一个月）时，应进行复验，并按复验结果使用。

（2）砂。砂按其产源可分为天然砂（河砂、湖砂、海砂和山砂）、人工砂；按砂的直径（或细度模数）可分为粗砂、中秒和细砂。

（3）石子。普通混凝土用石可分为碎石和卵石。石子粒径大于 5 mm。

（4）水。拌制混凝土宜采用饮用水。当采用其他水源时，水质应符合《混凝土用水标准》（JGJ 63—2016）的规定。

（5）矿物掺合料。矿物掺合料包括粉煤灰、磨细矿渣（高炉矿渣）、沸石粉、硅粉、复合矿物掺合料等。

在混凝土中掺入矿物掺合料可以代替部分水泥，改善混凝土的物理、力学性能与耐久性。通常在混凝土中掺入适量的磨细矿物掺合料后，可以降低升温速度，改善和易性，增强后期强度，改善混凝土内部结构，提高耐久性，代替部分水泥，节约资源等。加入某些磨细矿物掺合料还能起到抑制碱骨料反应的作用。

（6）外加剂。

第一类：改善混凝土拌和物流动性能的外加剂，包括各种减水剂、引气剂和泵送剂等。

第二类：调节混凝土凝结时间、硬化性能的外加剂，包括缓凝剂、早强剂、速凝剂等。

第三类：改善混凝土耐久性的外加剂，包括引气剂、防水剂和阻锈剂等。

第四类：改善混凝土其他性能的外加剂，包括膨胀剂、着色剂、防冻剂等。

外加剂的选用应根据设计和施工要求，并通过试验及技术经济比较确定。不同品种外加剂复合使用,应注意其相容性及对混凝土性能的影响,使用前应进行试验,满足要求方可使用。为了预防混凝土-骨料反应所造成的危害,应控制外加剂的总量,满足国家相关标准要求。

为了防止外加剂对混凝土中钢筋锈蚀产生不良影响,应控制外加剂中氯离子含量,满足国家标准要求(预应力混凝土限制在 0.06 kg/m³ 及以下,普通钢筋混凝土一类环境不限制,其余环境均限制在 3 kg/m³ 及以下)。

混凝土外加剂中含有的游离甲醛、游离苯等有害身体健康的成分,含量应控制在国家有关标准规定范围内。对于含有尿素、氨类等有刺激性气味成分的外加剂,不得用于房屋建筑工程中。

(二)混凝土的分类

混凝土的强度等级:素混凝土结构的混凝土强度等级不应低于 C20;钢筋混凝土结构的混凝土强度等级不应低于 C25;预应力混凝土结构的混凝土强度等级不宜低于 C40,且不应低于 C30;采用强度等级 500 MPa 及以上钢筋时,混凝土强度等级不应低于 C30。承受重负荷载的钢筋混凝土构件,混凝土强度等级不应低于 C30。

1. 按胶凝材料分类

①无机胶凝材料混凝土,如水泥混凝土、石膏混凝土、硅酸盐混凝土、水玻璃氟硅酸钠混凝土、透水混凝土等。

②有机胶结料混凝土,如沥青混凝土、聚合物混凝土等。

③有机无机复合胶结材料混凝土。聚合物水泥混凝土、聚合物浸渍混凝土。

2. 按表观密度分类

混凝土按照表观密度的大小可分为重混凝土、普通混凝土、轻质混凝土。这三种混凝土不同之处就是骨料。

重混凝土表观密度大于 2500 kg/m³,用特别密实和特别重的集料制成。如重晶石混凝土、钢屑混凝土等,它们具有不透 X 射线和 γ 射线的性能,主要用作原子能工程的屏蔽材料。

普通混凝土是在建筑工程中常用的混凝土,表观密度为 1950~2500 kg/m³,集料为砂、石。

轻质混凝土是表观密度小于 1950 kg/m³ 的混凝土。它可以分为如下三类。

①轻集料混凝土,其表观密度为 800~1950 kg/m³,轻集料包括浮石、火山矿渣、黏土和陶粒、陶砂、膨胀珍珠岩、膨胀矿渣、粉煤灰陶粒等。

②多孔混凝土(泡沫混凝土、加气混凝土),其表观密度是 500~1000 kg/m³。泡沫混凝土是由水泥浆或水泥砂浆与稳定的泡沫制成的。加气混凝土是由水泥、水与发气剂制成的。

③大孔混凝土(普通大孔混凝土、轻骨料大孔混凝土),其组成中无细集料。普通大孔混凝土的表观密度范围为 1500~1900 kg/m³,是用碎石、软石、重矿渣作集料配制的。轻骨料大孔混凝土的表观密度为 500~1500 kg/m³,是用陶粒、浮石、碎砖、矿渣等作为集料配制的。

3. 按使用功能分类

混凝土按使用功能可分为结构混凝土、保温混凝土、装饰混凝土、防水混凝土、耐火混凝土、水工混凝土、海工混凝土、道路混凝土、防辐射混凝土等。

4．按施工工艺分类

混凝土按施工工艺可分为离心混凝土、真空混凝土、灌浆混凝土、喷射混凝土、碾压混凝土、挤压混凝土、泵送混凝土等。

5．按拌和物的和易性分类

混凝土按拌和物的和易性可分为干硬性混凝土、半干硬性混凝土、塑性混凝土、流动性混凝土、高流动性混凝土、流态混凝土等。

（三）混凝土试件的留置

1．试件留置组数

同条件养护试件所对应的结构构件或结构部位，应由监理（建设）、施工等各方共同选定，并在混凝土浇筑入模处见证取样；对混凝土结构工程中的各混凝土强度等级，均应留置同条件养护试件；同一强度等级的同条件养护试件，其留置的数量应按混凝土的施工质量控制要求确定，同一强度等级的同条件养护试件的留置数量不宜少于 10 组，以构成按统计方法评定混凝土强度的基本条件；对按非统计方法评定混凝土强度时，其留置数量不应少于 3 组，以保证有足够的代表性。

2．试件尺寸

立方体抗压强度标准值试件以按标准方法制作的边长为 150 mm 的立方体试件为标准试件，由于粗集料粒径的不同，也可采用其他尺寸的试件，但检验评定混凝土强度用的混凝土试件的尺寸应进行换算。混凝土试块如图 5-80 所示。

(a)混凝土试件盒　　　　　(b)混凝土试件制作　　　　　(c)试块养护成果

图 5-80　混凝土试块

3．试件制作过程及注意事项

（1）成型前，应检查试模（150 mm 边长）尺寸及角度，试模不变形。试模内表面应涂一薄层矿物油或其他不与混凝土发生反应的脱模剂。

（2）取样拌制的混凝土应在拌制后尽量短的时间内成型，一般不宜超过 15 分钟。

（3）检验现浇混凝土或预制构件的混凝土，试件成型方法宜与实际采用的方法相同；取样的混凝土拌和物应至少用铁锨来回拌和三次。

（4）用振动台振动成型的（现场平板振动现浇混凝土），要将拌和物一次装入试模，装料时应用抹刀沿各试模壁插捣，并使混凝土拌和物高出试模口。振动时试模不得有任何跳动，振动应持续到表面出浆为止,不得过振。刮除试模上口多余的混凝土,待混凝土临近初凝时,用抹刀抹平。

(5)用插入式振捣棒振实制作时(插入式振捣现浇混凝土),将混凝土拌和物一次装入试模,装料时应用抹刀沿各试模壁插捣,并使混凝土拌和物高出试模口;宜用直径为 25 mm的插入式振捣棒,插入试模振捣时,振捣棒距试模底板 10～20 mm 且不得触及试模底板,振动应持续到表面出浆为止,且应避免过振,以防止混凝土离析;一般振捣时间为 20 s。振捣棒拔出时要缓慢,拔出后不得留有孔洞。刮除试模上口多余的混凝土,待混凝土临近初凝时,用抹刀抹平。

(6)试模制作好后移动要小心,防止大幅振动,特别是初凝后,也就是"硬化"后,制作过程中不要认为振动时间长就能密实或强度高,严格按上述方法振动。试模在使用前要装紧挤紧。

(7)每次宜一同制作最少两组试块(6 个试模),其中一组是标养试块。试件用抹刀抹平后,标养试模要用塑料布捆好,包装尽量严密,防止水分丢失。有条件的工地标养试块要尽快移入温度为(20±0.5)℃的房间养护。24 小时左右当试块凝化可以脱模时要尽快脱模送入标准养护室养护。同条件养护的试块要与代表构件同条件、同环境养护,拆模时间与代表构件拆模时间一致。中间要注意与构件一同加水、覆盖养护。记录同条件的温度,每天最少记录 2 次,并且是最高温度和最低温度值,但 0 ℃以下不计算在内。可以这两个值的平均值作为当天的成熟度值。每天的成熟度值累加不小于 600 数值时,应送试验室破型。

二、混凝土制备

混凝土配合比,是指单位体积的混凝土中各组成材料的质量比例。确定这种数量比例关系的工作,称为混凝土配合比设计。

1. 混凝土配合比设计的四项基本要求

(1)满足结构设计的强度等级要求。

(2)满足混凝土施工所要求的和易性。

(3)满足工程所处环境对混凝土耐久性的要求。

(4)符合经济原则,即节约水泥以降低混凝土成本。

2. 混凝土配合比设计

水灰比、单位用水量和砂率是混凝土配合比设计的三个基本参数。混凝土配合比设计中确定这三个参数的原则:在满足混凝土强度和耐久性的基础上,确定混凝土的水灰比;在满足混凝土施工要求的和易性基础上,根据粗骨料的种类和规格确定单位用水量;砂率应以砂在骨料中的数量填充石子空隙后略有富余的原则来确定。混凝土配合比设计以计算 1 m³混凝土中各材料用量为基准,计算时骨料以干燥状态为准。

1)确定配制强度($f_{cu,0}$)

(1)当设计强度等级低于 C60 时,配制强度按下式确定

$$f_{cu,0} \geqslant f_{cu,k} + 1.645\sigma \tag{5-13}$$

式中,$f_{cu,0}$——混凝土的配制强度(MPa);

$f_{cu,k}$——混凝土立方体抗压强度标准值(MPa);

σ——混凝土强度标准差(MPa),按按下列规定计算确定。

①当具有近期的同品种混凝土的强度资料时,其混凝土强度标准差 σ 按下式计算:

$$\sigma = \frac{\sum_{i=1}^{n} f_{cu,i}^2 - nm_{f_{cu}}^2}{n-1} \tag{5-14}$$

式中, $f_{cu,i}$——第 i 组的试件强度(MPa);

$m_{f_{cu}}$——n 组试件的强度平均值(MPa);

n——试件组数, $n \geqslant 30$。

②强度等级不高于 C30 的混凝土,计算得到的 $\sigma \geqslant 3.0$ MPa 时,应按计算结果取值;计算得到的 $\sigma < 3.0$ MPa 时,取 $\sigma = 3.0$ MPa。强度等级高于 C30 且低于 C60 的混凝土,计算得到的 $\sigma \geqslant 4.0$ MPa 时,按计算结果取值;计算得到的 $\sigma < 4.0$ MPa 时,取 $\sigma = 4.0$ MPa。

③当没有近期的同品种混凝土强度资料时,其混凝土强度标准差 σ 可按表 5-16 取用。

表 5-16　混凝土强度标准差 σ 值

混凝土强度等级	$\leqslant$C20	C25～C45	C50～C55
σ/MPa	4.0	5.0	6.0

(2)当设计强度等级不低于 C60 时,配制强度按下式计算

$$f_{cu,0} \geqslant 1.5 f_{cu,k} \tag{5-15}$$

(3)混凝土施工配合比及施工配料。

混凝土的配合比是在实验室根据混凝土的配制强度经过试配和调整而确定的,称为实验室配合比。实验室配合比所用砂、石都是不含水分的。而施工现场砂、石都有一定的含水率,且含水率大小随气温等条件不断变化。为保证混凝土的质量,施工中应按砂、石实际含水率对原配合比进行修正。根据现场砂、石含水率调整后的配合比称为施工配合比。

设实验室配合比为:水泥∶砂∶石 $=1∶x∶y$,水灰比 W/C,现场砂、石含水率分时为 W_x、W_y,则施工配合比为:

水泥∶砂∶石 $=1∶x(1+W_x)∶y(1+W_y)$,水灰比 W/C 不变,但加水量应扣除砂、石中的含水量。

施工配料是确定每拌一次需用的各种原材料量,它根据施工配合比和搅拌机的出料容量计算。

【例题 5-3】　某工程混凝土实验室配合比为 1∶2.3∶4.27,水灰比 $W/C = 0.6$,每立方米混凝土水泥用量为 300 kg,现场砂石含水率分别为 3%、1%,求施工配合比。若采用 250 L 搅拌机,求每拌一次材料用量。

【解】　施工配合比,水泥∶砂∶石为

$1∶x(1+W_x)∶y(1+W_y)=1∶2.3(1+3\%)∶4.27(1+1\%)=1∶2.37∶4.31$

用 250 L 搅拌机,每拌一次材料用量(施工配料):

水泥:300 kg/m³ × (250/1000)m³ = 75 kg　(说明:1 m³ = 1000 L)

砂:75 kg × 2.37 = 177.8 kg

石:75 kg × 4.27 = 323.3 kg

水：75×0.6（水灰比）－75×2.3×0.03（砂本身含水量）－75×4.27×0.01（石本身含水量）＝36.6（kg）

3．泵送混凝土

混凝土现场
搅拌

泵送混凝土是利用混凝土泵的压力将混凝土通过管道输送到浇筑地点，一次完成水平运输和垂直运输。泵送混凝土具有输送能力大、效率高、连续作业、节省人力等优点。

（1）泵送混凝土配合比设计。

①泵送混凝土的入泵坍落度不宜低于 100 mm。

②宜选用硅酸盐水泥、普通水泥、矿渣水泥和粉煤灰水泥。

③粗骨料针片状颗粒不宜大于 10％，粒径与管径之比为 1∶4～1∶3。

④用水量与胶凝材料总量之比不宜大于 0.6。

⑤泵送混凝土的胶凝材料总量不宜小于 300 kg/m³。

⑥泵送混凝土宜掺用适量粉煤灰或其他活性矿物掺合料，掺粉煤灰的泵送混凝土配合比设计，必须经过试配确定，并应符合相关规范要求。

⑦泵送混凝土加的外加剂品种和量宜由试验确定，不得随意使用；当掺用引气型外加剂时，其含气量不宜大于 4％。

（2）泵送混凝土搅拌时，应按规定顺序进行投料，并且粉煤灰宜与水泥同步，外加剂的添加宜滞后于水和水泥。

（3）混凝土泵或泵车设置处，应场地平整、坚实，具有通车条件。混凝土泵或泵车应尽可能靠近浇筑地点，浇筑时由远至近进行。

（4）混凝土供应要保证泵能连续工作。输送管线宜直，转弯宜缓，接头应严密，并要注意预防输送管线堵塞。

三、商品混凝土的运输、泵送和布料

商品混凝土亦称预拌混凝土，是指预先拌好的质量合格的混凝土拌和物，以商品的形式出售给施工单位，并运到施工现场进行浇筑。

商品混凝土是混凝土生产由粗放型生产向集约化大生产的转变，实现了混凝土从原材料选择、配合比设计、外加剂与掺和料的选用、混凝土的拌制、混凝土运输等一系列的专业化、商品化和社会化，是建筑依靠技术进步实现建筑工业化的一项重要改革。

商品混凝土从原材料到产品生产过程都有严格的控制管理、计量准确、检验手段完备，使混凝土的质量得到充分保证。

（一）混凝土车

1．混凝土运输车

混凝土运输车的用途是将商品混凝土从搅拌站（楼）运送到施工工地，同时防止混凝土在运输途中发生分层离析，保证混凝土的质量。混凝土搅拌运输车一般由运载底盘、搅拌筒、驱动装置、给水系统和操纵系统等组成。具体如图 5-81、图 5-82 所示。

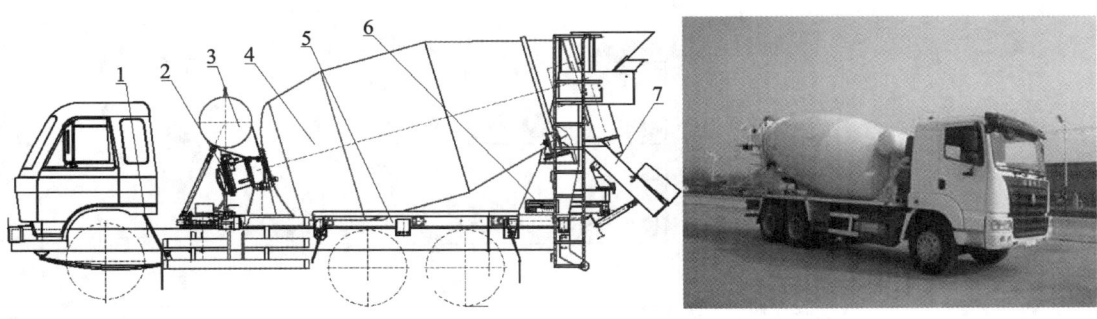

图 5-81　混凝土搅拌运输车

1—底盘车；2—驱动装置；3—给水系统；4—搅拌筒；

5—副车架；6—操纵系统；7—进出料系统

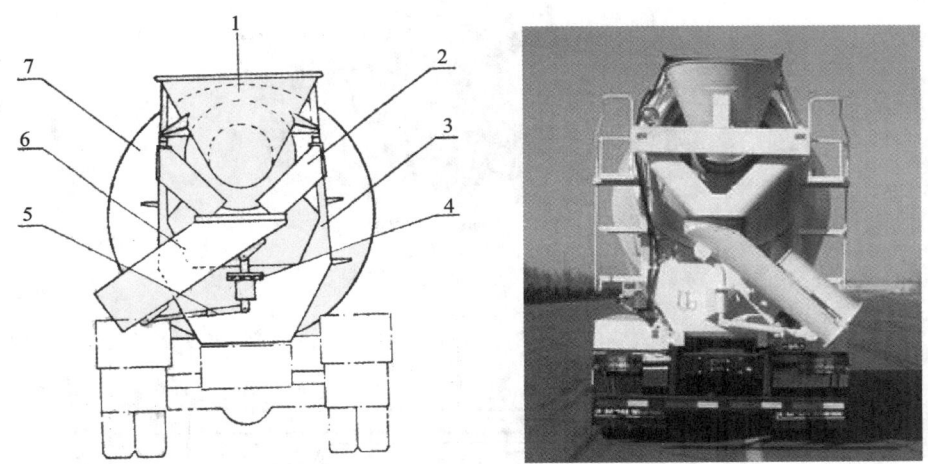

图 5-82　搅拌筒的加料和卸料装置

1—加料斗；2—固定卸料溜槽；3—门形支架；4—活动溜槽调节转盘；

5—活动溜槽调节臂；6—活动卸料溜槽；7—搅拌筒

2. 混凝土泵车

混凝土泵车是在载重汽车底盘上进行改造而成的，它是在底盘上安装有运动和动力传动装置、泵送和搅拌装置、布料装置以及其他一些辅助装置。混凝土泵车通过动力分动箱将发动机的动力传送给液压泵组或者后桥，液压泵推动活塞带动混凝土泵工作，然后利用泵车上的布料杆和输送管，将混凝土输送到一定的高度和距离。

混凝土泵车是利用压力将混凝土沿管道连续输送的机械，由泵体和输送管组成。相关图片展示如图 5-83～图 5-86 所示。

图 5-87 所示是泵车布料杆在一个固定点的某一平面内的工作范围，因有回转机构，实际上可形成一个立体空间。其臂架一般为 2 节或 3 节，总伸长不超过 20 m，特殊的三节臂可达 50 m。

泵送混凝土是指混凝土从混凝土搅拌运输车或储料斗中卸入混凝土泵的料斗，利用泵的压力将混凝土沿管道直接水平或垂直输送到浇筑地点的工艺。它具有输送能力大（水平运输距离达 800 m，垂直运输距离达 300 m）、速度快、效率高、节省人力、能连续作业等特点。泵车布料实景图如图 5-88 所示。

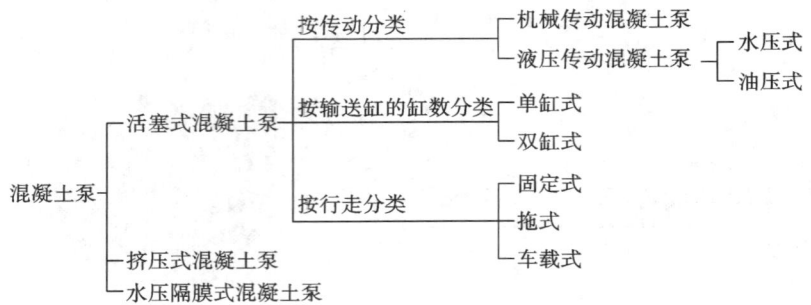

图 5-83　混凝土泵的分类

图 5-84　混凝土输送泵

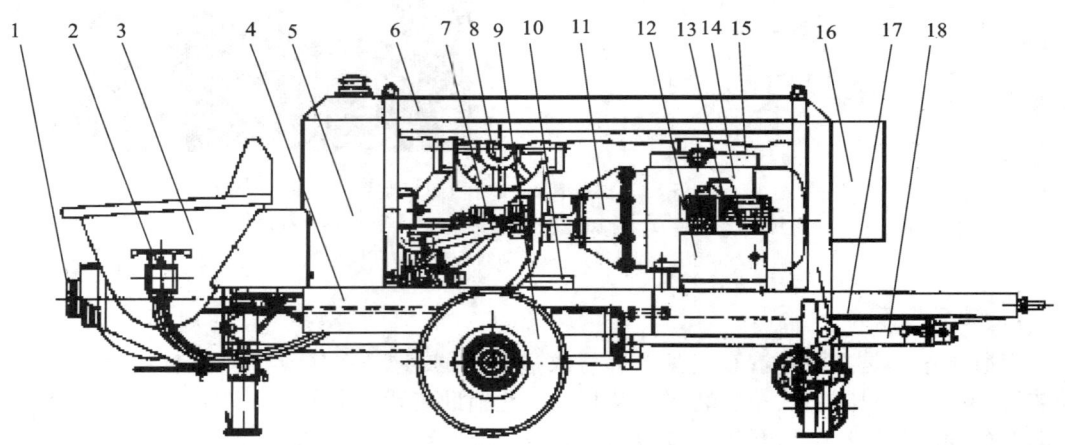

图 5-85　混凝土输送泵的内部构造

1—分配机构；2—搅拌机构；3—料斗；4—机架；5—液压油箱；6—机罩；7—液压系统；
8—冷却系统；9—拖运桥；10—润滑系统；11—动力系统；12—工具箱；13—清洗系统；
14—电机；15—电气系统；16—软启动箱；17—支地轮；18—泵送系统

（二）混凝土的运输

混凝土水平运输设备主要有手推车、机动翻斗车、混凝土搅拌输送车等，垂直运输设备主要有井架等，泵送设备主要有汽车泵（移动泵）、固定泵。为了提高生产效率，混凝土输送泵管道终端通常同混凝土布料机（布料杆）连接，共同完成混凝土浇筑时的布料工作。

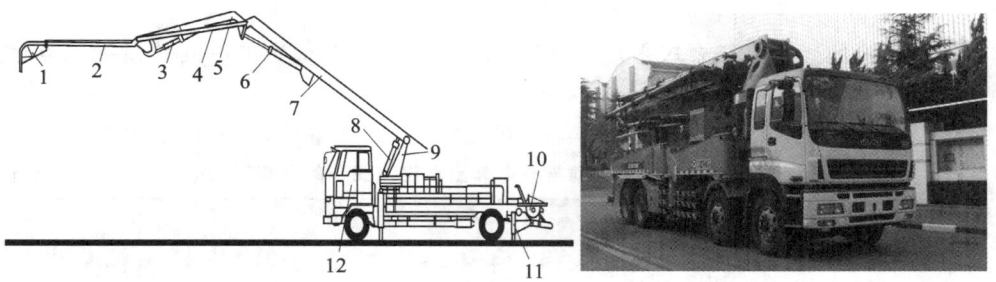

图 5-86　BC85-21(IPF85B)混凝土泵车基本构造

1—臂端软管;2—上臂架;3—上臂架油缸;4—输送管;5—中臂架;

6—中臂架油缸;7—下臂架;8—下臂架油缸;9—回转装置;

10—混凝土泵;11—支腿;12—汽车底盘

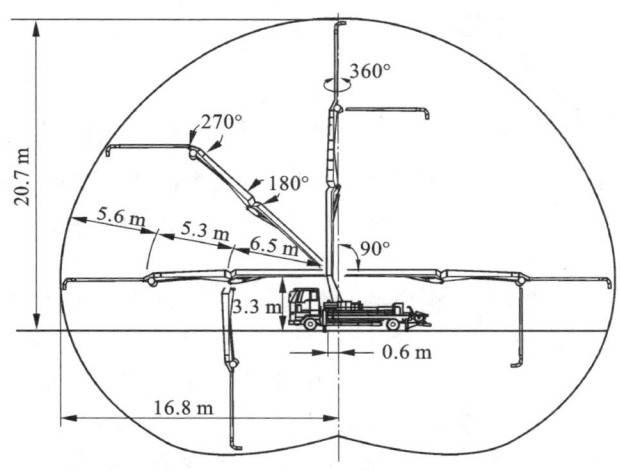

图 5-87　泵车布料杆工作范围

图 5-88　泵车布料实景图

混凝土运输的要求如下。

（1）运输中的全部时间不应超过混凝土的初凝时间。

（2）运输中应保持匀质性,不应产生分层离析现象,不应漏浆,否则,应在浇筑前二次搅拌。

（3）要尽量减少混凝土的运输时间和转运次数,运至浇筑地点应具有规定的坍落度,并保证混凝土在初凝前能有充分的时间进行浇筑。

（4）混凝土的运输道路要求平坦，应以最少的运转次数、最短的时间从搅拌地点运至浇筑地点。

（5）混凝土从搅拌机卸出至浇筑完毕的延续时间，不宜超过表 5-17 的规定。

表 5-17　混凝土从搅拌机中卸出至浇注完毕的延续时间　　　　　　　　单位：min

混凝土强度等级	气温/℃	
	不高于 25	高于 25
不高于 C30	120	90
高于 C30	90	60

注：对掺加外加剂或快硬水泥拌制的混凝土，其延续时间应按试验确定。

四、混凝土浇筑与振捣

（一）混凝土浇筑前的准备工作

（1）混凝土浇筑前应根据施工方案认真交底，查看混凝土浇筑前后的天气情况。

（2）混凝土浇筑前，应清除模板内或垫层上的杂物，并对地基按设计标高和轴线进行校正。

（3）表面干燥的地基、垫层、模板应洒水湿润；如为基础混凝土浇筑，还应注意基坑降排水，以防冲刷新浇筑的混凝土。

（4）检查模板的位置、标高、尺寸、强度和刚度是否符合要求，接缝是否严密，预埋件位置和数量是否符合图纸要求，模板支撑是否稳固安全。

（5）检查钢筋的规格、数量、位置、接头和保护层厚度是否正确。

（6）现场环境温度高于 35 ℃时，应对金属模板进行洒水降温，洒水后不得有积水。

（二）混凝土浇筑的一般规定

混凝土搅拌一般由场外商品混凝土搅拌站或现场搅拌站搅拌，应严格掌握混凝土配合比，确保各种原材料合格，计量偏差符合规定要求，投料顺序、搅拌时间合理、准确，最终确保混凝土搅拌质量满足设计、施工要求。当有外加剂时，搅拌时间适当延长。混凝土浇筑应保证混凝土的均匀性和密实性。

（1）第一车进场混凝土必须附有混凝土开盘鉴定，并且随机抽查每车混凝土的坍落度；其坍落度应满足有关规定的要求。

（2）混凝土浇筑的布料点宜接近浇筑位置，应采取减少混凝土下料冲击的措施。

（3）混凝土浇筑前不应发生离析或初凝现象，如已发生，须重新搅拌。

（4）混凝土的浇筑应分段、分层连续进行，随浇随捣。

（5）浇筑时宜先浇筑竖直结构构件，后浇筑水平结构构件。

（6）当浇筑区域结构平面有高差时，宜先浇筑低区部分，再浇筑高区部分。

（三）混凝土浇筑与振捣

混凝土浇筑的工艺流程：熟悉图纸、确认混凝土标号→计算混凝土方量并下订单→混凝土泵车及罐车到场→现场泵送浇筑→混凝土浇筑、振捣和表面抹压→混凝土养护。

1．基础混凝土浇筑

（1）台阶式基础施工，可按台阶分层一次浇筑完毕（预制柱的高杯口基础的高台分应另行分层），不允许留设施工缝。每层混凝土要一次浇筑，顺序是先边角后中间，务必使混凝土充满模板。

墙下条形基础浇筑要点

（2）浇筑台阶式柱基础时，为防止垂直交角处可能出现吊脚现象，可在第一级混凝土捣固后暂停 $0.5\sim1$ h，继续浇筑第二级。先用铁锹沿第二级模板底圈做成内外坡，然后再分层浇筑，外圈边坡的混凝土于第二级振捣过程中自动推平，待第二级混凝土浇筑后，再将第一级混凝土齐模板顶边拍实抹平。

2．主体混凝土浇筑

1）混凝土浇筑工艺流程

（1）墙柱混凝土浇筑工艺流程：订购混凝土→清扫模板内垃圾并封清扫口→将模板洒水湿润→检查模板柱箍、斜撑、连接件是否牢固→在墙柱模板底部浇筑与混凝土强度同配合比的砂浆→浇筑并振捣混凝土→养护→拆模。

（2）梁板混凝土浇筑工艺流程：订购混凝土→清扫模板内垃圾→封清扫口（部分项目有）→将模板洒水湿润→检查模板支撑是否牢固→检查钢筋是否被踩塌→浇筑并振捣混凝土→收浆、抹平→养护→拆模。

2）混凝土浇筑要点

（1）防止离析。

墙柱模板内的混凝土浇筑不得发生离析，倾落高度应符合表 5-18 的规定，当不能满足要求时，应加设串筒、溜管、溜槽等装置。

表 5-18　墙柱模板内混凝土浇筑倾落高度限值

条　　件	浇筑倾落高度限值
粗骨料粒径>25 mm	≤3
粗骨料粒径≤25 mm	≤6

注：当有可靠措施能保证混凝土不产生离析时，混凝土倾落高度可不受本表限制。

（2）泵送混凝土浇筑。

泵送混凝土浇筑宜根据结构形状及尺寸、混凝土供应、混凝土浇筑设备、场地内外条件等划分每台输送泵的浇筑区域及浇筑顺序；采用输送管浇筑混凝土时，宜由远而近浇筑；采用多根输送管同时浇筑时，其浇筑速度宜保持一致；润滑输送管的水泥砂浆用于湿润结构施工缝时，水泥砂浆应与混凝土浆液成分相同；接浆厚度不应大于 30 mm，多余水泥砂浆应收集后运出；混凝土泵送浇筑应连续进行；当混凝土不能及时供应时，应采取间歇泵送方式，混凝土浇筑后应清洗输送泵和输送管。

当采用泵送方式输送混凝土时，若混凝土粗骨料最大粒径不大于 25 m，可采用内径不小于 125 mm 的输送泵管；若混凝土粗骨料最大粒径不大于 40 mm，可采用内径不小于 150 mm 的输送泵管。输送泵管安装接头应严密，输送泵管道转向宜平缓。选管应采用支架固定，支架应与结构牢固连接，输送泵管转向处支架应加密。

（3）分层浇筑，分层振捣。

每一振点的振捣延续时间，应使混凝土不向上冒气泡，表面不再呈现浮浆和不再沉落时为止。当采用插入式振捣器振捣普通混凝土应快插慢拔，移动间距不宜大于振捣器作用半径的 1.5 倍，与模板的距离不应大于其作半径的 0.5 倍，并应避免碰撞钢筋、模板、芯管、吊环、预埋件等，振捣器插入下层土内的深度应不小于 50 mm。当采用表面平板振动器时，其移动间距应保证振动器的平面能覆盖已振实部分的边缘。具体如图 5-89 所示。

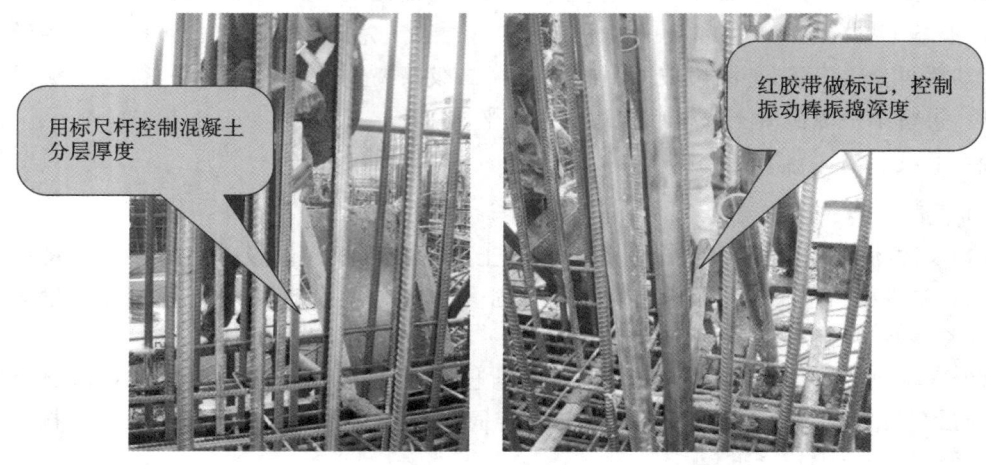

图 5-89　混凝土分层浇筑厚度和振捣深度控制

（4）连续浇筑。

当必须间歇时，其间歇时间宜尽量缩短，并应在前混凝土初凝之前，将次层混凝土浇筑完毕；否则，应留置施工缝。

在浇筑与柱和墙连成整体的梁和板时，应在柱和墙浇筑完毕后停歇 1～1.5 h 再继续浇筑。

梁和板宜同时浇筑混凝土，有主次梁的楼板宜顺着次梁方向浇筑，单向板沿着板的长边方向浇筑；拱和高度大于 1 m 时的梁等结构，可单独浇筑混凝土。

混凝土浇筑过程中，应经常观察模板、支架、钢筋、预埋件和预留孔洞的情况，当发现有变形、移位时，应及时采取措施进行处理。混凝土浇筑实景图如图 5-90 所示。

（5）混凝土的密实成型。

混凝土浇入模板以后是较疏松的，里面还有空气与气泡，而混凝土的强度、抗冻性、抗渗性以及耐久性等都与混凝土的密实程度有关。目前主要是用人工或机械捣实混凝土使混凝土密实。

振捣方式分为人工振捣和机械振捣两种。人工振捣是利用捣锤或插钎等工具的冲击力来使混凝土密实成型，其效率低、效果差；机械振捣是将振动器的振动力传给混凝土，使之发生强迫振动而密实成型，其效率高、质量好。混凝土应采取机械振捣。

(a) 混凝土浇筑便道

(b) 混凝土布料

(c) 振捣

(d) 控制板混凝土浇筑厚度

(e) 人工收浆

(f) 机械收浆

图 5-90　混凝土浇筑实景图

①混凝土的密实成型的原理。

产生振动的机械将振动能量通过某种方式传递给混凝土拌和物使其受到强振动。在振动力作用下混凝土内部的黏着力和内摩擦力显著减少，使骨料犹如悬浮在液体中，在其自重作用下向新的位置沉落，紧密排列，水泥砂浆均匀分布填充空隙，气泡被排出，游离水被挤压上升，混凝土填满了模板的各个角落并形成密实体积。机械振实混凝土可以大大减轻工人的劳动强度，减少蜂窝麻面的发生，提高混凝土的强度和密实性，加快模板周转，节约水泥 $10\% \sim 15\%$。影响振动器的振动质量和生产效率的因素是复杂的。当混凝土的配合比、骨料的粒径、水泥的稠度以及钢筋的疏密程度等因素确定之后，振动质量和生产效率取决于"振动制度"，也就是振动的频率、振幅和振动时间等。

②振动机械的选择。

混凝土振动机械按其工作方式分为内部振动器、表面振动器、外部振动器和振动台等。振动机械的构造原理，主要是利用偏心轴或偏心块的高速旋转，使振动器因离心力的作用而振动。具体如图 5-91、图 5-92 所示。

a. 内部振动器：又称插入式振动器，是建筑工地应用最多的一种振动器，适用于振捣梁、柱、墙等构件和大体积混凝土。内部振动器的振捣方法有两种：一是垂直振捣，即振动棒与混凝土表面垂直；二是斜向振捣，即振动棒与混凝土表面夹角为 $40° \sim 45°$。每一振捣点的振捣时间一般为 $20 \sim 30$ s；使用振动器时，不允许将其支承在结构钢筋上或碰撞钢筋，不宜紧靠模板振捣。

b. 表面振动器：又称平板振动器，它是将电动机固定在一块平板上，其振动作用可直接传递到混凝土面层。这种振动器适用于捣实楼板、地面、板形构件和薄壳等薄壁结构。在无

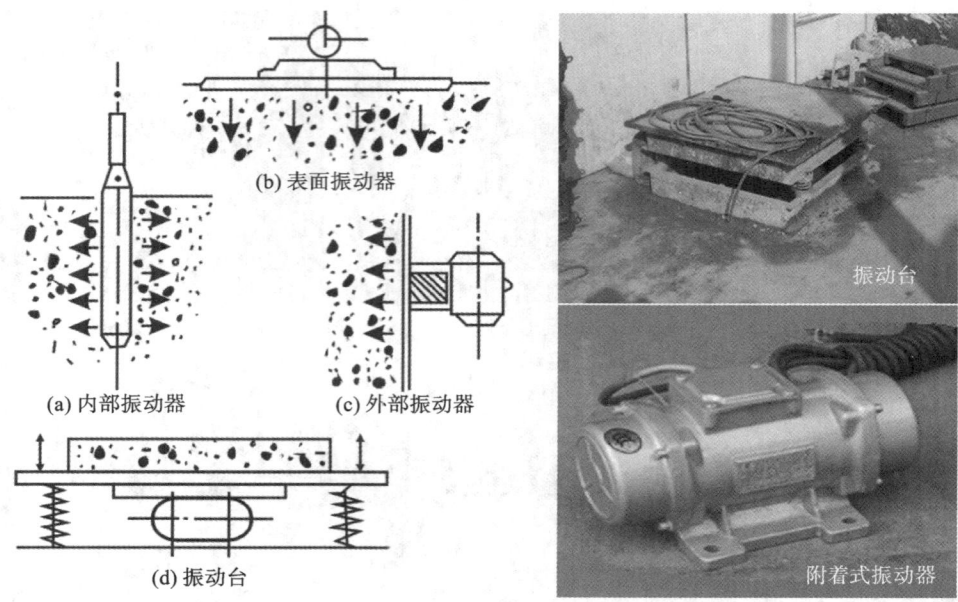

图 5-91　混凝土机械振捣

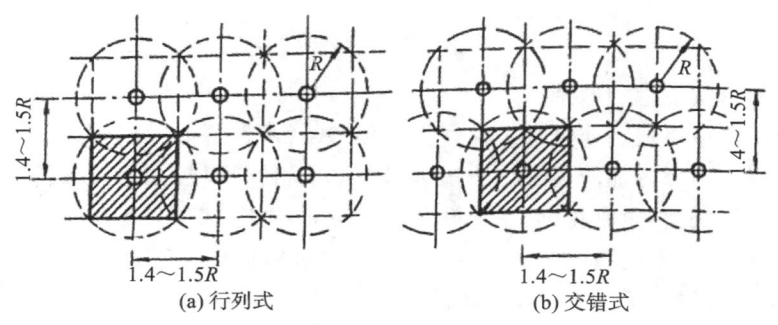

图 5-92　振捣棒插点的分布

筋或单层钢筋结构中,每次振实的厚度不大于 250 mm;在双层钢筋的结构中,每次振实厚度不大于 120 mm。表面振动器的移动间距,应保证振动器的平板覆盖已振实部分的边缘,以使该处的混凝土振实出浆为准。也可进行两遍振实,第一遍和第二遍的方向要互相垂直,第一遍主要使混凝土密实,第二遍则使表面平整。

　　c. 外部振动器:外部振动器又称附着式振动器,它直接安装在模板上进行振捣,利用偏心块旋转时产生的振动力通过模板传给混凝土,达到振实的目的。适用于振捣断面较小或钢筋较密的柱子、梁、板等构件。

　　d. 振动台:振动台一般在预制厂用于振实干硬性混凝土和轻骨料混凝土。宜采用加压振动的方法,压力为 1～3 kN/m²。

　　3. 施工缝或后浇带混凝土浇筑

　　混凝土结构都要求整体浇筑,如因技术或组织上的原因不能连续浇筑,且停顿时间有可能超过混凝土的初凝时间,则应事先确定在适当位置留置施工缝。混凝土的抗拉强度约为其抗压强度的 1/10,因而施工缝是结构中的薄弱环节,遗留在结构剪力较小的部位,同时要方便施工。

（1）施工缝的留置。

施工缝的留置位置应符合下列规定:柱的施工缝宜留置在基础、楼板、梁的顶面,梁和吊车梁牛腿、无梁楼板柱帽的下面;与板连成整体的大截面梁（高超过 1 m）的施工缝留置在板底面以下 20～30 mm 处,板下有梁托时,留置在梁托下部;单向板的施工缝留置在平行于板的短边的任何位置;有主次梁的楼板,施工缝应留置在次梁跨中 1/3 范围内;墙的施工缝留置在门洞口过梁跨中 1/3 范围内,也可留置在纵横墙的交接处;双向受力板、大体积混凝土结构、拱、拱、薄壳、蓄水池、斗仓、多层其他结构复杂的工程,施工缝的位置应按设计要求留置。施工缝的留置如图 5-93 所示。

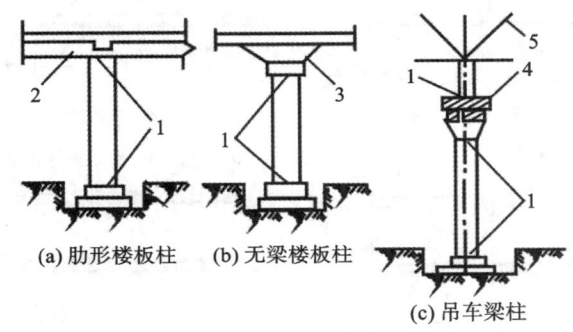

图 5-93　施工缝的留置

1—施工缝;2—梁;3—柱帽;4—吊车梁;5—屋架

（2）后浇带的设置和处理。

后浇带也称施工后浇带,是在现浇整体式钢筋混凝土结构施工期间,为了克服因温度、混凝土收缩而可能产生有害裂缝而设置的变形缝,经一定时间后再进行后浇封闭,形成整体结构。

后浇带一般可同时考虑沉降、收缩、温度作用,它只是一种临时性的措施,待将该处混凝土后浇补齐后,才能充分发挥结构的整体刚度。建筑物结构由后浇带连成整体,因此后浇带施工的质量与结构质量息息相关。

根据《地下工程防水技术规范》《混凝土结构设计规范》《高层建筑混凝土结构技术规程》规定,后浇带按以下方式设置和处理:后浇带宜用于不允许留设变形缝的工程部位,应设在受力和变形较小的部位,宽度宜为 700～1000 mm;由于施工原因需设置后浇带时,应视工程具体结构型式而定,留设位置应按照设计施工。

（3）施工缝或后浇带处混凝土浇筑。

施工缝或后浇带处混凝土浇筑时,结合面应为粗糙面,并应清除浮浆、松动石子、软弱混凝土层;结合面处应洒水湿润,但不得有积水;施工缝处已浇筑混凝土的强度不应小于 1.2 MPa;柱、墙水平施工缝水泥砂浆接浆层厚度不应大于 30 mm,接浆层水泥砂浆应与混凝土浆液成分相同。施工缝构造做法如图 5-94 所示。后浇带构造做法如图 5-95 所示。

后浇带的混凝土应采用补偿收缩混凝土浇筑,为确保新旧混凝土结合,不出现裂纹,后浇带在施工时,浇筑后浇带的混凝土应比后浇带两侧施工的混凝土高一个强度等级,且混凝土内应掺少量的膨胀剂,保证减少浇筑混凝土产生的收缩,保证后浇混凝土和原有混凝土能够很好地连接,并确保新旧混凝土之间不因施工先后产生裂缝。

地下室后浇带的混凝土应在其两侧混凝土龄期达到 42 d(有条件的时间越长越好)后再一次性浇筑,不得留设施工缝。其余部位的后浇带施工应在其两侧混凝土龄期达到 60 d 后再一次性浇筑,不得留设施工缝。当混凝土进入终凝以后即应开始浇水养护,使混凝土外露表面始终保持湿润状态。后浇带混凝土必须充分湿润、覆盖,养护时间不得少于 28 d,以避免后浇带混凝土的收缩,使混凝土接缝更严密。

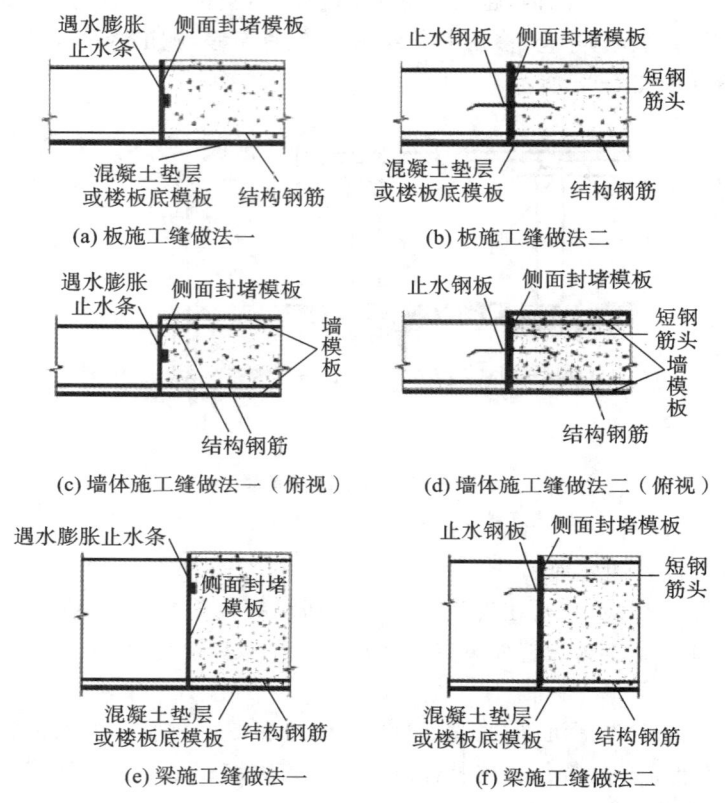

图 5-94　施工缝构造做法

图 5-95　后浇带构造做法

超长结构混凝土浇筑时可进行分仓浇筑,分仓浇筑间隔时间不应少于 7 d;当留设后浇带时,后浇带封闭时间不得少于 14 d;超长整体基础中调节沉降的后浇带,混凝土封闭时间应通过监测确定,应在差异沉降稳定后封闭后浇带;后浇带的封闭时间应经设计单位确认。

4．混凝土的养护与拆模

（1）混凝土养护。

混凝土浇筑捣实后,逐渐凝固硬化,这个过程主要由水泥的水化作用来实现,而水化作用必须在适当的温度和湿度条件下才能完成。因此,为了保证混凝土有适宜的硬化条件,使其强度不断提高,必须对混凝土进行养护。

混凝土浇筑后,如气候炎热、空气干燥,不及时进行养护,混凝土中的水分蒸发过快出现脱水现象,使已形成凝胶体的水泥粒不能充分水化,不能转化为稳定的结晶,缺乏足够的黏结力,从而会在混凝土表面出现片状或粉状剥落,影响混凝土的强度。此外,在混凝土尚未达到足够的强度时,水分过早蒸发,还会产生较大的变形,出现干缩裂缝,影响混凝土的整体性和耐久性。因此,混凝土养护是一个重要的环节,应按照要求,精心进行。

混凝土的养护方法有自然养护和人工养护两大类。现场施工一般为自然养护。自然养护又可分浇水养护,覆盖薄膜、草帘等养护和养生液养护等。

自然养护是指利用平均气温高于 5 ℃的自然条件,用保水材料或草帘等对混凝土加以覆盖后适当浇水,使混凝土在一定的时间内在湿润状态下硬化。

当最高气温低于 25 ℃时,混凝土浇筑完后应在 12 h 以内加以覆盖和浇水;最高气温高于 25 ℃时,应在 6 h 以内开始养护。浇水养护时间的长短视水泥品种定,硅酸盐水泥、普通硅酸盐水泥和矿渣硅酸盐水泥拌制的混凝土,不得少于 7 昼夜;火山灰质硅酸盐水泥和粉煤灰硅酸盐水泥拌制的混凝土或有抗渗性要求的混凝土和强度等级 C60 及以上的混凝土,不得少于 14 昼夜。浇水次数应使混凝土保持足够的湿润状态。

养护初期,水泥的水化反应较快,需水也较多,所以要特别注意在浇筑以后头几天的养护工作,此外,在气温高、湿度低时,也应增加洒水的次数。混凝土必须养护至其强度达到1.2 MPa 以后,方准在其上踩踏和安装模板及支架。也可在构件表面喷洒养护剂来养护混凝土,这适用于不易洒水养护的高耸构筑物和大面积混凝土结构。它是将过氯乙烯树脂塑料溶液用喷枪喷洒在混凝土表面上,溶液挥发后在混凝土表面形成一层塑料薄膜,使混凝土与空气隔绝,阻止水分的蒸发以保证水化作用的正常进行。所选薄膜在养护完成后能自行老化脱落。不能自行脱落的薄膜,不宜于喷洒在要做粉刷的混凝土表面上,在夏季,薄膜成型后要防晒,否则易产生裂纹。

人工养护就是用人工来控制混凝土的养护温度和湿度,使混凝土强度增长,如蒸汽养护、热水养护、太阳能养护等。主要用来养护预制构件,现浇构件大多自然养护。

（2）混凝土拆模。

模板拆除日期取决于混凝土的强度、模板的用途、结构的性质及混凝土硬化时的气温。

不承重的侧模,在混凝土强度能保证其表面棱角不因拆除模板而受损坏时,即可拆除,承重模板,如梁、板等底模,应待混凝达到规定强度后,方可拆除。结构的类型跨度不同,其拆模时混凝土强度不同。

已拆除承重模板的结构,应在混凝土达到规定的强度等级后,才允许承受全部设计荷载。拆模后应由监理（建设）单位、施工单位对混凝土的外观质量和尺寸偏差进行检查,并做好记录。

现浇结构的外观质量缺陷性质,应由监理(建设)单位、施工单位等各方根据其对结构性能和使用功能影响的严重程度按表 5-19 确定。

表 5-19　现浇结构外观质量缺陷性质

名　　称	现　　象	严 重 缺 陷	一 般 缺 陷
露筋	构件内钢筋未被混凝土包裹而外露	纵向受力钢筋有露筋	其他钢筋有少量露筋
蜂窝	混凝土表面缺少水泥砂浆而形成石子外露	构件主要受力部位有蜂窝	其他部位有少量蜂窝
孔洞	混凝土中孔穴深度和长度均超过保护层厚度	构件主要受力部位有孔洞	其他部位有少量孔洞
夹渣	混凝土中夹有杂物且深度超过保护层厚度	构件主要受力部位有夹渣	其他部位有少量夹渣
疏松	混凝土中局部不密实	构件主要受力部位有疏松	其他部位有少量疏松
裂缝	缝隙从混凝土表面延伸至混凝土内部	构件主要受力部位有影响结构性能或使用功能的裂缝	其他部位有少量不影响结构性能或使用功能的裂缝
连接部位缺陷	构件连接处混凝土缺陷及连接钢筋、连接件松动	连接部位有影响结构传力性能的缺陷	连接部位有基本不影响结构传力性能的缺陷
外形缺陷	缺棱掉角、棱角不直、翘曲不平、飞边凸肋等	清水混凝土构件有影响使用功能或装饰效果的外形缺陷	其他混凝土构件有不影响使用功能的外形缺陷
外表缺陷	构件表面麻面、掉皮、起砂、沾污等	具有重要装饰效果的清水混凝土构件有外表缺陷	其他混凝土构件有不影响使用功能的外表缺陷

如发现缺陷,应进行修补。对面积小、数量不多的蜂窝或露石的混凝土,先用钢丝刷或压力水洗刷基层,然后用 1∶2～1∶2.5 的水泥砂浆抹平;对较大面积的蜂窝、露石、露筋应按其全部深度凿去薄弱的混凝土层,然后用钢丝刷或压力水冲刷,再用比原混凝土强度等级高一个级别的细骨料混凝土填塞,并仔细捣实。对影响结构性能的缺陷,应与设计单位研究处理。

五、基础大体积混凝土施工

《大体积混凝土施工标准》(GB 50496—2018)规定:混凝土结构物实体最小几何尺寸不小于 1 m 的大体量混凝土,或预计会因混凝土中胶凝材料水化引起的温度变化和收缩而导致有害裂缝产生的混凝土,称为大体积混凝土。

现代建筑中时常涉及大体积混凝土施工,如高层楼房基础、大型设备基础、水利大坝等。它主要的特点就是体积大,最小断面的任何一个方向的尺寸最小为 0.8 m。它的表面系数比较小,水泥水化热释放比较集中,内部升温比较快。混凝土内外温差较大时,会使混凝土产生温度裂缝,影响结构安全和正常使用。

大体积混凝土工程施工应符合《大体积混凝土施工标准》(GB 50496—2018)的规定。

1. 大体积混凝土的浇筑方案

大体积混凝土浇筑时宜从低处开始,沿长边方向自一端向另一端进行。当混凝土供应量有保证时,可多点同时浇筑。

大体积钢筋混凝土结构的浇筑方案,一般分为全面分层、分段分层和斜面分层三种,如图 5-96 所示。全面分层,即在第一层浇筑完毕后,再回头浇筑第二层,如此逐层浇筑,直至完工为止;分段分层,即混凝土从底层开始浇筑,进行 2～3 m 后再回头浇第二层,同样依次浇筑各层;斜面分层,要求斜坡坡度不大于 1/3,适用于结构长度超过厚度 3 倍的情况。

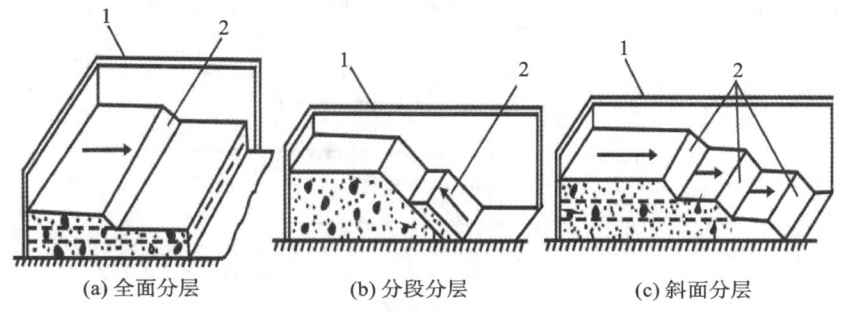

(a) 全面分层　　　　(b) 分段分层　　　　(c) 斜面分层

图 5-96　大体积钢筋混凝土结构的浇筑方案

1—模板;2—新浇筑的混凝土

2. 大体积混凝土的养护

混凝土浇捣后能逐渐凝结硬化,主要是因为水泥水化作用,而水化作用需要适当的湿度和温度。

(1)在混凝土浇筑完毕后,应在 12 h 以内覆盖和浇水;干硬性混凝土应于浇筑完毕后立即进行养护。常用的混凝土的养护方法是自然养护法,如图 5-97 所示。

(2)规定合理的拆模时间,延缓降温的时间和速度,从而充分发挥混凝土的"应力松弛效应"。

(3)加强对混凝土的温度监测与管理,实行信息化控制,随时对混凝土内的温度变化进行控制,使其内外温差控制在 25 ℃以内,面温差和底面温差均控制在 20 ℃以内。

(a) 覆盖塑料薄膜　　　　(b) 覆盖草帘　　　　(c) 柱子拆模后用塑料布包裹并浇水养护

图 5-97　混凝土自然养护

（4）保湿养护的持续时间不得少于 14 d，应经常检查塑料薄膜或养护剂涂层的完整情况，保持混凝土表面湿润。及时调整保温及养护措施，使混凝土的温度梯度和湿度不致过大，以有效地控制结构裂缝的出现。

3. 大体积混凝土的裂缝形式

近代混凝土的研究，使裂缝理论逐渐由宏观理论向微观理论过渡。

混凝土的微观裂缝：宽度一般在 0.05 mm 以下，肉眼不可见的裂缝。微观裂缝出现的三种形式：粘着裂缝、水泥石裂缝、骨料裂缝。前两种形式的裂缝较多，且这些裂缝分布不规则、不贯穿，混凝土仍可承受拉力。混凝土的宏观裂缝：宽度大于 0.05 mm，肉眼可见的裂缝。宏观裂缝是微观裂缝扩展的结果。

大体积混凝土出现的裂缝按深度可分为以下三种：表面裂缝、深层裂缝、贯穿裂缝，如图 5-98 所示。

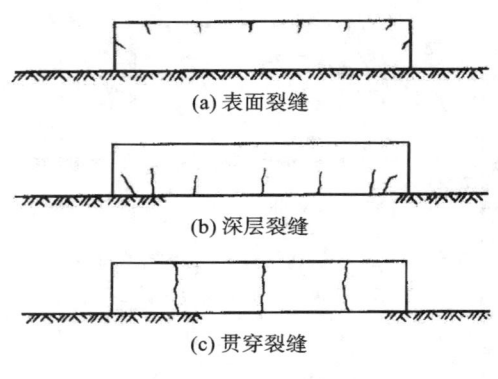

(a) 表面裂缝

(b) 深层裂缝

(c) 贯穿裂缝

图 5-98 温度裂缝

4. 大体积混凝土裂缝产生的主要原因

（1）水泥水化热的影响。水泥在水化反应过程中产生大量的热量，这是大体积混凝土内部温升的主要热量来源。大体积混凝土截面厚度大，而且混凝土的导热性能较差，水化热聚集在结构内部不易散发，所以会引起混凝土内部急剧升温。随着混凝土龄期的增长，混凝土的弹性模量和强度都不断提高，对混凝土降温收缩变形的约束越来越强，即产生很大的温度应力，当混凝土的抗拉强度不足以抵抗此温度应力时，便产生温度裂缝。

水化热引起的绝热温升与混凝土单位体积内的水泥用量和水泥品种有关，并随混凝土的龄期按指数关系增长，一般 10 d 左右达到最终绝热温升。但由于结构自然散热，实际混凝土内部的最高温度，大多发生在混凝土浇筑后的 3～5 d。

（2）内外约束条件的影响。混凝土结构产生温度应力时，变形会受到其他结构的外约束和混凝土自身不同部分间的内约束。大体积混凝土产生的内约束应力比较大，一般混凝土结构主要考虑外约束应力。与地基浇筑在一起的混凝土结构，在温度变化时受到下部地基的约束，产生外部约束应力，温度从最高值开始下降，混凝土产生较大的拉应力，若拉应力超过抗拉强度，混凝土就会出现裂缝。

（3）外界气温变化的影响。混凝土的浇筑温度与外界气温有着直接关系，外界气温越高，混凝土的浇筑温度也越高，如果外界气温下降，会增加混凝土的温度梯度，特别是气温骤然下降，会大大增加外层混凝土与内部混凝土的温差，因而会造成过大的温度应力，易使大体积混凝土出现裂缝。温度应力是由温差引起的变形造成的。温差越大,温度应力也越大。

(4) 混凝土塑性收缩。在混凝土硬化之前,混凝土处于塑性状态,如果上部混凝土的均匀沉降受到限制,比如遇到钢筋或大的混凝土骨料,或者平面面积较大的混凝土,其水平方向的减缩比垂直方向更难时,就容易形成一些不规则的混凝土塑性收缩性裂缝。

(5) 混凝土的变形。混凝土在水泥水化过程中要产生一定的体积变形,但多数是收缩变形,少数是膨胀变形。掺入混凝土中的拌和水,约有 20% 的水分是水泥水化所必需的,其余 80% 将逐渐蒸发,最初失去的自由水几乎不引起混凝土的收缩变形,但随着混凝土的不断干燥而使吸附水逸出,就会出现干缩变形。

混凝土的收缩变形除干燥收缩外,还有碳化变形,即空气中的 CO_2 与混凝土水泥石中的 $Ca(OH)_2$ 反应生成碳酸钙 $CaCO_3$,放出结合水而使混凝土收缩。

5. 大体积混凝土防裂技术措施

宜采取以保温保湿养护为主体,"抗放兼施"为主导的大体积混凝土温控措施。在大体积混凝土工程设计、混凝土强度等级选择、混凝土后期强度利用、混凝土材料选择、配合比的设计、制备、运输、施工,混凝土的保温保湿养护以及在混凝土浇筑硬化过程中浇筑体内温度及温度应力的监测和应急预案的制定等技术环节,采取一系列的技术措施防控混凝土裂缝。

(1) 大体积混凝土工程施工前,宜对施工阶段大体积混凝土浇筑体的温度、温度应力及收缩应力进行试算,并确定施工阶段大体积混凝土浇筑体的升温峰值、里表温差及降温速率的控制指标,制定相应的温控技术措施。温控指标符合下列规定。

① 混凝土入模温度不宜大于 30 ℃;混凝土浇筑体最大温升值不宜大于 50 ℃。

② 在养护阶段,混凝土浇筑体表面(以内约 50 mm 处)温度与混凝土浇筑体内里(约 2 面处)温度差值不应大于 25 ℃,结束养护时,混凝土浇筑体表面温度与环境温度最大差值不应大于 25 ℃。

③ 混凝土浇筑体内部相邻两测温点的温度差值不应大于 25 ℃。混凝土的降温速率不宜大于 20 ℃/d;当有可靠经验时,降温速率要求可适当放宽。

(2) 大体积混凝土配合比的设计除应符合工程设计所规定的强度等级、耐久性、抗压性、体积稳定性等要求外,尚应符合大体积混凝土施工工艺特性的要求,并应符合合理使用材料、减少水泥用量、降低混凝土绝热温升值的要求。

(3) 在确定混凝土配合比时,应根据混凝土的绝热温升、温控施工方案的要求等,提出混凝土制备时粗细骨料和拌和用水及入模温度控制的技术措施,如降低拌和水温度、拌和水中加冰屑或用地下水;骨料用水冲洗降温,避免暴晒等。

(4) 在混凝土制备前,应进行常规配合比试验,并应进行水化热、泌水率、可泵性等对大体积混凝土控制裂缝所需的技术参数的试验;必要时其配合比设计应当通过试泵送验证。

(5) 大体积混凝土应选用中、低热硅酸盐水泥或低热矿渣硅酸盐水泥,大体积土施工所用水泥其 3 d 的水化热不宜大于 240 kJ/kg,7 d 的水化热不宜大于 270 kJ/kg。

(6) 大体积混凝土配制可掺入缓凝、减水、微膨胀的外加剂,外加剂应符合现行国家标准《混凝土外加剂》(GB 8076—2008)、《混凝土外加剂应用技术规范》(GB 50119—2013)和有关环境保护的规定。

(7) 及时覆盖保温保湿材料进行养护,并加强测温监控管理。

(8) 超长大体积混凝土应采取留置变形缝、后浇带或采取跳仓法施工,控制结构不出现有害裂缝。

（9）结合结构配筋，配置控制温度和收缩的构造钢筋。

（10）大体积混凝土浇筑宜采用二次振捣工艺，浇筑面应及时进行二次抹压处理，减少表面收缩裂缝。

六、混凝土工程施工质量验收与评定方法

混凝土工程的施工质量检验应区分主控项目、一般项目，并按规定的检验方法进行检验。检验批质量合格应符合下列规定：主控项目的质量经抽样检验合格；一般项目的质量经抽样检验合格；当采用计数检验时，除有专门要求外，一般项目的合格率应达到 80% 及以上，且不得有严重缺陷；具有完整的施工操作依据和质量验收记录。

1. 主控项目

（1）水泥进场时应对其品种、级别、包装或散装仓号、出厂日期等进行检查，并应对其强度、安定性及其他必要的性能指标进行复验，其质量必须符合现行国家标准的要求。当在使用中对水泥质量有怀疑或水泥出厂超过三个月（快硬硅酸盐水泥超过一个月）时，应进行复验，并按复验结果使用。

钢筋混凝土结构、预应力混凝土结构中，严禁使用含氯化物的水泥。

检查数量：按同一生产厂家、同一等级、同一品种、同一批号且连续进场的水泥袋装不超过 200 t 为一批，散装不超过 500 t 为一批，每批抽样不少于一次。

检验方法：检查产品合格证、出厂检验报告和进场复验报告。

（2）混凝土中掺用外加剂的质量及应用技术应符合现行国家标准和有关环境保护的规定。预应力混凝土结构中，严禁使用含氯化物的外加剂。钢筋混凝土结构中，当使用含氯化物的外加剂时，混凝土中氯化物的总含量应符合现行国家标准的规定。

检查数量：按进场的批次和产品的抽样检验方案确定。

检验方法：检查产品合格证、出厂检验报告和进场复验报告。

（3）为保证混凝土强度等级、耐久性和工作性能等，应按《普通混凝土配合比设计规程》（JGJ 55—2011）的有关规定进行配合比设计。对有特殊要求的混凝土，其配合比设计尚应符合国家现行有关标准的规定。

检验方法：检查配合比设计资料。

（4）结构混凝土的强度等级必须符合设计要求。用于检查结构构件混凝土强度的试件，应在混凝土的浇筑地点随机抽取。取样与试件留置应符合下列规定。

每拌制 100 盘且不超过 100 m³ 的同配合比的混凝土，取样不得少于一次；每工作班拌制的同一配合比的混凝土不足 100 盘时，取样不得少于一次；当一次连续浇筑超过 1000 m³ 时，同一配合比的混凝土每 200 m³ 取样不得少于一次；每一楼层、同一配合比的混凝土，取样不得少于一次；每次取样应至少留置一组标准养护试件，同条件养护试件的留置组数应根据实际需要确定。

检验方法：检查施工记录及试件强度试验报告。

（5）对有抗渗要求的混凝土结构，其混凝土试件应在浇筑地点随机取样。同一工程、同一配合比的混凝土，取样不应少于一次，留置组数可根据实际需要确定。

检验方法:检查试件抗渗试验报告。

(6)混凝土原材料每盘称量的允许偏差:水泥、掺合料,±5％;粗、细骨料,±3％;水、外加剂,±2％。

检查数量:每工作班抽查不应少于一次。当遇雨天或含水率有显著变化时,应增加含水率检测次数,并及时调整水和骨料的用量。

检验方法:复称。

(7)混凝土运输、浇筑及间歇的全部时间不应超过混凝土的初凝时间。同一施工段的混凝土应连续浇筑,并应在底层混凝土初凝之前将上一层混凝土浇筑完毕。

当底层混凝土初凝后浇筑上一层混凝土时,应按施工技术方案中对施工缝的要求进行处理。

检查数量:全数检查。

检验方法:观察,检查施工记录。

(8)现浇结构的外观质量不应有严重缺陷。对已经出现的严重缺陷,应由施工单位提出技术处理方案,并经监理(建设)单位认可后进行处理。对经处理的部位,应重新检查验收。

检查数量:全数检查。

检验方法:观察,检查技术处理方案。

(9)现浇结构不应有影响结构性能和使用功能的尺寸偏差。对超过尺寸允许偏差且影响结构性能和安装、使用功能的部位,应由施工单位提出技术处理方案,并经监理(建设)单位认可后进行处理。对经处理的部位,应重新检查验收。

检查数量:全数检查。

检验方法:量测,检查技术处理方案。

2.一般项目

(1)混凝土中掺用矿物掺合料,粗、细骨料及拌制混凝土用水的质量应符合现行国家标准的规定。

检查数量:按进场的批次和产品的抽样检验方案确定。

检验方法:检查出厂合格证和进场复验报告,对粗、细骨料,检查进场复验报告,对拌制混凝土用水,检查水质试验报告。

(2)首次使用的混凝土配合比应进行开盘鉴定,其工作性能应满足设计配合比的要求。开始生产时应至少留置一组标准养护试件,作为验证配合比的依据。

检验方法:检查开盘鉴定资料和试件强度试验报告。

(3)混凝土拌制前,应测定砂、石含水率并根据测试结果调整材料用量,提出施工配合比。

检查数量:每工作班检查一次。

检验方法:检查含水率测试结果和施工配合比通知单。

(4)施工缝、后浇带的位置应在混凝土浇筑前按设计要求和施工技术方案确定。施工缝处理、后浇带混凝土浇筑应按施工技术方案执行。

检查数量:全数检查。

检验方法:观察,检查施工记录。

（5）现浇结构和混凝土设备基础拆模后的尺寸允许偏差及检验方法应符合表 5-20、表 5-21 的规定。

表 5-20 现浇结构拆模后的尺寸允许偏差及检验方法

项 目		允许偏差/mm	检 验 方 法
轴线位移	整体基础	15	经纬仪及尺量
	独立基础	10	
	柱、墙、梁	8	尺量
标高	层高	±10	用水准仪或拉线、尺量
	全高	±30	
截面尺寸	基础	+8，-5	尺量
	柱、梁、板、墙	+10，-5	
	楼梯相邻踏步高差	6	
垂直度	层高	≤6 m	10	用经纬仪或吊线、尺量
		>6 m	12	
	全高（H）	≤300 m	$H/30000+20$	经纬仪、尺量
		>300 m	$H/10000$，且≤80	
表面平整度		8	2 m 靠尺和塞尺量测
预埋设施中心线位置	预埋件	10	尺量
	预埋螺栓	5	
	预埋管	5	
	其他	10	
预留洞、孔中心线位置		15	尺量
电梯井	中心位置	10	尺量
	长、宽尺寸	+25，0	

注：检查柱轴线、中心线位置时，应沿纵、横两个方向量测，并取其中的较大值；H 为全高，单位为 mm。

表 5-21 混凝土设备基础拆模后的尺寸允许偏差及检验方法

项 目		允许偏差/mm	检 验 方 法
坐标位置		20	经纬仪及尺量
不同平面的标高		0，-20	水准仪或拉线、尺量
平面外形尺寸		±20	尺量
凸台上平面外形尺寸		0，-20	
凹槽尺寸		+20，0	
平面水平度	每米	5	水平尺、塞尺测量
	全长	10	水准仪或拉线、尺量

续表

项　　目		允许偏差/mm	检 验 方 法
垂直度	每米	5	经纬仪或吊线、尺量
	全高	10	
预埋地脚螺栓	中心位置	2	尺量
	顶标高	+20,0	水准仪或拉线、尺量
	中心距	±2	尺量
	垂直度	5	吊线、尺量
预埋地脚螺栓孔	中心位置	10	尺量
	顶标高	+20,0	尺量
	中心距	+20,0	尺量
	垂直度	$h/100$ 且≤10	吊线、尺量
预埋活动地脚螺栓锚板	标高	+20,0	水准仪或拉线、尺量
	中心位置	5	尺量
	带槽锚板平整度	5	塞尺、直尺量测
	带螺纹孔锚板平整度	2	

注：检查坐标、中心线位置时，应沿纵、横两个方向量测，并取其中的较大值；h 为预埋地脚螺栓孔孔深。

检查数量：按楼层、结构缝或施工段划分检验批。在同一检验批内，对梁、柱、独立基础，应抽查构件数量的 10%，且不少于 3 件；对墙和板，应按有代表性的自然间抽查 10%，且不少于 3 间；对大空间结构，墙可按相邻轴线间高度 5 m 左右划分检查面，板可按纵、横轴线划分检查面，抽查 10%，且均不少 3 面；对电梯井，应全数检查；对设备基础，应全数检查。

学习情境四　混凝土冬雨季施工

一、混凝土结构工程冬期施工

根据当地多年气象资料统计，当室外日平均气温连续 5 d 稳定低于 5 ℃时，应采取冬期施工措施；当室外日平均气温连续 5 d 稳定高于 5 ℃时，可解除冬期施工措施。当混凝土未达到受冻临界强度而气温又降至 0 ℃以下时，应按冬期施工的要求采取防护措施。工程越冬期间，应采取维护保温措施。

混凝土冻害的危害包括降低混凝土强度，造成混凝土裂缝，导致混凝土中钢筋的锈蚀，降低混凝土耐久性能，如图 5-99 所示。

试验证明，混凝土的早期冻害是内部的水结冰所致。冬期施工时，气温低，水泥水化作用减弱，新浇混凝土强度增长明显延缓，当温度降至 0 ℃以下时，水泥水化作用基本停止，混凝土强度亦停止增长。特别是温度降至混凝土冰点温度以下时，混凝土中的游离水开始结

(a) 混凝土"便秘"　　　　　　　(b) 混凝土冻裂　　　　　　　(c) 混凝土起皮起砂

图 5-99　混凝土冻害

冰,结冰后的水体积膨胀约 9%,在混凝土内部产生冰胀应力,使强度尚低的混凝土结构内部产生微裂隙,同时降低了水泥与砂石和钢筋的黏结力,导致结构强度降低。受冻的混凝土在解冻后,其强度虽能继续增长,但已不能达到原设计的强度等级。混凝土在浇筑后立即受冻,抗压强度约损失 50%,抗拉强度约损失 40%。受冻前混凝土养护时间越长,所达到的强度越高,水化物生成越多,能结冰的游离水就越少,强度损失就越低。试验还证明,混凝土遭受冻结带来的危害与遭冻的时间早晚、水胶比、水泥标号、养护温度等有关。

冬期浇筑的混凝土在受冻以前必须达到的最低强度称为混凝土受冻临界强度。我国现行规范规定:采用蓄热法、暖棚法、加热法等施工的普通混凝土,采用硅酸盐水泥、普通硅酸盐水泥配制时,其受冻临界强度不应小于设计混凝土强度等级值的 30%,采用矿渣硅酸盐水泥、粉煤灰硅酸盐水泥、火山灰质硅酸盐水泥、复合硅酸盐水泥时,不应小于设计混凝土强度等级值的 40%;当室外最低气温不低于 −15 ℃时,采用综合蓄热法、负温养护法施工的混凝土受冻临界强度不应小于 4.0 MPa;当室外最低气温不低于 −30 ℃时,采用负温养护法施工的混凝土受冻临界强度不应小于 5.0 MPa;对强度等级等于或高于 C50 的混凝土,不宜小于设计混凝土强度等级值的 30%;对有抗渗要求的混凝土,不宜小于设计混凝土强度等级值的 50%;对有抗冻耐久性要求的混凝土,不宜小于设计混凝土强度等级值的 70%;当采用暖棚法施工的混凝土中掺入早强剂时,可按综合蓄热法受冻临界强度取值;当施工需要提高混凝土强度等级时,应按提高后的强度等级确定受冻临界强度。

1. 冬期施工的特点、原则和施工种类

1) 冬期施工的特点

(1) 冬期施工期是质量事故多发期。在冬期施工中,长时间的负低温,大的温差、强风、降雪和反复的冰冻,经常造成建筑施工的质量事故。据资料分析,有三分之二的工程质量事故发生在冬期,尤其是混凝土工程。

(2) 冬期施工质量事故发现滞后性。冬期发生质量事故往往不易觉察,到春天解冻时,一系列质量问题才暴露出来。这种事故发现的滞后性给处理带来很大的困难。

(3) 冬期施工的计划性和准备工作时间性很强。冬期施工时,常由于时间紧促,仓促施工,发生质量事故。

2) 冬期施工的原则

为了保证冬期施工的质量,凡进行冬期施工的工程项目,应编制冬期施工专项方案。冬期施工专项方案应做到技术先进、经济合理、安全适用，在确保工程质量的前提下，做到增加的措施费用最少；所需的热源及技术措施材料有可靠的来源，并使消耗的能源最少；工期能满足规定要求。

3）冬季混凝土施工种类

冬季混凝土施工方法有很多，但主要有调整配合比方法、蓄热法和综合蓄热法、外部加热法、负温养护法。

2．混凝土冬期施工的要求

一般情况下，混凝土冬期施工时应在正温下浇筑，在正温下养护，使混凝土强度在冰冻前达到受冻临界强度，对原材料和施工过程均要有必要的措施，来保证混凝土的施工质量。

1）混凝土的运输

混凝土的运输过程是热损失的关键阶段，应采取必要的措施减少凝土的热损失，同时应保证混凝土的和易性。常用的主要措施为减少运输时间和距离，使用大体积的运输工具并采取必要的保温措施，以保证混凝土入模温度不低于5 ℃，如图 5-100 所示。

2）混凝土的浇筑

图 5-100　混凝土运输车搅拌筒加设保温套

混凝土在浇筑前，应清除模板和钢筋上的冰雪和污垢。

冬期不得在强冻胀性地基土上浇筑混凝土，当在弱冻胀性地基土上浇筑混凝土时，地基土应进行保温，以免遭冻。对加热养护的现浇混凝土结构，混凝土的浇筑程序和施工缝的位置，应能防止在加热养护时产生较大的温度应力。

冬期施工混凝土振捣应用机械振捣，振捣时间应比常温时有所增加。

冬季混凝土浇筑要点如下。

（1）为保证混凝土的浇筑质量，防止热量散失过多影响质量，混凝土运至施工现场浇筑地点后应尽快浇筑，宜在 90 min 内卸料；采用翻斗车运输时，宜在 60 min 内卸料。

（2）冬期施工期间泵车润管水不得放入模板内；润管用过的砂浆也不得放入模板内，更不能集中浇筑在构件结构内。

（3）在浇筑过程中，施工单位应随时观察混凝土拌和物的均匀性和稠度变化。当浇筑现场发现混凝土坍落度及相关要求发生变化时，应及时与混凝土公司联系，以便及时进行调整。进入浇筑现场的混凝土严禁随意加水，更应杜绝边加水边泵送浇筑的行为发生。

（4）当楼板、梁、墙、柱一起浇筑时，先浇筑墙柱，待混凝土沉实后，再浇筑梁和楼板。浇筑墙、柱等较高构件时，一次浇筑高度以混凝土不离析为准，一般每层不超过 500 mm，捣平后再浇筑上层，浇筑时更注意振捣到位，使混凝土充满试模，不再显著下沉，无明显气泡排出。

（5）分层浇筑大型整体式结构混凝土时，已浇筑层的混凝土温度在未被上一层混凝土覆盖前不应低于 2 ℃。采用加热养护时，养护前的温度不得低于 2 ℃。

（6）混凝土的入模温度不得低于 5 ℃，浇筑后，对混凝土结构易冻部位，必须加强保温以防冻害。

3）适时合理的抹压

（1）冬期混凝土初凝时间一般为 8～12 小时，终凝为 12～16 小时。因此应适当把握抹面时机，并在初凝前（用手轻按表面可留下指痕）进行二次抹面，以减少表面裂缝。混凝土墙、柱等边模的拆模时间应适当延长，以避免表面发生脱皮等影响外观质量。

（2）混凝土初凝前用刮尺赶平，用木抹子第一次抹面，初凝后到终凝前用铁抹子碾压表面数遍，将表面不均匀、不规则裂缝闭合，最后用收光抹子第二次抹面，闭合收水裂缝，随后立即在混凝土表面覆盖塑料薄膜，使混凝土内蒸发的游离水积在混凝土表面进行保温养护，再在薄膜上盖草帘子。

3. 混凝土冬期施工养护方法

混凝土工程冬期施工应根据自然气温条件、结构类型、工期要求，拟定混凝土在硬化过程中防止早期受冻的各种措施、确定混凝土工程冬期施工养护方法。

混凝土冬期施工养护方法有两大类：一类是人为地创造一个正温环境，以保证新浇筑的混凝土强度能够正常地不间断地增长，甚至可以加速增长，主要方法有蓄热养护法、综合蓄热养护法、蒸汽养护法、暖棚养护法；第二类为混凝土负温养护法，是在拌制混凝土时，加入适量的外加剂，可以降低水的凝固点，使混凝土中的水在负温下保持液态，能继续与水泥进行水化作用，使得混凝土强度得以在负温环境中持续增长。这种方法一般不再对混凝土加热。

在选择混凝土冬期施工方法时，应保证混凝土尽快达到冬期施工临界强度，避免遭受冻害；一个理想的施工方案，首先应当在杜绝混凝土早期受冻的前提下，在最短的施工期限内，用最低的冬期施工费用，获得优良的施工质量。

下面介绍常用的混凝土工程冬期施工养护方法。

（1）调整配合比方法。

调整配合比方法主要适用于在 0 ℃ 左右的混凝土施工，具体做法如下。

①选择适当品种的水泥是提高混凝土抗冻性能的重要手段。试验结果表明，应使用早强硅酸盐水泥。该水泥水化热较大，且在早期放出强度最高，一般 3 天抗压强度大约相当于普通硅酸盐水泥的 7 天强度，效果较明显。

②尽量降低水灰比，稍增水泥用量，从而增加水化热量，缩短达到龄期强度的时间。

③选择颗粒硬度高和缝隙少的集料，使其热膨胀系数和周围砂浆膨胀系数相同。

④适当添加相应的外加剂。

（2）外部加热法。

外部加热法主要用于气温 −10 ℃ 以下，而构件并不厚大的工程。通过加热混凝土构件周围的空气，将热量传给混凝土，或直接对混凝土加热，使混凝土处于正温条件下正常硬化。

①火炉加热。一般在较小的工地使用，方法简单，但室内温度不高，比较干燥，且放出的二氧化碳会使新浇混凝土表面碳化，影响质量。

②蒸汽加热。用蒸汽使混凝土在湿热条件下硬化。此法较易控制，加热温度均匀。但因其需要专门的锅炉设备，费用较高，且热损失较大，劳动条件亦不理想。

③电加热。将钢筋作为电极，或将电热器贴在混凝土表面，使电能转化为热能，以提高混凝土的温度。此方法简单方便，热损失较少，易控制，不足之处是电能消耗大。

④红外线加热。以高温电加热或气体红外线发生器，对混凝土进行密封辐射加热。

（3）蓄热养护法和综合蓄热养护法。

蓄热养护法是在混凝土浇筑后，对原材料（水、砂、石）进行加热，使混凝土在搅拌、运输和浇灌以后还储备相当的热量，以使水泥水化放热较快，并加强对混凝土的保温，以保证在温度降到 0 ℃以前使新浇混凝土具有足够的抗冻能力。此法工艺简单，施工费用不多，但要注意内部保温，避免角部与外露表面受冻，且要延长养护龄期。

当室外最低温度不低于－15 ℃时，地面以下的工程，或表面系数不大于 5 m^{-1}的结构，宜采用蓄热法养护。对结构易受冻的部位，应加强保温措施。当室外最低气温不低于－15 ℃时，对于表面系数为 5 m^{-1}～15 m^{-1}的结构，宜采用综合蓄热养护法，围护层散热系数宜控制在 50～200 kJ/（m^3·h·K）之间；综合蓄热法施工的混凝土中应掺入早强剂或早强型复合外加剂，并应具有减水、引气作用。

蓄热养护法和综合蓄热养护法施工时，在混凝土浇筑后应采用塑料布等防水材料对外露表面覆盖并保温，边、棱角部位的保温层厚度应增大到面部位的 2～3 倍。混凝土在养护期间应防风、防失水。混凝土冬季蓄热养护如图 5-101 所示。

图 5-101　混凝土冬季蓄热养护

为了确保原材料的加热温度，正确选择保温材料，使混凝土在冷却到 0 ℃以下时，其强度达到或超过受冻临界强度，施工时必须进行热工计算。热工计算按热平衡原理进行，即 1 m^{3}混凝土从浇筑结束至温度降至 0 ℃时，所放出的热量，应等于混凝土拌和物所含热量及水泥的水化热之和。混凝土的热工计算法方法见《建筑工程冬期施工规程》附录 A。

（4）混凝土负温养护法。

混凝土负温养护法是在混凝土中加入适量的抗冻剂、早强剂、减水剂及加气剂，使混凝土在负温下能继续水化，提高强度。

混凝土负温养护法适用于不易加热保温，且对强度增长要求不高的一般混凝土结构工程；负温养护法施工的混凝土，应以浇筑后 5 d 内的预计日最低气温来选用防冻剂，起始养护温度不应低于 5 ℃。混凝土浇筑后，裸露表面应采取保湿措施；同时，应根据需要采取必要的保温覆盖措施。混凝土负温养护法施工应加强测温，在达到受冻临界强度之前应每隔 2 h 测量一次；在混凝土达到受冻临界强度后，可停止测温。当室外最低气温不低于－15 ℃时，采用负温养护法施工的混凝土受冻临界强度不应小于 4.0 MPa；当室外最低气温不低于－30 ℃时，采用负温养护法施工的混凝土受冻临界强度不应小于 5.0 MPa。

混凝土冬期施工中常用外加剂的种类如下。

①减水剂。能改善混凝土的和易性及拌和用水量，降低水胶比，提高混凝土的强度和耐久性。常用的减水剂有木质素系减水剂、萘磺酸盐系减水剂、水溶性树脂减水剂。

②早强剂。早强剂是加速混凝土早期强度发展的外加剂,可以在常温、低温或负温(不低于-5 ℃)条件下加速混凝土硬化过程。常用的早强剂主要有氯化钠、氧化钙、硫酸钠、亚硝酸钠、三乙醇胺、碳酸钾等。

大部分早强剂同时具有降低水的冰点,使混凝土在负温情况下继续水化,增加强度,起到防冻的作用。

③引气剂。引气剂是指在混凝土搅拌过程中,在保持混凝土配合比不变的情况下,加入引气剂后生成的气泡,相应增加了水泥浆的体积,改善混凝土拌和物的和易性、粘聚性及保水性,减少用水量,缓冲混凝土内水结冰所产生的水压力,显著提高混凝土的抗冻性和耐久性。常用的引气剂有松香热聚物、松香皂、烷基苯酸盐等。

④阻锈剂。氯盐类外加剂对混凝土中的金属预埋件有锈蚀作用。阻锈剂能在金属表面形成一层氧化膜,阻止金属的锈蚀。常用的阻锈剂有亚硝酸钠、重铬酸钾等。

⑤抗冻剂。在-10 ℃以上的气温中,对混凝土拌和物掺加一种能够降低水的冰点的化学剂,使混凝土在负温下仍处于液相状态,水化作用能继续进行,从而使混凝土强度继续提高。目前常用的有氧化钙、氯化钠等单抗冻剂及亚硝酸钠加氯化钠复合抗冻剂。

混凝土冬期施工中外加剂的配用,应满足抗冻、早强的需要;对结构钢筋无锈蚀作用;对混凝土后期强度和其他物理力学性能无不良影响;同时应适应结构工作环境的需要。单一的外加剂常不能完全满足混凝土冬期施工的要求,一般宜采用复合配方。常用的复合配方有下面几种类型。

①氯盐类外加剂。氯盐类外加剂主要有氯化钠、氯化钙,其价廉、易购买,但对钢筋有锈蚀作用。一般钢筋混凝土中,掺量按无水状态计算不得超过水泥重量的 1%;无筋混凝土中,采用热材料拌制的混凝土,氯盐量不得大于水泥重量的 3%;采用冷材料拌制时,氯盐掺量不得大于拌和水重量的 15%。用氯盐的混凝土必须振密实,且不宜采用蒸汽养护。在下列工作环境中的钢筋混凝土结构中不得掺用氯盐:在高湿度空气环境中使用的结构;处于水位升降部位的结构;露天结构或经常受水淋的结构;有镀锌钢材或与铝铁相接触部位的结构,以及有外露钢筋、预埋件而无防护措施的结构;与含有酸、碱和硫酸盐等侵蚀性介质相接触的结构;使用过程中经常处于环境温度为60 ℃以上的结构;使用冷拉钢筋或冷拔低碳钢丝的结构;薄壁结构、中级或重级工作制吊车梁、屋架、落锤或锻锤基础等结构;电解车间和直接靠近直流电源的结构;直接靠近高压(发电站、变电所)的结构;预应力混凝土结构。

②硫酸钠-氯化钠复合外加剂。当气温在-5~-3 ℃时,氯化钠和亚硝酸钠掺量分别为1%;当气温在-8~-5 ℃时,其掺量分别为 2%。这种配方的复合外加剂不能用于高温湿热环境及预应力结构中。

③亚硝酸钠-硫酸钠复合外加剂。当气温分别为-3 ℃、-5 ℃、-8 ℃、-10 ℃时,亚硝酸钠的掺量分别为水泥重量的 2%、4%、6%、8%。亚硝酸钠-硫酸钠复合外加剂在负温下有较好的促凝作用,能使混凝土强度较快增长,且对混凝土有塑化作用,对钢筋无锈蚀作用。

使用亚硝酸钠-硫酸钠复合外加剂时,宜先将其溶解在30~50 ℃的温水中,配成浓度不大于 20%的溶液。施工时混凝土的出机温度不宜低于10 ℃,浇筑成型后的温度不宜低于5 ℃,在有条件时,应尽量提高混凝土的温度,浇筑成型后应立即覆盖保温,尽量延长混凝土的正温养护时间。

④三乙醇胺复合外加剂。当气温低于−15 ℃时,还可掺入适量的氯化钙。三乙醇胺在早期正温条件下起早强作用,当混凝土内部温度下降到 0 ℃以下时,氯盐又在其中起抗冻作用使混凝土继续硬化。混凝土浇筑入仓温度应保持在 15 ℃以上,浇筑成型后应马上覆盖保温,使混凝土在 0 ℃以上温度达 72 h 以上。

混凝土冬期外加剂法施工时,混凝土的搅拌、浇筑及外加剂的配制必须设专人负责,其掺量和使用方法严格按产品说明执行。搅拌时间应适当延长,按外加剂的种类及要求严格控制混凝土的出机温度,混凝土的搅拌、运输、浇筑、振捣、覆盖保温应连续作业,减少施工过程中的热量损失。

(5)蒸汽养护法。

蒸汽养护法是用低压饱和蒸汽养护新浇筑的混凝土,在混凝土周围形成湿热环境来加速混凝土硬化的方法。

①蒸汽养护混凝土的要求。

蒸汽养护法应采用低压饱和蒸汽对新浇筑的混凝土构件进行加热养护。蒸汽养护混凝土的温度:采用(P·O)水泥时最高养护温度不超过 80 ℃,采用(P·S)水泥时可提高到 85 ℃。采用内部通汽法时,最高加热温度不应超过 60 ℃。蒸汽养护应包括升温、恒温、降温三个阶段,各阶段加热延续时间可根据养护结束时要求的强度确定。采用蒸汽养护的混凝土,可掺入早强剂或无引气型减水剂。

②蒸汽养护法的种类及适用范围。

蒸汽养护法除采用预制构件厂用的蒸汽养护窑之外,还有棚罩法、蒸汽套法、热模法和内部通汽法。混凝土蒸汽养护法的适用范围见表 5-22。使用较多的为内部通汽法。

表 5-22　混凝土蒸汽养护法的适用范围

方　　法	简　　述	特　　点	适用范围
棚罩法	用帆布或其他罩子扣罩,内部通蒸汽养护混凝土	设施灵活、施工简便、费用低,但耗汽量大,温度不易均匀	预制梁、板、地下基础、沟道等
蒸汽套法	制作密封保温外套,分段送汽养护混凝土	温度能适当控制,加热效果取决于保温构造,设施复杂	现浇梁、板,框架结构,墙、柱等
热模法	制作外侧配置蒸汽管,加热模板养护	加热均匀,温度易控制养护,时间短,设备费用高	墙、柱及框架结构
内部通汽法	结构内部留孔道,通蒸汽加热养护	节省蒸汽,费用较低,入汽端容易过热,需处理冷凝水	预制梁、柱、桁架,现浇梁、柱、框架单梁

③内部通汽法的施工。

内部通汽法留孔的方法与后张法预应力筋埋管留孔法相似。混凝土终凝后抽出预埋管,形成通汽孔洞,再用短管连接蒸汽管道。管道布置的原则是使加热温度均匀,埋设施工方便,留孔位置应在受力最小的部位,孔道的总截面面积不应超过结构截面面积的 2.5%。柱、梁留孔形式如图 5-102 所示。

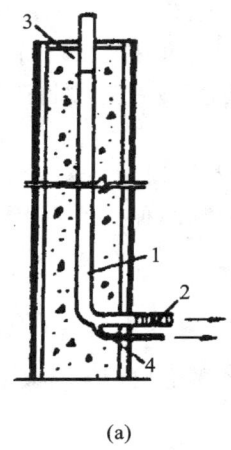
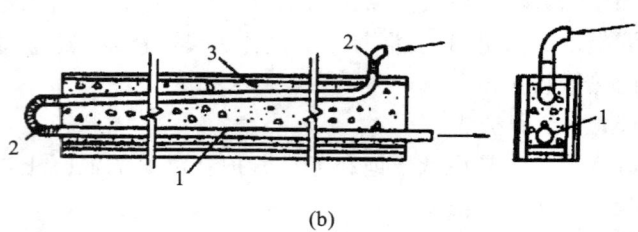

(a)   (b)

图 5-102　柱、梁留孔形式

1—蒸汽孔；2—胶皮连接管；3—湿锯末；4—冷凝水排出管

4．混凝土的拆模和成熟度

（1）混凝土的拆模。

混凝土养护到规定时间，应根据同条件养护的试块试压，证明混凝土达到规定拆模强度后方可拆模。对加热法施工的构件模板和保温层，应在混凝土冷却到 5 ℃后方可拆模。当混凝土和外界温差大于 20 ℃时，拆模后的混凝土应注意覆盖，使其缓慢冷却。

在拆除模板过程中发现混凝有冻害现象，应暂停拆模，经处理后方可继续。

（2）混凝土的成熟度。

混凝土冬期施工时，同条件养护的试块置于与结构相同条件下进行养护，结构构件的表面散热情况和小试块的散热情况有较大的差异，内部温度状况明显不同，所以同条件养护的试块强度不能够切实反映结构的实际强度。利用以结构的实际测温数据为依据的"成熟度"法估算混凝土强度，简单方便，实用性强，易于被接受并逐渐推广应用。

①成熟度的概念。

成熟度即混凝土在养护期间养护温度和养护时间的乘积。也就是说混凝土强度的增长和"成熟度"之间有一定的规律。混凝土强度增长快慢和养护温度、养护时间有关，当混凝土在一定温度条件下进行养护时，混凝土的强度增长只取决养护时间长短，即龄期。但是当混凝土在养护温度变化的条件下进行养护时，强度的增长并不完全取决于龄期，而是受温度变化的影响而有波动。混凝土在冬期养护期间养护温度不断降低，所以其强度增长不是简单地和龄期有关，而是和养护期间所达到的成熟度有关。

②成熟度法的适用范围。

成熟度法适用于不掺外加剂、在 50 ℃以下正温养护和掺外加剂、在 30 ℃以下养护的混凝土，以及掺有防冻剂在负温养护条件下施工的混凝土。

5．混凝土冬期施工质量控制及检查

（1）混凝土的温度测量。

冬期施工测温的项目与次数：室外气温及环境温度每昼夜不少于 4 次；在冬期施工期间，还需测量每天的室外最高、最低气温。

混凝土养护期间的温度应进行定点定时测量：蓄热法或综合蓄热法养护从混凝土入模开始至混凝土达到受冻临界强度，或混凝土温度降到 0 ℃或设计温度以前，应至少每隔 6 h 测量一次。掺防冻剂的混凝土强度在未达到受冻临界强度前（当室外最低气温不低于-15 ℃时不得小于 4.0 N/mm^2，当室外最低气温不低于-30 ℃时不得小于 5.0 N/mm^2）应每隔 2 h 测量一次，达到受冻临界强度以后每隔 6 h 测量一次。用加热法养护混凝土时，升温和降温阶段应每隔 1 h 测量一次，恒温阶段每隔 2 h 测量采次。测温时，全部测温孔均应编号，并绘制布置图。测温孔应设在有代表性的结构部位和温度变化大易冷却的部位，测温时，测温元件应采取措施与外界气温隔离；测温元件测量位置应处于结构表面下 20 mm 处，留置在测温孔内的时间不应少于 3 min。

（2）混凝土的质量检查。

冬期施工时，混凝土的质量检查除应按现行国家标准《混凝土结构工程施工质量验收规范》（GB 50204—2015）的规定留置试块外，尚应检查混凝土表面是否存在受冻、粘连、收缩裂缝等缺陷，边角是否脱落，施工缝处有无受冻痕迹；检查同条件养护试块的养护条件是否与施工现场结构养护条件一致；采用成熟度法检验混凝土强度时，应检查测温记录与计算公式要求是否相符。

混凝土试件的试块留置应较常规施工增加不少于两组与结构同条件养护的试件，分别用于检验受冻前的混凝土强度和常温养护 28 d 的混凝土强度。与结构构件同条件养护的受冻混凝土试件，解冻后方可试压。

所有各项测量及检验结果，均应填写"混凝土工程施工记录"和"混凝土冬期施工日报"。

二、混凝土结构工程雨期施工

雨期施工以防雨、防台风、防汛为对象，做好各项准备工作。

1．雨期施工特点

（1）雨期施工具有突然性。由于暴雨、山洪等恶劣气象往往不期而至，这就需要雨期施工的准备和防范措施及早进行。

（2）雨期施工带有突击性。因为雨水对建筑结构和地基基础的冲刷或浸泡具有严重的破坏性，必须迅速及时地防护，才能避免给工程造成损失。

2．雨期施工的要求

（1）编制施工组织计划时，要根据雨期施工的特点，将不宜在雨期施工的分项工程提前或延后安排。对必须在雨期施工的工程应制定有效的措施，进行突击施工。

（2）合理进行施工安排。做到晴天抓紧室外工作，雨天安排室内工作，尽量缩小雨天室外作业时间和工作面。

（3）密切注意气象预报，做好抗台风、防汛等准备工作，必要时应及时加固在建的工程。

（4）做好建筑材料防雨、防潮工作。

3．雨期施工准备

（1）现场排水。施工现场的道路、设施必须做到排水畅通，尽量做到雨停水干。要防止地面水排入地下室、基础、地沟内。要做好对危石的处理，防止滑坡和塌方。

（2）应做好原材料、成品、半成品的防雨工作。水泥应按"先收先用""后收后用"的原则,避免久存受潮而影响水泥的性能。木门窗等易受潮变形的半成品应在室内堆放,其他材料也应注意防雨及堆放场地四周排水。

(3)在雨期前应做好施工现场房屋、设备的排水防雨措施。

(4)备足排水需用的水泵及有关器材,准备适量的塑料布、油毡等防雨材料。

4.混凝土工程雨期施工注意事项

(1)模板隔离层在涂刷前要及时掌握天气预报,以防隔离层被雨水冲掉。

(2)模板支撑下部回填土要夯实,并加好垫板,雨后及时检查有无下沉。

思考与练习

一、选择题

1.为保证木模板干缩时缝隙均匀,浇水后易于密实,受潮后不易翘曲,拼板宽度不宜超过(   )。

A.100 mm   B.150 mm   C.200 mm

2.梁模板主要有底模、侧模、支架等组成,拆模时一般先拆(   )。

A.底模   B.侧模   C.支柱

3.悬臂构件模板在(   )时即可拆除。

A.达到50%设计强度   B.达到70%设计强度

C.混凝土成型   D.达到100%设计强度

4.闪光对焊接头用于(   )。

A.钢筋网片的焊接   B.竖向钢筋的接头

C.钢筋搭接焊接   D.水平钢筋的接头

5.框架结构柱竖向钢筋的连接宜采用(   )。

A.闪光对焊   B.电渣压力焊

6.混凝土搅拌时间与(   )有关。

A.坍落度   B.搅拌机容量   C.外加剂   D.搅拌机机型

7.现浇钢筋混凝土框架结构,梁的振捣可采用(   ),柱的振捣可采用(   )。

A.内部振捣器   B.外部振捣器   C.表面振捣器   D.振动台

二、填空题

1.钢筋按外形分类有_____、_____。HPR300级外形:_____,HRB400级外形:_____。

2.钢筋弯折45°时的量度差值:_____;钢筋弯折90°时的量度差值:_____。

3.HPB300级钢筋的末端需要作180°弯钩,其圆弧内弯曲直径(D)不应小于钢筋直径(d)的_____倍;平直部分的长度不宜小于钢筋直径(d)的_____倍;用于普通混凝土结构时,其弯曲直径 $D=2.5d$,平直长度为 $3d$,每一个 180°弯钩的增长值为_____。

4.HRB400、HRBF400级钢筋末端弯折135°时,当弯曲直径 $D=4d$ 时,每一弯折处的增长值为2.9d+平直长度,计算时取_____+平直长度。

5.HRB400、RRBF400级钢筋末端弯折90°时,当弯曲直径 $D=5d$ 时,每一弯折处的增长值应大于受力钢筋直径,且不小于箍筋直径的_____倍。弯钩平直部分,一般结构不宜小于箍筋直径的_____倍；有抗震要求的结构,不小于箍筋直径的_____倍。

6. 箍筋 90°/90°弯钩时两个弯钩增长值：当取 $D=2.5d$,平直长度为 $5d$ 时,两个弯钩增加值为_____d。箍筋 135°/135°弯钩时两个弯钩增长值：当取 $D=2.5d$,平直长为 10 d 时,两个弯钩增加值为_____d。箍筋 90°/180°弯钩时两个弯钩增长值：当取 $D=2.5d$,平直长为 $5d$ 时,两个弯钩增加值为_____d。

7. 受力钢筋的接头宜设置在受力较_____处。在同一根钢筋上宜少接头。不宜设置两个或两个以上接头。接头末端至钢筋起点的距离不应小于钢筋直径的_____倍。

8. 在任何情况下,纵向受拉钢筋绑扎搭接接头的搭接长度均不应小于_____mm。构件中的纵向受压钢筋,当采用搭接连接时,其受压搭接长度不应小于纵向受拉钢筋搭接长度的 0.7 倍,且在任何情况下不应小于_____mm。

9. 钢筋连接的方法通常有_____、_____、_____。

10. 混凝土搅拌机按其工作原理分为_____搅拌机和_____搅拌机两大类。

11. 常用的混凝土搅拌机按搅拌原理分为自落式搅拌机和强制式搅拌机：自落式搅拌机适用于搅拌_____混凝土；强制式搅拌机适用于搅拌_____混凝土。

12. 常用混凝土搅拌机的类型有_____、_____、_____,对于硬性混凝土宜采用_____。

13. 混凝土自高处倾落的自由高度(称自由下落高度)不应超过_____m。自由下落高度较大时,应使用溜槽或串筒,以防混凝土发生离析。

14. 为了使混凝土能够振捣密实,浇筑时应分层浇灌、振捣,并在下层混凝土_____之前,将上层混凝土浇灌并振捣完毕。

15. 在一般情况下,梁和板的混凝土应同时浇筑。较大尺寸的梁(梁的高度大于 1 m)、拱和类似的结构,可单独浇筑。在浇筑与柱和墙连成整体的梁和板时,应在柱和墙浇筑完毕后停歇_____h,使其获得初步沉实后,再继续浇筑梁和板。

16. 有主次梁的楼板,宜顺着次梁方向浇筑,施工缝应留置在次梁跨度中间_____的范围内。

17. 混凝土振荡捣实机械按其传动振动的方式分为：_____、_____、_____、_____。

18. 为检查现浇混凝土结构或构件某一阶段的混凝土强度,试块应采用_____养护。

三、问答题

1. 试述模板的作用和要求。

2. 为保证浇筑混凝土不离析,柱支模时,沿高度方向每隔约多少米开浇筑口?

3. 大模板有哪几部分组成? 各有什么作用?

4. 钢筋进场检验有哪两项内容?

5. 试述钢筋闪光对焊的常用工艺及其适用范围。

6. 现浇钢筋混凝土框架结构施工时,柱的纵向受力筋为直径 20 mm 的 HRB300 级钢筋,有人提出采取闪光对焊方法进行接长,被工程技术人员否定了,请你谈谈这是为什么? 应该采取哪种焊接方法?

7. 试述钢筋电弧焊的接头形式。

8. 什么叫量度差值?

9. 什么叫弯曲调整值?

10. 钢筋代换有哪些原则?

11. 在浇筑混凝土之前,应进行钢筋隐蔽工程验收,其内容有哪些?

12. 混凝土的运输有何要求?

13. 混凝土泵按作用原理分为哪三种?

14. 什么叫施工缝?为什么要留施工缝?施工缝一般留在何部位?

15. 混凝土构件的施工缝应留在结构_____较小且施工方便的部位。

16. 在施工缝处继续浇筑混凝土应如何处理?

17. 简述混凝土的自然养护。

18. 混凝土的浇水养护有何要求?

19. 混凝土结构工程检查验收应具备的技术资料有哪些?

学习领域六 预应力混凝土工程施工

 教学目标

育人目标

1. 帮助学生树立正确的人生观、世界观和价值观，培养学生的家国情怀和使命担当。

2. 培养学生尊重客观规律，立足本职、脚踏实地、爱岗敬业的职业素养。

3. 锻炼学生的专业技术和技能，培养学生精益求精的工匠精神。

4. 培养学生团队合作意识，提高学生解决复杂问题的能力。

5. 培养学生知法守法、诚实守信的意识。

6. 培养学生具有思维创新、理论创新、方法创新的创新精神。

知识目标

1. 认识预应力混凝土使用的各种材料及预应力混凝土施工的机械设备和生产设施。

2. 掌握先张法、后张法预应力混凝土施工工艺、施工方法中的重点和难点以及质量控制方法。

能力目标

1. 编制预应力混凝土工程施工专项方案，并能指导施工。

2. 能进行预应力混凝土工程施工质量控制及验收。

3. 能进行预应力混凝土工程施工技术交底。

4. 能处理预应力混凝土工程施工过程中常见质量问题，同时编制出防治措施及处理方案。

普通钢筋混凝土构件受拉开裂时,钢筋的抗拉强度未能充分发挥。要使钢筋混凝土避免混凝土过早开裂和钢筋未能充分发挥,在构件承受外荷载前,预先在构件的受拉区对混凝土施加预压应力。预压应力可以使混凝土结构在作用状态下充分发挥钢筋抗拉强度和混凝土抗压能力强的特点,可以提高构件的承载能力。

预应力混凝土是利用钢筋对受拉区混凝土施加预压应力的钢筋混凝土。预加应力的目的主要是使混凝土预先受压,以抵消使用条件下混凝土产生的裂缝,从而在使用荷载作用下混凝土始终处于受压状态而不允许出现拉应力。

近年来,预应力混凝土设计理论和施工工艺与设备不断完善和发展,高强材料性能不断改进,预应力混凝土得到进一步的推广使用。预应力混凝土与普通钢筋混凝土相比,具有抗裂性能好、刚度大、材料少、自重轻、构件截面小等优点。

预应力混凝土在土木工程各个领域应用范围广泛,比如屋架、吊车梁、托架梁、空心楼板、大型屋面板、多层工业厂房、高层建筑、大型桥梁、电视塔、大跨度薄壳结构、筒仓等单个或整体结构上。预应力混凝土构件图如图 6-1 所示。

(a) 预应力混凝土梁　　　　　　　　(b) 预应力混凝土斜拉桥

图 6-1　预应力混凝土构件图

预应力混凝土工程施加预应力的方式分为机械张拉和电热张拉;按施加预应力的时间分为先张法、后张法。在后张法中,按预应力与构件混凝土是否黏结又分为有黏结和无黏结。

学习情境一　先张法预应力混凝土工程施工

一、先张法施工概述

先张法是在混凝土浇筑之前,先张拉预应力钢筋,并将预应力筋临时锚固在台座或钢模上,然后浇筑混凝土,待混凝土养护到设计强度的 75%,保证预应力筋与混凝土有一定黏结力时,放松并切断预应力筋,使混凝土在预应力筋的回缩作用下,构件受拉区的混凝土承受预压应力。预应力的张拉力主要由预应力筋与混凝土之间的黏结力传递给混凝土。图 6-2 为预应力混凝土构件先张法生产示意图。先张法一般适用于在固定的预制厂生产中小型构件。

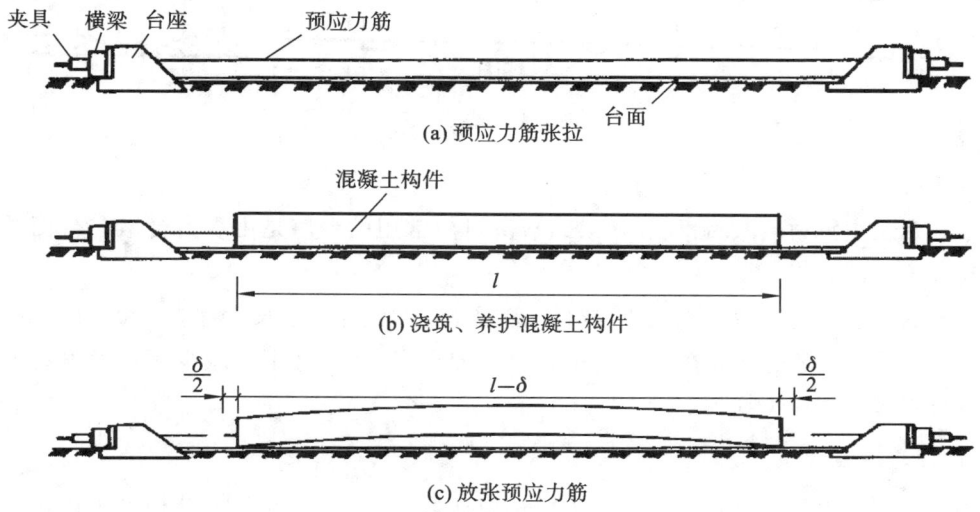

(a) 预应力筋张拉

(b) 浇筑、养护混凝土构件

(c) 放张预应力筋

图 6-2　预应力混凝土构件先张法生产示意图

二、台座

台座是先张法施工张拉和临时固定预应力筋的支撑结构,其承受预应力筋的全部张拉力,故要求台座具有足够的强度、刚度和稳定性。台座按构造形式分为墩式台座(图 6-3)和槽式台座(图 6-4)。

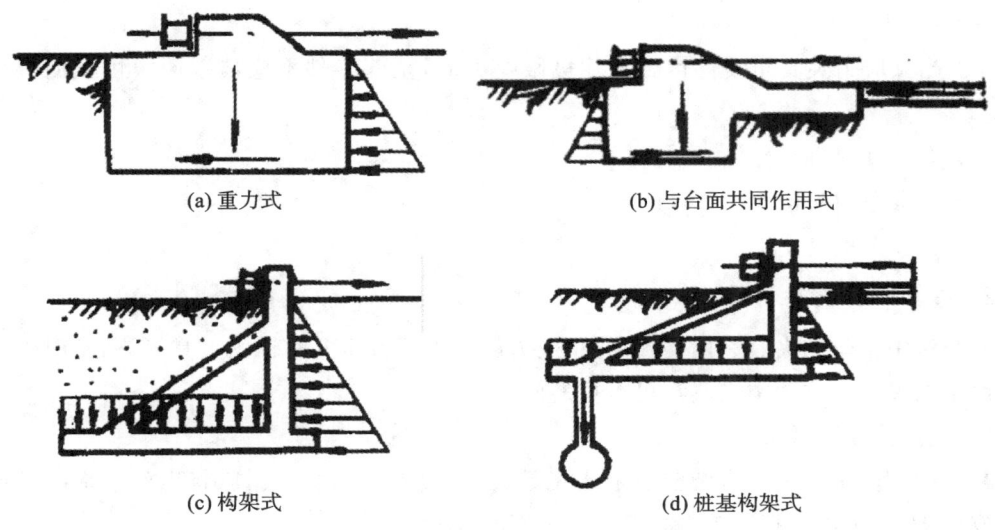

(a) 重力式

(b) 与台面共同作用式

(c) 构架式

(d) 桩基构架式

图 6-3　墩式台座

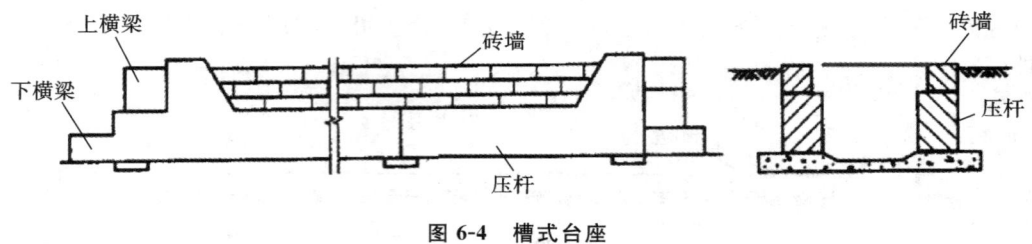

图 6-4 槽式台座

1. 墩式台座

墩式台座由承力台墩、台面和横梁组成。目前常用的台座是由承力台墩与台面共同受力的现浇钢筋混凝土。

台座的长度和宽度由场地大小、构件类型和产量而定,一般长度宜为 100～150 m,宽度为 2～4 m,这种设定的好处在于可利用钢丝长的特点,同时又可以减少因钢丝滑动或台座横梁变形引起的预应力损失。

2. 槽式台座

槽式台座是由端柱,传力柱和上、下横梁及砖墙组成,其主要受力结构是采用钢筋混凝土制作的端柱和传力柱。砖墙一般为一砖厚,起挡土作用,同时也是蒸汽养护的保温侧墙。

槽式台座适用于张拉吨位较大的构件,如吊车梁、屋架、薄腹梁等。

三、夹具

夹具是先张法施工中用于预应力筋张拉和临时固定的锚固装置。按其用途不同,夹具分为锚固夹具和张拉夹具。

1. 夹具的性能

(1)当预应力夹具组装件达到实际极限拉力时,全部零件不应出现肉眼可见的裂缝和破坏。

(2)有良好的自锚性能。

(3)有良好的松锚性能。

(4)能多次重复使用。

2. 夹具的种类及构造

先张法中钢丝的夹具有两类:①将预应力筋锚固在台座上的锚固夹具;②张拉时夹持预应力筋用的夹具。这两类夹具都可以重复使用。

(1)钢丝锚固夹具。

常用的钢丝锚固夹具有圆锥齿板式夹具(锥销夹具)和镦头夹具(将钢丝端部冷墩或热墩形成粗头,通过承力板或疏筋板锚固),如图 6-5 所示。

(2)钢筋锚固夹具。

钢筋锚固夹具是圆套筒三片式夹具,如图 6-6 所示。

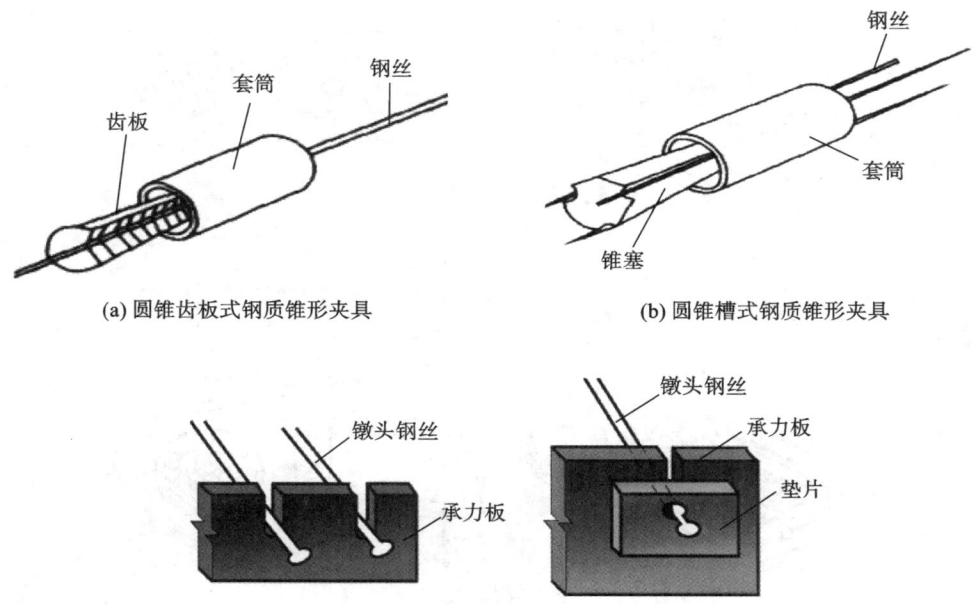

(a) 圆锥齿板式钢质锥形夹具　　　　　　(b) 圆锥槽式钢质锥形夹具

(c) 固定端镦头夹具

图 6-5　钢丝锚固夹具

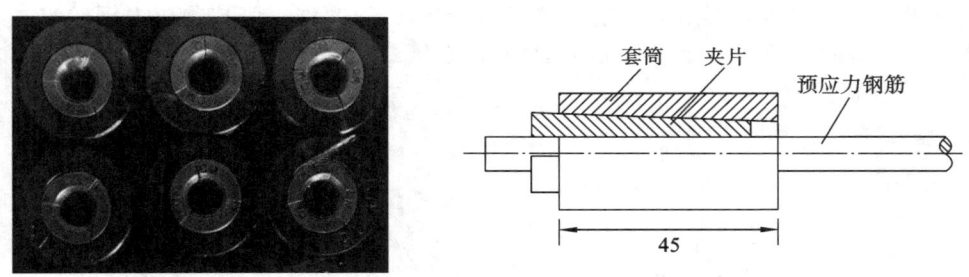

图 6-6　圆套筒三片式夹具

3. 张拉夹具

常用张拉夹具有月牙形夹具、偏心式夹具和楔形夹具，如图 6-7 所示。

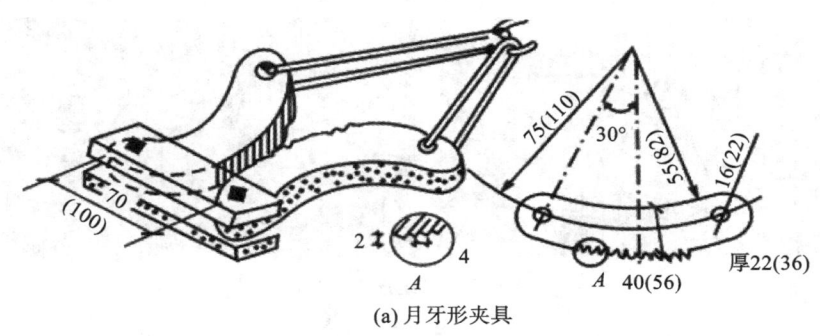

(a) 月牙形夹具

图 6-7　张拉夹具

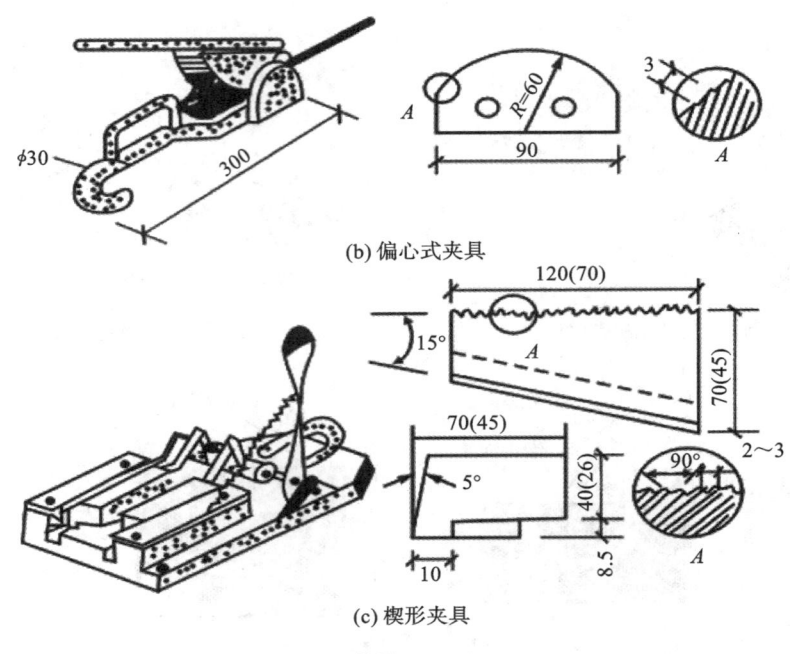

(b) 偏心式夹具

(c) 楔形夹具

续图 6-7

四、先张法张拉设备

先张法构件生产时,常用的预应力筋有钢丝或钢绞线两种。张拉预应力钢丝时,一般直接卷扬机或电动螺杆张拉机。张拉预应力筋时,在槽式台座中常用四横梁式成组张拉装置,用油压千斤顶张拉。

1. 油压千斤顶

油压千斤顶成组张拉如图 6-8 所示。

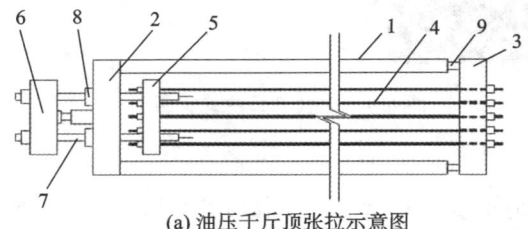

(a) 油压千斤顶张拉示意图

(b) 油压千斤顶成组张拉现场图

图 6-8　油压千斤顶成组张拉

1—台座;2、3—前后横梁;4—钢筋;5、6—拉力架横梁;7—大螺丝杆;8—油压千斤顶;9—放松装置

2. 穿心式千斤顶

穿心式千斤顶由张拉油缸、顶压油缸、顶压活塞、回程弹簧等组成,如图 6-9 所示。其中 YC60 型千斤顶广泛用于先张法、后张法的预应力施工中。

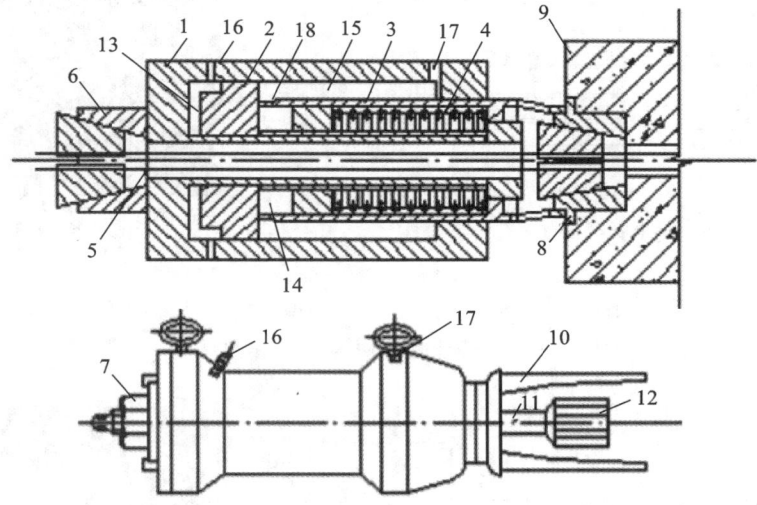

(a) YC60型穿心式千斤顶构造示意图

(b) YC60型穿心式千斤顶实物图

图 6-9   YC60 型穿心式千斤顶

1—张拉油缸;2—顶压油缸;3—顶压活塞;4—弹簧;5—预应力筋;6—工具锚;7—螺帽;
8—锚环;9—构件;10—撑脚;11—张拉杆;12—连接器;13—张拉工作油室;
14—顶压工作油室;15—张拉回程油室;16—张拉缸油嘴;17—顶压缸油嘴;18—油孔

3. 卷扬机

在台座上张拉钢筋时,由于千斤顶行程不能满足要求,小直径钢筋可采用卷扬机张拉,用杠杆或弹簧测力。弹簧测力时,宜设行程开关,在张拉到规定的应力时,能自行停机,如图 6-10 所示。

4. 电动螺杆张拉机

电动螺杆张拉机由螺杆、电动机、变速箱、测力计机顶杆等组成。可单根张拉预应力钢丝或钢筋。张拉时,顶杆支于台座横梁上,用张拉夹具夹紧钢筋后,开动电动机,由皮带、齿轮传动系统使螺杆作直线运动,从而张拉钢筋。其特点是运行稳定,螺杆有自锁性能,故张拉机恒载性能好,速度快,张拉行程大,如图 6-11 所示。

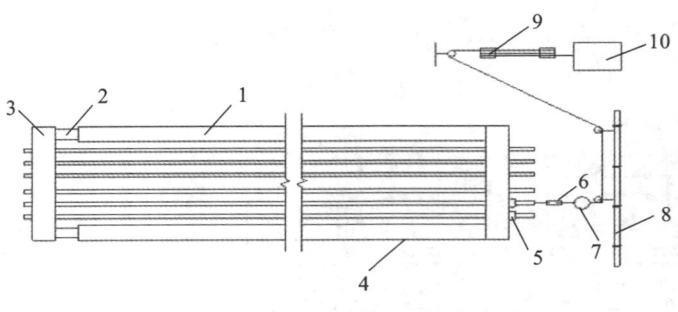

(a) 卷扬机张拉钢筋　　　　　　　　　　(b) 电动卷扬机实物图

图 6-10　电动卷扬机

1—台座；2—放松装置；3—横梁；4—预应力筋；5—锚固夹具；
6—张拉夹具；7—测力计；8—固定梁；9—滑轮组；10—卷扬机

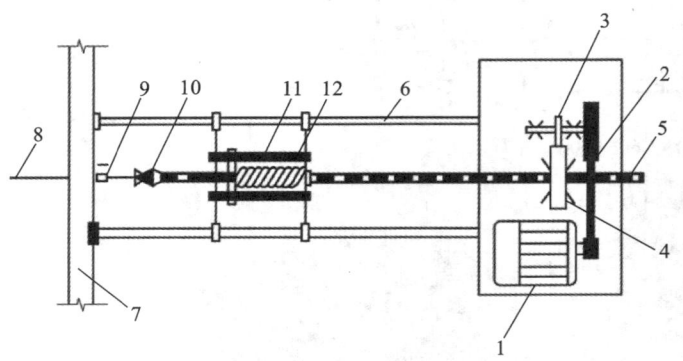

(a) 电动螺杆张拉机构造示意图　　　　　　(b) 电动螺杆张拉机实物图

图 6-11　电动螺杆张拉机

1—电动机；2—皮带；3—齿轮；4—齿轮螺母；5—螺杆；6—顶杆；
7—台座横梁；8—钢丝；9—锚固夹具；10—张拉夹具；11—弹簧测力计；12—滑动架

五、先张法施工工艺

先张法施工工艺流程图如图 6-12 所示。

1. 预应力筋铺设、张拉

（1）施工前准备。

预应力筋铺设前先做好台面的隔离层，应选用非油类模板隔离剂，隔离剂不得使预应力筋受污，以免影响预应力筋与混凝土的黏结。

碳素钢丝强度高、表面光滑、与混凝土黏结力较差，故必要时可采取表面刻痕和压波措施，以提高钢丝与混凝土间的黏结力。

（2）预应力筋张拉应力确定。

预应力筋的张拉控制应力，应符合设计要求。施工如采用超张拉，可比设计要求提高 5%，但其最大张拉控制应力不得超过表 6-1 的规定。

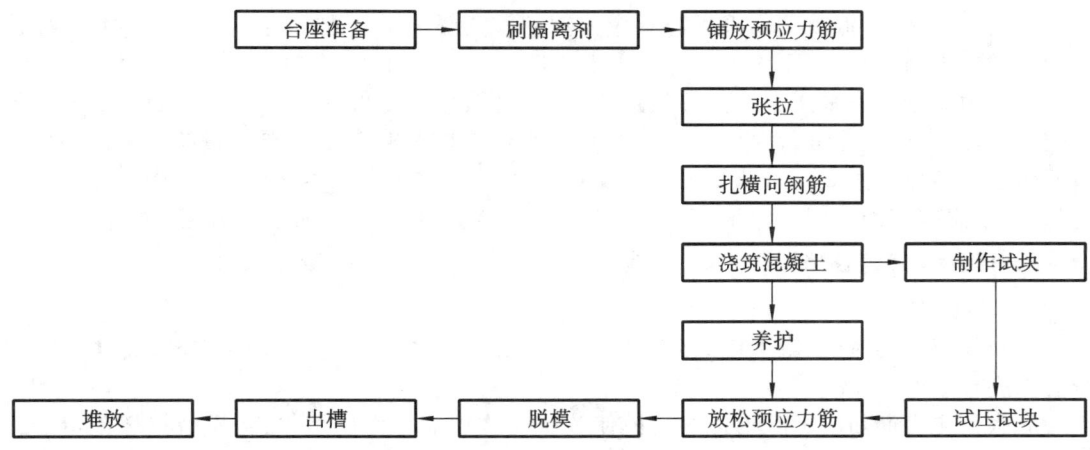

图 6-12　先张法施工工艺流程图

表 6-1　张拉控制应力值

钢　　种	张拉控制应力值 σ_{con}
消除应力钢丝、钢绞线	$\leqslant 0.8 f_{ptk}$
刻痕钢丝、中强度预应力钢丝	$\leqslant 0.75 f_{ptk}$
预应力螺纹钢筋	$\leqslant 0.9 f_{pyk}$

注：σ_{con} 为预应力筋张拉控制应力；f_{ptk} 为预应力筋极限强度标准值；f_{pyk} 为预应力筋屈服强度标准值。

（3）张拉程序。

预应力筋的张拉程序可按下列程序之一进行：

超张拉：$0 \rightarrow 105\% \sigma_{con}$（持荷 2 min）$\rightarrow \sigma_{con}$；

一次张拉法：$0 \rightarrow 103\% \sigma_{con}$

第一种张拉程序中，超张拉 5% 并持荷 2 min，其目的在于减少预应力的松弛损失。钢筋松弛的数值与控制应力、延续时间有关，控制应力越高，松弛也就越大，同时还随着时间的延续不断增加，但在第一分钟内完成损失总值的 50% 左右，24 小时内则完成 80%。上述程序中，超张拉 5%σ_{con} 持荷 2 min，可减少 50% 以上的松弛损失。

第二种张拉程序中，超张拉 3% 是为弥补预应力筋的松弛损失，其施工简单、操作方便，一般多采用这种张拉程序。

（4）预应力筋伸长值与应力的测定。

预应力筋的位置不允许有过大偏差，对设计位置的偏差不得大于 5 mm，也不得大于构件截面最短边长的 4%。采用钢丝作为预应力筋时，不做伸长值校核。但应在钢丝锚固后，用钢丝测力计或半导体频率记数测力计测定其钢丝应力。其偏差不得大于或小于按一个构件全部钢丝预应力总值的 5%。

多根钢丝同时张拉时，必须事先调整初应力使其相互间的应力一致。断丝和滑脱钢丝的数量不得大于钢丝总数的 3%，一束钢丝中只允许断丝一根。构件在浇筑混凝土前发生断丝或滑脱的预应力钢丝必须予以更换。

2. 混凝土浇筑与养护

为了减少预应力损失，在设计配合比时应考虑减少混凝土的收缩和徐变。应采用低水灰比，控制水泥用量，采用良好的骨料级配并振捣密实。

振捣混凝土时,振动器不得碰撞预应力钢筋。混凝土未达到一定强度前也不允许碰撞和踩动预应力筋,以保证预应力筋与混凝土有良好的黏结力。

预应力混凝土可采用自然养护和湿热养护,自然养护不得少于 14 d。干硬性混凝土浇筑完毕后,应立即覆盖进行养护。当预应力混凝土采用湿热养护时,要尽量减少由于温度升高而引起的预应力损失。为减少温差造成的应力损失,采用湿热养护时,在混凝土未达到一定强度前,温差不能太大,一般不超过 20 ℃,达 10 MPa 后可按正常速度升温。

3. 预应力筋的放张

(1) 放张要求。

放张预应力筋时,混凝土应达到设计要求的强度。如设计无要求时,应不得低于设计混凝土强度等级的 75%。

放张预应力筋前应拆除构件的侧模使放张时构件能自由压缩,以免模板损坏或造成构件开裂。对有横肋的构件(如大型屋面板),其横肋断面应有适宜的斜度,也可以采用活动模板以免放张时构件端肋开裂。

(2) 放张方法。

配筋不多的中小型构件,钢丝可用砂轮锯或切断机等方法放张。配筋多的钢筋混凝土构件,钢丝应同时放张,如逐根放张,最后几根钢丝将由于承受过大的拉力而突然断裂,使得构件端部容易开裂。

对钢丝、热处理钢筋不得用电弧切割,宜用砂轮锯或切断机切断。预应力钢筋数量较多时,可用千斤顶、砂箱、楔块等装置同时放张,如图 6-13 所示。

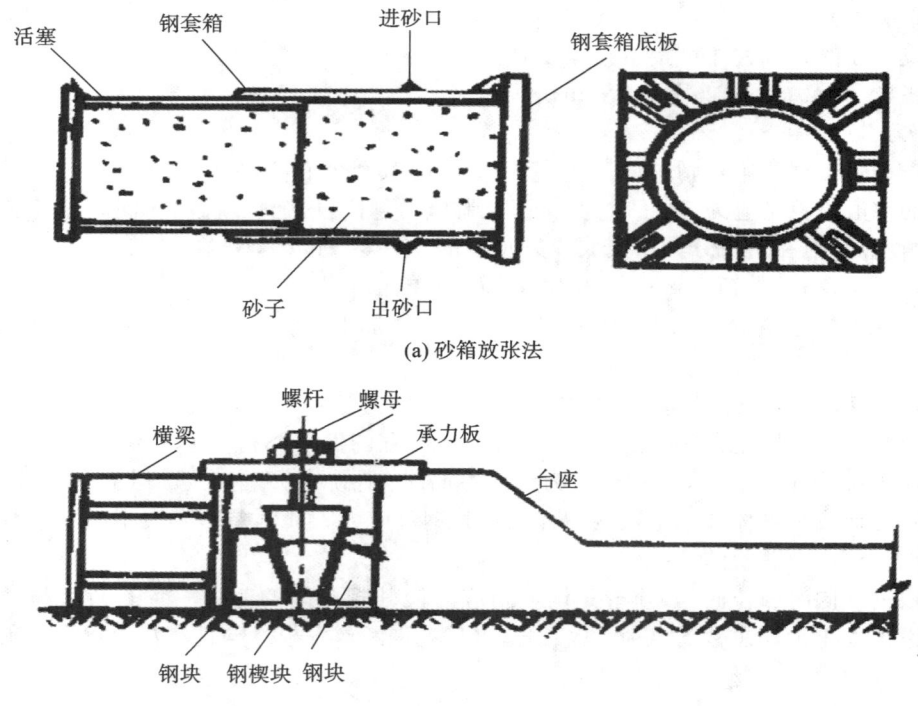

(a) 砂箱放张法

(b) 楔块放张法

图 6-13 预应力筋放张方法

（3）放张顺序。

预应力筋的放张顺序，应满足设计要求，如设计无要求，应满足下列规定：

①宜采取缓慢放张工艺进行逐根或整体放张；

②对轴心受预压构件（如压杆、桩等）所有预应力筋宜同时放张；

③对轴心受预压构件（如梁等）先同时放张预压力较小区域的预应力筋，再同时放张预压力较大区域的预应力筋；

④如不能按上述规定放张，应分阶段、对称、相互交错地放张，以防止在放张过程中构件翘曲、裂纹及预应力筋断裂等现象；

⑤放张后，预应力筋的切断顺序，宜从张拉端开始依次切向另一端。

学习情境二　后张法预应力混凝土工程施工

一、后张法施工概述

后张法是先制作混凝土构件并预留孔道，待构件混凝土强度达到设计规定强度后，在孔道内穿入预应力筋进行张拉，并用锚具锚固，最后孔道灌浆。预应力筋的张拉力主要是靠构件端部的锚具传递给混凝土构件而使其产生预压应力。后张法施工不需要台座设备，大型构件可以分块制作，运到现场拼装，利用预应力筋连成整体。图 6-14 为预应力混凝土后张法生产示意图。

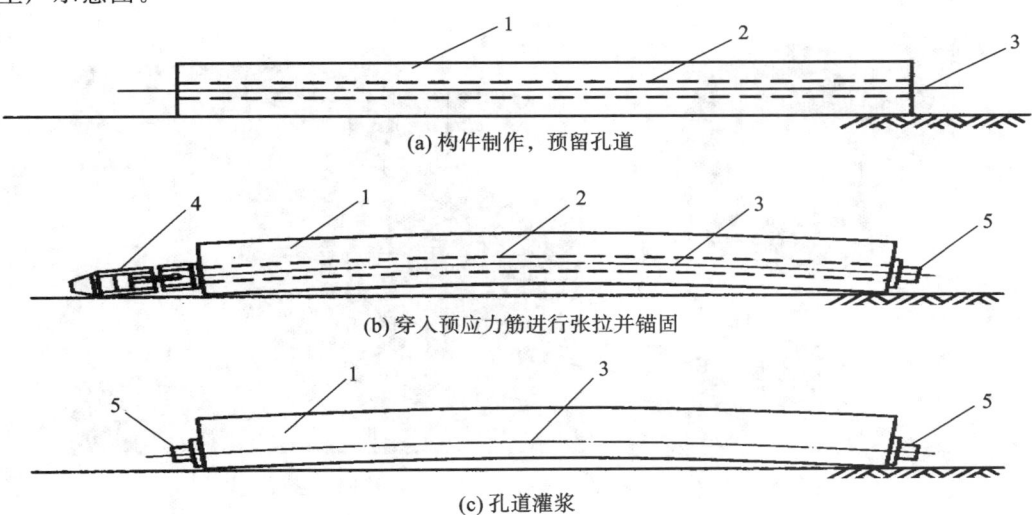

(a) 构件制作，预留孔道

(b) 穿入预应力筋进行张拉并锚固

(c) 孔道灌浆

图 6-14　预应力混凝土后张法生产示意图

1—混凝土构件；2—预留孔道；3—预应力筋；4—千斤顶；5—锚具

二、锚具及张拉设备

1. 钢筋锚具

（1）螺栓端杆锚具。

螺栓端杆锚具由螺栓端杆、垫板和螺母组成（图 6-15），其是单根预应力粗钢筋张拉端用的锚具,适用于锚固直径为 18~36 mm 的热处理钢筋。

螺栓端杆可用同类热处理钢筋或热处理 45 号钢制作。螺栓端杆锚具与预应力筋对焊,用张拉设备张拉螺栓端杆,然后用螺母锚固。

(2) 帮条锚具。

帮条锚具是单根预应力粗钢筋非张拉端用锚具,由衬板和三根帮条焊接组成(图 6-16)。帮条采用与预应力筋同级别的钢筋,衬板采用 3 号钢板。

帮条安装时,三根帮条应互成 120°,其与衬板相接触的截面应在一个垂直平面上,以免受力时产生扭曲。

图 6-15 螺栓端杆锚具

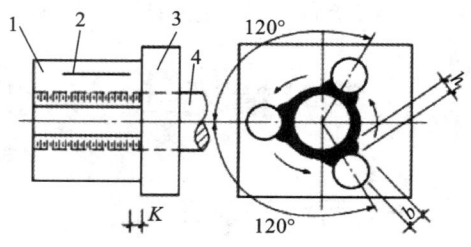

图 6-16 帮条锚具

1—帮条;2—施焊接方向;3—衬板;4—主筋

(3) 钢丝束锚具。

钢丝束由几根至几十根碳素钢丝编制而成,用于锚固钢丝(钢筋)束的锚具,其中钢质锥形锚具(图 6-17)较为常用。

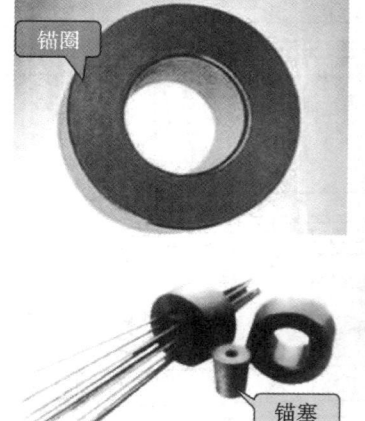

钢质锥形锚具

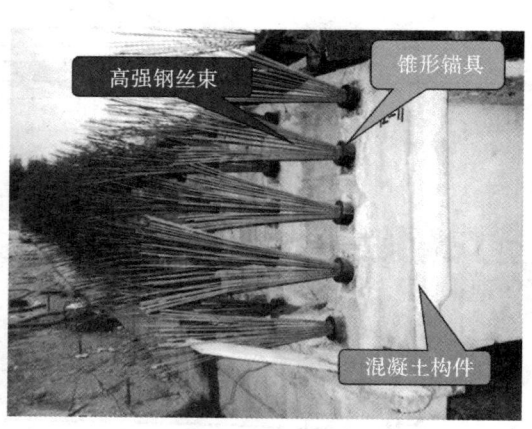

张拉好的钢质锥形锚具

图 6-17 钢质锥形锚具

2. 预应力钢筋束锚具

(1) JM 型锚具。

JM 型锚具由锚环与夹片组成(图 6-18)。JM 型锚具的夹片属于分体组合型,组合起来的夹片形成一个整体锥形楔块,可锚固多根预应力筋。锚固时,用穿心式千斤顶张拉钢筋后随即顶进夹片。JM 型锚具主要用于锚固 3~6 根直径为 12 mm 的钢筋束或 4~6 根直径为 12~15 mm 的钢绞线束。

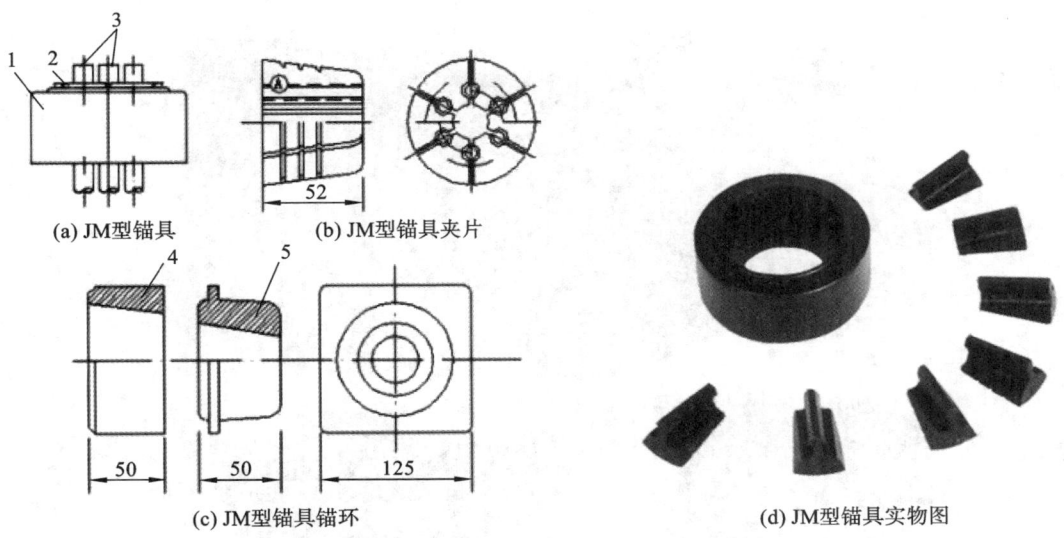

图 6-18　JM 型锚具（单位：mm）

1—锚环；2—夹片；3—预应力筋；4—圆锚环；5—方锚环

（2）XM 型锚具。

XM 型锚具由锚板和夹片组成（图 6-19）。三个夹片为一组夹持一根预应力筋形成一锚固单元。XM 型锚具适用于锚固 1～12 根直径为 15 mm 的钢绞线或钢丝束。

XM 型锚具可作为工具锚和工作锚使用。当用于工具锚时，可在夹片和锚板之间涂抹一层固体润滑剂，以利于夹片松脱；用于工作锚时，具有连续反复张拉的功能，可用行程不大的千斤顶张拉任意长度的钢绞线。

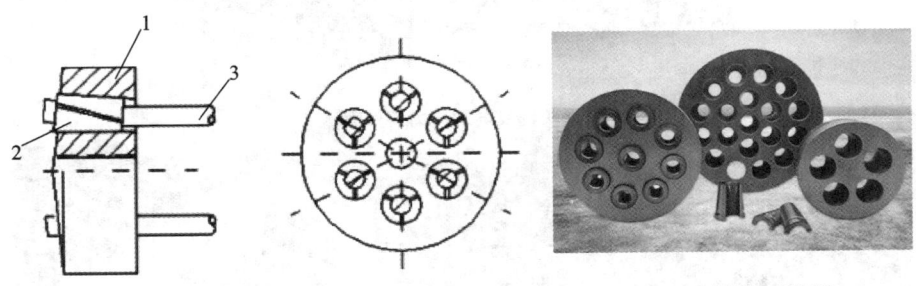

图 6-19　XM 型锚具

1—锚环；2—夹片；3—预应力筋

（3）QM 型锚具。

QM 型锚具由锚板与夹片组成（图 6-20），与 XM 型锚具相似。与 XM 型锚具不同在于锚孔为直孔，锚板顶面是平面，夹片垂直开缝，备有配套喇叭型铸铁垫片与弹簧圈等。

QM 型锚具使用于锚固 4～31 根直径为 12 mm 和 3～19 根直径为 15 mm 钢绞线束。

（4）镦头锚具。

镦头锚具用于固定端，由锚固板和带镦头的预应力筋组成（图 6-21）。

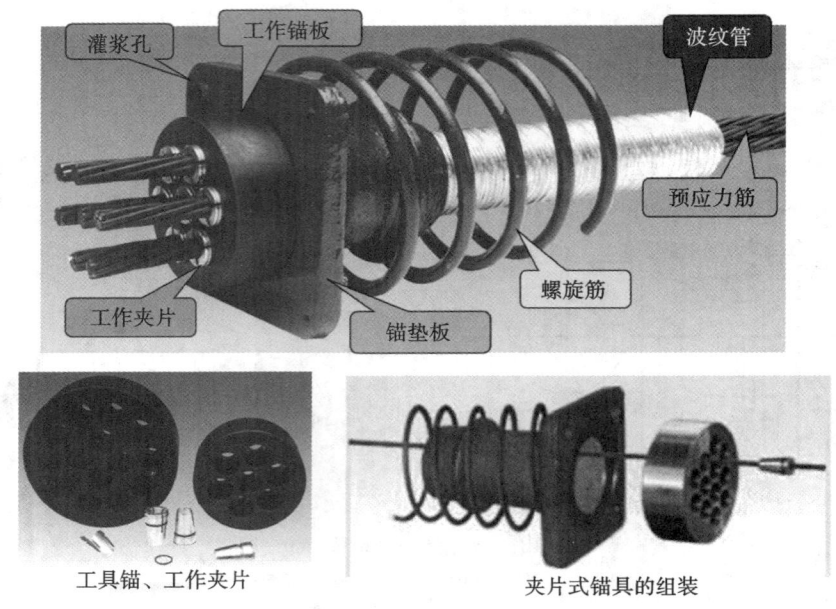

图 6-20 QM 型锚具

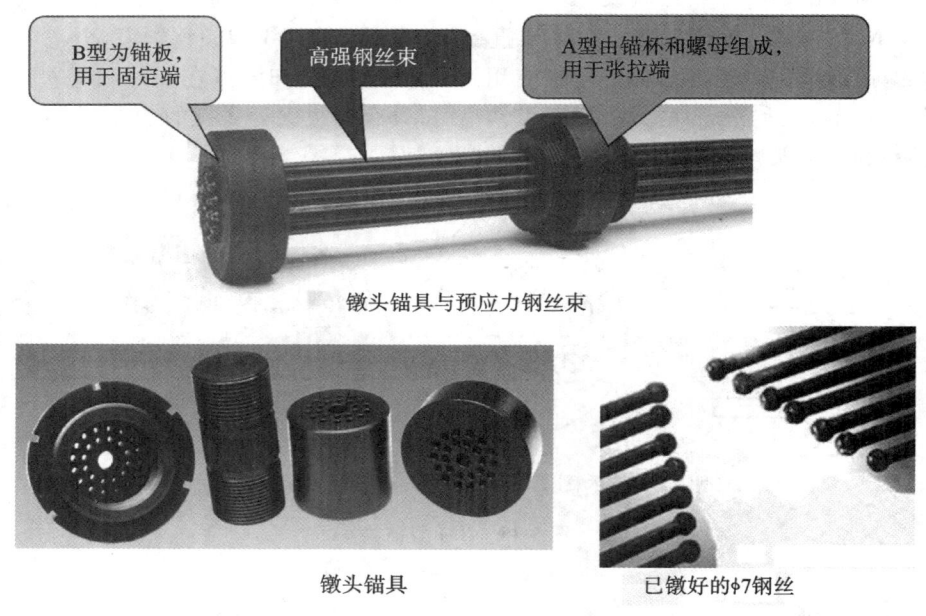

图 6-21 镦头锚具

3. 张拉设备——千斤顶

（1）拉杆式千斤顶。

拉杆式千斤顶以活塞杆为拉力杆件（图6-22）。适用于张拉带螺杆锚具的粗钢筋或带镦头锚具的钢丝束,并可用于单根或成组模外先张和后张自锚工艺中。

拉杆式千斤顶式由缸体、活塞杆、撑脚及连接头组成,构造简单、操作容易,应用范围广泛。

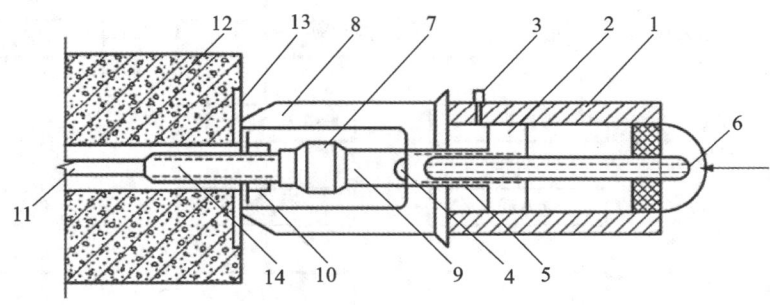

(a)拉杆式千斤顶构造图

(b)拉杆式千斤顶实物图

图 6-22　拉杆式千斤顶

1—主缸;2—主缸活塞;3—主缸进油孔;4—副缸;5—副缸活塞 6—副缸进油孔;7—连接器;
8—传力架;9—拉杆;10—螺母;11—预应力筋;12—混凝土构件;13—预埋铁件;14—螺丝端杆

（2）穿心式千斤顶。

穿心式千斤顶可见学习情境一中先张法施工设备。

（3）锥锚式千斤顶。

锥锚式千斤顶由主缸、副缸、退楔块、锥形卡环、退楔翼片、楔块等组成,具有张拉、顶压与退楔三重作用,常用型号为 YDZ850-250,适用于张拉钢筋束和钢绞线束及以钢质锥形锚具为张拉锚具的钢丝束。

三、后张法施工工艺

后张法施工工艺流程图,如图 6-23 所示。

1. 埋管制孔

1）预应力筋孔道布置

预应力筋的预留孔道的定位应牢固,浇筑混凝土时不应出现移位和变形的情况;孔道应平顺,端部的预埋锚垫板应垂直于孔道中心线;成孔用管道应密封良好,接头应严密且不得漏浆;在曲线孔道的曲线波峰部位应设置排气兼泌水管道;灌浆孔及泌水管孔径应能保证浆液畅通。

2）孔道成孔方法

后张法构件中孔道留设方法有钢管抽芯法、胶管抽芯法和预埋管法。预应力筋的孔道形状有直线、曲线和折线三种。其中,钢管抽芯法只用于直线孔道,胶管抽芯法和预埋管法

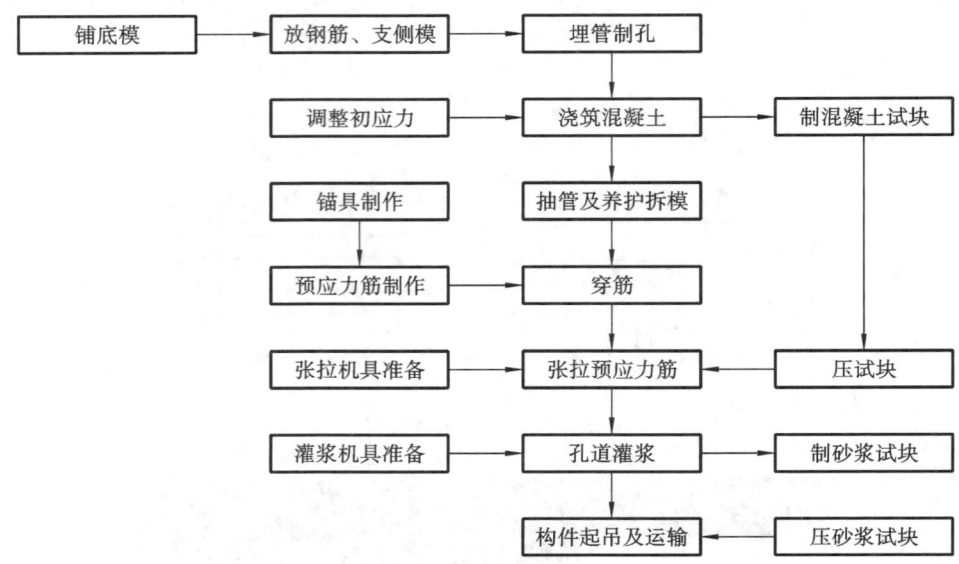

图 6-23　后张法施工工艺流程图

适用于直线、曲线和折线孔道。预应力构件孔道留设如图 6-24 所示。

(a) 预制预应力构件孔道留设　　　　　(b) 现浇预应力构件孔道留设

图 6-24　预应力构件孔道留设

（1）钢管抽芯法。

将钢管预先埋设在模板内孔道位置，在混凝土浇筑和养护中，每隔一定时间要慢慢转动一次钢管，以防混凝土与管道黏结。在混凝土初凝后、终凝前抽出钢管，即在构件中成孔。在施工过程中为保证预留孔道质量，应注意如下事项。

①钢管要直平、表面光滑、位置准确。钢管固定时，一般用钢筋井字架，井字架间距一般为 1～2 m。每根钢管的长度宜不大于 15 m，超过 15 m 时，每两根钢管间用钢套管连接。

②抽管时间要适时，一般初凝后、终凝前，以手指按压混凝土，不粘浆且不显指纹即可抽管；常温下一般在混凝土浇筑后 3～6 h 进行。抽管时间过早，易造成塌孔现象；抽管时间过晚，混凝土与钢管黏结牢固，抽管困难，甚至抽不出。

③抽管顺序宜先上后下；先中间，后周边；先抽无扩孔管道，后抽扩孔管道；抽管时边抽边转、速度均匀。

④质量控制。抽管后,及时检查孔道并做好孔道清理工作,以防止穿筋困难。

（2）胶管抽芯法。

留设孔道用的胶管一般有五层或七层夹布管和供预应力混凝土专用的钢丝网橡胶皮管两种。前者必须在管内充气或充水后才能使用。后者质硬且有一定弹性,预留孔道与钢管一致。

胶管采用钢筋井字架固定,间距不宜大于 0.5 m,并与钢筋骨架绑扎牢,然后充水（或充气）加压到 $0.5\sim0.8N/mm^2$。待混凝土初凝后,放出压缩空气或压力水。为保证预留孔道质量,应注意如下事项。

①胶管必须有良好的密封装置,勿漏气、漏水。

②抽管时间和顺序。抽管时间比钢管要稍迟。一般可参照气温和浇筑后的小时数的乘积达 200（℃·h）左右。抽管顺序一般为先上后下,先曲后直。

（3）预埋管法。

预埋管法是将与孔道直径相同的金属波纹管埋在构件中,无须抽出形成孔道,埋管一般采用黑铁皮管、薄钢管或镀锌双波纹金属软管制作。此法不需抽管,且管道预留位置、形状能保证,故此法目前较为常用。金属波纹管质轻、刚度大、弯折方便且与混凝土黏结性好,其每根长度可根据实际需要制作,一般为 4～6 m。波纹管在 1 kN 径向力作用下不变形,使用前应作灌水试验,检查是否有渗漏情况;安装就位过程中避免反复弯曲,以防管壁开裂。

波纹管固定用钢筋托架,间距不大于 0.6 m;波纹管固定后,必须用铁丝与钢筋托架扎牢,防止浇筑混凝土时波纹管上浮而造成严重事故。

2. 预应力筋的张拉

预应力构件制作的关键就是预应力筋的张拉,必须按规范的有关规定精心施工。张拉时,构件或结构的混凝土强度应符合设计要求,当设计无具体要求时,不应低于设计强度标准值的 75%。

张拉应力应按照设计规定采用。当设计无具体要求时,不宜超过表 6-2 的数值。张拉程序、预应力筋伸长值的验算及预应力筋张拉力计算均同先张法。

表 6-2　张拉控制应力值

钢　　种	张拉控制应力值σ_{con}
消除应力钢丝、钢绞线	$\leqslant 0.8\,f_{ptk}$
刻痕钢丝、中强度预应力钢丝	$\leqslant 0.75\,f_{ptk}$
预应力螺纹钢筋	$\leqslant 0.9\,f_{pyk}$

（1）预应力筋的张拉顺序。

预应力筋张拉顺序宜对称进行,确定原则如下。

①不使混凝土产生超应力。

②构件不扭转与侧弯,结构不变位。

③张拉设备的移动次数最少。

对配有多根预应力筋的构件,不可能同时张拉,张拉顺序应符合设计要求,当设计无具体要求时,应分批、分阶段地对称进行张拉,避免张拉时构件产生扭转、截面呈过大的偏心受压状态、混凝土产生超应力。

（2）预应力筋张拉方法。

①一端张拉方法：张拉设备放置在预应力筋一端的张拉方法。适用于长度不大于 20 m 的预应力筋，当预应力筋为直线形时，长度可延长至 35 m。

②两端张拉方法：张拉设备放置在预应力筋两端的张拉方法。适用于长度大于 20 m 的直线预应力筋与锚固损失影响长度小于长度一半的曲线预应力筋。当张拉设备不足或由于张拉顺序安排影响，可先在一端张拉完后，再移到另一端张拉。

③分批张拉方法：对配有多束预应力筋的构件或结构分批进行张拉的方式。后批预应力筋张拉所产生的混凝土弹性压缩对先批张拉的预应力筋造成预应力损失，所以先批张拉的预应力筋张拉力应加上该弹性压缩损失值或将弹性压缩损失平均值统一增加到每根预应力筋的张拉力内。

④分段张拉方式：在多跨连续梁板分段施工时，通长的预应力筋需要逐段进行张拉的方式。对大跨度多跨连续梁，在第一段混凝土浇筑与预应力筋张拉锚固后，第二段预应力筋利用锚头连接器接长，以形成通长的预应力筋。

⑤分阶段张拉方式：在后张法预应力梁等结构中，为了平衡各阶段的荷载，采取分阶段逐步施加预应力的方式。所加荷载不仅是外荷载（如楼层重量），也包括由内部体积变化（如弹性压缩、收缩与徐变）产生的荷载。梁在跨中处下部与上部应力应控制在容许范围内。这种张拉方式具有应力、挠度与反拱容易控制、材料省等优点。

3. 孔道灌浆

预应力筋张拉后处于高应力状态，对腐蚀非常敏感，所以应尽早进行孔道灌浆。灌浆是对预应力筋的永久性保护措施，要求水泥浆饱满、密实，完全裹住预应力筋。灌浆质量的检验应着重于现场观察检查，必要时采用无损检查或凿孔检查。

（1）灌浆材料。

配制灌浆用水泥浆应采用强度等级不低于 42.5 普通硅酸盐水泥；灌浆用水泥浆的水灰比不应大于 0.45，当需要增加孔道灌浆的密实性时，水泥浆中可掺入对预应力筋无腐蚀作用的外加剂，灌浆用水泥浆的抗压强度不应小于 30 N/mm²。

（2）灌浆施工。

灌浆顺序应先下后上。直线孔道灌浆，应从构件的一端到另一端；在曲线孔道中灌浆，应从孔道最低处开始向两端进行；用连接器连接的多跨连续预应力筋的孔道灌浆，应张拉完一跨随即灌注一跨，不得在各跨全部张拉完毕后，一次连续灌浆。灌浆工作应缓慢均匀地进行，不得中断，并应排气通顺，在孔道两端冒出浓浆并封闭排气孔后，宜再继续加压至 0.5～0.6 N/mm²，稍后再封闭灌浆孔。

不掺外加剂的水泥浆，可采用二次灌浆法。二次灌浆时间要掌握恰当，一般在水泥浆泌水基本完成、尚未初凝时进行（夏季 30～45 min，冬季 1～2 h）。

预应力混凝土的孔道灌浆，应在常温下进行。低温灌浆时，宜通入 50 ℃ 的温水，洗净孔道并提高孔道周边的温度（应在 5 ℃ 以上），灌浆时水泥的温度宜为 10～25 ℃，水泥浆的温度在灌浆后至少 5 d 保持在 5 ℃ 以上，且应养护到强度不小于 15 N/mm²。此外，在水泥浆中加适量的加气剂、减水剂、甲基酒精以及采取二次灌浆工艺，都有助于免除冻害。

学习情境三　无黏结预应力混凝土工程施工

一、无黏结预应力混凝土施工概述

无黏结预应力是指预应力构件中预应力筋与混凝土之间没有黏结力,预应力筋张拉力全部通过构件两端的锚具传递给构件。具体做法是预应力筋表面涂刷涂料并用塑料布(管)包裹后,将其与普通钢筋一起混放在构件模板内,浇筑混凝土,待混凝土达到规定强度后,再进行张拉锚固。无黏结预应力混凝土施工方法也属于后张法施工,但区别在于其无须留设孔道、穿筋和灌浆。

无黏结预应力混凝土工程相比其他预应力混凝土工程具有使用性能好,结构自重轻,施工简单、速度快,抗腐蚀能力强,防火性能可靠,抗震性能好等特点,因此,广泛用于大跨度的单、双向连续多跨曲线配筋梁板结构,预应力拱桥,高速公路高架桥等工程。

二、无黏结预应力筋

无黏结预应力筋由预应力钢材、涂层和外包层组成,如图 6-25 所示。

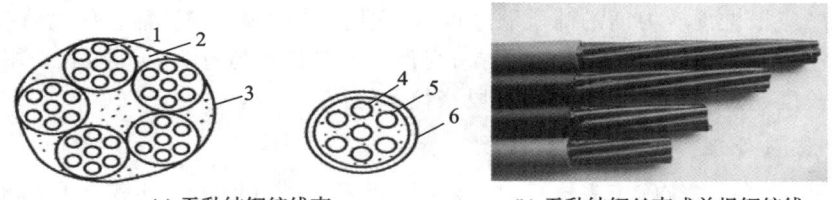

(a) 无黏结钢绞线束　　　　(b) 无黏结钢丝束或单根钢绞线

图 6-25　无黏结预应力筋

1—钢绞线;2—沥青涂料;3—塑料外包层;4—钢丝;5—油脂涂料;6—塑料管、外包层

1. 预应力钢材

预应力钢材一般为消除应力钢丝和钢绞线。

2. 涂层

涂层主要是为了使预应力筋与混凝土隔离,减少张拉时张拉控制应力损失(摩擦损失),同时防止预应力筋腐蚀。故要求其具有良好的化学稳定性,对周围材料无侵蚀作用;不透水,不吸湿,抗腐蚀性能强;润滑性能好,摩擦阻力小;在规定的温度范围(−20～70 ℃)内不开裂、不变脆、不流淌,并有一定的韧性。

3. 外包层

外包层主要由塑料带或高压聚乙烯塑料管制成。其应具有足够的韧性,抗磨及抗冲击性,对周围材料无侵蚀作用,在规定的温度范围内不脆化、化学稳定性高等。

三、无黏结预应力混凝土施工工艺

无黏结预应力混凝土施工工艺,主要有无黏结预应力束的铺设、张拉和锚头端部处理。其施工工艺流程为安装梁或楼板模板→放线→下部非预应力钢筋铺放、绑扎→铺放暗管、预埋件→安装无黏结筋张拉端模板→铺放无黏结筋→检查外包层→上部非预应力钢筋铺放、绑扎→检查无黏结筋的矢高、位置及端部状况→隐蔽工程检查验收→混凝土浇筑、养护→拆模→张拉准备→混凝土强度试验→张拉无黏结预应力筋→切除超长的无黏结筋→封锚。

1. 预应力筋的铺放与固定

通常无黏结预应力筋铺放是在下部钢筋铺放后进行。在铺放前,应检查外包层是否完好,对有损坏的,处理后应符合要求,对损坏严重的,应予以报废。

在双向连续平板中,各无黏结筋曲线高度的控制点应用铁马凳垫好并扎牢,跨中部位的无黏结筋可直接绑扎在板底部钢筋上,其中要求绑扎点间距不大于 1 m,铁马凳间距不宜大于 2 m。无黏结筋的水平位置应保持顺直。

2. 预应力筋的张拉

预应力筋张拉时,混凝土强度应符合设计要求,当设计无要求时,混凝土强度应达到设计强度的 75% 后方可进行张拉。

无黏结预应力筋的张拉与普通预应力筋的张拉相似,一般采用 $0\to103\%\sigma_{con}$。

张拉顺序应根据预应力筋的铺设顺序进行,先铺设的先张拉,后铺设的后张拉。当预应力筋的长度小于 20 m 时,宜采用一端张拉;当预应力筋长度超过 20 m 时,宜采用两端张拉;当预应力筋长度超过 60 m 时,宜采用分段张拉和锚固。

3. 端部锚头处理

无黏结预应力筋张拉施工完毕后,应及时对锚固区进行保护。外露无黏结预应力筋应使用砂轮切割机或液压切筋器切割。切割后的无黏结筋露出锚具夹片 30 mm 以上,然后在夹片及无黏结筋端部涂专用防腐剂,用塑料封端罩封闭。锚头封闭后的穴孔应用微膨胀混凝土或防水砂浆密封。

学习情境四　预应力混凝土施工质量检查与安全措施

一、质量检查

1. 主控项目

(1) 预应力筋进场时,应按现行国家标准《预应力混凝土用钢绞线》(GB/T 5224)的规定抽取试件作力学性能检验,其质量必须符合有关标准的规定。

检查数量:按进场的批次和产品的抽样检验方案确定。

检验方法:检查产品合格证、出厂检验报告和进场复验报告。

(2) 无黏结预应力筋的涂包质量应符合无黏结预应力钢绞线标准的规定。

检查数量:每 60 t 为一批,每批抽取一组试件。

检验方法：观察，检查产品合格证、出厂检验报告和进场复验报告。

（3）预应力筋用锚具、夹具和连接器应按设计要求采用，其性能应符合现行国家标准《预应力筋用锚具、夹具和连接器》（GB/T 14370）等的规定。

孔道灌浆用水泥应采用普通硅酸盐水泥，其质量应符合有关规范的规定。孔道灌浆用外加剂的质量应符合有关规范的规定。

检查数量：按进场批次和产品的抽样检验方案确定。

检验方法：检查产品合格证、出厂检验报告和进场复验报告。

（4）预应力筋安装时，其品种、级别、规格、数量必须符合设计要求。

先张法预应力施工时，应选用非油质类模板隔离剂，并应避免沾污预应力筋；施工过程中应避免电火花损伤预应力筋；受损伤的预应力筋应予以更换。

检查数量：全数检查。

检验方法：观察，钢尺检查。

（5）预应力筋张拉或放张时，混凝土强度应符合设计要求；当设计无具体要求时，不应低于混凝土立方体抗压强度设计标准值的 75%。

检查数量：全数检查。

检验方法：检查同条件养护试件试验报告。

（6）预应力筋的张拉力、张拉或放张顺序及张拉工艺应符合设计及施工技术方案的要求，并应符合《混凝土结构工程施工质量验收规范》（GB 50204）规定。

检查数量：全数检查。

检验方法：检查张拉记录。

（7）预应力筋张拉锚固后实际建立的预应力值与工程设计规定检验值的相对允许偏差为±5%。

检查数量：对先张法施工，每工作班抽查预应力筋总数的 1%，且不少于 3 根；对后张法施工，在同一检验批内，抽查预应力筋总数的 3%，且不少于 5 束。

检验方法：对先张法施工，检查预应力筋应力检测记录；对后张法施工，检查张拉记录。

（8）张拉过程中应避免预应力筋断裂或滑脱，当发生断裂或滑脱时，必须符合下列规定：对后张法预应力结构构件，断裂或滑脱的数量严禁超过同一截面预应力筋总根数的 3%，且每束钢丝不得超过一根；对多跨双向连续板，其同一截面应按每跨计算；对先张法预应力构件，在浇筑混凝土前发生断裂或滑脱的预应力筋必须予以更换。

检查数量：全数检查。

检验方法：观察，检查张拉记录。

（9）后张法有黏结预应力筋张拉后应尽早进行孔道灌浆，孔道内水泥浆应饱满、密实。

检查数量：全数检查。

检验方法：观察，检查灌浆记录。

（10）锚具的封闭保护应符合设计要求，当设计无具体要求时，应符合下列规定：应采取防止锚具腐蚀和遭受机械损伤的有效措施；凸出式锚固端锚具的保护层厚度不应小于 50 mm；外露预应力筋的保护层厚度在正常环境下不应小于 20 mm，处于易受腐蚀的环境时不应小于 50 mm.

检查数量：在同一检验批内，抽查预应力筋总数的 5%，且不少于 5 处。

检验方法:观察,钢尺检查。

2. 一般项目

(1)预应力筋使用前应进行外观检查,有黏结预应力筋展开后应平顺,不得有弯折,表面不应有裂纹、小刺、机械损伤、氧化铁皮和油污等;无黏结预应力筋护套应光滑、无裂缝,无明显褶皱。

预应力筋用锚具、夹具和连接器使用前应进行外观检查,其表面应无污物、锈蚀、机械损伤和裂纹。

预应力混凝土用金属螺旋管在使用前应进行外观检查,其内外表面应清洁,无锈蚀,不应有油污、孔洞和不规则的褶皱,咬口不应有开裂或脱扣。

检查数量:全数检查。

检验方法:观察。

(2)预应力混凝土用金属螺旋管的尺寸和性能应符合国家现行标准《预应力混凝土用金属波纹管》(JG/T 225)的规定。

检查数量:按进场批次和产品的抽样检验方案确定。

检验方法:检查产品合格证、出厂检验报告和进场复验报告。

(3)预应力筋应采用砂轮锯或切断机切断,不得采用电弧切割;当钢丝束两端采用镦头锚具时,同一束中各根钢丝长度的极差不应大于钢丝长度的 1/5000,且不应大于 5 mm;成组张拉长度不大于 10 m 的钢丝时,同组钢丝长度的极差不得大于 2 mm。

检查数量:每工作班抽查预应力筋总数的 3%,且不少于 3 束。

检验方法:观察,钢尺检查。

(4)预应力筋端部锚具的制作质量应符合下列要求:挤压锚具制作时压力表油压应符合操作说明书的规定,挤压后预应力筋外端应露出挤压套筒 1~5 mm;钢绞线压花锚成形时,表面应清洁、无油污,梨形头尺寸和直线段长度应符合设计要求;钢丝镦头的强度不得低于钢丝强度标准值的 98%。

检查数量:对挤压锚,每工作班抽查 5%,且不应少于 5 件;对压花锚,每工作班抽查 3件;对钢丝镦头强度,每批钢丝检查 6 个镦头试件。

检查方法:观察,钢尺检查,检查镦头强度试验报告。

(5)后张法有黏结预应力筋预留孔道的规格、数量、位置和形状应符合设计要求和规范规定。

检查数量:全数检查。

检查方法:观察,钢尺检查。

(6)无黏结预应力筋的铺设除应符合上条的规定外,尚应符合下列要求:无黏结预应力筋的定位应牢固,浇筑混凝土时不应出现移位和变形;端部的预埋锚垫板应垂直于预应力筋;内埋式固定端垫板不应重叠,锚具与垫板应贴紧;无黏结预应力筋成束布置时应能保证混凝土密实并能裹住预应力筋;无黏结预应力筋的护套应完整,局部破损处应采用防水胶带缠绕紧密。

检查数量:全数检查。

检验方法:观察。

(7)浇筑混凝土前穿入孔道的后张法有黏结预应力筋,宜采取防止锈蚀的措施。

　　检查数量:全数检查。

　　检验方法:观察。

　　(8) 后张法预应力筋锚固后的外露部分宜采用机械方法切割,其外露长度不宜小于预应力筋直径的 1.5 倍,且不宜小于 30 mm。

　　检查数量:在同一检验批内,抽查预应力筋总数的 3%,且不少于 5 束。

　　检验方法:观察,钢尺检查。

　　(9) 灌浆用水泥浆的水灰比不应大于 0.45,搅拌后 3 h 泌水率不宜小于 2%,且不应大于 3%。泌水应能在 24 h 内全部重新被水泥浆吸收。

　　检查数量:同一配合比检查一次。

　　检验方法:检查水泥浆性能试验报告。

　　(10) 灌浆用水泥浆的抗压强度不应小于 $30N/mm^2$。

　　检查数量:每工作班留置一组边长为 70.7 mm 的立方体试件。

　　检验方法:检查水泥浆试件强度试验报告。

二、安全措施

　　(1) 所用张拉设备仪表,应由专人负责使用与管理,并定期进行维护与检验,设的测定期不超过半年,否则必须及时重新测定。施工时,根据预应力筋种类等合理选择张拉设备,预应力筋的张拉力不应大于设备额定张拉力,严禁在负荷时拆换油管或压力表。接通电源时,机壳必须接地,经检查绝缘可靠后,才可试运转。

　　(2) 先张法施工中,张拉机具与预应力筋应在一条直线上;顶紧锚塞时,用力不要过猛,以防钢丝折断。台座法生产,其两端应设有防护设施,并在张拉预应力筋时,台座长度方向每隔 4~5 m 设置一个防护架,两端严禁站人,更不准进入台座。

　　(3) 后张法施工中,张拉预应力筋时,任何人不得站在预应力筋两端,同时在千斤顶后面设立防护装置。操作千斤顶的人员应严格遵守操作规程,应站在千斤顶侧面工作,在油泵开动过程中,不得擅自离开岗位,如须离开,应将油阀全部松开或切断电路。

思考与练习

一、选择题

1. 预应力混凝土是在结构或构件的(　　)预先施加压应力而成。

　　A. 受压区　　　　　　B. 受拉区　　　　　　C. 中心线处　　　　　　D. 中性轴处

2. 预应力混凝土无论是先张法的放张或是后张法的拉张,其混凝土的强度不得低于设计强度标准值的(　　)。

　　A. 30%　　　　　　B. 50%　　　　　　C. 75%　　　　　　D. 100%

3. 预应力筋张拉的变形是(　　)。

　　A. 弹性变形　　　　B. 塑性变形　　　　C. 弹塑变形　　　　D. 都不是

4. 先张法施工时,当混凝土强度至少达到设计强度标准值的(　　)时,方可放张预应力钢筋。

　　A. 50%　　　　　　B. 75%　　　　　　C. 85%　　　　　　D. 100%

5. 后张法施工较先张法的优点是（　　）。

A. 不需要台座、不受地点限制　　　　　　B. 工序少

C. 工艺简单　　　　　　　　　　　　　　D. 锚具可重复利用

6. 无黏结预应力筋应（　　）铺设。

A. 在非预应力筋安装前　　　　　　　　　B. 与非预应力筋安装同时

C. 在非预应力筋安装完成后　　　　　　　D. 按照标高位置从上向下

7. 不属于先张法施工工艺的是（　　）。

A. 预应力筋铺设、张拉　　　　　　　　　B. 浇灌混凝土

C. 放松预应力筋　　　　　　　　　　　　D. 孔道灌浆

二、简答题

1. 什么是预应力混凝土？简述预应力混凝土的优缺点及应用范围。

2. 试比较先张法与后张法施工工艺的不同特点及适用范围。

3. 预应力混凝土构件孔道留设的方法有哪些？

4. 后张法的张拉顺序如何确定？

5. 孔道灌浆的作用是什么？对灌浆材料有什么要求？

6. 试比较有黏结预应力与无黏结预应力施工工艺的区别？

学习领域七　防水工程施工

教学目标

育人目标

1. 帮助学生树立正确的人生观、世界观和价值观，培养学生的家国情怀和使命担当。

2. 培养学生尊重客观规律，立足本职、脚踏实地、爱岗敬业的职业素养。

3. 锻炼学生的专业技术和技能，培养学生精益求精的工匠精神。

4. 培养学生团队合作意识，提高学生解决复杂问题的能力。

5. 培养学生知法守法、诚实守信的意识。

6. 培养学生具有思维创新、理论创新、方法创新的创新精神。

知识目标

1. 掌握防水材料的性质与材料选择。

2. 掌握防水材料的进场检测。

3. 掌握屋面防水工程施工要点。

4. 掌握地下防水工程施工要点。

5. 掌握楼地面防水工程施工要点。

6. 掌握外墙防水工程施工要点。

7. 掌握防水工程验收方法。

8. 掌握堵漏方法。

能力目标

1. 具有材料、设备选择鉴别能力。

2. 能指导屋面防水工程施工。

3. 参与编制地下防水工程施工的专项施工方案。

4. 参与编制屋面防水工程施工的专项施工方案。

5. 参与编制楼地面防水工程和外墙防水工程的施工方案。

学习情境一　防水工程简介及材料介绍

防水工程是一项系统工程,它涉及防水材料、防水工程设计、施工技术、建筑物的管理等各个方面。其目的是保证建筑物不受水侵蚀,内部空间不受危害,提高建筑物使用功能和生产、生活质量,改善人居环境。防水工程包括屋面防水、地下室防水、卫生间防水、外墙防水、地铁防水等。

办公室、机房、车间等工作场所如长期渗漏将会严重损坏办公设施、精密仪器、机床设备等,亦可因生霉斑而失灵,甚至引起电器短路。面对渗漏现象,人们每隔数年就要花费大量的人力和物力来进行返修。渗漏不仅扰乱人们的正常生活、工作、生产秩序,而且直接影响到整栋建筑物的使用寿命。由此可见防水效果的好坏,对建筑物的质量至关重要,所以说防水工程在建筑工程中占有十分重要的地位。在整个建筑工程施工中,必须严格、认真地做好建筑防水工程。

一、建筑防水工程的分类

(1) 按部位不同可分为屋面防水、地下防水、厕浴间的楼地面防水等。

(2) 按材料不同可分为柔性防水(各类卷材、涂膜防水)和刚性防水(砂浆、细石混凝土防水)。

(3) 按构造做法不同可分为结构构件自身防水和采用不同材料的防水层防水。

二、建筑防水工程材料

(一) 防水卷材

1. 高聚合物改性沥青防水卷材

高聚合物改性沥青防水卷材是以合成高分子聚合物改性沥青为涂盖层,纤维织物或纤维毡为胎体,粉状、粒状、片状或薄膜材料为覆面材料制成可卷曲的片状材料。一般可以分为弹性体改性沥青防水卷材(SBS)、塑性体改性沥青防水卷材(APP)、高聚物改性沥青聚乙烯胎防水卷材、自粘聚合物改性沥青防水卷材等。卷材的命名一般按产品名称、厚度、等级和标准编号顺序进行标记。

材料检验批划分:大于 1000 卷抽 5 卷,每 500～1000 卷抽 4 卷,100～499 卷抽 3 卷,100卷以下抽 2 卷,进行规格尺寸和外观质量检验。在外观质量检验合格的卷材中,任取一卷做物理性能检验。

1) 弹性体改性沥青防水卷材(即 SBS),执行 GB 18242—2008 国家标准

SBS 改性沥青防水卷材是以热塑性弹性体为改性剂,将石油沥青改性后作浸渍涂盖材料,以玻纤毡或聚酯毡等增强材料为胎体,以塑料薄膜、矿物粒、片料等作为防粘隔离层,经过选材、配料、共熔、浸渍、复合成型、卷曲、检验、分卷、包装等工序加工而制成的一种柔性中高档的可卷曲的片状防水材料,属弹性体沥青防水卷材中有代表性的品种。

性能特点、适用范围:低温柔性好,适用于工业与民用建筑的屋面及地下防水工程。聚酯毡胎产品抗拉、抗压、抗撕裂性能好,耐穿刺、耐腐蚀性能好,且施工方便、简单、易操作,无污染,使用寿命长。彩色板岩覆面卷材可装饰屋面,美化环境。弹性体改性沥青卷材可以分为Ⅰ型和Ⅱ型。

胎基:聚酯毡(PY)、玻纤毡(G)、玻纤增强聚酯毡(PYG)。

上表面:乙烯膜(PE)、细砂(S)、矿物粒料(M)。

下表面:乙烯膜(PE)、细砂(S)。

卷材宽度为 1000 mm,聚酯毡卷材厚度为 3 mm、4 mm、5 mm,玻纤毡厚度为 3 mm、4 mm,玻纤增强聚酯毡厚度为 5 mm。每卷卷材面积为 7.5 m²、10 m²、15 m²。

卷材外包装上应包括:①产品名称;②生产厂名、厂址;③商标;④产品标记;⑤生产日期或批号;⑥检验合格标识;⑦生产许可证号及其标志;⑧运输与贮存注意事项。

外观检测要求:成卷卷材应卷紧卷齐,端面里进外出不大于 10 mm。成卷卷材在 4～60 ℃任一产品温度下展开,在距卷芯 1000 mm 长度外不应有 10 mm 以上的裂纹或粘结。胎基应浸透,不应有未被浸渍处。卷材表面应平整,不允许有孔洞、缺边和裂口、疙瘩,矿物粒料粒度应均匀一致并紧密地黏附于卷材表面。每卷卷材接头处不应超过一个,较短的一段长度不应少于1000 mm,接头应剪切整齐,并加长 150 mm。具体如图7-1 所示。

图 7-1 防水卷材

贮存运输要求如下。

①避免日晒雨淋,干燥通风环境下贮存。储存温度不得低于相应规格产品柔度试验温度,不应高于 50 ℃。立式存放,高度不超过两层。

②运输时必须立放,高度不超过两层,要防止倾斜或横压,必要时加盖苫布。

③正常贮存和运输条件下,贮存期自生产之日起为一年。

④运输及储存过程应远离火源。

2)塑性体改性沥青防水卷材(即 APP),执行 GB 18243—2008 国家标准

APP 改性沥青防水卷材属塑性体沥青防水卷材,是以纤维毡或纤维物为胎体,浸涂 APP(无规聚丙烯)改性沥青,上表面撒布矿物粒、片料或覆盖聚乙烯膜,下表面撒布细砂或者覆盖聚乙烯膜,经过一定的生产工艺而加工制成的一种中高档改性沥青可卷曲片状防水材料。

APP 改性沥青
防水卷材

3)高聚物改性沥青聚乙烯胎防水卷材

高聚物改性沥青聚乙烯胎防水卷材是以高密度聚乙烯膜为胎基,以APP、SBS 等高聚物改性沥青为涂盖材料,以聚乙烯膜或铝箔为上表面覆盖材料,采用挤压成型工艺加工制成的,可卷曲的片状防水材料。本品适用于工业与民用建筑的防水工程,上表面覆盖聚乙烯膜的防水卷材适用于非外露的防水工程,上表面覆盖铝箔的防水卷材则适用于外露防水工程。聚乙烯膜与高聚物改性沥青组成的卷材,具有良好的防水、防腐、耐化学品的综合性能。

自粘聚合物改性
沥青防水卷材

2. 合成高分子卷材

合成高分子防水卷材以合成橡胶、合成树脂或两者的共混体为基料，加入适量的化学助剂和填充料等，经不同工序加工形成可卷曲的片状防水材料；或把上述材料与合成纤维等复合形成两层或两层以上可卷曲的片状防水材料。

1）三元乙烯橡胶防水卷材

特点：耐老化性能好，化学稳定性佳，优良的耐候性、耐臭氧性、耐热性和低温柔性，甚至超过氯丁与丁基橡胶，比塑料优越得多。它还具有质量轻、拉伸强度高、伸长率大、使用寿命长、耐强碱腐蚀等特性。

2）氯丁橡胶卷材

特点：耐低温性能稍差，拉伸强度高，耐油性、耐日光性、耐臭氧性、耐候性很好。

3）氯丁橡胶乙烯防水卷材

氯丁橡胶乙烯防水卷材是以增塑聚氯乙烯为基料的塑性卷材，厚度为 1.20 mm、1.50 mm、2.00 mm。卷材宽度有 1000 mm、2000 mm、1500 mm。

4）氯化聚乙烯防水卷材

氯化聚乙烯防水卷材是以氯化聚乙烯树脂为主要原料，加入多种化学助剂，经混炼、挤出成型和硫化等工序加工制成的防水卷材。

5）氯化聚乙烯橡胶共混卷材

氯化聚乙烯橡胶共混卷材有塑料和橡胶的特点，弹性好，耐老化，延伸性好，耐低温性能好。

合成高分子卷材进场时需要按检验批进行分批抽样与检测。同品种、同规格的 5000 m² 片材（如日产量超过 8000 m² 则以 8000 m²）为一批，随机抽 3 卷进行规格尺寸和外观质量检查。在上述合格的样品中再随机抽取足够的试样进行物理性能检验。

取样方法：将取样卷材在距外层端部 0.3 m 处裁取长度为 1 m 的全幅卷材。

合成高分子防水卷材的外观质量要求如表 7-1 所示。

表 7-1　合成高分子防水卷材的外观质量要求

序　号	项　目	要　求
1	折痕	每卷不超过 2 处，总长度不超过 20 mm
2	杂质	不允许出现大于 0.5 mm 的颗粒，每 1 m² 不超过 9 mm²
3	胶块	每卷不超过 6 处，每处面积不大于 4 mm²
4	凹痕	每卷不超过 6 处，深度不超过本身厚度的 30%，树脂类不超过 5%
5	每卷卷材的接头	橡胶类每 20 m 不超过 1 处，较短的一段不应小于 3000 mm，接头处应加长 150 mm；树脂类 20 m 长度内不允许有接头

进场的合成高分子防水卷材检验项目包括：规格尺寸、外观质量、常温拉伸强度、常温扯断伸长率、撕裂强度、低温弯折、不透水性、复合强度。

所有项目全部符合技术要求，若物理性能有一项不符合要求，则另取双倍重量产品进行该项复试，若仍不合格，则该批产品不合格。

每一独立包装上应有合格证，并注明产品名称、产品标记、生产许可证编号、制造厂名及厂址、生产日期、产品编号等。

(二) 防水涂料

防水涂料分为溶剂型、水乳型、反应型三种。

溶剂型防水涂料干燥快,结膜较薄而致密;易燃、易爆、有毒,生产、运输和使用时应注意安全,注意防火,施工时应注意通风,保证人身安全。

水乳型防水涂料通过水分蒸发而结膜;涂层干燥较慢,一次成膜的致密性差;无毒、不燃,生产使用比较安全;可在较为潮湿的找平层上施工,但不宜在 5 ℃以下的气温下施工。

反应型防水涂料可一次结成致密的较厚的涂层,几乎无收缩;有异味,生产、运输、使用时应注意防火;施工时应在现场按规定配方进行配料,搅拌应均匀,以保证施工质量,但价格较高。

防水涂料分类表如表 7-2 所示。

表 7-2　防水涂料分类表

品　　种	材　料　类　型		品　名　举　例
高聚物改沥青	溶剂型		氯丁橡胶沥青类、再生橡胶沥青类
	水乳型		水乳型氯丁橡胶沥青类、水乳型再生橡胶沥青类
	反应型		弹性体改性沥青防水涂料
合成高分子类	合成树脂类	单组分溶剂型	丙烯酸酯类
		单组分水乳型	丙烯酸酯类
		双组分反应型	环氧树脂类
			焦油环氧树脂类
	合成橡胶类	单组分溶剂型	氯磺化聚乙烯橡胶类、氯丁橡胶类
		单组分水乳型	氯丁、丁苯、丙烯酸酯胶乳类、硅橡胶类
	合成树脂类	单组分反应型	聚氨酯类
		双组分反应型	聚氨酯类、焦油聚氨酯类、沥青聚氨酯类、聚硫橡胶
水泥类			聚合物水泥类
			无机盐水泥类

1. 高聚物改性沥青防水涂料

高聚物改性沥青防水涂料是以沥青为基料,用合成橡胶、再生橡胶、SBS 对沥青进行改性制成的防水涂料,包括氯丁橡胶沥青防水涂料(水乳型和溶剂型两类)、再生橡胶沥青防水涂料(水乳型和溶剂型两类)、SBS 弹性沥青防水涂料等。

高聚合物改性
沥青防水涂料

2. 合成高分子防水涂料

合成高分子防水涂料是以合成橡胶或合成树脂为主要成膜物质,加入其他辅助材料而配制成的单组分或多组分的防水涂膜材料,主要有聚氨酯防水涂料、硅橡胶防水涂料、丙烯酸酯类防水涂料及聚氯乙烯弹性防水涂料。

各种合成高分子
防水涂料特点

3. 聚合物水泥防水涂料

聚合物水泥防水涂料,又称 JS 复合防水涂料,是建筑防水涂料中近年来发展起来的一大类别。本产品是一种以聚丙烯酸酯乳液、乙烯-醋酸乙烯酯共聚乳液等聚合物乳液与各种添加剂组成的有机液料,水泥、石英砂及各种添加剂、无机填料组成的无机粉料,按照一定配合比、复合制成的一种双组分、水性建筑防水涂料。其既有有机涂料的特点,又有无机涂料的特点。

（1）聚合物水泥防水涂料品种。

根据聚合物乳液和水泥的不同比例,可分为 I 型（高伸长率、高聚灰比）和 II 型（低伸长率、低聚灰比）两类产品,分别适用于较干燥、基层位移量较大的部位和长期接触水或潮气、基层位移量较小的部位。

（2）聚合物水泥防水涂料技术特点。

①聚合物水泥防水涂料为水性涂料,无毒、无害、无污染,对环境和人员无任何危害,属于环保型产品,使用安全。

②涂层坚韧,高强度,耐水性、耐候性、耐久性优异,能耐 140 ℃高温,尤其适用于道路、桥梁防水,并可加颜料以形成彩色涂层。

③能在潮湿（无明水）或干燥的多种材质基面上直接施工。能在立面和顶面上直接施工,不流淌,施工简便,便于操作,工期短,在常温条件下涂料可以自行干燥。

④产品能与基面及水泥砂浆等各种基层材料牢固黏结,是理想的修补黏结材料,对各种各样的建筑材料具有很好的附着性,能形成整体无缝致密稳定的弹性防水层。

（3）聚合物水泥防水涂料的质量应符合表 7-3 的要求。

表 7-3　聚合物水泥防水涂料质量要求

项　　目		质量要求
固体含量/(%)		≥65
拉伸强度/MPa		≥1.2
断裂伸长率/(%)		≥200
低温柔性/(℃,2 h)		—10,绕 φ10 圆棒无裂纹
不透水性	压力/MPa	≥0.3
	保持时间/min	≥30

学习情境二　屋面防水工程施工

屋面防水工程应根据建筑物的类别、重要程度、使用工程要求确定防水等级,并按相应等级进行防水设防,对防水有特殊要求的建筑屋面,应进行专项防水设计。屋面工程设计应遵照"保证功能、构造合理、防排结合、优选用材、美观耐用"的五项原则。屋面工程施工应遵照"按图施工、材料检验、工序检查、过程控制、质量验收"的五项原则。屋面工程应建立管理、维修、保养制度;屋面排水系统应保持畅通,应防止水落口、檐沟、天沟堵塞和积水。屋面防水等级和设防要求应符合表 7-4 的规定。

表 7-4 屋面防水等级和设防要求

防 水 等 级	建 筑 类 别	设 防 要 求
Ⅰ级	重要建筑和高层建筑	两道防水设防
Ⅱ级	一般建筑	一道防水设防

一、屋面防水工程施工准备

(1)防水卷材的选择应符合下列规定。

①防水卷材可按合成高分子防水卷材和高聚物改性沥青防水卷材选用,其外观质量和品种、规格应符合国家现行有关材料标准的规定。

②应根据当地历年最高气温、最低气温、屋面坡度和使用条件等因素,选择耐热性、低温柔性相适应的卷材。

③应根据地基变形程度、结构形式、当地年温差、日温差和振动等因素,选择拉伸性能相适应的卷材。

④应根据屋面卷材的暴露程度,选择耐紫外线、耐老化、耐霉烂性能相适应的卷材。

⑤种植隔热屋面的防水层应选择耐根穿刺防水卷材。

(2)防水涂料的选择应符合下列规定。

①防水涂料可按合成高分子防水涂料、聚合物水泥防水涂料和高聚物改性沥青防水涂料选用,其外观质量和品种、型号应符合国家现行有关材料标准的规定。

②应根据当地历年最高气温、最低气温、屋面坡度和使用条件等因素,选择耐热性、低温柔性相适应的涂料。

③应根据地基变形程度、结构形式、当地年温差、日温差和振动等因素,选择拉伸性能相适应的涂料。

④应根据屋面涂膜的暴露程度,选择耐紫外线、耐老化性能相适应的涂料。

⑤屋面坡度大于 25% 时,应选择成膜时间较短的涂料。

(3)复合防水层设计应符合下列规定。

①选用的防水卷材与防水涂料应相容。

②防水涂膜宜设置在防水卷材的下面。

③挥发固化型防水涂料不得作为防水卷材黏结材料使用。

④水乳型或合成高分子类防水涂膜上面,不得采用热熔型防水卷材。

⑤水乳型或水泥基类防水涂料,应待涂膜实干后再采用冷黏剂铺贴卷材。

每道卷材防水层最小厚度应符合表 7-5 的规定。

表 7-5　每道卷材防水层最小厚度　　　　　　单位:mm

防 水 等 级	合成高分子防水卷材	高聚物改性沥青防水卷材		
		聚酯胎、玻纤胎、聚乙烯胎	自粘聚酯胎	自粘无胎
Ⅰ级	1.2	3.0	2.0	1.5
Ⅱ级	1.5	4.0	3.0	2.0

每道涂膜防水层最小厚度应符合表 7-6 的规定。

表 7-6　每道涂膜防水层最小厚度　　　　　　单位:mm

防 水 等 级	合成高分子防水涂膜	聚合物水泥防水涂膜	高聚物改性沥青防水涂膜
Ⅰ级	1.5	1.5	2.0
Ⅱ级	2.0	2.0	3.0

复合防水层最小厚度应符合表 7-7 的规定。

表 7-7　复合防水层最小厚度　　　　　　单位:mm

防 水 等 级	合成高分子防水卷材＋合成高分子防水涂膜	自粘聚合物改性沥青防水卷材(无胎)＋合成高分子防水涂膜	高聚物改性沥青防水卷材＋高聚物改性沥青防水涂膜	聚乙烯丙纶卷材＋聚合物水泥防水胶结材料
Ⅰ级	1.24～1.5	1.5～1.54	2.0～3.04	(0.74～1.3)×2
Ⅱ级	1.0～1.04	1.0～1.24	1.2～3.04	0.74～1.3

屋面防水工程的防水层对基层要求非常高,一般都需要布置在找平层上,基层平整度直接影响防水效果。同时混凝土结构层宜采用结构找坡,坡度不应小于 3％;当采用材料找坡时,宜采用质量轻、吸水率低和有一定强度的材料,坡度宜为 2％。卷材、涂膜的基层宜设找平层。找平层厚度和技术要求应符合表 7-8 的规定。

表 7-8　找平层厚度和技术要求

找平层分类	适用的基层	厚度/mm	技 术 要 求
水泥砂浆	整体现浇混凝土板	15～20	1 : 2.5 水泥砂浆
	整体材料保温层	20～25	
细石混凝土	装配式混凝土板	30～35	C20 混凝土,宜加钢筋网片
	板状材料保温层		C20 混凝土

保温层上的找平层应留设分格缝,缝宽宜为 5～20 mm,纵横缝的间距不宜大于 6 m。

二、屋面防水工程施工方法

(一)热熔法施工

热熔黏结的施工工艺是国际上广泛采用的一种热黏结工艺,它是采用专用火焰加热器或喷灯烘烤表层热熔型防水卷材(厚度≥3 mm)底面以及叠层防水构造下层热熔型防水卷材上表面沥青层,待表面沥青呈熔融状态时立即粘贴,并随后用轧辊滚压排除卷材下面空气并趁热使其黏结密实、牢固;搭接缝的黏结和密封是通过将上下两层卷材搭接区黏合面沥青层加热至熔融时黏结并随即滚压黏实,再通过接缝口挤出的约 5~10 mm 沥青条将搭接缝封闭;卷材终端收头利用机械固定并将边缘用密封膏(或封口胶)嵌填严密达到封闭。热熔法是卷材自身的沥青在热状态下黏结,黏结强度高且耐久,边缘挤出热的沥青条或嵌填的密封膏,完全可以将接缝口及收头部位封闭,从而保证接缝和收头的密封,形成一个完整的封闭严密的整体卷材防水层。

在屋面工程中卷材与基层利用条黏、点黏或应力集中部位空铺,可避免在基层产生裂缝时卷材随其开裂(即在卷材与基层黏结强度高于卷材黏结强度时出现的零延伸),同时还起到平衡水蒸气压力、避免防水层起鼓的作用。

1. 主要辅助材料(即系统配套材料)

(1)基层处理剂(俗称冷底子油):为增强防水材料与基层之间的黏结力,在防水层施工前,预先涂刷在基层上的一种涂料。基层处理剂一般是以 100~200 号溶剂汽油稀释沥青或橡胶改性沥青制成。产品为外观呈黑褐色的均匀液体,具有易涂刷、易渗透、易干燥的特点。其主要技术要求如表 7-9 所示。

表 7-9　基层处理剂技术要求

项　目	技　术　要　求	
基料	沥青	橡胶改性沥青
沥青软化点/℃	>65	
固含量/(%)	30±5	
干燥时间/h	表干不大于 2 h	
适用范围	各类建(构)筑物防水工程	桥面防水工程以及对卷材与基层黏结力要求高的其他工程

(2)橡胶沥青冷胶黏剂(即冷玛琋脂):是一种以橡胶沥青为基料制成的均匀黏稠体,为溶剂型单组分即开即用型,可用于卷材与基层的冷黏结(条黏、点黏和满黏)、细部节点涂膜附加防水处理,也可现场掺入填充材料调制成膏状,用做接缝口和卷材终端收头的密封。其主要技术要求如表 7-10 所示。

表 7-10　橡胶改性沥青冷胶黏剂技术要求

指　标	型　号	
	Ⅰ型	Ⅱ型
固体含量/(%),≥	50	
耐热度/℃,>	85	
低温柔度/℃	−10~−5	−20~−15
黏结性/MPa,≥	0.2	

(3)改性沥青密封材料:是以沥青为基料,用适量的合成高分子聚合物进行改性,加以

填充料和其他化学制剂配制而成的膏状材料。在本工法中主要用于卷材末端收头的密封和接缝口的密封,也可用于分割缝、变形缝的嵌缝,改性沥青密封膏物理力学性能应符合国家行业标准。其主要物理力学性能如表 7-11 所示。

表 7-11　改性沥青密封材料物理力学性能

项　　目		技 术 指 标	
		702	801
密度/(g/cm³)		规定值±0.1	
施工度/mm,≥		22.0	20.0
耐热性	温度/℃	70	80
	下垂度/mm,≤	4.0	
低温柔性	温度/℃	-20	-10
	黏结状况	无裂缝和剥离现象	
拉伸黏结性/(%),≥		125	

注:改性沥青密封膏(嵌缝油膏)有支装(亦称管装)和桶装(散装)两种。支装适用于卷材终端收头和边缘密封,也可用于嵌缝;桶装主要用于嵌缝。

(4)其他辅助材料及配件如下。

①附加防水层材料:a.专用于附加防水层的改性沥青卷材,用聚酯胎或玻纤胎浸涂 SBS 改性沥青,表面覆 PE 膜或细砂,厚度 3 mm,宽 500 mm;b.改性沥青防水涂料,用于复杂细部附加防水处理以及卷材和涂膜复合防水系统。

②背衬材料:泡沫塑料背衬棒材,用于控制密封材料的嵌填深度,防止密封材料的接缝底部黏结而设置的可变形材料。

③保护隔离层材料:聚乙烯泡沫板、聚苯乙烯板、纸胎沥青油毡和 PE 膜,主要用于立面和平面防水层的保护和隔离。

2.施工机具

主要施工机具有单头热熔燃具,卷材展铺器,腻子刀,吹灰器,扫帚,卷尺,盒尺,剪刀,壁纸刀,弹线盒,钢压辊,小压辊,滚动刷,毛刷,橡胶刮板,腻子刀或嵌缝枪。

3.防水系统基本构造

一般防水系统应包括防水基层、主体防水层、附加防水层、收头及边缘密封、保护和隔离。有特殊功能的屋面工程,如种植屋面,在防水层之上还有防根系层、排水层、过滤层等。

施工机具样图

(1)防水基层为卷材防水层的支撑层,一般防水基层是在混凝土结构表面刮抹的水泥砂浆找平层。

(2)主体防水层有叠层和单层两种构造,叠层构造每层卷材厚度不小于 3 mm,单层构造卷材厚度不小于 4 mm;也可与改性沥青涂膜防水材料一起构成涂膜和卷材复合防水层。

(3)附加防水层设置的主要部位如下。

①屋面工程:女儿墙、山墙、天沟、檐沟、出屋面管道根、压顶水落口以及阴阳角等。

②地下及其他建(构)筑物:阴阳角及其立面与水平面的转角处、施工缝、变形缝、后浇

带、穿墙管道根、预埋件以及突出水平面的相关细部。

（4）卷材防水的部位主要有卷材搭接缝（俗称接缝口）、卷材末端收头以及附加防水层卷材周边和裁口。

（5）保护隔离层，是指设置在防水层外表面，对防水层起保护和隔离作用的一个层次。

4. 施工准备工作

（1）防水基层的准备。

①基层表面应抹平、坚实并充分干燥（干燥程度的简易检测方法：将 1 m² 卷材平坦地干铺在找平层上，静置 3～4 h 后掀开检查，找平层覆盖部位与卷材上未见水印），无空鼓、起砂、裂缝、松动、掉灰和凹凸不平，如图 7-2 所示。

②表面平整，用 2 m 长度直尺检查，直尺与基层平面的间隙不应大于 5 mm，允许平缓变化，但每米长度内不得多于一处，表面无积水，排水坡度符合设计要求，如图 7-3 所示。

图 7-2　防水基层的准备

图 7-3　直尺检查

③基层与突出屋面结构（女儿墙、立墙、大窗壁、变形缝、烟囱等）的连接处、基层的转角处（水落口、檐口、天沟、檐沟、屋脊等）以及地下工程平面与立面交接处的阴阳角、管道根等，均应做成半径为 50 mm 的圆弧或 45°折角。

④基层若有缺陷或积水、积雪等现象必须进行前期处理。

⑤基层经检查符合要求后，应进行彻底清理并清扫干净。

（2）作业条件准备。

施工应在良好天气条件下进行，雨、雪、五级以上大风和低于 -10 ℃ 的气候不宜施工，如工期需要应采取措施。

（3）其他准备。

包括材料（主材、辅材）、技术、劳动组织、施工机具、材料进场的复检等，均应按相关规范和施工方案要求作充分准备，施工准备也包括穿墙管道、设备、预埋件等的安装以及地下工程的降水，防水层完成后不允许在防水层上凿眼打洞。

5. 热熔法施工工艺流程

热熔法施工工艺流程：基层处理→涂刷基层处理剂→附加防水层的施工→卷材防水层的铺设和黏结（确定卷材铺贴方向，并在基层上弹基准线→确定卷材铺贴顺序和粘贴方式→进行热熔黏结卷材的操作）→卷材搭接缝的黏结和密封→卷材防水层终端收头的固定和密封→防水层的保护。

1）涂刷基层处理剂

首先应用毛刷在细部、周边和拐角处防水基层上先行涂刷，然后在大面基层上涂刷，涂刷应均匀一致,切勿反复涂刷,基层处理剂应满涂,不得有漏涂(涂布量一般在 0.40 kg/m²),待基层处理剂干燥后(指触不黏)及时进行卷材铺贴。

2)附加防水层的施工

在铺设大面卷材防水层之前,应先按相关规范和设计要求进行细部节点部位附加防水层的施工。一般细部附加防水层为粘贴一层专用附加层卷材或采用与大面防水层相同品种的卷材,复杂细部节点附加防水层宜采用涂膜与卷材复合的构造做法。

附加防水层
构造做法

3)卷材防水层的铺设和黏结

(1)细部节点附加层卷材粘贴完成并经检查质量合格后,即可进行主体防水层卷材的铺设和粘贴。确定卷材铺贴方向,并在基层上弹基准线。

卷材铺贴方向应根据屋面坡度方向而定:

坡度<3%,卷材平行于屋脊方向;

坡度 3%~15%,卷材可平行于屋脊,也可垂直于屋脊方向;

坡度>15%,卷材垂直于屋脊方向。

当卷材平行于屋脊方向铺贴时,搭接缝顺流水方向;垂直于屋脊方向时,搭接缝应顺主导风向。

(2)卷材铺贴顺序和粘贴方式。

①铺贴顺序。

高低跨相毗邻时,先做高跨,后做低跨,同等高度的屋面先远后近,同一平面内先铺雨水口、管道、伸缩缝、女儿墙转角等细部,然后从屋面较低处开始铺贴。

②卷材不同部位的粘贴方式。

卷材与基层:暴露式非上人平屋面或小坡的屋面卷材与基层宜采用条黏或点黏,尤其屋面是温差变化较大的地区,但屋面周边 800 mm 范围内应满黏,立面或大坡面的卷材与基层应采用满黏。条黏和点黏的面积应根据屋面条件确定,平屋面黏结面积应不小于30%,坡屋面黏结面积不小于70%;采用聚酯胎卷材条黏或点黏时,在距短边搭接缝 0.5 m 范围内应满黏,上人屋面或卷材防水层上有重物覆盖以及基层变形较大时,应优先采用空铺法,但距周边 800 mm 范围内应满黏;地下工程的底板卷材宜空铺,也可条黏或点黏,立面和大坡面部位的卷材与基层应满黏。卷材与基层采用满黏法施工时,找平层的分格缝处宜空铺,空铺宽度宜为 100 mm。

卷材与卷材采用叠层防水构造以及在附加防水层上铺贴卷材时,卷材之间满黏并黏结紧密,卷材搭接缝应满黏。

附加层卷材的粘贴:一般部位附加层卷材与基层应满黏,应力集中部位空铺,如变形缝、天沟和檐沟与屋面交角处、地下室从底面折向立面的卷材与永久性保护墙的接触部位以及类似的其他应力集中部位。

(3)热熔黏结卷材的操作。

①热熔法铺贴防水层卷材时,卷材应剪成相应尺寸铺设在预先涂布过基层处理剂的基层表面上,确定铺设的具体位置后再卷起,点燃加热器先把卷材末端粘贴固定在基层上,然后对准卷材与基层交接处的夹角烘烤卷材底面沥青层及基层,加热要均匀,喷嘴距交界处约300 mm 往返加热。趁沥青涂盖层呈熔融状态时,边烘烤边向前缓慢地滚铺卷材使其黏结到

基层上,随后用轧辊压实排除空气并使其黏结紧密。热熔法施工时应注意一直保持热熔面有溶胶溢出,溶胶溢出处溶胶应冒小气泡。

叠层防水构造,粘贴第二层卷材时,在烘烤上层卷材底面沥青层的同时,烘烤下一层卷材上表面沥青层,重复第一层操作过程进行黏结。第二层卷材的接缝应与第一层卷材错开 1/3～1/2 幅宽,且两层卷材不得相互垂直铺设。具体如图 7-4 所示。

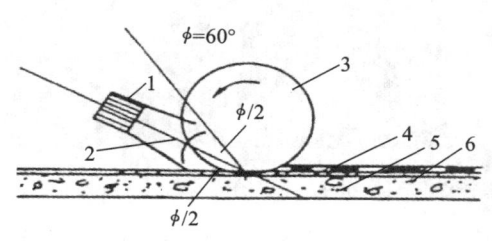 

图 7-4 热熔卷材火焰与基层平面的相对位置
1—喷嘴;2—火焰;3—成卷的卷材;4—水泥砂浆找平层;5—混凝土垫层;6—卷材防水层

②满黏法、条黏法和点黏法操作。

满黏法(简称全黏)用喷灯或喷枪由卷材横向的一边向另一边缓慢移动,均匀烘烤卷材所有部位,使其表面沥青全部呈熔融状态,以达到卷材与基层或卷材与卷材的全黏结。

条黏法:卷材与基层采用条状黏结时,每幅卷材与基层的黏结不少于两条,每条宽度根据确定的黏结面积而定,一般平屋面工程每条宽度不小于 150 mm。

点黏法:卷材与基层采用点状黏结时,每平方米黏结不小于 5 个点,平屋面工程每个点面积为 100 mm×100 mm,对有坡度的屋面工程应增加点黏面积。

4)卷材搭接缝的黏结和密封

(1)卷材搭接宽度应符合相关技术规范和质量验收规范要求,特别重要或对搭接有特殊要求时,接缝宽度按设计要求。一般搭接宽度的规定如表 7-12 所示。

表 7-12 卷材搭接宽度

	短边搭接/mm		长边搭接/mm	
	满黏	空铺、条黏、点黏	满黏	空铺、条黏、点黏
屋面工程	80	100	80	100

(2)卷材搭接方向:平屋面卷材搭接方向一般为后铺卷材盖在前铺卷材之上;坡度为 3%～5% 的屋面和坡度 >15% 的屋面,卷材垂直于屋脊铺贴时,搭接方向为后层在前层之上;地下工程铺贴立面卷材时,卷材接槎处为上层卷材搭在下层卷材上,搭接长度应为 150 mm;当使用两层卷材时,卷材应错槎接缝,上层卷材盖过下层卷材。

(3)单独热熔处理搭接缝的操作:铺贴大面卷材时搭接边不黏结,单独进行搭接缝的黏结时,是将卷材搭接缝处用专门的热熔燃具加热搭接缝的上片底面和下片上表面的沥青层,当沥青呈熔融状态时立即粘贴,并随即用手持式压辊由内向外轻轻滚压,以边挤出宽度 5～10 mm 沥青条为合格(图 7-5)。

当卷材上表面覆盖材料为矿物粒料或片料时,应先将搭接缝下片卷材表面的覆盖层热熔后铲掉,再将搭接缝上片卷材表面沥青层烘烤至熔融状态与下片卷材黏结。

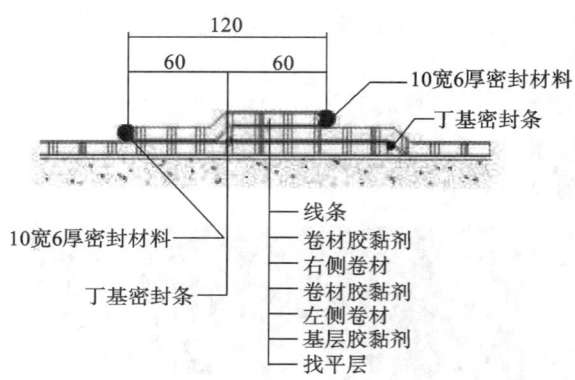

图 7-5　单独热熔处理搭接缝（单位：mm）

（4）接缝口的密封处理：国家屋面工程及地下防水工程质量规范，均要求对卷材接缝口用密封材料封严，所以在热熔处理搭接缝操作中未挤出宽度 5～10 mm 沥青密封条的部位，必须进行返工处理。

对于矿物粒料或片料覆面材料的卷材，搭接时去除了下层卷材的沥青层，所以接缝口应用密封材料进行封闭，密封宽度应不小于 10 mm。

三层重叠处最不容易压严，应用密封材料加以填封，如图 7-6 所示。

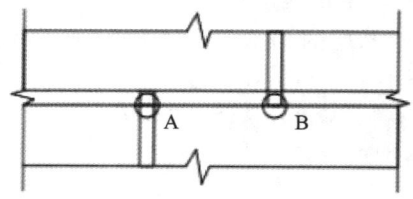
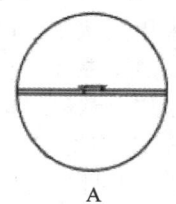
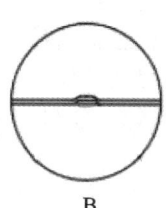

图 7-6　单独热熔三层重叠处做法

5）卷材防水层终端收头的固定和密封

（1）屋面工程在混凝土立面女儿墙上收头时，可将卷材粘贴在立墙上后，用金属压条和水泥钉钉压，卷材上口用密封材料封严，上面再用金属或合成高分子盖板保护（图 7-7），女儿墙较低时可将卷材直接铺贴到女儿墙顶部。无组织排水屋面的卷材在平面凹槽收头，具体做法是抹找平层时，离开檐口 100 mm 抹出 40 mm×20 mm 的梯形凹槽，将卷材收头压入凹槽，再用压条和水泥钉钉压，上面用密封材料封严（图 7-8）。当女儿墙较低时，可将卷材直接贴到女儿墙顶部，上面用压钉埋压。

（2）伸出屋面管道，卷材防水层终端收头处理，均为将防水层收头处用金属箍箍紧，并用密封材料封严，如图 7-9 所示。

6. 防水层的保护

（1）防水层完成并经检验合格后，应立即进行保护层的施工，对不能及时作保护层施工时，也应采取临时保护措施。

（2）采用水泥砂浆、块材料或细石混凝土作保护层时，保护层与防水层之间应设置隔离层，隔离层可铺设纸胎沥青油毡、聚乙烯膜等。

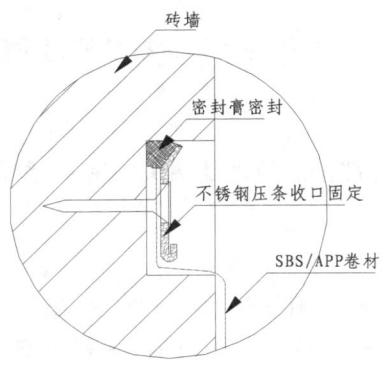

图 7-7 卷材凹槽收头做法

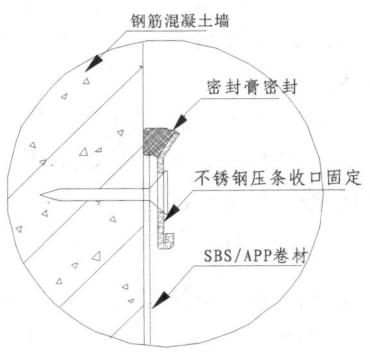

图 7-8 卷材平立面收头做法

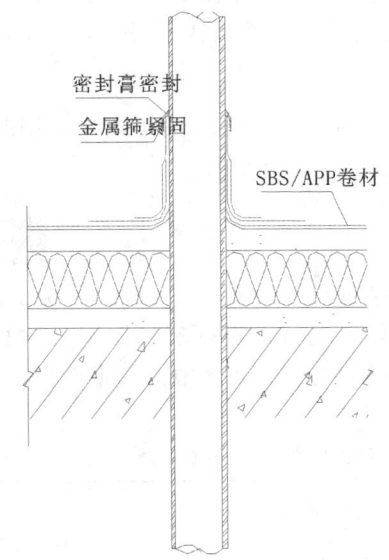

图 7-9 出屋面管道防水做法

（3）暴露屋面防水工程的保护层，如外露防水卷材为矿物粒料或片料作覆面材料，可不另作保护层，如防水卷材表面为细砂、PE 膜，必须作保护层，做法如下。

①铺设页岩片或砂粒，施工时随刮涂冷沥青玛琋脂随铺撒散装保护材料，空铺撒均匀，不得有未被覆盖的部位，且黏结牢固。

②也可用水泥砂浆作保护层，表面应抹平压光并设置表面分隔缝。

③浅色涂料作保护层，表面应涂刷均匀，不得漏涂。

（4）上人屋面防水工程保护层，按设计要求进行。

（二）防水卷材冷黏法施工

1. 冷黏法施工要求

①防水施工对天气要求高，严禁在雨天、雪天和五级及以上大风等恶劣天气下进行防水施工；施工时气温不低于 5 ℃。

②冷黏法施工,施工工具简单、便捷。

③冷黏法必须选择与卷材配套的专用胶黏剂,以保证黏结强度和卷材搭接缝部位黏结的耐久性。

④施工前须测试基层含水率。

⑤施工中须注意特殊部位,如变形缝、阴阳角、檐口等部位的处理及端头的密封,细部的铺贴质量是渗漏水缺陷的重要影响因素之一。

2. 工艺原理

冷黏法是采用与卷材配套的专用冷胶黏剂黏铺卷材而无须加热的施工方法,施工时无须加热熬制沥青,从而减少了环境污染,改善了施工条件,提高了劳动效率,有利于安全生产,是一种很好的卷材铺贴工艺。

铺贴卷材,卷材与基层的粘贴方法可分为满黏法、条黏法、点黏法和空铺法等形式,通常都采用满黏法,条黏法、点黏法和空铺法适用于防水层上有重物覆盖或基层变形较大的场合。

3. 施工工艺流程

施工工艺流程:混凝土基层处理→涂刷基层处理剂→附加层增强处理→涂刷基层胶黏剂及铺设卷材(单层或双层)→卷材搭接缝及收头处理→施工保护层。

(三) 屋面综合防水试验

屋面防水卷材铺设完毕后,在施工保护层前,应检验屋面有无渗漏和积水,排水系统是否通畅。在雨后或持续淋水 2 h 以后进行。根据现场屋面的实际情况,有可能作蓄水检验的屋面,蓄水时间不少于 24 h,水中掺入带颜色的水,以便观察,并做好防水试验记录,如表 7-13 所示。

防水卷材施工操作方法

表 7-13　屋面淋水(蓄水)试验记录表

工程名称		屋面形式 (斜或平屋面)		
屋面防水等级		设防要求		
分项工程名称		分项施工时间		
施工单位				
项目经理		专业工长		
淋水(蓄水)部位		蓄水高度	淋蓄水时间	
质量验收规范规定		施工单位检查评定记录 (观察时间及次数)	监理(建设)单位验收记录	

续表

《屋面工程质量验收规范》GB 50207 规定:卷材防水层不得有渗漏和积水。	
施工单位 检查评定结果	经检查,屋面未发现渗漏水现象,符合规范要求,评定为合格。 项目专业质量检查员: 年 月 日
监理(建设)单位 验收结论	监理工程师: (建设单位项目专业技术负责人) 年 月 日

学习情境三 地下防水工程施工

一、地下防水工程防护类别及渗漏介绍

地下工程常年受到各种地表水、地下水的作用,所以地下工程的防渗漏处理比屋面防水工程要求更高,技术难度更大。地下工程的防水方案,应根据使用要求,全面考虑地质、地貌、水文地质、工程地质、地震烈度、冻结深度、环境条件、结构形式、施工工艺及材料来源等因素合理确定。

地下防水工程是指对工业与民用地下建筑工程、市政隧道、防护工程、地下铁道等建(构)筑物进行防水设计、防水施工和维护管理等各项技术工作的工程实体。

根据地下工程对防水的要求,确定结构主体允许渗漏水量的等级标准。地下工程的防水等级标准应符合表 7-14 的规定。

表 7-14 地下工程的防水等级标准

防水等级	标 准	范 围
一级	不允许渗水,结构表面无湿渍	人员长期停留的场所;因有少量湿渍会使物品变质、失效的贮物场所及严重影响设备正常运转和危及工程安全运营的部位;极重要的战备工程

防水等级	标　准	范　围
二级	不允许漏水,结构表面可有少量湿渍 　工业与民用建筑:总湿渍面积不应大于总防水面积(包括顶板、墙面、地面)的 1/1000;任意 100 m² 防水面积上的湿渍不超过 2 处,单个湿渍的最大面积不大于 0.1 m² 　其他地下工程:总湿渍面积不应大于总防水面积的 6/1000;任意 100 m² 防水面积上的湿渍不超过 3 处,单个湿渍的最大面积不大于 0.2 m²,隧道工程还要求平均渗水量不大于 0.05 L/(m²·d),任意 100 m² 防水面积上的渗水量不大于 0.15 L/(m²·d)	人员经常活动的场所;在有少量湿渍的情况下不会使物品变质、失效的贮物场所及基本不影响设备正常运转和工程安全运营的部位,重要的战备工程
三级	有少量漏水点,不得有线流和漏泥砂 　任意 100 m² 防水面积上的漏水点数不超过 7 处,单个漏水点的最大漏水量不大于 2.5 L/d,单个湿渍的最大面积不大于 0.3 m²	人员临时活动的场所;一般战备工程
四级	有漏水点,不得有线流和漏泥砂 　整个工程平均漏水量不大于 2 L/(m²·d),任意 100 m² 防水面积的平均漏水量不大于 4 L/(m²·d)	对渗漏水无严格要求的工程

在地下防水工程中,描述渗漏水现象使用的术语、定义和标志符号如表 7-15 所示。

表 7-15　描述渗漏水现象使用的术语、定义和标志符号

术　语	定　义	标志符号
湿渍	地下混凝土结构背水面,呈现明显色泽变化的潮湿斑	♯
渗水	水从地下混凝土结构衬砌内表面渗出,在背水的墙壁上可观察到明显的流挂水膜范围	○
水珠	悬垂在地下混凝土结构衬砌背水顶板(拱顶)的水珠,其滴落间隔时间超过 1 min,称为水珠现象	◇
滴漏	地下混凝土结构衬砌背水顶板(拱顶)渗漏水的滴落速度,每分钟至少 1 滴,称为滴漏现象	▽
线漏	指渗漏呈线状或喷水状态	↓

湿渍主要是由混凝土密实度差异造成毛细现象或由混凝土容许裂缝(宽度小于 0.2 mm)产生,在混凝土表面肉眼可见的明显色泽变化的潮湿斑,一般在人工通风条件下可消失,即蒸发量大于渗入量的状态。

湿渍的检测方法是检查人员用干手触摸湿斑,无水分浸润感觉。用吸墨纸或报纸贴附,纸不变色。检查时,要用粉笔勾画出湿渍范围,然后用钢尺测量高度和宽度,计算面积标示在"展开图"上。

渗水是由于混凝土密实度差异或混凝土有害裂缝(宽度大于 0.2 mm)而产生的地下水连续渗入混凝土结构,在背水的混凝土墙壁表面,肉眼可观察到明显的流挂水膜范围,在加强人工通风的条件下也不会消失,即渗入量大于蒸发量的状态。

渗水的检测方法是检查人员用干手触摸,可感觉到水分浸润,手上会沾有水分。用吸墨纸或报纸贴附,纸会浸润变色。检查时,要用粉笔勾画出渗水范围,然后用钢尺测量高度和宽度,计算面积标示在"展开图"上。

对房屋建筑地下室检测出来的"渗水点",一般情况下应准予修补堵漏,然后重新验收。

当被验收的地下工程有结露现象时,不宜进行渗漏水检测,如图 7-10 所示。

图 7-10 结露现象

二、地下防水工程施工方法

地下防水工程施工方法分为明挖法和暗挖法两种。明挖法是敞口开挖基坑,再在基坑中修建地下工程结构,最后用土石回填恢复地面的施工方法。暗挖法是不挖开地面,采用从施工通道在地下开挖、支护、衬砌的方式修建隧道等地下工程结构的施工方法。工业与民用建筑一般都采用明挖法施工。明挖法和暗挖法地下工程的防水设防要求,应按表 7-16 和表 7-17 选用。

表 7-16 明挖法地下工程防水设防要求

工程部位	主体结构						施工缝						后浇带					变形缝、诱导缝					
防水措施	防水混凝土	防水材料	塑料防水板	膨润土防水材料	防水砂浆	金属板	温水膨胀止水条(胶)	外贴式止水带	中埋式止水带	外抹防水砂浆	外涂防水涂料	水泥基渗透结晶型防水涂料	预埋注浆管	补偿收缩混凝土	外贴式止水带	预埋注浆管	温水膨胀止水条(胶)	中埋式止水带	外贴式止水带	可卸式止水带	防水密封材料	外贴防水卷材	外涂防水涂料

续表

工程部位		主体结构	施工缝	后浇带	变形缝、诱导缝
防水等级	一级	应选1~2种	应选2种	应选2种	应选2种
	二级	应选1种	应选1~2种	应选1~2种	应选1~2种
	三级	宜选1种	宜选1~2种	宜选1~2种	宜选1~2种
	四级	—	宜选1种	宜选1种	宜选1种

表 7-17 暗挖法地下工程防水设防要求

工程部位		衬砌结构							内衬砌施工缝						内衬砌变形缝、诱导缝			
防水措施		防水混凝土	防水卷材	防水涂料	塑料防水板	膨润土防水材料	防水砂浆	金属板	遇水膨胀止水条（胶）	外贴式止水带	中埋式止水带	防水密封材料	水泥基渗透结晶型防水涂料	预埋注浆管	中埋式止水带	外贴式止水带	可卸式止水带	防水密封材料
防水等级	一级	应选1~2种							应选1~2种						应选1~2种			
	二级	应选1种							应选1种						应选1种			
	三级	宜选1种							宜选1种						宜选1种			
	四级	宜选1种							宜选1种						宜选1种			

1. 地下防水工程施工注意事项

地下防水工程必须由有相应资质的专业防水队伍进行施工,主要施工人员应持有建设行政主管部门或指定单位颁发的执业资格证书。地下防水工程施工前,应通过图纸会审,掌握结构主体及细部构造的防水要求,施工单位应编制防水工程专项施工方案或技术措施,经监理或建设单位审查批准后执行。地下防水工程采用的新技术、新材料、新工艺,应按照有关规定进行评审、鉴定及备案。施工前应对首次采用的施工工艺进行评价,并制定专门的施工技术方案。地下防水工程所使用的防水材料应有产品的合格证书和性能检测报告,材料的品种、规格、性能等应符合现行国家产品标准和设计要求。严禁使用国家明令禁止使用或淘汰的材料。

2. 防水材料的进场验收原则

(1) 对材料的品种、规格、包装、外观和尺寸等进行检查验收,并应经监理工程师(建设单位代表)确认,形成相应验收记录。

(2) 对材料的质量证明文件进行检查,并应经监理工程师(建设单位代表)确认,归入工程技术档案。

(3) 对材料应按有关规定抽样检验,检验应执行见证取样检测制度,并提出检验报告。所检验项目中全部指标达到标准规定时,即为合格。若有一项指标不合格,应在受检产品中加倍取样复检,如复检结果仍不合格,则判定该产品为不合格。不合格的材料不得在工程中使用。

地下防水工程使用的材料应符合国家现行有关标准对材料有害物质限量的规定,不得对周围环境造成污染。

地下防水工程所用材料应彼此相容,不得相互腐蚀。防水材料应进行黏结质量实体检验。

地下防水工程的施工,应建立各道工序的自检、交接检和专职人员检查的"三检"制度,并有完整的检查记录。未经监理(建设)单位对上道工序的检查确认,不得进行下道工序的施工。

地下防水工程施工期间,明挖法的基坑以及暗挖法的竖井、洞口,必须保持地下水位稳定在基底 500 mm 以下,必要时应采取降水措施。

地下防水工程的防水层,严禁在雨天、雪天和五级风及其以上时施工;防水层施工环境气温条件宜符合表 7-18 的规定。

表 7-18　防水层施工环境气温条件

防水层材料	施工环境气温条件
高聚物改性沥青防水卷材	冷黏法、自黏法不低于 5 ℃,热熔法不低于 −10 ℃
合成高分子防水卷材	冷黏法、自黏法不低于 5 ℃,焊接法不低于 −10 ℃
有机防水涂料	溶剂型 −5～35 ℃,反应型、水乳型 5～35 ℃
无机防水涂料	5～35 ℃
防水混凝土、防水砂浆	5～35 ℃
膨润土防水材料	不低于 −20 ℃

三、地下结构自防水细部构造

1. 后浇带防水

根据设计要求,后浇带防水节点构造图如图 7-11 所示。

2. 施工缝防水

工程地下室底板和外墙在后浇带基础上划分为若干个流水段;同时,在外墙混凝土结构

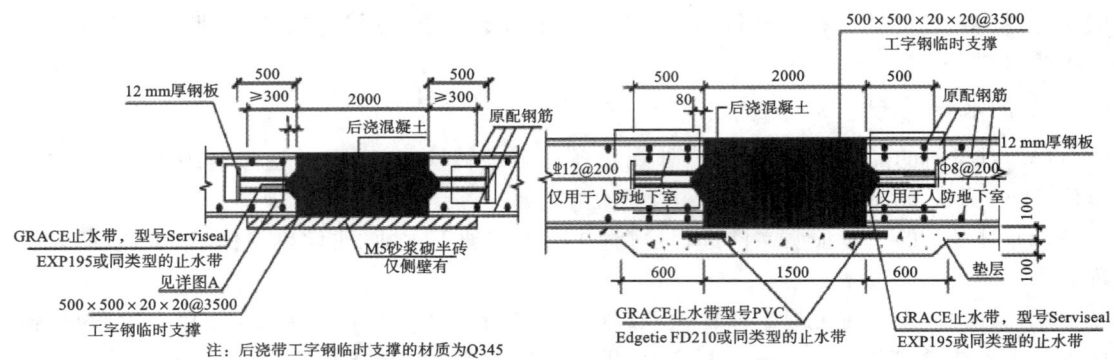

图 7-11　后浇带防水节点构造图（单位：mm）

施工中，根据施工楼层，将外墙划分成三道水平施工缝。

为了保证墙体不渗漏，所有这些竖向和水平施工缝混凝土结构中加设 3 mm 厚止水钢板。基础底板结构外侧用 20 mm 厚竹胶板支模，高为 2100 mm，在模板底部引出卷材甩头，上边用黄泥（或低强度白灰砂浆）砌筑临时保护墙（该处卷材虚铺），避免卷材在同一部位反复弯折而造成断裂；待外墙立面卷材施工时，将临时保护墙拆掉，底板根部抹灰抹成圆弧，半径为 50 mm。具体做法如图 7-12 所示。

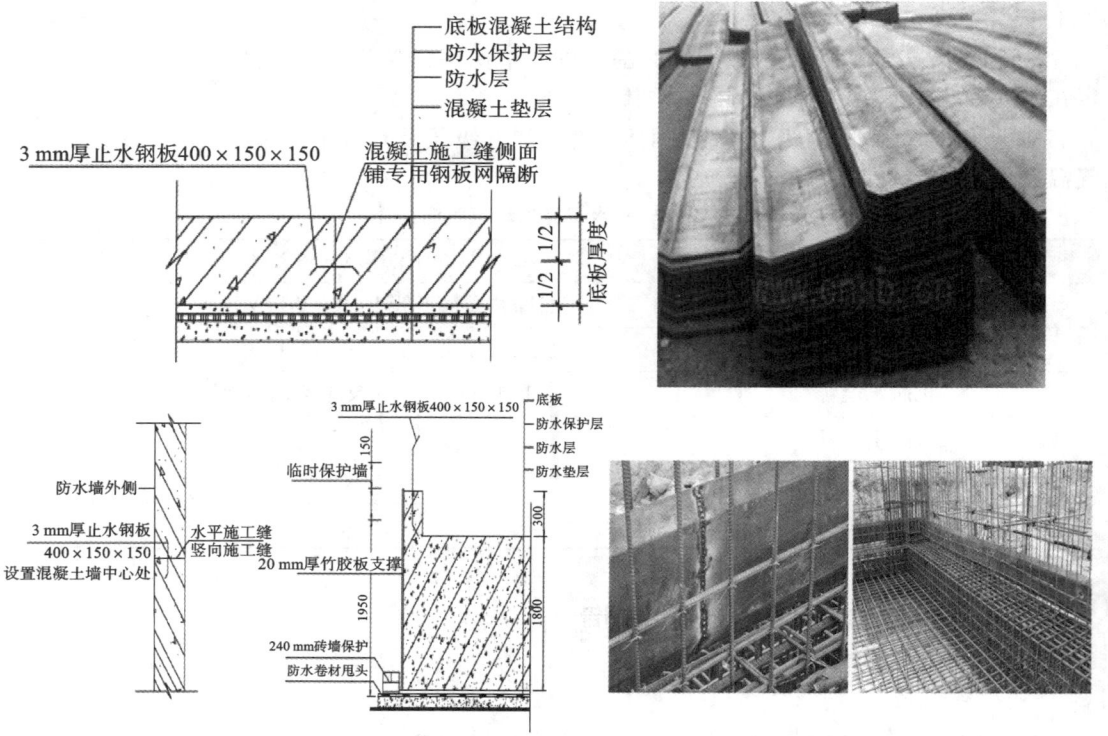

图 7-12　厚止水钢板（单位：mm）

3. 穿墙套管和对拉螺栓做法

穿过地下室墙的管道和支模的对拉螺栓做法如图 7-13 所示。

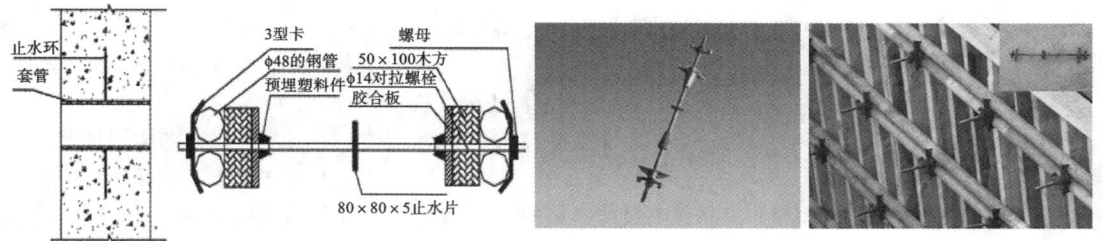

图 7-13 对拉螺栓(单位:mm)

防水混凝土
结构施工

四、地下防水卷材施工

卷材的施工方式和屋面相类似,只是一般采用满黏法施工,以下简单介绍一些地下防水卷材的构造要求。

地下防水工程一般把卷材防水层设置在建筑结构的外侧,称为外防水。它与卷材防水层设在结构内侧的内防水相比较,具有以下优点:外防水的防水层在迎水面,受压力水的作用紧压在结构上,防水效果良好;而内防水的卷材防水层在背水面,受压力水的作用容易局部脱开;外防水造成渗漏概率比内防水小。因此,一般多采用外防水。

外防水有两种设置方法,即外贴法和内贴法,如图 7-14 所示。

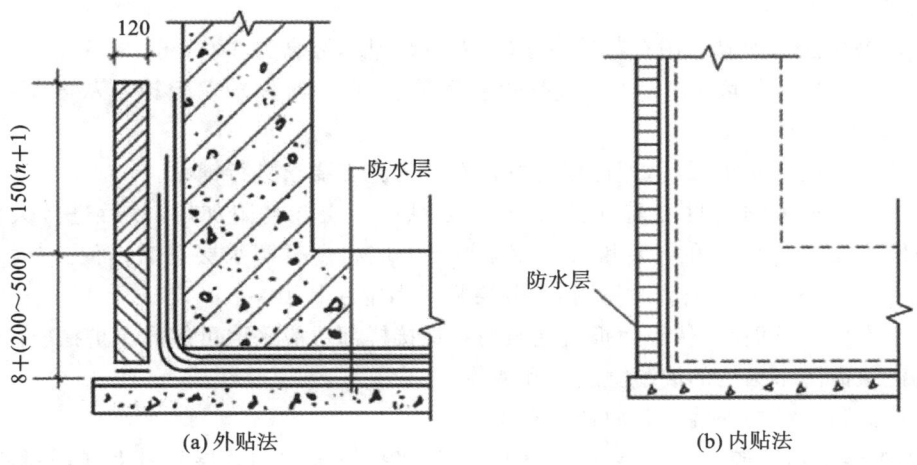

图 7-14 外贴法和内贴法(单位:mm)

两种设置方法的优、缺点比较如表 7-19 所示。

表 7-19 两种设置方法的优缺点比较

名　　称	优　　点	缺　　点
外贴法	（1）由于绝大部分卷材防水层直接贴在结构外表面，防水层较少受结构沉降变形影响。 （2）由于是后贴立面防水层，浇捣结构混凝土时不会损坏防水层，只须注意保护底板与留槎部位的防水层即可。 （3）便于检查混凝土结构及卷材防水层的质量，且容易修补	（1）工序多、工期长，需要一定工作面。 （2）土方量大，模板需用量大。 （3）卷材接头不易保护好，施工烦琐，影响防水层质量
内贴法	（1）工序简便，工期短。 （2）节省施工占地，土方量较小。 （3）节约外墙外侧模板。 （4）卷材防水层无须临时固定留槎，可连续铺贴，质量容易保证	（1）受结构沉降变形影响，容易断裂，产生漏水。 （2）卷材防水层及混凝土结构的抗渗质量不易检验，如产生渗漏，修补卷材防水层困难

外贴法是将立面卷材防水层直接铺设在需防水结构的外墙外表面，施工程序如下。

（1）先浇筑需防水结构的底面混凝土垫层。

（2）在垫层上砌筑永久性保护墙，墙下铺一层干油毡。墙的高度不小于需防水结构底板厚度再加 100 mm。

（3）在永久性保护墙上用石灰砂浆接砌临时保护墙，墙高为 300 mm。

（4）在永久性保护墙上抹 1∶3 水泥砂浆找平层，在临时保护墙上抹石灰砂浆找平层，并刷石灰浆。

（5）待找平层基本干燥后，即可根据所选卷材的施工要求进行铺贴。

（6）在大面积铺贴卷材之前，应先在转角处粘贴一层卷材附加层，然后进行大面积铺贴，先铺平面，后铺立面。在垫层和永久性保护墙上应将卷材防水层空铺，而在临时保护墙（或模板）上应将卷材防水层临时贴附，并分层临时固定在其顶端。

（7）当不设保护墙时，从底面折向立面的卷材接槎部位应采取可靠的保护措施。

（8）浇筑需防水结构的混凝土底板和墙体。

（9）在需防水结构外墙外表面抹找平层。

（10）主体结构完成后，铺贴立面卷材时，应先将接槎部位的各层卷材揭开，并将其表面清理干净，如卷材有局部损伤，应及时进行修补。卷材接槎的搭接长度，高聚物改性沥青卷材为 150 mm，合成高分子卷材为 100 mm。当使用两层卷材时，卷材应错槎接缝，上层卷材应盖过下层卷材。卷材的甩槎、接槎做法如图 7-15 所示。

（11）待卷材防水层施工完毕，并经过检查验收合格后，及时做好卷材防水层的保护结构。

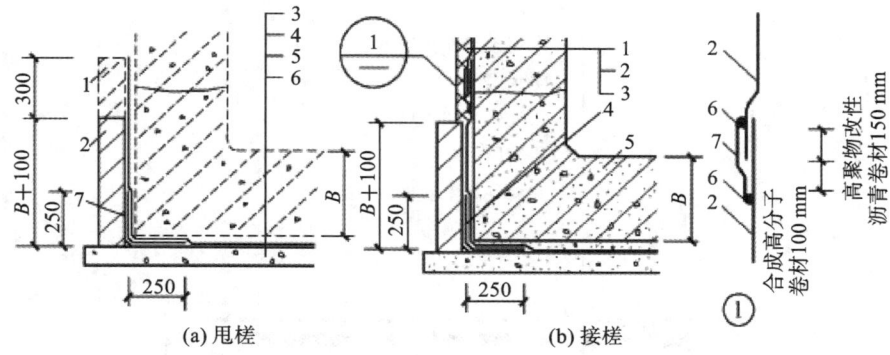

图 7-15 卷材的甩槎、接槎做法(单位:mm)
(a)甩槎:1—临时保护墙;2—永久性保护墙;3—细石混凝土保护层;
4—卷材防水层;5—水泥砂浆保护层;6—混凝土垫层;7—卷材加强层;
(b)接槎:1—结构墙体;2—卷材防水层;3—卷材保护层;4—卷材加强层;
5—结构底板;6—密封材料;7—盖缝条

学习情境四 楼地面防水工程施工

楼层地面防水是房屋建筑防水的重要组成部分,其防水质量直接影响着建筑地面工程的使用功能,特别是厕浴间、厨房和有防水要求的楼层地面(含有地下室的底层地面),若发生渗透、漏水等现象,则严重影响人们的正常生活和居住条件。

穿过楼地面或墙体的管道多,用水量大且使用频繁集中,空间虽小形状却较为复杂,阴阳角多,管道周围缝隙多,加之工种复杂,交叉施工,互相干扰,防水施工难度较大。厕浴间防水工程既要解决地面防水,防止水渗漏到下层结构内,又要解决墙面防水,防止水渗漏到同一墙体的另外一侧。

一、厕浴间防水的特点及构造

1. 厕浴间防水的特点

(1) 不受大自然气候的影响,温度变化不大,对材料的延伸率要求不高。

(2) 面积小,阴阳角多,穿楼板管道多。

(3) 墙面防水层上贴瓷砖,与黏结剂亲和性能好。

建筑室内防水应遵循"以防为主、防排结合、迎水面防水"的原则。

2. 常见防水楼地面构造

防水楼地面一般包括基层(找平层)、防水层和保护层等构造层次,如图 7-16 所示。楼地面防水层应采用防水类卷材、防水类涂料或掺防水剂的水泥类材料(砂浆、混凝土)等铺设而成,但一般情况下应首选防水涂料。

(1) 厨房、厕浴间一般采取迎水面防水。

(2) 厨房、厕浴间的墙体宜设置高出楼地面 150 mm 以上的现浇混凝土泛水。

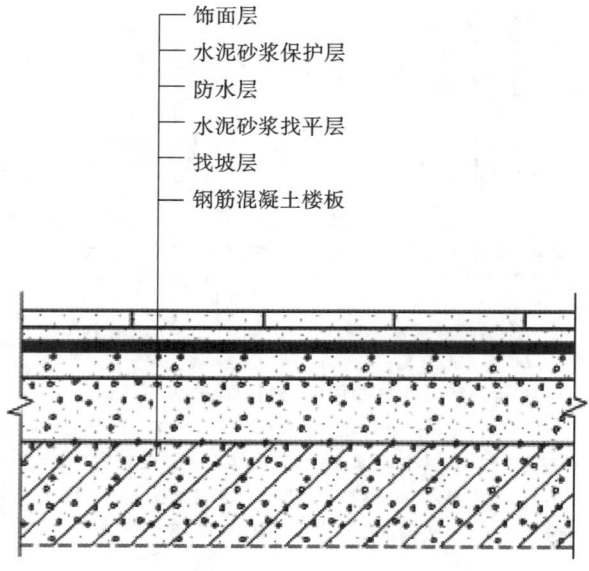

图 7-16　常见防水楼地面构造

（3）厨房、厕浴间的地面标高，应低于门外地面标高不少于 20 mm。

（4）厨房、厕浴间四周墙根防水层泛水高度不应小于 250 mm，其他墙面防水以可能溅到水的范围为基准向外延伸不应小于 250 mm。浴室花洒喷淋的临墙面防水高度不得低于 2 m。具体如图 7-17 所示。

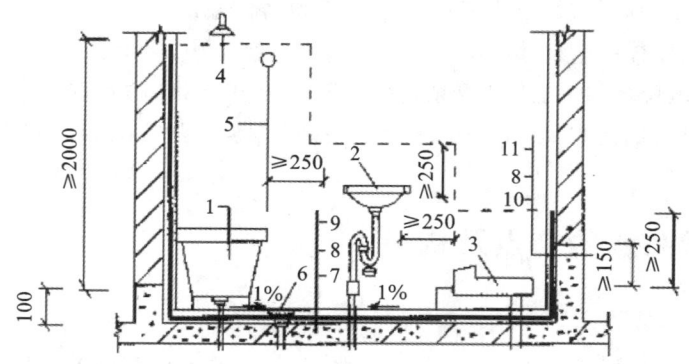

图 7-17　厕浴间墙面防水高度示意图（单位：mm）

1—浴缸；2—洗手池；3—蹲便器；4—喷淋头；5—浴帘；6—地漏；
7—现浇混凝土楼板；8—防水层；9—地面饰面层；10—混凝土泛水；11—墙面饰面层

楼地面防水层所采用的材料及其铺设层数（或厚度），当采用掺有防水剂的水泥类找平层作为隔离层时，其防水剂掺量和强度等级（或配合比）应符合设计要求。

厕浴间和有防水要求的建筑地面必须设置防水层。楼层结构必须采用现浇混凝土或整块预制混凝土板，混凝土强度等级不应低于 C20；楼板四周除门洞外，应做混凝土翻边，其高度不应小于 150 mm。施工时，结构层标高和预留孔洞位置应准确，严禁乱凿洞。铺设防水层时，在管道穿过楼板面的四周，防水材料应向上铺涂，并超过套管的上口；在靠近墙面处，应高出面层 200～300 mm 或按设计要求的高度铺涂。阴阳角和管道穿过楼板面的根部,应增加铺涂附加防水隔离层。

防水材料铺设后,必须蓄水检验。蓄水深度应为 20～30 mm,24 h 内无渗漏为合格,并做记录。

3. 防水地面细部节点构造

(1) 管根与墙角。

施工找平层时,管根与墙角做成半径 $R=10$ mm 的圆弧,凡靠墙的管根处均抹出 5％坡度。防水附加层宽 150 mm,墙角高 100 mm,管根处与标准地面平齐,如图 7-18 所示。

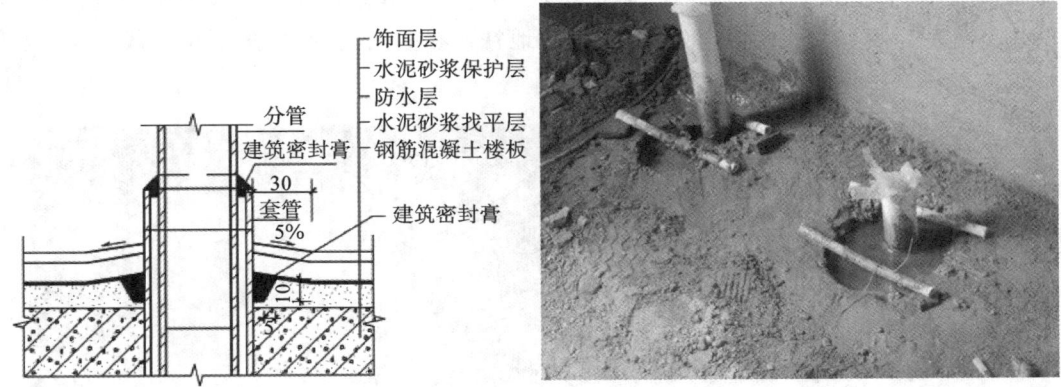

图 7-18　管根与墙角(单位:mm)

(2) 地漏处细部做法。

在施工找平层时,管根与墙角做成半径 $R=10$ mm 圆弧,设置 150 mm 宽附加层,管根处与标准地面平齐。

(3) 门口细部做法。

在施工找平层时,转角处做成半径 $R=10$ mm 圆弧,防水附加层宽 150 mm,高与地面相平,防水层出外墙面 250 mm。

二、涂膜类防水层施工工艺

1. 工艺流程

涂膜类防水层施工工艺流程如图 7-19 所示。

图 7-19　涂膜类防水层施工工艺流程

2. 施工要点

(1) 清理基层。

涂刷前,先将基层表面的杂物、砂浆、硬块等清扫干净,并用干净的湿布擦一遍,经检查基层无不平、空裂、起砂等缺陷,方可进行下道工序。在水泥类找平层上铺设防水涂料时,其表面应坚固、洁净、干燥。

（2）涂刷底胶。

将配好的底胶料用长把滚刷均匀涂刷在基层表面,涂刷后至手感不黏时,即可进行下道工序。

（3）涂膜料配制。

根据要求的配合比,将材料配合、搅拌至充分拌和均匀即可使用。拌好的混合料应在限定时间内用完。

（4）附加涂膜层。

对穿过墙、楼板的管根部及地漏、排水口、阴阳角、变形缝等薄弱部位,应在涂膜层大面积施工前,做好上述部位的增强涂层（附加层）。其做法是在附加层中铺设要求的纤维布,涂刷时用刮板刮涂料以驱除气泡,将纤维布紧密地粘贴在基层上,阴阳角部位一般为条形,管根部位为扇形。具体如图 7-20 所示。

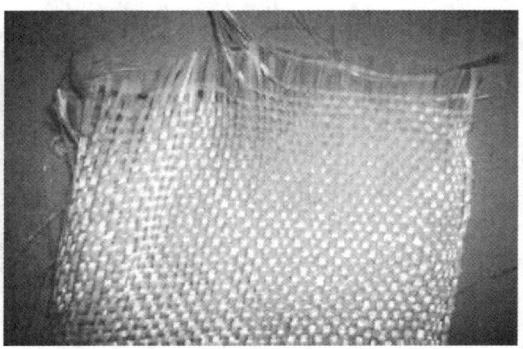

图 7-20　铺设胎体增强材料

（5）涂膜施工。

①细部附加层施工:用油漆刷蘸搅拌好的涂料在管根、地漏、阴阳角等容易漏水的薄弱部位均匀涂刷,不得漏涂（地面与墙角交接处,涂膜防水在墙上涂刷 250 mm 高）。常温 4 h 表干后,再刷第二道涂膜防水涂料,24 h 实干后,即可进行大面积涂膜防水层施工,每层附加层厚度宜为 0.6 mm

②第一层涂膜:将已搅拌好的厨卫专用防水涂料用塑料或橡胶刮板均匀涂刮在已涂好底胶的基层表面上,厚度为 0.6 mm,要均匀一致,刮涂量以 $0.6 \sim 0.8$ kg/m² 为宜,操作时先墙面后地面,从内向外退着操作。

③第二层涂膜:第一层涂膜固化到不粘手时,按第一遍施工方法,进行第二遍涂膜防水施工。为使涂膜厚度均匀,刮涂方向必须与第一遍刮涂方向垂直,刮涂量比第一遍略少,厚度以 0.5 mm 为宜。

④第三层涂膜:第二层涂膜固化后,按前述两遍的施工方法,进行第三遍刮涂,刮涂量以 $0.4 \sim 0.5$ kg/m² 为宜（如设计厚度为 1.5 mm 以上,可进行第四次涂刷）。

（6）结合层。

为了保护防水层,地面的防水层可不撒石渣结合层,其结合层可用 1∶1 的 108 胶或众霸胶水泥浆进行扫毛处理,地面防水保护层施工后,在墙面防水层滚涂一遍防水涂料。未固化时,在其表面上撒干净的 $2 \sim 3$ mm 砂粒,以增加其与面层的黏结。

3. 涂膜防水层的验收

根据防水涂膜施工工艺流程,对每道工序进行认真检查验收,做好记录,合格后方可进行下道工序施工。防水层完成并实干后,对涂膜质量进行全面验收,要求满涂,厚度均匀一致,封闭严密,厚度达到设计要求(做切片检查)。防水层无起鼓、开裂、翘边等缺陷。经检查验收合格后,可进行蓄水试验(水面高出标准地面20 mm),24 h无渗漏,做好记录,可进行保护层施工。

思考与练习

一、选择题

1. 屋面工程中,必须采用两道或两道以上设防的是防水等级(　　　)。

A. 1 级　　　　　　　B. 2 级　　　　　　　C. 3 级　　　　　　　D. 4 级

2. 屋面施工时,卷材与基层的黏结方法可分为满黏法、条黏法、点黏法和空铺法等形式。一般的非上人屋面施工通常都采用(　　　)

A. 满黏法　　　　　　B. 条黏法　　　　　　C. 点黏法　　　　　　D. 空铺法

3. 地下防水工程中防水混凝土是必须采用的一道防水层,防水混凝土主体结构的养护时间为(　　　)。

A. 7 d　　　　　　　　B. 14 d　　　　　　　C. 21 d　　　　　　　D. 28 d

4. 楼地面防水层应采用防水类卷材、防水类涂料或掺防水剂的水泥类材料(砂浆、混凝土)等铺设而成,但一般情况下应首选(　　　)。

A. 防水砂浆　　　　　B. 防水卷材　　　　　C. 防水涂料　　　　　D. 细石混凝土

5. 现代建筑的防水原理是在透水的建筑结构上复合一层不透水的防水材料,形成不透水的建筑围护体系,不透水的防水材料一般设置于结构的(　　　)。

A. 中间　　　　　　　B. 任意面层　　　　　C. 背水面　　　　　　D. 迎水面

6. 造成屋面积水的原因不包含(　　　)。

A. 找坡不准,形成坑洼　　　　　　　B. 屋面防水做得好,不漏水

C. 落水口标高过高　　　　　　　　　D. 落水管管径过小

7. 在地下防水混凝土中有些地方需要设置预埋件,预埋件受力较大,为了防止混凝土受到扰动破坏防水层,预埋件端至墙外表面厚度不得小于(　　　)。

A. 150 mm　　　　　　B. 200 mm　　　　　　C. 250 mm　　　　　　D. 300 mm

8. 热熔法施工大面积卷材时铺贴的顺序是(　　　)。

A. 大面滚铺—长边搭接—短边搭接　　　B. 大面滚铺—短边搭接—长边搭接

C. 短边搭接—长边搭接—大面滚铺　　　D. 长边搭接—短边搭接—大面滚铺

9. 卷材进行冷黏法施工时,涂刷胶黏剂要均匀不得漏涂或堆积,(　　　)开始铺贴防水卷材。

A. 胶黏剂完全干燥　　　　　　　　　B. 胶黏剂涂抹完成即刻

C. 胶黏剂油光透亮时　　　　　　　　D. 胶黏剂手触不沾后

10. 外墙防水施工完毕后需要进行淋水试验,淋水(　　　)后进行观察,不漏水为合格。

A. 30 min　　　　　　B. 1 h　　　　　　　　C. 2 h　　　　　　　　D. 24 h

二、填空题

1. 地下室墙体于底板间的施工缝,需要留设在高出底板表面_____mm 的墙体上。

2. 高聚物改性沥青防水涂料是以沥青为基料,用橡胶、_____、_____对沥青进行改性制成的防水涂料。

3. 为了防止开裂,水泥砂浆找平层施工时需要设置分隔缝,一般分隔缝的宽度为_____,分隔缝的留置应在预制结构的拼缝处,其纵缝的最大间距为_____。

4. 防水混凝土不适用于环境温度高于_____的地下工程。

5. 为了防止渗漏,防水楼面铺设防水材料后,必须进行蓄水、淋水检验,其蓄水深度应为_____以上,蓄水后_____小时无渗漏为合格。

6. 防水涂料分为溶剂型、_____、反应型三种。

7. 保温隔热材料性能主要是由材料密度、导热系数和_____三项指标控制。

三、名词解释

1. 冷底子油。

2. 找平层。

3. 外防外贴。

4. 冷黏法。

四、简答题

1. 简述聚氨酯防水涂料施工工艺流程。

2. 屋面防水卷材的铺贴方向应如何设置?

3. 简述屋面渗漏的原因及防治措施。

五、论述题

阐述在屋面工程施工中的以下问题。

1. 画出采用正置式保温的上人屋面的构造层次。

2. 简述高聚合物改性沥青防水卷材检验批划分及抽检数量。

3. 简述热熔法铺贴的工艺流程。

学习领域八　装饰装修工程施工

 教学目标

育人目标

1. 帮助学生树立正确的人生观、世界观和价值观,培养学生的家国情怀和使命担当。

2. 培养学生尊重客观规律,立足本职、脚踏实地、爱岗敬业的职业素养。

3. 锻炼学生的专业技术和技能,培养学生精益求精的工匠精神。

4. 培养学生团队合作意识,提高学生解决复杂问题的能力。

5. 培养学生知法守法、诚实守信的意识。

6. 培养学生具有思维创新、理论创新、方法创新的创新精神。

知识目标

1. 掌握装饰装修工程的基本知识。

2. 掌握抹灰工程、饰面工程、楼地面工程、门窗工程、吊顶工程等的施工工艺和质量控制要求。

能力目标

1. 掌握且组织抹灰工程施工并检查抹灰工程施工质量。

2. 能组织楼地面工程施工并检查楼地面工程施工质量。

3. 能组织饰面工程施工并检查施工质量。

4. 能组织门窗工程和吊顶工程等的施工并检查其施工质量。

建筑装饰装修是指为保护建筑物的主体结构、完善建筑物的使用功能和美化建筑物,采用装饰装修材料或饰物,对建筑物的内外表面及空间进行的各种处理和美化的过程。

建筑装饰工程按装饰部位可分为室内装饰和室外装饰。

建筑装饰工程按用途分为保护装饰、功能装饰、饰面装饰和空间利用装饰。

建筑装饰工程按装饰工程施工内容可分为抹灰工程、门窗工程、吊顶工程、轻质隔墙工程、饰面工程、幕墙工程、涂饰工程、裱糊与软包工程、楼地面工程和细部工程等。

建筑装饰装修工程工程量大、项目繁多且不断更新,需要投入大量的资金、人力,物力,工期较长,大部分是以手工操作为主要施工过程,生产效率低,质量差异较大,且建筑的使用功能、寿命和使用效果均直接受建筑装饰装修工程施工质量好坏的影响。

学习情境一　抹灰工程施工

一、抹灰工程概述

抹灰工程按照施工使用的材料和装饰效果可分为一般抹灰和装饰抹灰。

1. 一般抹灰

一般抹灰是指采用石灰砂浆、水泥砂浆、水泥混合砂浆、聚合物砂浆、石灰膏等抹灰材料涂抹在建筑基层上的施工。

一般抹灰的分类如下。

(1)按抹灰部位分为室内抹灰和室外抹灰。

①室内抹灰:主要包括顶棚、内墙面、楼地面、踢脚板、楼梯等部位的抹灰。

②室外抹灰:主要包括外墙、屋檐、女儿墙、压顶、窗楣、窗台、腰线、阳台、雨篷、勒脚等部位的抹灰。

(2)按施工质量、使用要求和操作工序不同,分为高级抹灰和普通抹灰。

①高级抹灰:适用于大型公共建筑物、纪念性建筑物,以及有特殊要求的高级建筑,如剧院、礼堂、展览馆和高级住宅等。高级抹灰做法为一层底层、数层中层和一层面层。操作工序是阴阳角找方→设置标筋→分层赶平→修整和表面压光。质量要求是抹灰表面应光滑、洁净、色匀,线角平直、清晰,接槎平整、无抹纹。

②普通抹灰:适用于简易住宅、大型设施和非居住的房屋,如汽车库、仓库、锅炉房,以及建筑物中的地下室、储藏室等。普通抹灰做法为一层底层和一层面层或不分层一遍成活。操作工序是赶平→修整和表面压光。质量要求是抹灰表面要求光滑、洁净、接槎平整。

2. 装饰抹灰

装饰抹灰是指在建筑墙面上涂抹水刷石、干黏石、斩假石、假面砖、人造大理石或在外墙上喷涂、滚涂、弹涂、机喷石屑等装饰抹灰材料,使抹灰更具有装饰效果的施工。装饰抹灰的底层和中层与一般抹灰的做法和要求是相同的,但面层应根据装饰效果的要求,有多种不同的做法。

二、抹灰施工工艺

1. 抹灰的组成

抹灰施工中,一般应分层操作,主要是为了保证砂浆与基层黏结牢固、表面平整、不产生裂缝,如分为底层、中层和面层。有些砖墙抹灰会将中层和底层合并为一层操作,仅为底层和面层。砖墙抹灰分层效果如图 8-1 所示。根据基层材料、部位、质量要求以及各地气候情况来确定抹灰层的各层厚度和使用砂浆品种。

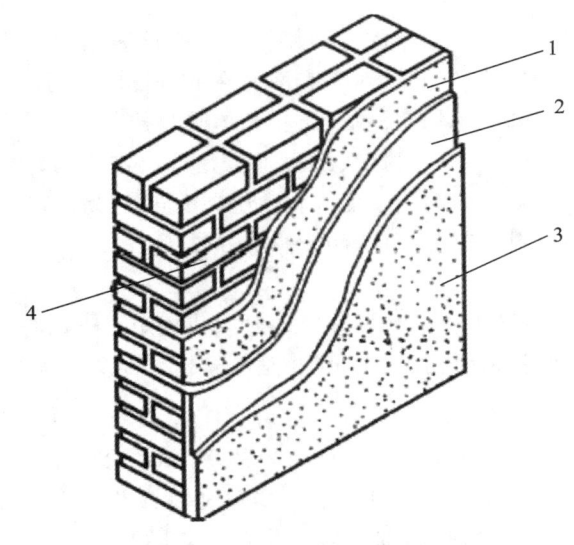

图 8-1　砖墙抹灰分层效果
1—底层;2—中层;3—面层;4—基层

（1）底层。

底层灰是抹在基层表面上,主要起与基层黏结和初步找平的作用,使用砂浆的稠度为 100～120 mm。

（2）中层。

中层灰抹在底层灰上,主要起找平作用,使用砂浆的稠度为 70～80 mm。根据施工要求,中层灰可以一次抹成,若厚度较厚,可分遍进行,每层厚度应控制在 5～9 mm,所用材料基本上与底层相同。

（3）面层。

面层抹在中层灰上,主要起装饰作用,使用砂浆的稠度约为 100 mm。施工要求大面平整,无裂痕,颜色均匀。室内一般采用麻刀灰、纸筋灰、玻璃丝灰;较高级的墙面,也有用石膏灰浆和水砂面层等。室外常用水泥砂浆、水刷石、剁斧石等。

抹灰层的平均总厚度,应符合下列规定。

①顶棚:板条、现浇混凝土≤15 mm,预制混凝土≤18 mm,金属网≤20 mm。

②内墙:普通抹灰为 18～20 mm,高级抹灰≤25 mm。

③外墙抹灰≤20 mm,勒脚及突出墙面部分≤25 mm,石墙≤35 mm。

④当抹灰厚度≥35 mm 时,应采取加强措施,如用加强筋或加强网等。

2. 施工工艺

（1）技术要求。

①冬期施工砂浆温度最低不应低于 5 ℃，环境温度不应低于 5 ℃。砂浆抹灰层硬化初期不得受冻。

②抹灰前基层处理必须验收合格，并填写隐蔽工程验收记录。

③不同材料基体（如砖石墙与板条墙）交接处表面的抹灰，应采取防止开裂的加强措施，当采用加强网时，加强网与各基体的搭接宽度不应小于 100 mm。

（2）质量要求。

抹灰工程质量关键是保证黏结牢固，无开裂、空鼓和脱落，施工过程应注意如下事项。

①抹灰基体表面应彻底清理干净，对于表面光滑的基体应进行毛化处理。

②抹灰前应将基体充分浇水均匀润湿，防止基体吸收抹灰砂浆中的水分。

③严格控制各层抹灰厚度。一般抹灰工程施工是分层进行的，以利于抹灰牢固、抹面平整和保证质量。如果一次抹得太厚，由于内外收水快慢不同，容易出现干裂、起鼓和脱落现象。

④抹灰砂浆中使用材料应充分水化，防止影响黏结力。

（3）施工流程。

施工流程：基层清理→浇水湿润→吊垂直、套方、找规矩、抹灰饼→做护角抹水泥窗台→墙面做标筋→抹底灰→修补预留孔洞、电箱槽、盒等→抹罩面灰→抹水泥踢脚→养护。

3. 装饰抹灰

装饰抹灰与一般抹灰有区别，相同点是两者的底层、中层的做法基本一致，不同点在于面层做法。因面层材料众多、质量和装饰艺术效果更佳，装饰抹灰的装饰效果千变万化，目前的形式有干粘石、水刷石、斩假石、水磨石、拉毛灰、假面砖、喷涂、滚涂、弹涂等。

抹灰施工细节

装饰抹灰的施工流程大致为基层处理→抹底、中层灰→弹线、贴分隔条→抹水泥石子砂浆→冲刷水泥石子砂浆→浇水养护。

三、质量验收及方法

1. 主控项目

（1）抹灰前基层表面的尘土、污垢、油渍等应清除干净，并应洒水湿润。

检验要求：抹灰前基层必须检查验收，并填写隐蔽验收记录。

检查方法：检查施工记录。

（2）一般抹灰材料的品种和性能应符合设计要求。水泥凝结时间和安定性应合格。砂浆的配合比应符合设计要求。

检验要求：材料复验要由监理或相关单位负责见证取样，并签字认可。配制砂浆时应使用量器准确称量。

检查方法：检查产品合格证书、进场验收记录、复验报告和施工记录。

（3）各抹灰层之间必须黏结牢固，抹灰层应无脱层、空鼓，面层应无爆灰和裂缝。

检验要求：操作时应严格按规范和工艺标准操作。

检查方法：观察，用小锤轻击检查，检查施工记录。

2. 一般项目

一般抹灰工程的表面质量应符合相关规定。

（1）普通抹灰表面应光滑、洁净，接槎平整，分格缝应清晰。

（2）高级抹灰表面应光滑、洁净，颜色均匀、无抹痕，分格缝和灰线应清晰美观。抹灰等级及抹灰总厚度应符合设计要求。施工时要严格按施工工艺要求操作。

一般抹灰和装饰抹灰工程质量的允许偏差和检验方法分别如表 8-1 和表 8-2 所示。

表 8-1　一般抹灰工程质量的允许偏差和检验方法

项次	项　目	允许偏差/mm		检 验 方 法
		普通抹灰	高级抹灰	
1	立面垂直度	4	3	用 2 m 垂直检测尺检查
2	表面垂直度	4	3	用 2 m 靠尺和塞尺检查
3	阴阳角方正	4	3	用直角检测尺检测
4	分格条（缝）直线度	4	3	拉 5 m 线，不足 5 m 拉通线，用钢直尺检查
5	墙裙、勒脚上口直线	4	3	拉 5 m 线，不足 5 m 拉通线，用钢直尺检查

表 8-2　装饰抹灰工程质量的允许偏差和检验方法

项次	项　目	允许偏差/mm		检 验 方 法
		水刷石	干粘石	
1	立面垂直度	5	5	用 2 m 垂直检测尺检查
2	表面垂直度	3	5	用 2 m 靠尺和塞尺检查
3	阴阳角方正	3	4	用直角检测尺检测
4	分格条（缝）直线度	3	3	拉 5 m 线，不足 5 m 拉通线，用钢直尺检查
5	墙裙、勒脚上口直线	3	--	拉 5 m 线，不足 5 m 拉通线，用钢直尺检查

学习情境二　饰面工程施工

一、饰面工程概述

饰面工程是指把饰面材料镶贴或安装在墙柱面上从而形成装饰层，以达到保护基层或美化的效果。目前，市场上的饰面材料种类较多，主要分为两大类：饰面砖和饰面板。其中，饰面砖主要有釉面瓷砖、外墙面砖、陶瓷锦砖、耐酸砖等；饰面板主要有天然（人造）石材板、木板、陶瓷板、金属板、塑料板等。

饰面工程的施工工艺主要有两种，饰面砖主要是采用直接镶贴的施工工艺，饰面板主要是采用以构造连接方式安装的施工工艺。

1. 饰面砖的镶贴施工工艺

工艺流程：基层处理→找规矩→选砖、预排、浸砖、弹线→拉线、贴标准砖→垫底尺、铺贴面砖→面砖勾缝与擦缝。

（1）基层处理。

饰面砖应镶贴在湿润洁净的基层上。

（2）找规矩。

按已弹好的基准线，分别在门口、转角、柱垛、墙面处吊垂线、套方，以使墙面基层垂直、方正。

（3）选砖、预排、浸砖、弹线。

预排时同一墙面的横竖排列，均不得有小于 1/3 的非整砖出现。非整砖应排在次要部位或阴角处。浸砖时釉面砖镶贴前要清扫干净，而后置于清水中浸泡，釉面砖须浸泡到不冒泡为止，且不少于 2 h。弹线时待基层抹灰六至七成干，即可按图纸要求进行分段分格弹线，应弹垂直与水平控制线，一般竖线间距在 1 m 左右，横线一般根据面砖规格尺寸每 3～5 块弹一水平控制线。

（4）垫底尺、铺贴面砖。

根据排砖弹线结果，在最低一皮砖下垫好底尺（木尺板），它的顶面与水平线相平。底尺应垫平、垫稳，可用水平尺核对，垫点间距在 400 mm 以内。铺贴前砖应浸水 2 h，晾干表面浮水后，在面砖背面均匀地满抹灰浆，以线为标准，位置应准确地贴在润湿的找平层上，并使灰浆挤满。

（5）面砖勾缝与擦缝。

擦缝时应对所铺贴的砖面层进行自检，如发现空鼓、不平、不直等缺陷，应立即返工修理。然后用清水将砖冲洗干净，用棉纱擦净，用长毛刷蘸素水泥浆（与砖颜色一致）擦缝，应擦均匀、密实，以防渗水，最后清洁砖面。

2. 饰面板安装工艺

饰面板安装是直接在板材上打孔，然后用不锈钢连接器与预埋混凝土墙体内的膨胀螺栓相连，在板与墙体间形成 80～90 mm 的空气层。该工艺多用于 30 m 以下的钢筋混凝土结构，造价较高，不适用于砖墙或加气混凝土基层。石材干挂法节点大样图如图 8-2 所示。

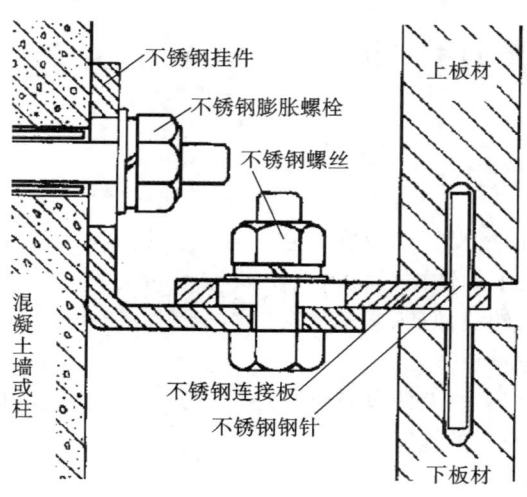

图 8-2 石材干挂法节点大样图

施工流程：基层清理 →墙面定位放线→ 龙骨制作安装 →挑选石材→预排石材→石材开槽→石材干挂安装→调整打胶固定→勾缝清洁。

饰面板安装
工艺细节

二、质量验收及方法

饰面所用材料的品质、规格、颜色、图案以及镶贴方法应符合设计要求；饰面工程的表面不得有变色、起碱、污点、砂浆光泽受损；突出的管线、支承物等部位镶贴的饰面砖，应套割吻合；饰面板和饰面砖不得有歪斜、翘曲、空鼓、缺棱、掉角、裂缝等缺陷。饰面工程质量的允许偏差应符合表 8-3 和表 8-4 的要求。

表 8-3　饰面板安装的允许偏差和检验方法

项次	项　目	允许偏差/mm							检验方法
		石材			瓷板	木材	塑料	金属	
		光面	剁斧石	蘑菇石					
1	立面垂直度	2	3	3	2	2	2	2	用 2 m 垂直检测尺检查
2	表面平整度	2	3	--	2	1	3	3	用 2 m 靠尺和塞尺检查
3	阴阳角方正	2	4	4	2	2	2	2	用直角检测尺检测
4	接缝直线度	2	4	4	2	2	2	2	拉 5 m 线，不足 5 m 拉通线，用钢直尺检查
5	墙裙、勒脚上口直线度	2	3	3	2	2	2	2	拉 5 m 线，不足 5 m 拉通线，用钢直尺检查
6	接缝高低差	1	3	--	1	1	1	1	用钢直尺和塞尺检查
7	接缝宽度	1	2	2	1	1	1	1	用钢直尺检查

表 8-4　饰面砖粘贴的允许偏差和检验方法

项次	项　目	允许偏差/mm		检验方法
		外墙面砖	内墙面砖	
1	立面垂直度	3	2	用 2 m 垂直检测尺检查
2	表面垂直度	4	3	用 2 m 靠尺和塞尺检查
3	阴阳角方正	3	3	用直角检测尺检测
4	接缝直线度	3	2	拉 5 m 线，不足 5 m 拉通线，用钢直尺检查
5	接缝高低差	1	1	用钢直尺和塞尺检查
6	接缝宽度	1	1	用钢直尺检查

学习情境三 楼地面工程施工

一、楼地面工程概述

楼地面是建筑物底层地面(地面)和楼层地面的总称。主要是由基层和面层两大基本构造层组成,其中基层包括结构层和垫层。面层主要分为块材面层、整体面层、涂饰面层等。常用的块材面层有陶瓷地面砖、天然石板、实木(复合木、橡胶)地板等,如图 8-3 所示。本学习情境主要介绍当下住宅室内装修中使用较多的木质地板施工。

图 8-3 木质地板装饰效果图

1. 基层施工

基层是楼地面的基体,主要承受上部全部荷载。基层施工包括基土、垫层、找平层、绝热层、隔热层、填充层等的施工。

(1)基土施工。

基土是底层地面垫层下的土层,承受整个地面传递的荷载。地面应铺设在坚实的基土层上,基土施工完后,应及时施工其上部的垫层或面层,防止基土被扰动破坏。

(2)垫层施工。

垫层是位于基土层上,承受地面荷载并将其传递于基土层的构造层,包括灰土垫层、砂石垫层、三合土垫层、炉渣垫层、混凝土垫层等。

①灰土垫层。灰土垫层厚度一般不小于 100 mm,随拌随用,不得隔日夯实,也不得雨淋,若遭受雨淋浸泡,则应将积水及松软灰土除去,并晾干后填土夯实。

②砂石垫层。垫层采用一定比例的砂、石拌匀后,用夯实法将其密实,压实后的密实度应符合设计要求。

③混凝土垫层。混凝土垫层厚度不应小于 60 mm,在垫层混凝土浇筑前,应做到基层清理并湿润,在基层上弹出控制线,浇筑时应用表面振捣器捣实,用木抹子将表面搓平,并应加强养护。

(3)找平层施工。

找平层是在各类垫层上、楼板或填充层上铺筑,起整平、找坡或加强作用的构造层。当找平层厚度小于 30 mm 时宜用水泥砂浆,大于 30 mm 时宜用细石混凝土。

（4）隔离层施工。

隔离层是防止建筑地面上各种液体侵蚀作用以及防止地下水和潮气渗透到地面而增设的构造层。隔离层应采用防水卷材、防水涂料等铺设。

（5）结合层施工。

结合层是面层与下一层相连的中间层,采用水泥砂浆、胶黏剂等将整体面层与垫层相连接,从而保证建筑地面工程的整体质量,防止面层出现起翘、空鼓等缺陷。

2. 面层施工

面层是楼地面的表层,即装饰层,直接受外界各种因素的作用。按照工程做法和面层材料,不同楼地面分为整体面层施工、板块面层施工、木质面层施工等。

（1）整体面层施工。

整体面层施工包括水泥混凝土面层、水泥砂浆面层、板块面层、涂料面层、塑胶面层等。

水泥砂浆面层是常用的一种地面整体面层做法。在铺设前,先刷一道掺入 108 胶的水泥浆作为界面剂,后铺抹水泥砂浆,刮平并用木抹子压实,在砂浆初凝后终凝前用铁抹子反复压光三遍,终凝后进行养护,养护时间不应少于 7 d。

（2）板块面层施工。

板块面层包括砖面层、石材面层、预制板块面层、料石面层、塑料板面层、活动地板面层和地毯面层等。其施工工艺流程为:选板→弹线→试排→铺板块面层→灌缝、擦缝→养护等。

在铺设前,板块应浸水润湿,自然晾干后表面无明水,才可使用。在找平层上洒水润湿,涂刷一道 1∶3 水泥浆。为了施工方便,一般从门洞口处开始铺贴,纵向先铺 2～3 行砖,以此作为标筋拉出纵横水平标高线,从里向外操作,刚铺好的面砖不得上人。纵横缝隙要顺直。在铺筑后的 1～2 d 进行灌浆擦缝,并洒水养护不少于 7 d,踢脚板的缝隙与地面板块接缝应对齐,阳角处切割成 45°斜面对角连接,待砂浆养护至设计强度后,用草酸清洗后打蜡。

（3）木质面层施工。

木质面层施工主要有架铺法和实铺法两种。底层木地板一般采用架铺法施工,楼层木地板一般采用实铺法施工。架铺法是先在地面上制作木格栅,后在木格栅上铺贴基面板,最后在基面板上镶贴面层木板,如图 8-4 所示。实铺法是在建筑地面上直接拼铺木地板,如图 8-5 所示。

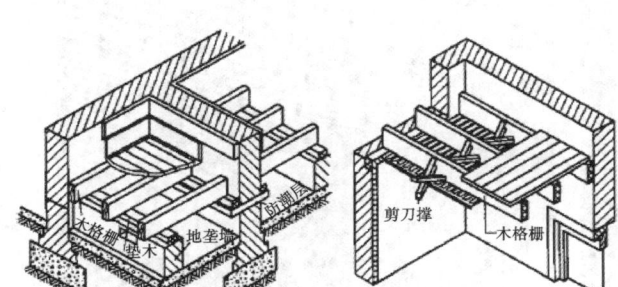

图 8-4　架铺法木地板构造

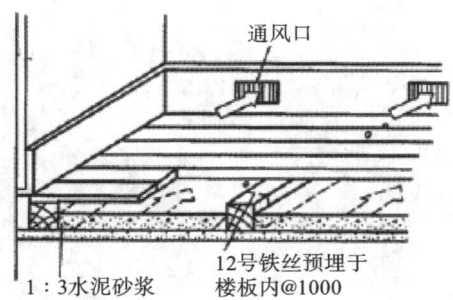

图 8-5　空铺法木地板构造

施工流程：基层处理→弹线→铺设木格栅→铺贴木质地板→镶边→地面磨光→安装踢脚板→油漆打蜡。

木质面层
施工细节

二、质量验收及方法

木质地面面层的允许偏差和检验方法如表8-5所示。

表8-5　木质地面面层的允许偏差和检验方法

项次	项　目	允许偏差/mm				检验方法
		实木地板，实木集成地板，竹地板面层			浸渍纸层压木质地板，实木复合地板，软木类地板	
		松木地板	硬木地板	拼花地板		
1	板面缝隙宽度	1.0	0.5	0.2	0.5	用钢尺检查
2	表面平整度	3.0	2.0	2.0	2.0	用2 m靠尺和塞尺检查
3	踢脚线上口平齐	3.0	3.0	3.0	3.0	拉5 m线，不足5 m拉通线用钢尺检查
4	板面拼缝平直	3.0	3.0	3.0	3.0	
5	相邻板材高差	0.5	0.5	0.5	0.5	用钢尺和塞尺检查
6	踢脚板与面层的接缝	1.0				用塞尺检查

学习情境四　吊顶工程施工

一、吊顶工程概述

顶棚是楼板底的表面，是室内装饰装修中的重要部分。按照一定的施工工艺用石膏板、硅酸钙板、铝条板、格栅等材料进行顶棚装饰的过程称为吊顶工程。一般要求其表面光洁、美观，从而改善室内亮度和环境，表现出一定的空间风格和艺术效果，同时还具有保温、隔热、隔声、照明、通风、防火等功能。吊顶工程装饰效果图如图8-6所示。

(a) 铝条板吊顶效果图　　　　　　　　　(b) 格栅吊顶效果图

图8-6　吊顶工程装饰效果图

顶棚装饰工程包括直接式顶棚装饰和悬吊式顶棚装饰两种。直接式顶棚装饰是在顶棚结构饰面上粘贴装饰吸声板、石膏板、线条并直接做粉刷装饰,如图 8-7 所示。悬吊式顶棚装饰悬挂在结构层的下方,吊顶由基层、面层和吊筋组成,如图 8-8 所示。

图 8-7　直接式顶棚装饰效果图

图 8-8　悬吊式顶棚装饰效果图

吊顶主要有以下几种分类方式。

(1) 吊顶工程按龙骨明暗分为明龙骨吊顶、暗龙骨吊顶。

(2) 吊顶工程按照面层分为整体面层吊顶、板块面层吊顶、格栅吊顶。

(3) 吊顶工程按照龙骨承受荷载能力分为轻型吊顶、中型吊顶、重型吊顶三类。

二、直接式顶棚装饰

1. 直接式抹灰施工

直接式抹灰施工方法与墙面抹灰相类似,抹灰层的厚度比墙面抹灰要薄,故要求抹灰砂浆黏结性能要好,施工难度要比墙面作业大,抹灰层的平整度比墙面稍差,同时要求黏结牢固和表面光洁。面层灰可刮可刷等,四周常加钉或抹制石膏线条。

2. 直接喷涂施工

先做底层抹灰,校正底面平整度,底灰干燥后,配涂料,用喷枪均匀喷涂于顶棚表面,凝固后成活。

3. 直接粘贴施工

先做底层抹灰,校正底面平整度,底灰干燥后,直接将碳化石膏板或其他饰面板用胶黏剂粘贴。

三、悬吊式顶棚装饰

悬吊式顶棚装饰内容以硅酸钙板吊顶施工为例。硅酸钙板吊顶工程施工工艺流程:弹吊顶水平线、龙骨分档线→固定吊杆、吊件→安装吊顶边龙骨→安装吊顶主龙骨→安装吊顶次龙骨→整体调平→安装吊顶饰面板。

1. 弹线

用水准仪在房间内每个墙(柱)角上抄出水平点,弹出水准线(水准线距地面一般为 500 mm),从水准线量至吊顶设计高度并沿墙(柱)弹出水准线,即为吊顶标高线。同时,按吊顶平面图,在混凝土顶板弹出吊杆及主龙骨的位置。主龙骨应从吊顶中心向两边分,最大间距为 1000 mm,并标出吊杆的固定点,吊杆的固定点间距 900~1000 mm,如遇到梁和管道固定点大于设计和规程要求,应增加吊杆的固定点。

2. 吊杆安装

一般采用膨胀螺栓固定吊挂杆件。不上人的吊顶,吊杆长度小于 1000 mm,且面积较小时可以采用 φ6 的吊杆,吊杆长度大于 1000 mm,且面积较大时,应采用 φ8 的吊杆,当大于 1500 mm 还应设置反向支撑。上人的吊顶,吊杆长度小于 1000 mm,可以采用 φ8 的吊杆,如果大于 1000 mm,应采用 φ10~φ12 的吊杆,吊杆的一端用 L30×30×3 角码焊接(角码的孔径应根据吊杆和膨胀螺栓的直径确定),焊缝均匀饱满并做防锈处理。

3. 边龙骨安装

边龙骨的安装应按设计要求弹线,沿墙(柱)的水平龙骨线设置横撑龙骨或木方,设置横撑龙骨时,横撑龙骨待次龙骨安装完毕再安装,与次龙骨使用连接件连接牢固;使用木方时用螺丝固定在预埋木砖上,木方需做防火、防潮处理,固定间距应不大于吊顶次龙骨的间距。T 形吊顶龙骨安装示意图如图 8-9 所示。

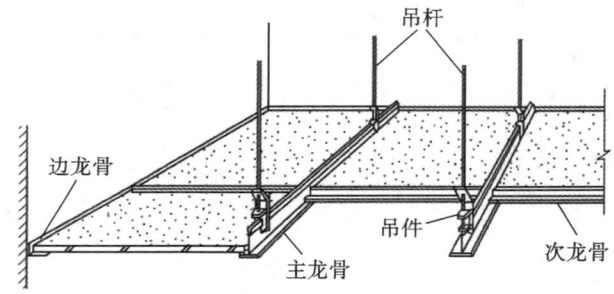

图 8-9　T 形吊顶龙骨安装示意图

4. 主龙骨安装

在主龙骨上预先装好吊挂件,将组装吊挂件的主龙骨按分档线位置使吊挂件穿入相应的吊杆螺母,拧好螺母。主龙骨之间采用连接件连接,拉线调整起拱高度。主龙骨平行房间长向安装,起拱高度为房间短跨的 1/300~1/200,主龙骨的悬臂端不应大于 300 mm,否则应增设吊杆,主龙骨的接长应采用对接,相邻龙骨的接头要相互错开。U 形龙骨安装示意图如图 8-10 所示。

5. 次龙骨安装

按已弹好的次龙骨分档线,卡放次龙骨吊挂件,按设计规定的次龙骨间距,将次龙骨通过吊挂件吊挂在主龙骨上,设计无要求时,一般间距为 300~600 mm。墙上应预先标出次龙骨中心线的位置,以便安装罩面板时找到次龙骨的位置。当用自攻螺丝钉安装板材时,板材接缝处必须安装在宽度不小于 40 mm 的次龙骨上,次龙骨不得搭接。在通风、水电等洞口周围应设附加龙骨,吊顶灯具、风口及检修口等应设附加吊杆和补强龙骨。

6. 面板安装

顶棚面板的种类较多,安装方式主要有自攻螺钉钉固法、托卡固定法、胶结粘固法,按设

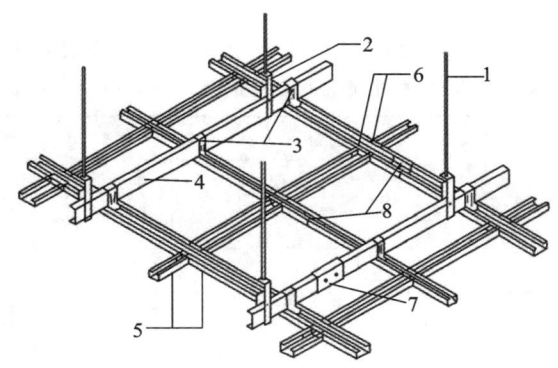

图 8-10　U 形龙骨安装示意图

1—吊杆;2—挂件;3—承载龙骨;4—覆面龙骨;5—挂插件;6—承载龙骨连接件;7—覆面龙骨连接件

计顶棚种类选用。

四、质量验收及检验方法

1. 主控项目

（1）吊顶标高、尺寸、起拱和造型应符合设计要求。

检验方法:观察;尺量检查。

（2）饰面材料的材质、品种、规格、图案和颜色应符合设计要求。当饰面材料为玻璃板时,应使用安全玻璃或采取可靠的安全措施。

检验方法:观察;检查产品合格证书、性能检测报告和进场验收记录。

（3）饰面材料的安装应稳固严密。饰面材料与龙骨的搭接宽度应大于龙骨受力面宽度的 2/3。

检验方法:观察;手扳检查;尺量检查。

（4）吊杆、龙骨的材质、规格、安装间距及连接方式应符合设计要求。金属吊杆、龙骨应进行表面防腐处理;木龙骨应进行防腐、防火处理。

检验方法:观察;尺量检查;检查产品合格证书、进场验收记录和隐蔽工程验收记录。

（5）明龙骨吊顶工程的吊杆和龙骨安装必须牢固。

检验方法:手扳检查;检查隐蔽工程验收记录和施工记录。

2. 一般项目

（1）饰面材料表面应洁净、色泽一致,不得有翘曲、裂缝及缺损。饰面板与明龙骨的搭接应平整、吻合,压条应平直、宽窄一致。

检验方法:观察;尺量检查。

（2）饰面板上的灯具、烟感器、喷淋头、风口箅子等设备的位置应合理、美观,与饰面板的交接应吻合、严密。

检验方法:观察。

（3）金属龙骨的接缝应平整、吻合、颜色一致,不得有划伤、擦伤等表面缺陷。木质龙骨应平整、顺直,无劈裂。

检验方法:观察。

(4)板块面层吊顶工程安装的允许偏差和检验方法应符合表 8-6 的规定。

表 8-6　板块面层吊顶工程安装的允许偏差和检验方法

项次	项　目	允许偏差/mm				检 验 方 法
		石膏板	金属板	矿棉板	木板、塑料板、玻璃板、复合板	
1	表面平整度	3	2	3	2	用 2 m 靠尺和塞尺检查
2	接缝直线度	3	2	3	3	拉 5 m 线,不足 5 m 拉通线,用钢直尺检查
3	接缝高低差	1	1	2	1	用钢直尺和塞尺检查

学习情境五　装饰装修工程的冬期施工

装饰装修工程应尽量在冬期施工前完成,或推迟到来年初春后进行。必须在冬期施工的工程,应按冬期施工的有关规定组织施工。室内抹灰、块料装饰、裱糊工程施工与养护的温度均不应低于 5 ℃。

一、抹灰工程冬期施工

一般抹灰冬期常用施工方法有热作法和冷作法两种。

1. 热作法施工

热作法施工是利用房屋的永久热源或临时热源来提高和保持工作环境的温度,人为创造一个正温环境,使抹灰砂浆硬化和固结。热作法一般用于室内抹灰。常用的热源有火炉、蒸汽、远红外加热器等。

室内抹灰应在屋面已做好的情况下进行。抹灰前应封闭门、窗,堵住脚手眼,对抹灰砌体提前进行加热,使墙面温度保持在 5 ℃以上,以便湿润墙面不致结冰,使砂浆与墙面黏结牢固。冻结砌体应提前进行人工解冻,待解冻下沉完毕、砌体强度达设计强度的 20%后即可抹灰。抹灰砂浆应在正温的室内或暖棚内制作。用热水搅拌,抹灰时砂浆的上墙温度不低于 10 ℃。抹灰结束后,至少 7 d 内保持 5 ℃的室温进行养护。在此期间,应随时检查抹灰层的湿度,当干燥过快时,应洒水湿润,以防产生裂纹,影响与基层的黏结,防止脱落。

2. 冷作法施工

冷作法施工是低温条件下在砂浆中掺入一定量的防冻剂(氯化钠、氯化钙、亚硝酸钠等),在不采取采暖保温措施的情况下进行抹灰作业。冷作法适用于房屋装饰要求不高、面积小的外饰面工程。

冷作法抹灰前应对抹灰墙面进行清扫,墙面应保持干净,不得有浮土和冰霜,表面不洒水湿润;抗冻剂宜优先选用单掺氯化钠的方法,其次可用同时掺氯化钠和氯化钙的复盐方法。其掺量与室外气温有关。

防冻剂应由专人配制和使用,配制时可先配制20%浓度的标准溶液,使用时再根据气温进行配制。

掺氯盐的抹灰严禁用于高压电源的位置,做涂料墙面的抹灰砂浆中,不得掺入氯盐防冻剂。氯盐砂浆应在正温下搅拌使用,拌制时,先将水泥和砂干拌均匀,然后加入氯盐水溶液拌和,水泥选用硅酸盐水泥或矿渣硅酸盐水泥,严禁使用高铝水泥。砂浆应随拌随用。

当气温低于−25 ℃时,不得用冷作法进行抹灰施工。

二、其他装饰工程的冬期施工

冬期进行油漆、刷浆、裱糊、饰面工程,应采用热作法施工。应尽量利用永久性的采暖设施。室内温度应在5 ℃以上,并保持均衡,不得骤然变化,否则工程质量得不到保证。

冬期气温低,油漆会发黏不易涂刷,涂刷后漆膜不易干燥。为了方便施工,可在油漆中加一定量的催干剂,保证在24 h内干燥。

室外刷浆应保持施工均匀,粉浆类材料宜采用热水配制,随用随配,料浆使用温度宜大致保持在15 ℃。裱糊工程施工时,混凝土或抹灰基层含水率不应大于8%。施工中当室内温度高于20 ℃,且相对湿度大于80%时,应开窗换气,防止壁纸褶皱起鼓。

外墙铝合金、塑料框、大扇玻璃不宜在冬期安装。

室内外装饰工程的施工环境温度,除满足上述要求外,对新材料应按所用材料的产品说明书要求的温度进行施工。

思考与练习

一、选择题

1. 抹灰工程一般分为三大类:(　　)、装饰抹灰、清水墙勾缝。

A. 一般抹灰　　　　B. 干黏石抹灰　　　　C. 高级抹灰　　　　D. 斩假石抹灰

2. 不同材料基体交接处表面的抹灰,应采取(　　)防止开裂。

A. 加固　　　　B. 加强网　　　　C. 密封胶　　　　D. 增加厚度

3. 灰饼大小一般为50 mm×50 mm,间距不宜大于(　　)。

A. 0.5 m　　　　B. 1 m　　　　C. 1.5 m　　　　D. 2 m

4. 硅酸钙板吊顶吊杆的固定点间距是(　　)。

A. 800~1000 mm　　B. 800~1200 mm　　C. 900~1000 mm　　D. 900~1200 mm

5. 吊顶边龙骨固定点间距(　　)。

A. 不大于300 mm　　B. 不大于400 mm　　C. 不大于500 mm　　D. 不大于600 mm

6. 干挂石材横竖龙骨施工顺序为(　　)。

A. 先横后竖　　　　B. 先竖后横　　　　C. 横竖先后均可　　　　D. 焊完骨架固定

7. 吊顶吊杆长度大于(　　)m时,应设置反支撑。

A. 1.0　　　　B. 1.2　　　　C. 1.5　　　　D. 2.0

8. 吊顶用填充吸音材料时,应有(　　)措施。

A. 防火　　　　B. 防散落　　　　C. 防潮　　　　D. 防腐

9. 楼地面饰面的分类从施工工艺的角度进行划分,可分为整体式地面、(　　)、木地面和人造软质品铺贴式地面等。

    A. 美术地面   B. 普通地面   C. 板块面层地面   D. 特种地面

二、简答题

1. 简述装饰工程的作用、分类及特点。

2. 试述一般抹灰工程的分类及各抹灰层的作用,简述一般抹灰的施工工艺。

3. 试述吊顶的分类,简述悬吊式吊顶工程施工工艺。

4. 石材干挂法施工要点是什么?

5. 地面工程层次如何? 面层施工分为哪几类?

6. 安装主龙骨吊杆要求是什么?

7. 装饰抹灰工程的表面质量应符合哪些规定?

8. 饰面板(砖)工程应对哪些隐蔽工程项目进行验收?

学习领域九　墙体保温工程施工

 教学目标

➡ 育人目标

1. 帮助学生树立正确的人生观、世界观和价值观，培养学生的家国情怀和使命担当。

2. 培养学生尊重客观规律，立足本职、脚踏实地、爱岗敬业的职业素养。

3. 锻炼学生的专业技术和技能，培养学生精益求精的工匠精神。

4. 培养学生团队合作意识，提高学生解决复杂问题的能力。

5. 培养学生知法守法、诚实守信的意识。

6. 培养学生具有思维创新、理论创新、方法创新的创新精神。

➡ 知识目标

1. 掌握保温材料的性质与材料选择。

2. 掌握保温材料的进场检测。

3. 熟悉保温工程施工准备工作。

4. 掌握松散保温材料的施工方法。

5. 掌握板状保温材料的工作方法。

6. 掌握保温工程验收方法。

➡ 能力目标

1. 具有材料、设备选择鉴别能力。

2. 具备各种不同类别保温工程施工的能力。

3. 具备主要岗位相应的管理能力（技术、质量、进度、安全控制）。

4. 具备施工项目的综合管理能力。

学习情境一　外墙保温工程及材料简介

一、保温工程简介

外墙保温工程,是将外墙保温系统通过组合、组装、施工或安装固定在外墙表面上的工程。外墙保温是一项节能环保绿色工程,节能优先已成为中国能源可持续发展的战略决策,在这种形势下,外墙保温技术与产品面临良好的发展机遇,应大力予以推广与应用。外墙保温有保温和隔热两大显著优势,建筑物围护结构(包括屋顶、外墙、门窗等)的保温和隔热性能对于冬、夏季室内热环境和采暖空调能耗有着重要影响,围护结构保温和隔热性能优良的建筑物,不仅冬暖夏凉室内环境好,而且采暖、空调能耗低。外墙保温还可以改善居住环境的舒适度。在进行外保温后,由于内部的实体墙热容量大,室内能蓄存更多的热量,使诸如太阳辐射或间歇采暖造成的室内温度变化减缓,室温较为稳定,生活较为舒适;也使太阳辐射热、人体散热、家用电器及炊事散热等因素产生的"自由热"得到较好的利用,有利于节能。而在夏季,外保温层能减少太阳辐射热的进入和室外高气温的综合影响,使外墙内表面温度和室内空气温度得以降低,外墙保温有利于使建筑冬暖夏凉。外墙保温工程实景图如图9-1所示。

图 9-1　外墙保温工程实景图

外墙保温分为外墙内保温和外墙外保温两个类别。外墙外保温与内保温问题,属节能墙体施工技术方面的问题,人们对此较为陌生,但又涉及市民的切身利益。

外墙内保温,是在外墙结构的内部加做保温层。其优点:一是施工速度快,二是技术较成熟。但其也存在问题,首先是保温层做在墙体内部,减少了商品房的使用面积;其次是影响居民的二次装修,室内墙壁上挂不上装饰画之类的重物,且内墙悬挂和固定物件很容易破坏内保温结构;再次是容易产生内墙体发霉等现象;最后,内保温结构会导致内外墙出现两个温度场,形成温差,外墙面的热胀冷缩现象比内墙面变化大,这会使建筑物结构产生不稳定性,保温层易出现裂缝。具体如图9-2所示。

外墙外保温,其结构做在主体结构的外侧,这等于给整个建筑物加了保护衣。其优点:一是能够保护建筑物主体结构,延长建筑物寿命;二是增加商品房使用面积;三是避免外墙圈梁、构造柱、门窗形成散热通道,有效防止内保温结构很难克服的"热桥"现象。外保温是目前大力推广的一种保温节能技术,国家不仅应对外墙外保温的施工工艺及材料进行完善,同时还应在法律层面上制定相关规定予以辅助。具体如图9-3所示。

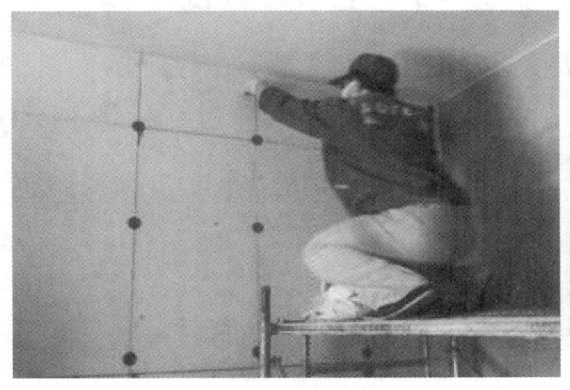

图9-2　外墙内保温

图9-3　外墙外保温

二、保温工程材料

建筑保温工程是通过对建筑外围护结构采取措施,减少建筑物室内热量向室外散发,从而保持建筑室内温度。建筑保温材料对创造适宜的室内热环境和节约能源有重要作用。影响保温材料性能的主要因素有三个,即导热系数、吸水率和表观密度。导热系数越低保温效果越好,吸水率越低保温效果越好,表观密度越低保温效果越好。

保温材料可根据防火等级进行划分。

①燃烧性能为A级的保温材料:无机保温材料、泡沫玻璃、泡沫陶瓷、发泡水泥等。

②燃烧性能为B1级的保温材料:特殊处理后的挤塑聚苯(XPS)板、特殊处理后的聚氨酯(PU)、酚醛、胶粉聚苯粒等。

③燃烧性能为B2级的保温材料:模塑聚苯(EPS)板、挤塑聚苯(XPS)板、聚氨酯(PU)、聚乙烯(PE)等。

保温材料还可以依据材性来分类,大体分为有机材料、无机材料和复合材料。

(一) 无机保温材料

无机保温材料:常用岩棉、矿棉、玻璃棉及其制品、膨胀珍珠岩等。

矿物棉的特点:质轻、导热系数小,吸声性能好、不燃烧、耐腐蚀、绝缘性能好、化学性能好。

1. 岩棉、矿棉

岩棉、矿棉都属于矿物棉,岩棉是由玄武岩、辉绿岩等经高温熔融制成的人造无机纤维;矿棉是由工业废料矿渣如高炉矿渣、锰矿渣、磷矿渣、粉煤灰等,高温熔融,用高速离心或高载能气体喷吹而成的棉丝状无机纤维。两者的形态都是纤维状的。岩棉属于 A 级耐火材料,进场需要检查它的强制认证证书和质量检验报告及合格证。岩棉如图 9-4 所示。

(a) 岩棉毡　　　　　　　　　　　　　　　　(b) 岩棉板

图 9-4　岩棉

2. 玻璃棉及其制品

玻璃棉及其制品是矿物棉的一种,其特点是容重小、导热系数小、吸声性能好、过滤效率高、不燃烧、耐腐蚀、手感柔软。采用天然矿石石英砂、白云石、蜡石,配以其他化工原料纯碱、硼酸等熔制玻璃,在熔融状态和外力的作用下拉制、吹制、甩制成极细的纤维状材料。按照其化学成分可以分为无碱、中碱、高碱玻璃棉。目前使用最多的是离心喷吹法,其实是火焰法。玻璃棉主要应用:玻璃棉毡、板,主要使用于建筑物的隔热、通风、隔声、空调设备保温、播音室、消音室、噪声车间的吸声,冷库保温、隔热,交通工具的保温、隔热、吸声等;玻璃棉管套、异型制品,主要使用于设备、管道的保温。玻璃棉不要堆放太高,以免出现挤压,影响玻璃制品的性能,储存地点不要出现碎石子等尖锐物品,以免划破玻璃棉制品,在搬运玻璃棉时,工人要注意轻拿轻放,禁止抛扔制品,也不要从车上直接滚下去,这样的做法都会影响玻璃棉外形和质量。玻璃棉管套如图 9-5 所示。

3. 膨胀珍珠岩

膨胀珍珠岩是一种天然酸性玻璃质火山熔岩,属于非金属矿产,包括珍珠岩、松脂岩和黑曜岩,三者只是结晶水含量不同。由于在 $1000\sim1300\ ℃$ 高温条件下其体积迅速膨胀 $4\sim30$ 倍,统称为膨胀珍珠岩。一般要求膨胀倍数为 $7\sim10$ 倍(黑曜岩>3 倍,可用),二氧化硅 70% 左右。膨胀珍珠岩均为露天开采,不用选矿,破碎、筛分即可。膨胀珍珠岩重量轻、绝热、防火及吸声性能好,并且原材料丰富、价格低廉、使用安全、施工方便。膨胀珍珠岩如图 9-6 所示。

松散类膨胀珍珠岩进场时应检查包装袋,包装袋上应标有产品名称、注册商标、制造厂名、防水标记、产品标记、标号、生产日期,可用说明书或标签形式提供。进场后产品应按标

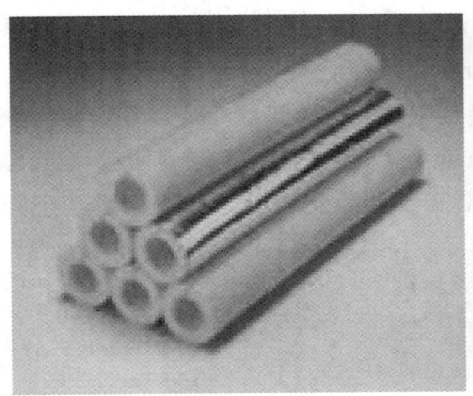

图 9-5　玻璃棉管套

(a) 膨胀珍珠岩　　　　　　　　　　　(b) 膨胀珍珠岩板

图 9-6　膨胀珍珠岩

号、等级在室内堆放，堆放场地应平整、干燥。以膨胀珍珠岩作为轻骨料，掺入胶凝材料、抗裂添加剂及其他填充料等组成的干粉砂浆，具有节能利废、保温隔热、防火防冻、耐老化的优异性能以及价格低廉等特点，有着广泛的市场需求。

(二) 有机保温材料

常用的有机保温材料主要有模塑聚苯乙烯泡沫板和挤塑聚苯乙烯泡沫塑料。

1. 模塑聚苯乙烯泡沫板

模塑聚苯乙烯泡沫板又名泡沫板、EPS 板、模塑聚苯板，是由含有挥发性液体发泡剂的可发性聚苯乙烯珠粒，经加热预发后在模具中加热成型的白色物体。其有微细闭孔的结构特点，主要用于建筑墙体，屋面保温，复合板保温，冷库、空调、车辆、船舶的保温隔热，地板采暖，装潢雕刻等，用途非常广泛。其特点如下。

（1）自重轻，且具有一定的抗压、抗拉强度，靠自身强度能支承抹面保护层，不需要拉结件，可避免形成热桥。

（2）EPS 板在密度 30～50 kg/m³ 的范围内，导热系数值最小；在平均温度 10 ℃，密度为 20 kg/m³ 时，导热系数为 0.033～0.036 W/(m·K)；密度小于 15 kg/m³ 时，导热系数随密度的减小而急剧增大；密度 15～22 kg/m³ 的 EPS 板适合做外保温。

（3）用于外墙和屋面保温时，一般不会产生明显的受潮问题。但当 EPS 板一侧长期处于高温高湿环境，另一侧处于低温环境并且被透水蒸气性不好的材料封闭时，或当屋面防水层失效后，EPS 板可能严重受潮，从而导致其保温性能严重降低。EPS 板如图 9-7 所示。

图 9-7　EPS 板

2. 挤塑聚苯乙烯泡沫塑料

挤塑聚苯乙烯泡沫塑料是经由特殊工艺连续挤出发泡成型的材料，又称为挤塑聚苯板、XPS 板。其表面形成的硬膜均匀平整，内部完全闭孔发泡连续均匀，呈蜂窝状结构，因此具有高抗压、轻质、不吸水、不透气、耐磨、不降解的特性。

与 EPS 板相比，其强度、保温、抗水汽渗透等性能有较大提高。在浸水条件下仍能完整保持其保温性能和抗压强度，特别适用于建筑物的隔热、保温、防潮处理。XPS 板是当今建筑业物美价廉的施工材料之一。

XPS 板的导热系数不大于 0.028 W/(m·K)，远远低于其他保温材料（工程上通常把导热系数小于 0.25 W/(m·K)的材料作为保温（绝热）材料），因此具有高热阻、低线性膨胀率的特点，普遍用于屋面保温隔热系统、冷库、墙体内外的保温隔热。XPS 板的闭孔结构能有效阻止水分子的渗透（包含水蒸气），即使在施工时遭到机械性破坏，其紧密严实的蜂窝结构也能有效地维持低吸水性。XPS 板能有效阻止水分子渗透，加上无亲水性，几乎不可能发生老化现象。XPS 板是以聚苯乙烯（PS）为原料制成，而聚苯乙烯本身就是极佳的保温材料，加上以挤出方式生产，紧密的闭孔蜂窝聚光镜更能有效地阻止热传导作用。由于质轻，搬运轻松，切割容易，无需电锯，固定简单，只需铁片、铁丝、塑胶黏合剂式聚合物砂浆即可固定，可以使建筑施工的成本大大降低。不同保温及配套材料检测要求如表 9-1 所示。

表 9-1　不同保温及配套材料检测要求

材料名称	检测时间	执 行 标 准	常规检测项目	代 表 批 量	取样数量	检测周期
膨胀聚苯板	材料进使用前，委托提产说明书、检验报告	不详	表观密度、压缩强度、导热系数	同一厂家同一品种的产品，当单位工程建筑面积在 20000 平方米以下时各抽查不少于 3 次；当单位工程建筑面积在 20000 平方米以上时各抽查不少于 6 次	2 块/组	5 天
挤塑聚苯板		JGJ 144—2019	压缩强度、导热系数		6 块/组	8 天
岩棉板		GB/T 11835—2016 GB/T 25975—2018	密度、压缩强度、导热系数		4 块/组	4 天
抹面胶浆		不详	拉伸黏结强度（原强度、耐水）、柔韧性（水泥基）		10 kg/组	29 天
胶黏剂		不详	拉伸黏结强度（原强度、耐水）		6 kg/组	22 天
耐碱网格布		JG/T 158—2013 DB34/T 1279—2014	单位面积质量、耐碱拉伸断裂强力、耐碱拉伸断裂强力保留率		2 m²/组	29 天
锚栓		JG/T 158—2013 DB34/T 1279—2014	锚栓抗拉承载力标准值		20 只/组	2 天
保温砂浆		GB/T 20473—2021 DB34/T 1279—2014	干表观密度、导热系数、抗压强度		40 L/组	31 天
抗裂砂浆		DB34/T 1279—2014	拉伸黏结强度（原强度、耐水）、压折比		10 kg/组	40 天
界面砂浆		DB34/T 1279—2014	压剪黏结强度（原强度、耐水）		6 kg/组	22 天
面砖黏结砂浆		DB34/T 1279—2014	拉伸黏结强度、压剪黏结强度（原强度、耐水）、压折比		10 kg/组	22 天
柔性耐水腻子		JG/T 157—2009 DB34/T 1279—2014 JG/T 298—2010	干燥时间（表干）、打磨性、耐水性、耐碱性、黏结强度（标准状态）、柔韧性		10 kg/组	16 天
热镀锌钢丝网		不详	丝径、焊点抗拉力、镀锌层质量		2 m²/组	3 天

学习情境二　屋面保温工程施工

我国的北方地区冬季寒冷,为使冬季房间内部的温度能够满足使用要求以及建筑节能的需要,应当在屋顶设置保温层。南方地区屋面为了应对夏日高温和辐射热还需要设置隔热层。我们可以根据保温层与防水层相对位置来定义屋面,防水层在上、保温层在下称为正置式屋面,保温层在防水层上面称为倒置式屋面,如图9-8所示。

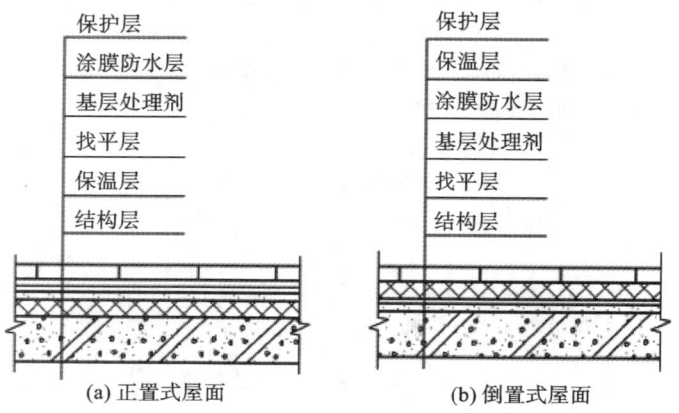

图9-8　正置式屋面与倒置式屋面

保温层是减少屋面热交换作用的构造层。保温层的材料、厚度要满足设计要求,保温层内要干燥。对保温层的要求是材料合格、厚度均匀、分层铺设、表面平整、找坡正确。保温层设置在防水层上部时,保温层的上面应做保护层;保温层设置在防水层下部时,保温层的上面应做找平层;屋面坡度较大时,保温层应采取防滑措施。采用吸湿性保温材料的封闭式保温层,宜采取排汽措施。

保温层应选用吸水率低、导热系数小,并有一定强度的保温材料。保温层厚度设计应根据所在地区,按现行节能设计标准计算确定。封闭式保温层的含水率,应相当于该材料在当地自然风干状态下的平衡含水率。

一、施工准备

1. 材料要求

材料的密度、导热系数等技术性能,必须符合设计要求与施工及验收规范的规定,应有试验资料。

松散材料:炉渣或水渣,粒径一般为5~40 mm,不得含有石块、土块、重矿渣与未燃尽的煤块,堆积密度为500~800 kg/m³,导热系数为0.16~0.25 W/(m·K)。膨胀蛭石导热系数为0.14 W/(m·K)。板状保温材料:产品应有出厂合格证,根据设计要求选用厚度、规格应一致,外形应整齐;密度、导热系数、强度应符合设计要求。举例如下。a.泡沫混凝土板块表观密度不大于500 kg/m³,抗压强度应不低于0.4 MPa;b.加气混凝土板块表观密度500~600 kg/m³,抗压强度应不低于0.2 MPa;c.聚苯板表观密度小于45 kg/m³,抗压强度不低于 0.18 MPa,导热系数为 0.043 W/(m·K)。

2. 主要机具

屋面保温工程主要机具有搅拌器、平板振捣器、平锹、木刮杠、水平尺、手推车、木拍子、木抹子等。

3. 作业条件

保温材料的基层(结构层)施工完以后,将预制构件的吊钩等进行处理,处理点应抹入水泥砂浆,经检查验收合格,方可铺设保温材料。铺设隔气层的屋面应先将表面清扫干净,且要求干燥、平整,不得有松散、开裂、空鼓等缺陷;隔气层的构造做法必须符合设计要求与施工及验收规范的规定。穿过结构的管根部位,应用细石混凝土填塞密实,以使管子固定。板状保温材料运输、存放应注意保护,防止损坏与受潮。

二、施工工艺

屋面保温工程施工工艺流程:基层清理→弹线找坡→管根固定→隔气层施工→保温层铺设→抹找平层。

(1)基层清理。预制或现浇混凝土结构层表面,应将杂物、灰尘清理干净。

(2)弹线找坡。按设计坡度及流水方向,找出屋面坡度走向,确定保温层的厚度范围。

(3)管根固定。穿过结构的管根在保温层施工前,应用细石混凝土塞堵密实。

(4)隔气层施工。设计有隔气层要求的屋面,应按设计做隔气层,涂刷均匀无漏刷。

(5)保温层铺设。

①松散保温层铺设。

松散保温层:就是一种干法施工的方法,材料多使用炉渣或水渣,粒径为 5~40 mm。使用时必须过筛,控制含水率。铺设松散材料的结构表面应干燥、洁净,松散保温材料应分层铺设,适当压实,压实程度应根据设计要求的密度,经试验确定。每层铺设厚度不宜大于 150 mm,压实后的屋面保温层不得直接推车行走与堆积重物。松散膨胀蛭石保温层:蛭石粒径一般为 3~15 mm,铺设时使膨胀蛭石的层理平面与热流垂直。松散膨胀珍珠岩保温层:珍珠岩粒径小于 0.15 mm 的含量不应大于 8%。松散保温层由于施工难度和重量的原因已经较少采用。

②板块状保温层、纤维材料保温层铺设。

a. 板块状保温层施工。

干铺板块状保温层是现在应用较多的屋面保温方式,其直接铺设在结构层或隔气层上,分层铺设时上下两层板块缝应错开,表面两块相邻的板边厚度应一致。一般在块状保温层上用松散料湿作找坡。黏结铺设板块状保温层:板块状保温材料用黏结材料平黏在屋面基层上,一般用水泥、石灰混合砂浆,聚苯板材料应用沥青胶结料粘贴。砂浆黏结保温板如图9-9 所示。

施工时首先按屋面的平面形状进行保温板的排列、划分及弹线,确定位置。保温板铺设时,砂浆采用点铺,点铺比例为 40%。保温板在铺设时轻柔滑动就位,禁止局部用力按压。碰头缝隙应几经挤紧,相邻的两块板应平齐。安装完成后,应立即清除多余的残留砂浆;板间的缝隙应小于 2 mm;相邻的高差小于 0.5 mm。保温板应按顺序粘贴,竖缝依次错缝,做

图 9-9　砂浆黏结保温板

到表面平整。板状材料保温层采用粘贴法施工时,胶黏剂应与保温材料的材性相容,并应贴严、黏牢;板状材料保温层的平面接缝应挤紧拼严,不得在板块侧面涂抹胶黏剂,超过的缝隙应采用相同材料板条或片填塞严实。当屋面坡度大于 30°时,还需要对保温板机械固定,板状保温材料采用机械固定法施工时,应选择专用螺钉和垫片;固定件与结构层之间应连接牢固,如图 9-10 所示。

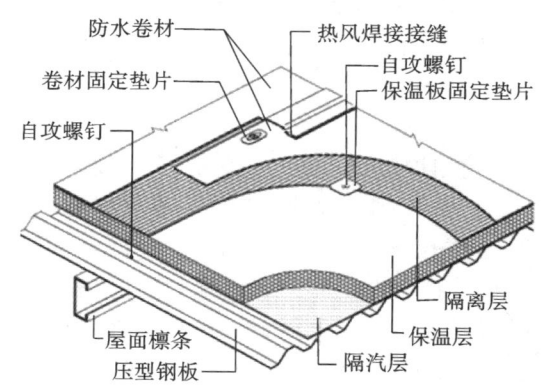
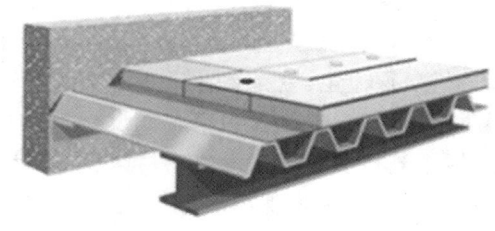

图 9-10　保温板机械固定

　　b.纤维材料保温层施工。

　　纤维材料保温层施工应符合下列规定:纤维保温材料应紧靠在基层表面上,平面接缝应挤紧拼严,上下层接缝应相互错开;屋面坡度较大时,宜采用金属或塑料专用固定件将纤维保温材料与基层固定;纤维材料填充后,不得上人踩踏。

　　装配式骨架纤维保温材料施工时,应先在基层上铺设保温龙骨或金属龙骨,龙骨之间应填充纤维保温材料,再在龙骨上铺钉水泥纤维板。金属龙骨和固定件应经防锈处理,金属龙骨与基层之间应采取隔热断桥措施,如图 9-11 所示。

　　③整体保温层铺设。

　　水泥白灰炉渣保温层:施工前用石灰水将炉渣闷透,不得少于 3 d,闷制前应将炉渣或水渣过筛,粒径控制在 5~40 mm。最好用机械搅拌,一般配合比为水泥:白灰:炉渣＝1:1:8,

图 9-11　纤维保温板与龙骨

铺设时分层、滚压,控制虚铺厚度与设计要求的密度,通过试验保证保温性能。水泥蛭石保温层:以膨胀蛭石为集料、水泥为胶凝材料,通常用普通硅酸盐水泥,最低标号为 425 号,膨胀蛭石粒径选用 5～20 mm,一般配合比为水泥∶蛭石＝1∶12,加水拌和后,用手紧握成团不散,并稍有水泥浆滴下时为好。机械搅拌会使蛭石颗粒破损,故宜采用人工拌和。人工拌和时先将水与水泥调成均匀水泥浆,然后将水泥浆均匀地抹在定量的蛭石上,随泼随拌直至均匀。铺设保温层,虚铺厚度为设计厚度的 130%,用木拍板拍实、找平,注意泛水坡度。

三、保温层验收

(一) 板状保温层验收

1. 主控项目

(1) 板状保温材料的质量应符合设计要求。

检验方法:检查出厂合格证、质量检验报告和进场检验报告。

(2) 板状材料保温层的厚度应符合设计要求,其正偏差应不限,负偏差应为 5%,且不得大于 4 mm。

检验方法:钢针插入和尺量检查。

(3) 屋面热桥部位处理应符合设计要求。

检验方法:观察检查。

2. 一般项目

(1) 板状保温材料铺设应紧贴基层,铺平垫稳,拼缝应严密,粘贴应牢固。

检验方法:观察检查。

(2) 固定件的规格、数量和位置均应符合设计要求;垫片应与保温层表面齐平。

检验方法:观察检查。

(3) 板状材料保温层表面平整度的允许偏差为 3 mm。

检验方法:2 mm 靠尺和塞尺检查。

(4) 板状材料保温层接缝高低差的允许偏差为 2 mm。

检验方法:直尺和塞尺检查。

（二）纤维状保温层验收

1. 主控项目

（1）纤维保温材料的质量应符合设计要求。

检验方法：检查出厂合格证、质量检验报告和进场检验报告。

（2）纤维材料保温层的厚度应符合设计要求，其正偏差应不限，毡不得有负偏差，板负偏差应为 4％，且不得大于 30 mm。

检验方法：钢针插入和尺量检查。

（3）屋面热桥部位处理应符合设计要求。

检验方法：观察检查。

2．一般项目

（1）纤维保温材料铺设应紧贴基层，拼缝应严密，表面应平整。

检验方法：观察检查。

（2）固定件的规格、数量和位置应符合设计要求；垫片应与保温层表面齐平。

检验方法：观察检查。

（3）装配式骨架和水泥纤维板应铺钉牢固，表面应平整；龙骨间距和板材厚度应符合设计要求。

检验方法：观察和尺量检查。

（4）具有抗水蒸气渗透外覆面的玻璃棉制品，其外覆面应朝向室内，拼缝应用防水密封胶带封严。

检验方法：观察检查。

（5）固定件的规格、数量和位置应符合设计要求；垫片应与保温层表面齐平。

检验方法：观察检查。

四、保温层成品保护

（1）施工完毕后，表面不得受重压和冲击，对于屋面，不得允许人在上面任意行走。

（2）表面应加强防雨和防水的管理，下大雨以前，要注意及时覆盖。

（3）表面不得接触强酸和强碱等化学试剂的侵蚀。

（4）施工完成后，应及时进行上面层的瓦屋面及平屋面刚性层的施工。如不能及时进行上面层施工，要加覆盖，尽量避免在阳光下直晒。

学习情境三　外墙保温工程施工

一、外墙保温系统效能及特点

（1）有利于保证室内热稳定性。

对建筑物围护结构外墙的全面包覆，有效地避免了热桥；另外由于结构层在系统的内侧,外界环境对其影响甚微,其高值的蓄热性能得到充分利用,当室内受到不稳定的热波作用(如室内温度上升或下降)时,墙体结构层能够通过吸热或释放热量平衡温度,有利于室内温度保持稳定。墙体保温效果图如图 9-12 所示。

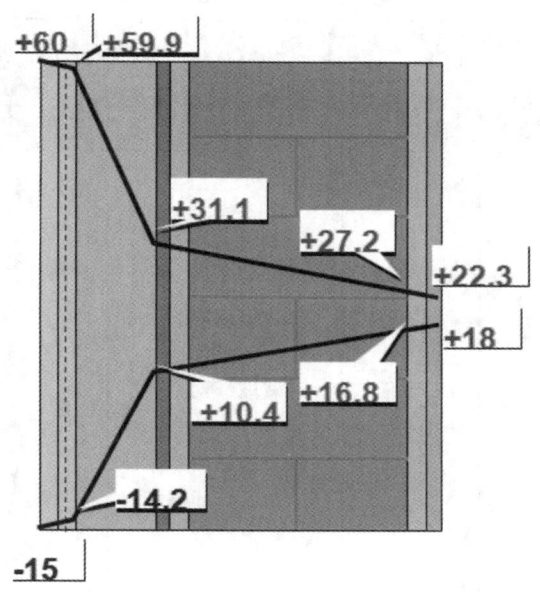

图 9-12　墙体保温效果图

（2）保护主体结构,延长建筑物的服务寿命。

因系统构造特点,系统保温层位于建筑物围护结构的外侧,避免或大大缓冲了外界温度变化导致结构变形而产生的应力及应力积聚,避免了雨雪冰冻、湿热干燥循环造成的结构破坏,大大减少了外界的有害气体和物质对结构的侵蚀。基于此,外保温系统既可减少或避免围护结构的温度应力或积聚,又可对主体结构起保护作用,从而有效地提高了主体结构的耐久性能。

（3）有利于提高墙体的防水防潮性能,降低了墙体的含湿量。

通常情况下,当墙体采用加气混凝土、混凝土空心砌块、摩卡砌体时,在砌筑灰缝和面砖粘贴不密实情况下,其防雨防潮和气密性较差,采用外保温系统可大大提高和改善墙体的防水和气密性能。另外,由于蒸汽渗透性高的主体结构材料处于外保温系统的内侧,系统的本身固有性能使得墙体内部避免了冷凝结露现象的发生,同时结构层的整个墙身温度提高且较为稳定,湿度降低,进而进一步改善了墙体本身的保温性能。

（4）提高了建筑外墙面的抗裂性能。

在外墙外保温系统中,黏结层黏结材料、护面层系统、保温层材料及饰面材料均具有优异的柔性、黏结力及防水性能,大大提高了系统及墙面装饰体系的抗裂和防裂性能。

二、外墙保温系统基本构造

外墙保温系统基本构造如表 9-2 所示。

表 9-2　外墙保温系统基本构造

外墙保温系统基本构造					构造示意图
1	2	3	4,5,6	7	
基层墙体	黏结层	保温层	抗裂防护层	饰面层	
中级抹灰墙面	专用黏结剂	EPS 板（厚 100 mm）	聚合物抹面胶浆 ＋ 耐碱玻纤网格布 ＋ 聚合物抹面胶浆 （总 3 mm 厚）	涂料	

三、施工工艺与流程

涂料饰面系统构造层次及施工流程分别如图 9-13、图 9-14 所示。

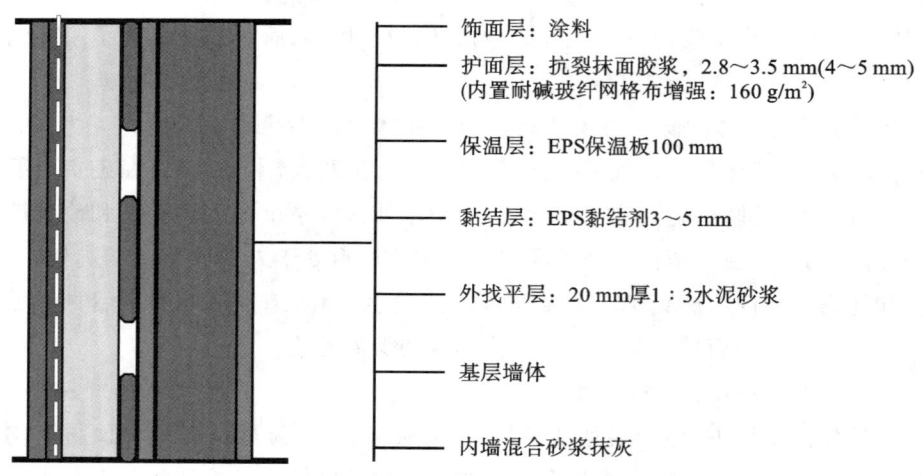

饰面层：涂料

护面层：抗裂抹面胶浆，2.8～3.5 mm(4～5 mm)
(内置耐碱玻纤网格布增强：160 g/m²)

保温层：EPS保温板100 mm

黏结层：EPS黏结剂3～5 mm

外找平层：20 mm厚1：3水泥砂浆

基层墙体

内墙混合砂浆抹灰

图 9-13　涂料饰面系统构造层次

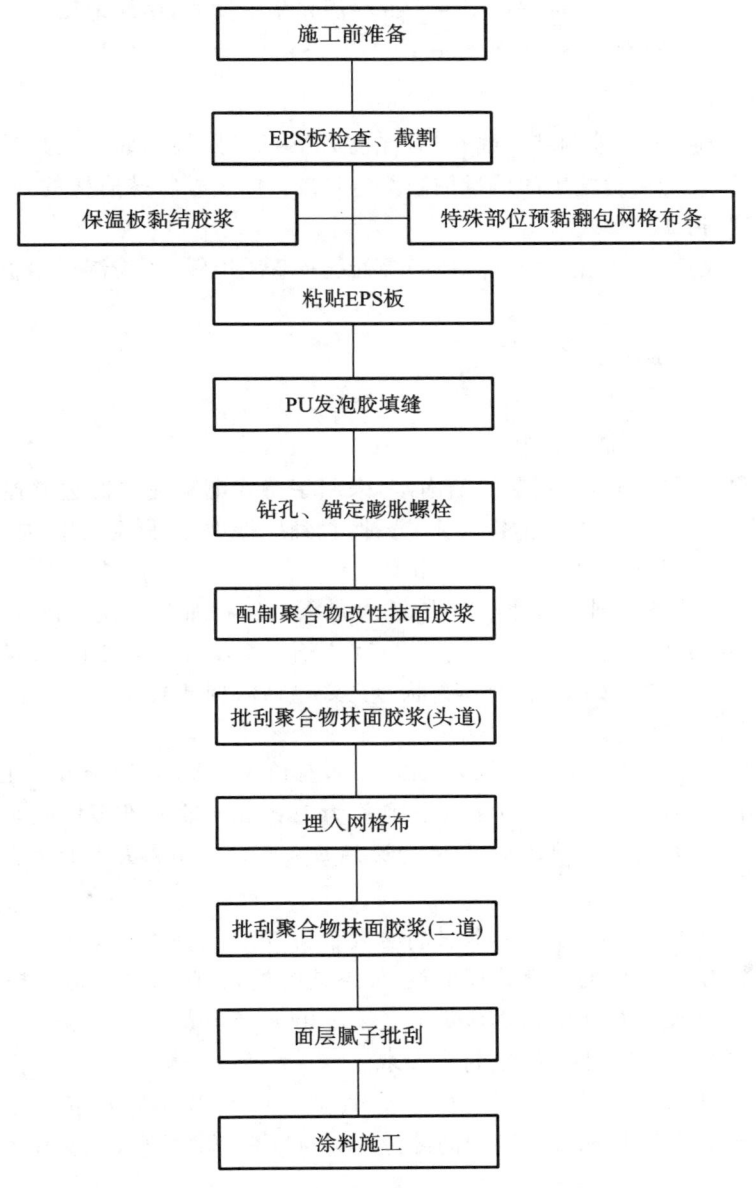

图 9-14　涂料饰面系统施工流程

1. 施工前准备

墙面平整度及垂直度:基面要求平整坚实,施工前仔细检查平整度,应合乎内墙粉刷验收规范,平整度及垂直度 2 m 靠尺检查偏差不超过 3 mm。

墙面基面以敲击法检查空鼓情况,如遇空鼓,应凿除,并以水泥砂浆补平;清除可能附着的浮浆、浮灰、油污等,铲除凸起处。

门窗洞口经过验收,洞口尺寸与位置达到设计和质量要求;门窗框或辅框已安装;伸出墙面的设备或管道连接件已安装完毕,并预留出外保温施工余地。

材料应该按照有关规定进场,并应分类挂牌存放。保温板应该成捆平放,并采取防雨、防潮及防晒的措施。黏结剂、抗裂砂浆等干混料应该采取防雨、防潮措施。

施工人员应该做好安全、技术交底。

2. 弹控制线

在各墙面勒脚处弹出控制基准线,作为首批 EPS 的粘贴控制线。尤其是门窗框处应弹好阳角控制线,以便为后道施工的质量控制奠定基础。门窗框特殊彩格的部位,尽可能弹出方位线,以防安装错误。

在建筑内墙大角(阳角、阴角)及其他必要处挂垂直基准线,以控制保温板的垂直度和平整度。

3. 系统保温板的安装

1)黏结剂施工

(1)聚合物改性黏结剂的配制。

在干净的塑料桶里倒入一定量的洁净水,采用手持式电动搅拌器边搅拌边加粉剂黏结剂,二者重量比为 1∶0.24;充分搅拌 5～7 分钟,直到搅拌均匀,稠度适中,放置 5 分钟熟化;使用时,再搅拌一下即可使用。

注意聚合物改性黏结剂只需加洁净水,不可加入其他添加料,如水泥、砂、防冻剂及其他异物;注意调好的黏结剂宜在 3 小时内用完;工作完毕,务必及时清洗干净工具。

隐检 1:经观察搅拌好的黏结剂均匀、状态良好、新鲜、稠度适宜。

(2)保温板上布胶。

a.EPS 保温板标准尺寸为 600 mm×600 mm,对角线误差小于 2 mm。工程外保温系统安装标准板采用 20 kg/m³ 板材。所有板材厚均为 100 mm,非标准板按照实际需要尺寸加工,保温板采用切割器或工具刀切割,尺寸允许偏差为 ±1.5 mm,大小面垂直。切割后的板端面打磨平整。

隐检 2:经检查保温板切割规范、尺寸符合要求。

b.网格布翻包:在内墙的细部处理部位,如系统终端处、门窗孔洞边的挤塑板上需预粘贴窄幅网格布,其宽度约 200 mm,翻包部分宽度不小于 65 mm。

隐检 3:经检查网格布翻包规范,符合要求。

c.点黏法:沿 EPS 板用抹子涂抹宽 50 mm、厚 10 mm 黏结胶浆带。当采用标准尺寸 600 mm×600 mm 苯板时,EPS 板面中间部位均匀布置 9 个黏结点,每点直径 100 mm,胶厚 10 mm。

隐检 4:经检查布胶规范、均匀,保温板上布胶黏结状态良好,胶料新鲜。

2)保温板粘贴

a.布好胶的保温板立即粘贴到墙面上,动作迅速,以防胶料结皮而影响黏结效果。保温板粘贴在墙上后,立即使用 2 m 靠尺轻轻敲打、挤压板面,以保证板面平整度符合要求且黏结牢固。达到:板与板间挤紧,不得有缝,在碰头缝处不可涂抹黏结剂。每粘贴完一块板,应及时清除干净板侧挤出的黏结料,板间不留间隙。保温板面不方正或切割不直形成的缝隙,应用聚氨酯发泡材料填补。

b.保温板应水平粘贴,保证连续结合,且上下两排保温板应竖向错缝,板长不小于 200 mm。

　　c.一般先从墙拐角（阳角）处粘贴，应先排好尺寸，切割保温板，使其粘贴时垂直交错连接，确保拐角处顺直。

　　d.在粘贴窗框四周的阳角和外墙阳角时，应先弹好基准线，作为控制阳角上下垂直度的依据。

　　隐检5：检查保温板整体上布局得当、规范，平整度符合要求，细部处理良好，符合要求。

　　4.安装机械固定件，辅助固定和板缝处理

　　（1）EPS外保温系统施工时，一般在黏结层自然养护24小时后即可进行固定件安装，按照设计要求的位置使用冲击钻钻孔，锚固深度为基层内不低于25 mm，根据使用的保温板厚度采用相应长度的钻头。

　　（2）固定件具体布局和数量：EPS外保温系统终端为大阳角处宜以锚固件加强。锚固件的安装参照EPS外保温做法要求执行。

　　（3）在钻孔边缘采取先压陷与工程膨胀钉帽近似尺寸的区域，然后将工程膨胀钉敲入，以达到与保温板面平齐后略拧入一些；再将自攻螺丝轻轻敲入，确保膨胀钉尾部膨胀回拧使之与基层充分锚固并保持板面齐平。锚固件布置图如图9-15所示。

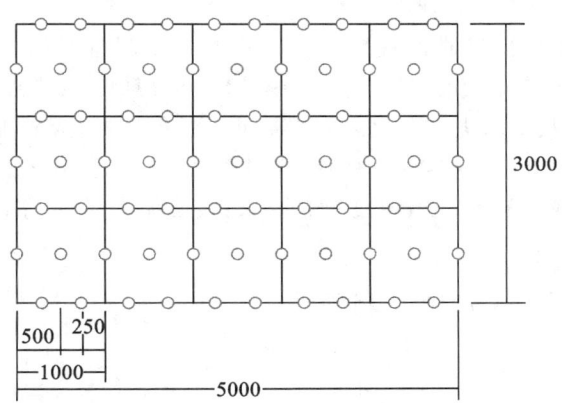

图9-15　锚固件布置图（单位：mm）

　　（4）聚苯板粘贴时应尽量做到拼缝密实，尽可能不留缝隙，并注意缝隙中不得留有胶浆。凡大于1 mm的缝隙，采用专用PU发泡枪将针嘴插入，打入发泡剂，填塞缝隙。

　　5.聚合物抹面胶浆——黏结护面层

　　（1）聚合物改性抹面胶浆制备。

　　抗裂抹面胶浆按粉：水＝1∶0.24的重量比配置胶浆，搅拌均匀至不结块，静置3～5分钟，再搅拌0.5分钟，拌和后的胶浆应在1小时内用完，温度较高时可在拌和好的胶浆中加入不超过总量5%的水。

　　切记：搅拌充分，黏度确保刚粘贴上的胶浆不掉落，加水量尽可能少；注意调好的胶浆宜在2小时内用完；工作完毕，务必及时清洗干净工具。

　　（2）第一道聚合物胶浆抹面并内置耐碱玻纤网格布。

　　①将制备好的聚合物胶浆均匀地涂抹在保温板上，厚度约1.5 mm。注意：确保胶浆与保温板黏结良好，或者采用镘刀在上面来回拉涂，分配物料并保证黏结良好，防止空鼓。

②埋填网格布:紧接着将裁剪好的网格布铺展在胶浆上,用抹刀边缘线压铺固定,然后将聚合物改性胶浆在网格布上抹均匀,并保证整体的平整度符合要求。网格布铺贴要平整,不得有皱褶、空鼓、翘边。

③对于门、窗洞口周边与大墙面形成阳角部分处理:在此处的阳角部分各加一层300 mm×200 mm 网格布进行加强,大面积网格布搭接在门窗洞口周边的网格布上。

④对于门口、窗口及其他洞口四周的保温板端头应用网格布和黏结胶浆将其翻包住,也仅在此处,才允许保温板边涂抹黏结胶浆。

⑤大面积网格布埋填:沿水平方向绷直绷平,并将弯曲的一面朝里,用抹刀边缘线压铺固定,然后由中间向上下、左右方向将聚合物胶浆抹平整,确保胶浆紧贴网布黏结。网格布左右搭接宽度不小于 65 mm,上下搭接宽度不小于 65 mm,局部搭接处可用聚合物改性胶浆补充原胶浆不足处,不得使网格布皱褶、空鼓、翘边。

⑥对装饰凹缝,也应沿凹槽将网格布埋入聚合物改性胶浆内。

隐检 6:整体抹面好;网格布埋填规范,无不良迹象;平整度符合要求;胶浆固化强度良好。

(3)第二道聚合物改性胶浆抹面。

①待第一道胶浆固化良好时,一般约需 12 小时。将制备好的聚合物改性胶浆均匀涂抹,抹面层厚度以盖住网格布为准,具体为 1.0~1.2 mm,使保护层总厚度达到 2.8~3.0 mm。

②对于首层墙面,及要求进一步提高面层抗冲击性能区域,应外加一道网格布,即"两布三浆",网格布应处于两道抹面胶浆的中间位置,护层厚度达到 4.0~5.0 mm。

隐检 7:整体面平整,符合要求;厚度符合要求;表面无裂纹;胶浆固化状态良好。

6.特殊节点设计

①(首层特殊节点设计图)如图 9-16 所示。

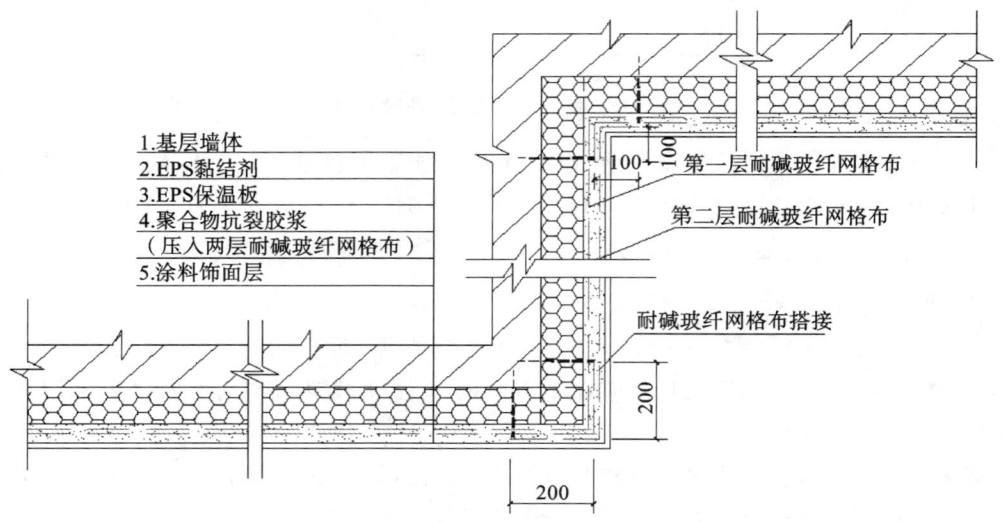

图 9-16 首层特殊节点设计图(单位:mm)

②墙体特殊节点设计图如图 9-17 所示。

③门窗洞口详图如图 9-18 所示。

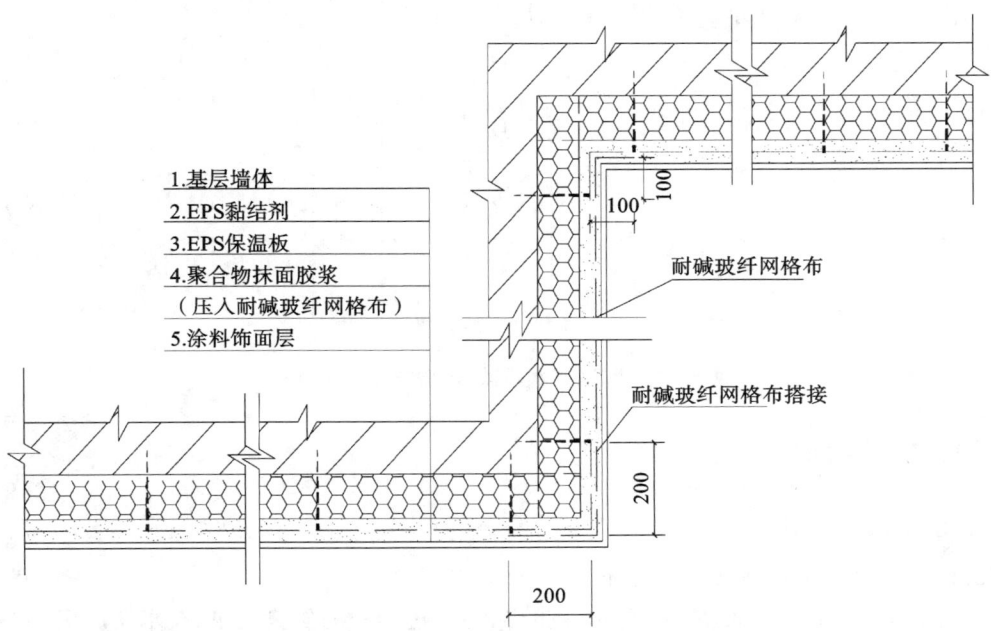

1. 基层墙体
2. EPS黏结剂
3. EPS保温板
4. 聚合物抹面胶浆
（压入耐碱玻纤网格布）
5. 涂料饰面层

耐碱玻纤网格布

耐碱玻纤网格布搭接

说明：阴、阳角以外的锚固件仅在外墙高于20 m以上部位使用，数量见规范要求。

图 9-17　墙体特殊节点设计图（单位：mm）

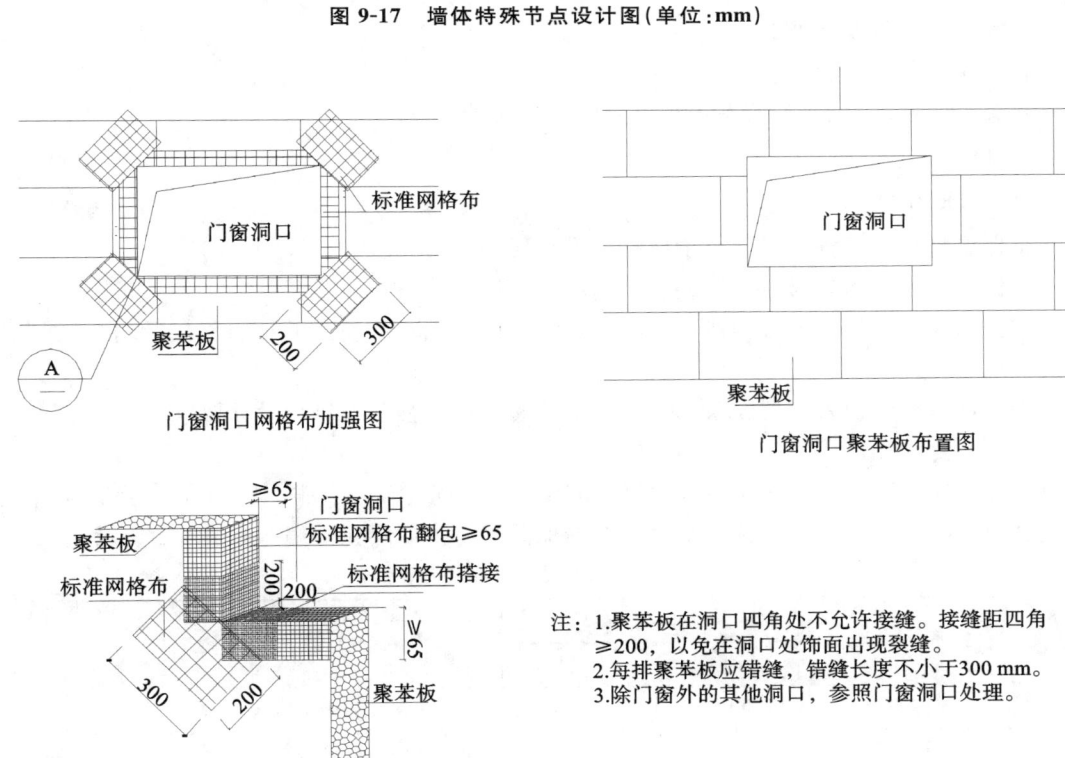

门窗洞口网格布加强图

标准网格布

门窗洞口

聚苯板

门窗洞口聚苯板布置图

聚苯板

门窗洞口

标准网格布翻包≥65

标准网格布搭接

聚苯板

标准网格布

注：1. 聚苯板在洞口四角处不允许接缝。接缝距四角
　　≥200，以免在洞口处饰面出现裂缝。
　　2. 每排聚苯板应错缝，错缝长度不小于300 mm。
　　3. 除门窗外的其他洞口，参照门窗洞口处理。

图 9-18　门窗洞口详图（单位：mm）

④阳角、滴水线做法示意图如图 9-19 所示。

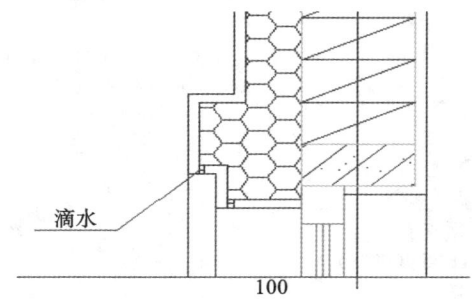

滴水

100

图 9-19　阳角、滴水线做法示意图(单位:mm)

四、工程验收

保温工程验
收检测表

1. 验收准备工作

由相关项目部制定一套完整的完工项目的初验计划。

资料准备:产品合格证、质保书、检测报告,施工过程中的质量记录、技术交底资料等。

2. 检查依据

国家相关规范及行业标准。

施工说明及技术交底文件。

相关企业标准及业主、监理等相关方的质量要求文件。

3. 检查内容

(1) 主控项目。

①保温材料的品种、规格、质量应符合设计要求。

②保温层厚度均匀,构造做法应符合设计要求。

③保温层与墙体以及各构造层之间应黏结牢固,无脱层、空鼓、裂缝,面层无粉化、爆灰、起皮等现象。

④网格布均匀压入抗裂胶浆,无漏贴,搭接和特殊加强部位符合设计要求。

(2) 一般项目。

表面洁净、接槎平整,无明显抹纹,线角顺直清晰;门窗口、孔洞、槽、盒的位置和尺寸正确,表面整齐洁净,管道后侧抹灰平整。外墙保温层防护面层允许偏差如表 9-3 所示。

表 9-3　外墙保温层防护面层允许偏差

项次	项　目	允许偏差/mm		验 收 方 法
		抹面层	保温层	
1	表面平整	4	3	用 2 m 靠尺和楔形塞尺检查
2	阴、阳角垂直	4	3	用 2 m 托线板检查
3	立面垂直	4	3	用 2 m 托线板检查
4	阴、阳角方正	4	4	用 20 cm 方尺和楔形塞尺检查

项次	项　目	允许偏差/mm		验 收 方 法
		抹面层	保温层	
5	立面全高垂直	层高 ≤5 m	8	经纬仪、拉线、钢尺
		层高 >5 m	10	
		建筑总高度 H(mm)	$H/1000$，并且≤30	拉 5 m 线（不足 5 m 时拉通线）、钢尺

思考与练习

一、填空题

1. 聚苯乙烯塑料板薄抹灰外墙外保温系统是采用聚苯乙烯塑料板（简称_____）作_____层，用胶黏剂粘贴于基层墙体外侧，辅以_____固定。聚苯板用嵌埋有_____增强的聚合物抗裂胶浆覆盖聚苯板表面。防护层厚度普通型 3～5 mm，加强型 5～7 mm，属_____面层，然后进行饰面处理。

2. 聚苯板可分为膨胀聚苯板（简称____板）和挤塑聚苯板（简称____板）。

3. 聚苯板薄抹灰外墙外保温墙体由 _____、_____、_____、_____和_____组成。

4. 黏结层的作用是将聚苯板牢固地黏结在基层墙体上。胶黏剂主要承受两种荷载：①_____荷载，外力_____于墙体面层。②_____，在垂直荷载（如板自重荷载）作用下，外力_____于胶黏剂面层。

5. EPS 板施工时，材料与施工要求主要有：出厂前应在自然条件下陈化 42 d 或在 60 ℃ 蒸汽中_____ 5 d，产品尺寸稳定性不应大于 0.30%。粘贴时，胶黏剂涂在 EPS 板背面，以_____黏或_____黏等方法固定，其涂抹面积不得小于 30%。门窗洞上四角应采用整板剪割，接缝距四角不应小于_____，用_____在洞口处加强。

6. 对机械锚固件的要求：

（1）塑料钉和带圆盘的塑料膨胀管应采用聚酰胺、聚乙烯或聚丙烯制成，制作塑料钉和塑料套管的材料，不得使用_____材料，金属螺钉应采用_____或经过_____处理的金属制成。

（2）塑料圆盘直径不小于_____。

（3）锚栓的有效锚固深度不小于_____。

7. 为加强保温板与基层墙体的黏结，有下列情况之一时，应采用机械锚固件辅助连接。

（1）中高层建筑的_____高度以上部分。

（2）用_____或_____作外保温层材料时。

（3）基层墙体的表面材料可能____粘贴性能时。

（4）_____要求采用。

（5）有时对于高度 2 m 以下的保温层也应采用辅助锚固，以防止_____破坏。

8. 聚苯乙烯塑料板薄抹灰外墙外保温系统中,薄抹灰增强防护层是由＿＿＿＿＿＿＿＿和＿＿＿＿＿＿＿＿＿＿构成。

9. 聚苯乙烯塑料板薄抹灰外墙外保温系统,为保证首层墙体能够承受外力破坏,采用＿＿＿＿＿＿＿耐碱玻纤网格布,在阴、阳角处加强＿＿＿＿＿＿＿＿,并采用机械锚固辅助连接。

10. 聚苯板由建筑物的外墙勒脚部位开始黏结。上下板排列＿＿＿＿＿＿＿＿,严禁＿＿＿＿＿＿＿；上下排板间竖向接缝应为＿＿＿＿＿＿＿＿连接,以保证转角处板材安装垂直度。

11. 聚苯乙烯塑料板薄抹灰外墙外保温铺设网格布时,剪裁网格布应顺＿＿＿＿线进行。将网格布沿水平方向绷平,平整地贴于底层聚合物砂浆表面,网格布的弯曲面应朝向墙面,并从＿＿＿＿向＿＿＿＿用抹子抹平,直至网格布完全＿＿＿＿抹面胶浆内,不得皱褶。

12. 胶粉聚苯颗粒外墙外保温是由＿＿＿＿＿＿＿＿＿、＿＿＿＿＿＿＿＿＿、＿＿＿＿＿＿＿＿＿(又称为保护层,由＿＿＿＿＿＿＿和＿＿＿＿＿＿＿＿＿构成)和＿＿＿＿＿＿组成。

13. 保温浆料应＿＿＿＿抹灰,每遍间隔时间应在＿＿＿＿以上,每遍厚度不宜超过＿＿＿＿＿＿,第一遍抹灰注意＿＿＿＿,最后一遍＿＿＿＿。

14. 保温浆料系统界面砂浆是由＿＿＿＿＿＿＿＿＿＿＿＿与助剂配制成的界面剂,与＿＿＿＿和＿＿＿＿按一定比例搅拌均匀制成的砂浆,以提高保温层与基层墙面的黏结力。

15. 保温浆料系统抗裂砂浆是用聚合物柔性乳液加入＿＿＿＿＿＿、＿＿＿＿＿＿和＿＿＿＿配制成的具有一定＿＿＿＿性和＿＿＿＿性的腻子,并复合＿＿＿＿＿＿＿＿＿＿＿＿＿,起到保护保温层的作用。

16. 保温浆料系统饰面层以涂料为主,为保证保温系统具有＿＿＿＿＿＿性,首先在保护层表面涂刷＿＿＿＿＿＿＿＿涂料,而后进行饰面施工。

17. 外墙保温的饰面主要有＿＿＿＿＿＿＿＿和＿＿＿＿＿＿＿＿。在构造处理上主要区别在于保护层的处理上。涂料作为饰面时,采用＿＿＿＿＿＿＿＿复合＿＿＿＿＿＿＿＿＿＿,其表面涂＿＿＿＿＿＿＿＿涂料封闭,再进行饰面施工；饰面砖施工时,采用＿＿＿＿＿＿＿＿＿＿＿,中间复合＿＿＿＿＿＿＿＿＿＿＿,并＿＿＿＿＿＿＿＿＿＿＿,再进行面砖施工。

18. 胶粉聚苯颗粒保温浆料的施工分为＿＿＿＿＿＿＿＿做法、＿＿＿＿＿＿＿＿做法和＿＿＿＿＿＿＿＿做法。

19. 保温浆料系统的各步骤施工环境温度应大于＿＿＿＿＿＿＿＿＿,严禁在雨中施工,遇雨或雨季施工应有＿＿＿＿＿＿＿＿的保证措施,抹灰、抹保温浆料应避免＿＿＿＿＿＿＿＿和＿＿＿＿＿＿＿＿大风天气施工。

20. 钢丝网架聚苯板现浇混凝土外墙外保温系统(又简称为＿＿＿＿＿＿＿＿＿＿＿)是一种以腹丝＿＿＿＿型钢丝网架聚苯板为保温层,置于现浇混凝土基层墙体＿＿＿＿,辅以＿＿＿＿＿＿拉结,与混凝土墙体＿＿＿＿＿＿＿＿成型,并在钢丝网架聚苯板外表面抹＿＿＿＿＿＿＿＿＿作防护层,采用面砖或防水弹性涂料饰面的外墙外保温系统,属＿＿＿＿＿＿＿＿抹灰型面层。

21. 窗口处有网系统以及局部处理时,垂直于墙面的部分,一般采用聚苯板用＿＿＿＿＿＿＿＿的方式进行保温处理,并在阳角处用＿＿＿＿＿＿＿＿加强,保温层＿＿＿＿＿＿＿＿窗框。

22. 聚苯板现浇混凝土外墙外保温系统(又称为＿＿＿＿＿＿＿＿＿＿＿)是以现浇混凝土外墙作为基层,聚苯板为保温层。聚苯板内侧表面(与现浇混凝土接触的表面)沿＿＿＿＿＿＿＿＿方向开有＿＿＿＿＿＿＿＿,内外表面均满涂＿＿＿＿＿＿＿＿,以保证保温层与基层黏结牢固。在施工时将聚苯板置于外模板＿＿＿＿＿＿＿＿,并安装＿＿＿＿＿＿＿＿作为辅助固定件。浇筑混凝土后,墙体与聚苯板以及锚栓结合为一体。聚苯板表面抹＿＿＿＿＿＿＿＿＿＿＿面层,薄抹面层中满铺＿＿＿＿＿＿＿＿＿＿＿,以涂料为饰面。

23. 聚苯板现浇混凝土外墙外保温系统没有像粘贴系统设有_____，为保证与基层黏结牢固，无网现浇系统聚苯板内侧开有_____，两面必须_____，锚栓设置应满足_____或根据设计要求设置。水平抗裂分格缝宜按_____设置。垂直抗裂分格缝宜按_____设置，在板式建筑中不宜大于_____，在塔式建筑中，可视具体情况而定，宜留在_____部位。

24. 机械固定聚苯钢丝网架板外墙外保温系统（又称_____）是由_____装置、_____型聚苯钢丝网架板、掺外加剂的_____面层和_____层构成。

25. 砂加气块外保温系统是以_____为保温材料。保护层是由抗渗剂、柔性腻子、耐碱玻纤网格布构成。抗渗剂用于____砂加气块表面毛孔，以提高_____能力，但不减弱抹面腻子与砂加气块的_____。柔性腻子和耐碱玻纤网格布的作用类似于在其他薄抹灰系统中的作用，以提高面层抗裂能力，保证系统的平整度和耐久性。柔性腻子有_____粉料，现场加水后使用；也有_____，在现场将有机液体组分和无机材料组分按比例混合搅拌_____后使用。

26. 砂加气块外保温系统建筑高度不超过_____时，每_____楼面宜对加气保温层采取支承措施。主要方法可采用基层墙体混凝土_____或安装经_____处理的_____。高度超过 24 m 时，应对_____均采用支承措施，并对保温块_____机械固定装置。

27. 矿棉板外保温系统是一种以半硬质_____矿棉板做为保温层的外墙外保温系统。是以工业废料矿渣为主要原料，经熔化，采用高速离心法或喷吹法工艺制成的棉丝状无机纤维，然后加黏结剂压制而成。矿棉板强度较低，且带有一定弹性，故用于薄抹灰外保温层必须采用_____与基层辅助连接。

二、简答题

1. 简述目前外墙外保温的特点。

2. 外墙外保温技术应用的基本性能要求是什么？

3. 外墙外保温技术应用的基本技术要求是什么？

4. 简述聚苯板薄抹灰外墙外保温墙体的组成。

5. 简述机械锚固件中对锚栓的技术要求。

6. 简述对机械锚固件的设置要求。

7. 简述黏结聚苯板具体施工方法。

8. 简述聚苯板薄抹灰外墙外保温工程聚合物砂浆防护层的施工方法。

9. 简述胶粉聚苯颗粒外墙外保温系统的组成。

10. 简述保温浆料系统不同饰面的施工方法。

11. 简述保温浆料系统保温层一般做法。

12. 简述保温浆料系统保温层加强做法。

13. 简述保温浆料系统保温层加强带做法。

14. 简述钢丝网架聚苯板现浇混凝土外墙外保温系统的特点。

15. 简述钢丝网架聚苯板现浇混凝土外墙外保温系统的构造与组成。

16. 简述聚苯板现浇混凝土外墙外保温系统。

17. 简述聚苯板现浇混凝土外墙外保温系统的特点和适用范围。

18. 简述砂加气块外保温系统保护层的构成和各自的作用。

参 考 文 献

［1］ 住房和城乡建设部.建筑施工门式钢管脚手架安全技术标准 JGJ/T 128—2019［S］.北京:中国建筑工业出版社,2019.

［2］ 住房和城乡建设部.建筑施工木脚手架安全技术规范 JGJ 164—2008［S］.北京:中国建筑工业出版社,2008.

［3］ 住房和城乡建设部.建筑施工模板安全技术规范 JGJ 162—2008［S］.北京:中国建筑工业出版社,2008.

［4］ 住房和城乡建设部.建筑深基坑工程施工安全技术规范 JGJ 311—2013［S］.北京:中国建筑工业出版社,2013.